计算机辅助设计（AutoCAD 2013）

庄乾飞　秦景润　主　编
陈道斌　张吉沆　参　编

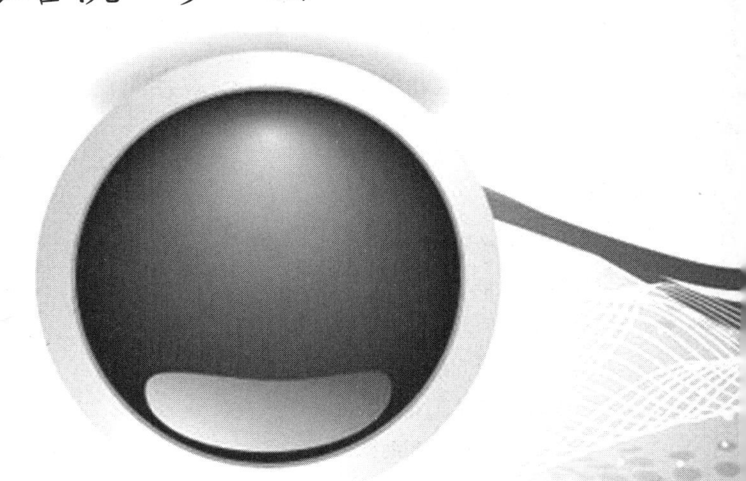

電子工業出版社
Publishing House of Electronics Industry
北京·BEIJING

内 容 简 介

本书以产品设计为基准，从实用角度出发，通过各具特色的实例全面讲解 AutoCAD 2013 的基本操作。每个实例均有详细的操作过程，因此本书可作为初学者的入门级教程。本书共分为两篇，分别为基础篇和项目篇。其中基础篇从 AutoCAD 的基础入门，涉及二维图形的绘制与编辑、二维图形的尺寸标注与数据查询、图形布局打印、三维模型的绘制等内容；项目篇分别包含了机械图形的绘制、网络综合布线的绘制、建筑图形的绘制等内容。本书讲解透彻，具有较强的实用性，可操作性强，特别适合读者自学和中职学校作为教材和参考书，同时也适合工程技术人员学习和参考。

图书在版编目（CIP）数据

计算机辅助设计：AutoCAD 2013 / 庄乾飞，秦景润主编. —北京：电子工业出版社，2017.6

ISBN 978-7-121-24868-9

Ⅰ. ①计… Ⅱ. ①庄… ②秦… Ⅲ. ①AutoCAD 软件—中等专业学校—教材 Ⅳ. ①TP391.72

中国版本图书馆 CIP 数据核字（2014）第 274951 号

策划编辑：关雅莉
责任编辑：柴 灿
印 刷：河北鑫兆源印刷有限公司
装 订：河北鑫兆源印刷有限公司
出版发行：电子工业出版社
北京市海淀区万寿路 173 信箱 邮编 100036
开 本：787×1 092 1/16 印张：16 字数：471 千字
版 次：2017 年 6 月第 1 版
印 次：2023 年 10 月第 13 次印刷
定 价：32.00 元

凡所购买电子工业出版社图书有缺损问题，请向购买书店调换。若书店售缺，请与本社发行部联系，联系及邮购电话：（010）88254888，88258888。

质量投诉请发邮件至 zlts@phei.com.cn，盗版侵权举报请发邮件至 dbqq@phei.com.cn。

本书咨询联系方式：（010）88254617，luomn@phei.com.cn。

前言 | PREFACE

党的二十大报告提出："加快建设国家战略人才力量，努力培养造就更多大师、战略科学家、一流科技领军人才和创新团队、青年科技人才、卓越工程师、大国工匠、高技能人才。"AutoCAD 拥有强大的绘图功能，是应用广泛的计算机辅助软件之一，广泛应用在机械、建筑、汽车、电子、航天、造船、地址、服装等许多领域，因此熟练的运用 AutoCAD，是从事这类行业的工程技术人员成为高技能人才所必须具备的技能。

本书根据 AutoCAD 2013 应用性强的特点，以机电、机械专业的学生为对象，采用案例的方式，引导读者一步一步掌握 AutoCAD，启发你的创意思维，激发你的设计灵感。

本书主要内容包括 AutoCAD 基础入门，二维机械图形的绘制与编辑设计、二维机械图形的尺寸标注、参数化设计、机械轴测模型的绘制以及三维机械零件模型绘制。为了让读者更好地理解与应用，每一个案例就是一个任务，采用详细的绘图步骤说明，使读者使用时少走弯路。

本书适用于想快速掌握 AutoCAD 的机电、机械类专业的初级用户，希望读者能通过本教材任务的引导，能够掌握各类图形的设计与制作方法。

本书由庄乾飞、秦景润担任主编，另外参加编写的还有陈道斌、张吉沇，其中第 1 至～第 3 章由庄乾飞编写；第 4～第 6 章由秦景润编写；第 7 章由张吉沇编写；第 8、第 9 章由陈道斌编写。由于时间仓促，加之水平有限，书中难免有不足之处，感谢您在选择本书的同时，也希望您能够把对本书的意见和建议告诉我们。

编者

CONTENTS | 目录

基 础 篇

项 目 篇

基 础 篇

AutoCAD 2013 基础入门

学习目标

- 熟悉 AutoCAD 2013 的界面组成及其坐标系统。
- 会使用对象显示与观察工具。
- 熟悉绘图辅助工具。
- 能够对图层进行创建与管理。

AutoCAD 是 Autodesk 公司的旗舰产品，该软件凭借其独特的优势在 CAD 领域一直处于领先地位，并拥有数百万的用户。AutoCAD 自 1982 年 12 月推出以来，经过将近 30 年的不断发展和完善，使得其操作更加方便，功能更加齐全。通过本章的学习让学生来初步认识 AutoCAD 2013，为以后的实例学习打下基础。

1.1 认识 AutoCAD 2013

学习目标

- 熟悉 AutoCAD 2013 的界面组成。
- 能够对 AutoCAD 2013 的工作空间进行设置。
- 熟悉 AutoCAD 2013 的坐标系统。
- 能够对 AutoCAD 2013 的文件进行管理。

学习内容

1.1.1 工作空间

工作空间即工作环境，初次进入 AutoCAD 2013 工作环境时，会弹出“欢迎”窗口，在该

窗口中，列出了 AutoCAD 2013 的新增功能以及视频教程等，如图 1-1 所示。如果下次打开软件时，不想弹出该窗口，只需将窗口左下角“启动时显示”复选框去掉勾选即可。关闭“欢迎”窗口，进入 AutoCAD 2013 环境，默认的是“草图与注释”工作环境，该环境界面如图 1-2 所示。

AutoCAD 2013 为用户提供了 4 种工作空间模式，分别是“草图与注释”、“三维基础”、“三维建模”及“AutoCAD 经典”。除了软件本身提供的这 4 种工作空间模式外，用户也可以根据需要，设置适合自己的空间模式。选择工作空间模式的方法有以下两种：

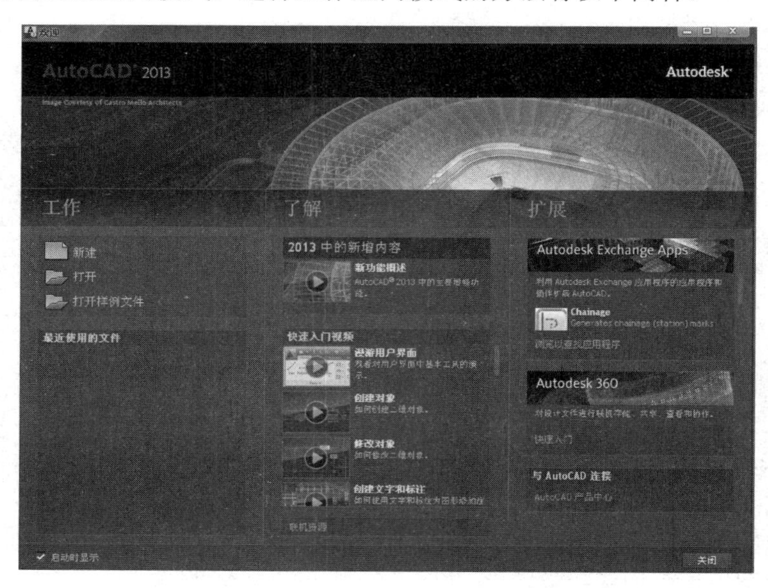

图 1-1　“欢迎”窗口

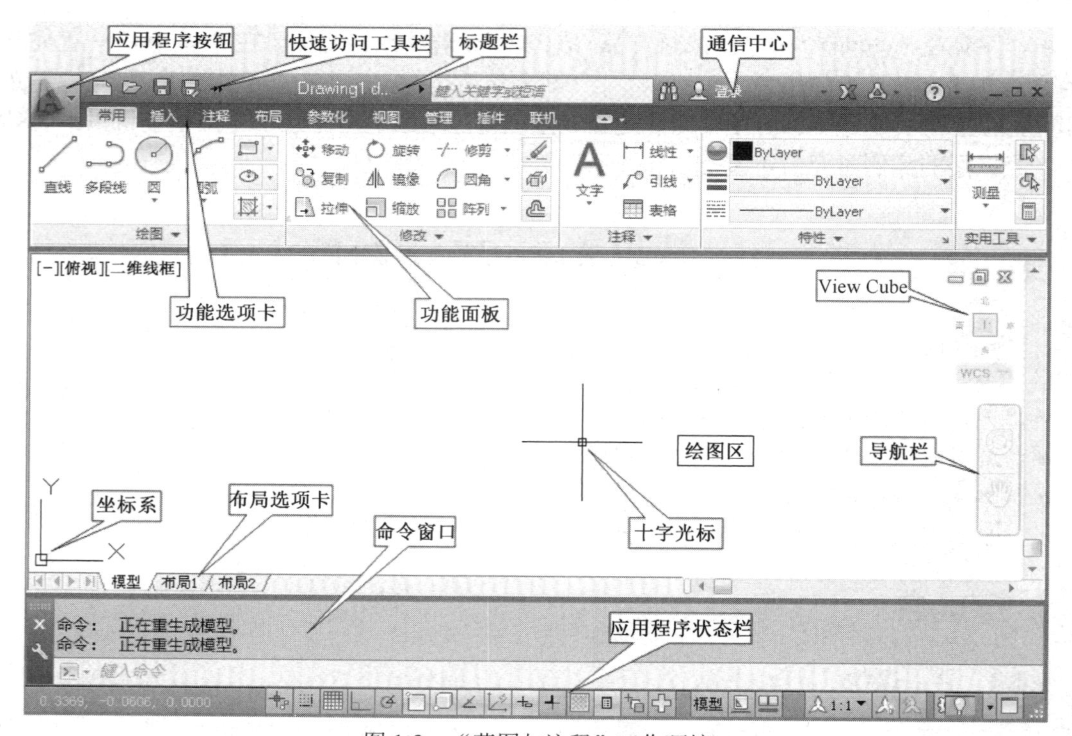

图 1-2　“草图与注释”工作环境

（1）单击“快速访问工具栏”中的工作空间控件 草图与注释 ，弹出“工作空间”下拉菜单，如图 1-3（a）所示，选择不同的空间名称，即可进入相应的工作空间环境。

（2）单击“应用程序状态栏”的“切换工作空间”图标，弹出“工作空间”下拉菜单，如图 1-3（b）所示，选择不同的空间名称，即可进入相应的工作空间环境。

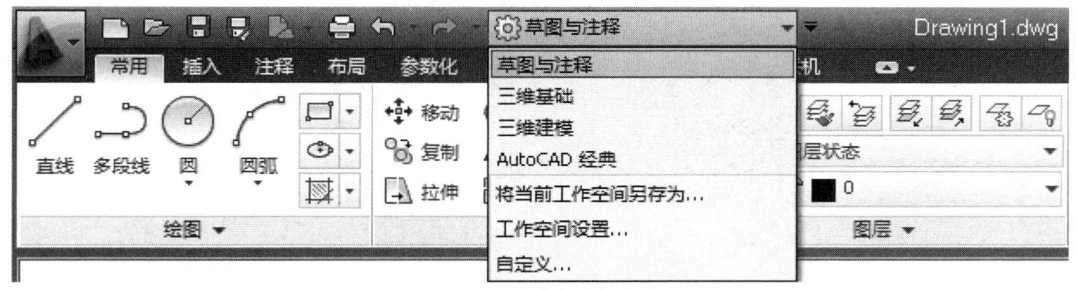

（a）工作空间选择方法 1

（b）工作空间选择方法 2

图 1-3 工作空间的选择

1.1.2 工作界面

下面以图 1-2 所示的“草图与注释”工作环境为例来介绍 AutoCAD 2013 的工作界面。组成该工作界面的元素很多，下面着重介绍其中几个。

1．应用程序按钮

“应用程序”按钮位于界面的左上角。单击该按钮，系统弹出应用程序菜单，如图 1-4 所示。该菜单包含了 AutoCAD 的部分功能，用户选择后可执行相应的操作。

2．快速访问工具栏

快速访问工具栏位于应用程序菜单的右侧，包含了常用的快捷工具按钮，如图 1-5 所示。单击“快速访问工具栏”右侧的下拉箭头，可弹出如图 1-6 所示的下拉菜单，通过此下拉菜单可以对快速访问工具栏进行设置。

3．功能区

功能区位于绘图窗口的上方，由许多常用的面板组成，功能区包含了设计绘图的绝大多数命令，如图 1-7 所示。用户只要单击面板上的按钮，即可激活相应的命令。在功能区可通过右键菜单，对功能区的选项卡及面板进行设置。拖动功能面板标签，也可将其置为浮动状态。

图 1-4　应用程序菜单

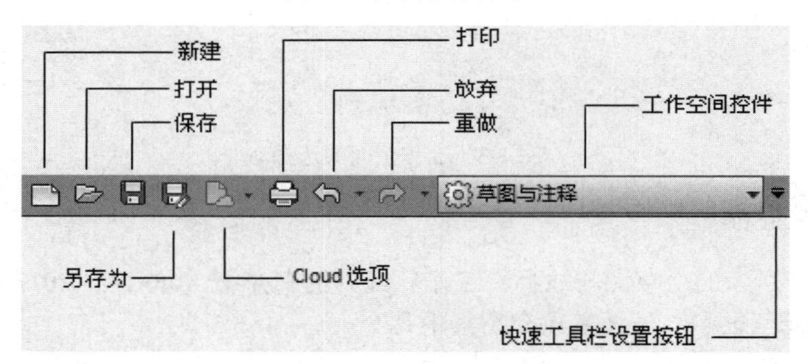

图 1-5　快速访问工具栏

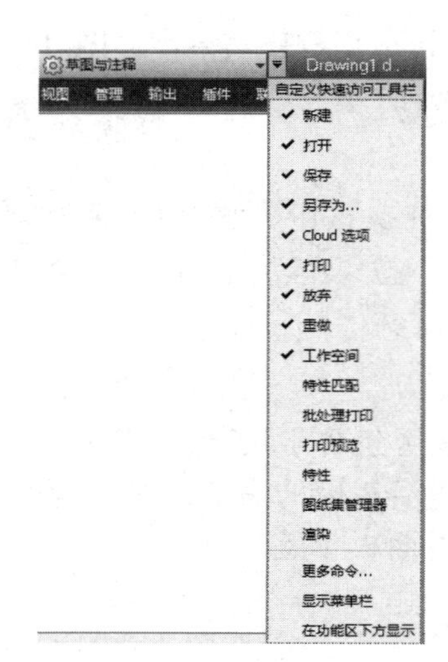

图 1-6　快速访问工具栏设置菜单

图 1-7　功能区

4．绘图区

在 CAD 界面中，绘图区是最大的区域，它是用户进行绘图的主要工作区域。绘图区的左上角是视口、视图及视觉样式的控件，通过该控件可进行视图、视觉样式的切换；左下角是直角坐标系显示标志，用于指示图形设计的平面；绘图区的右上角是图形窗口操作按钮，分别是最小化、最大化和关闭按钮，在 CAD 中若打开多个文件，可通过这些按钮的操作进行图形文件的切换和关闭。

5．布局选项卡

布局选项卡有模型、布局两种模式，一般新建设计图都是在模型空间上进行操作，操作时，通常不限制绘图范围，且使用 1∶1 的比例来绘制图形，如图 1-8（a）所示。

布局方式其实就是图纸空间方式，主要用于注释、图框和出图，图纸空间的尺寸等同于图纸的实际尺寸，如图 1-8（b）所示。

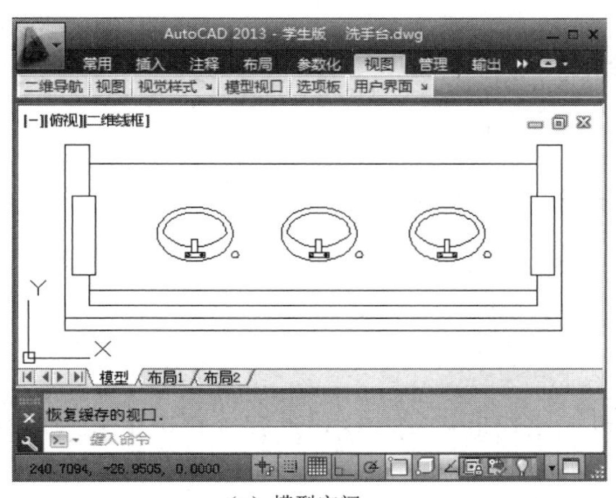

（a）模型空间

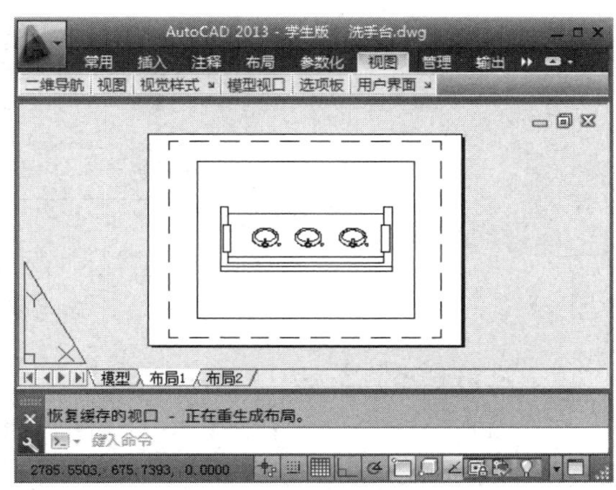

（b）图纸空间

图 1-8　布局选项卡

6．命令窗口

命令窗口位于图形窗口的下面，其默认显示三行命令。AutoCAD 所有的命令都可以在命令窗口实现。例如绘制直线，可直接在命令行输入 Line 或者 L 即可激活直线命令，如图 1-9（a）所示。

命令窗口除了激活命令以外，也是 AutoCAD 软件中人机交互的地方。用户输入命令后，命令窗口会给出下一步的操作提示，并且所有的操作记录过程均记录在命令窗口中。

命令窗口显示的行数可以调节，将光标定位在命令窗口与绘图窗口的分界线上时，光标会变为 ≑ 形状，此时拖动光标，即可调节命令窗口显示命令的行数，如图 1-9（a）所示。

拖动命令行左侧的灰色标题栏处，可以将命令窗口设置为浮动窗口，此时的命令窗口收缩为工具条形式，如图 1-9（b）所示。单击“显示命令历史记录”按钮或者按下 F2 键，AutoCAD 将弹出文本窗口，供用户查阅历史记录，如图 1-9（c）所示。另外命令窗口的关闭与打开也可通过 Ctrl+9 组合键来切换。

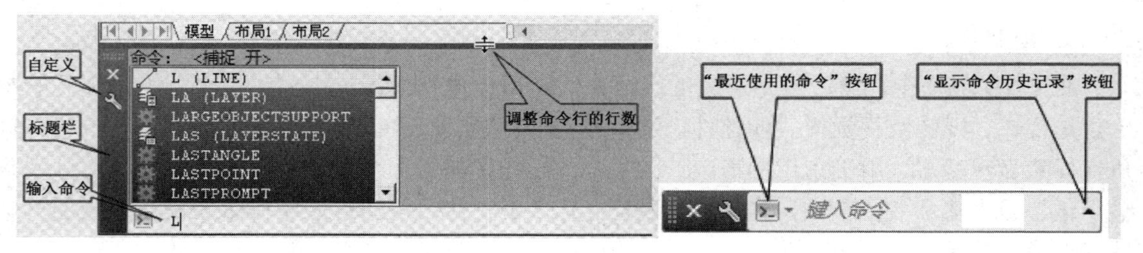

（a）命令窗口　　（b）将命令窗口设置为浮动窗口

```
\temp\Drawing3_1_1_0701.sv$ ...
命令:
命令: ANNOALLVISIBLE
输入 ANNOALLVISIBLE 的新值 <1>: 0
命令: ANNOALLVISIBLE
输入 ANNOALLVISIBLE 的新值 <0>: 1
命令: ANNOAUTOSCALE
输入 ANNOAUTOSCALE 的新值 <-4>: 4
命令:
命令:
命令: _commandline
命令: 指定对角点或 [栏选(F)/圈围(WP)/圈交(CP)]:
命令: *取消*
命令: *取消*
命令:
自动保存到 C:\Documents and Settings\cdb\local settings
\temp\Drawing3_1_1_0701.sv$ ...
命令:
```

（c）显示命令历史记录

图 1-9　命令窗口

7．应用程序状态栏

在 AutoCAD 2013 的状态栏中，绘图辅助工具用来帮助精确绘图；注释工具用来显示注释比例及可见性，如图 1-10 所示。

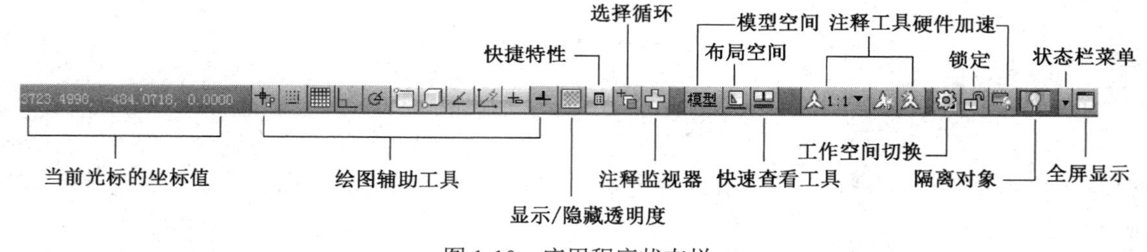

图 1-10　应用程序状态栏

1.1.3　坐标系统

当用户在绘制或编辑图形过程中需要精确定位对象时，必须选定坐标系作为参考，以便精确拾取点的位置。在 AutoCAD 2013 中，坐标系有世界坐标系（WCS）和用户坐标系（UCS）两种。

1．世界坐标系

该坐标系简称 WCS，是 AutoCAD 的默认的坐标系，位于绘图区的左下角。其包括 X 轴、Y 轴和 Z 轴，坐标原点处有一个方框标记，默认情况下世界坐标系如图 1-11（a）所示。

2．用户坐标系

为了更好地辅助绘图，用户可以自己创建坐标系，用户创建的坐标系，称为用户坐标系，简称 UCS，默认情况下，用户坐标系与世界坐标系重合。用户可通过“视图”功能选项卡下的“坐标”功能面板来进行用户坐标系的定义，如图 1-11（b）所示。用户坐标系的原点处没有方框标记，如图 1-11（c）所示。

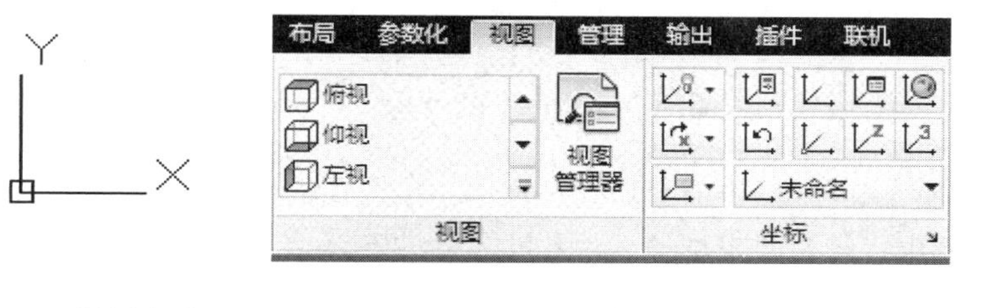

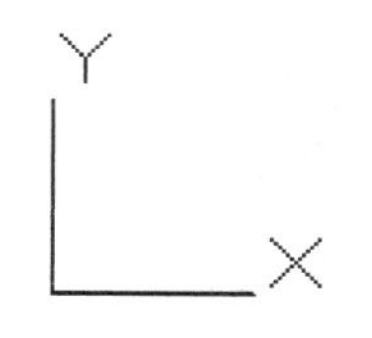

（a）世界坐标系　　（b）坐标功能面板　　（c）用户坐标系

图 1-11　坐标系统

3．点的坐标输入

在 AutoCAD 2013 中，点的坐标输入通常有以下 4 种方法。

（1）绝对直角坐标输入法。该方法是以坐标原点（0,0,0）为基点，来定位其他点的坐标。在绘制二维图形时，只需输入 X、Y 的坐标（中间用英文、半角下的逗号隔开）即可，绘制三维图形时，X、Y、Z 的坐标均需输入。绝对直角坐标的表达方式为（X,Y），例如在绘制如图 1-12 所示的直线时，A、B 两点的坐标，若是采用绝对直角坐标输入法，则命令行内容显示如下：

```
命令: _line
指定第一个点: 1,1
指定下一点或 [放弃(U)]: 3,3
指定下一点或 [放弃(U)]:
```

（2）相对直角坐标输入法。实际绘图中，没有必要固定一个原点，就算固定了原点，也不可能一个个地去计算其他点的坐标，所以绝对直角坐标不常用。我们最常用的是相对直角坐标表示方法，它是相对于某一个点的实际位移。因此在开始绘制图时，第一个点的位置往往并不重要，只需粗略估算即可，但是一旦第一个点的位置确定后，其他点的位置都要由相对于前一个点的位置来确定。相对直角坐标的表达方式为（@X,Y），例如在绘制如图 1-13 所示的直线时，B 点的坐标若采用的是相对直角坐标输入法，则命令行内容显示如下：

```
命令:_line
指定第一个点:1,1
指定下一点或 [放弃(U)]:@3,3
指定下一点或 [放弃(U)]:
```

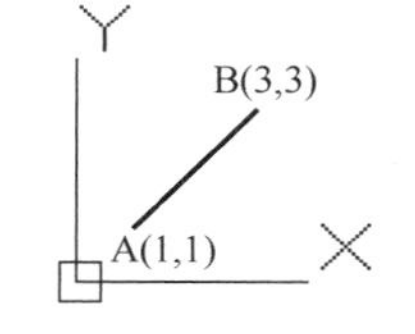

图 1-12　绝对直角坐标输入

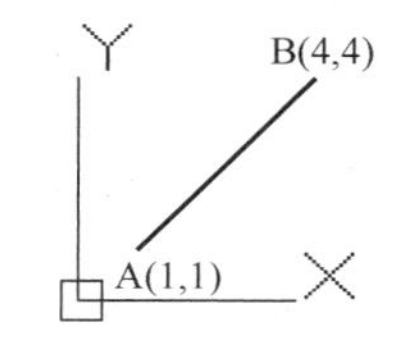

图 1-13　相对直角坐标输入

（3）绝对极坐标输入法。除了在二维直角坐标系中输入点的坐标以外，有时为了绘图方便，采用极坐标的形式来输入点的坐标。极坐标就是通过相对于极点的距离和角度来定义点的坐标，在 AutoCAD 中以逆时针方向为正方向来定义角度，水平向右为 0° 方向。

绝对极坐标以原点为极点，通过半径或角度来确定点的位置。绝对极坐标的表达方式为：（半径<角度），例如在绘制如图 1-14 所示的直线时，A、B 两点的坐标若采用的是绝对极坐标输入法，则命令行内容显示如下：

```
命令： _line
指定第一个点： 30<45
指定下一点或 [放弃（U）]： 30<-45
指定下一点或 [放弃（U）]：
```

同样道理，在实际绘图中，绝对极坐标输入法很少采用，因为我们不可能去计算每一个点到原点的距离。

（4）相对极坐标输入法。相对极坐标输入法是以上一个点作为极点，通过相对的半径和角度来确定点的位置。相对极坐标的表达方式为：（@半径<角度），例如在绘制如图 1-15 所示的直线时，A、B 两点的坐标若是采用的相对极坐标输入法，则命令行内容显示如下：

```
命令： _line
指定第一个点： 0<0
指定下一点或 [放弃（U）]： @30<45
指定下一点或 [放弃（U）]： @30<-90
指定下一点或 [闭合（C）/放弃（U）]：
```

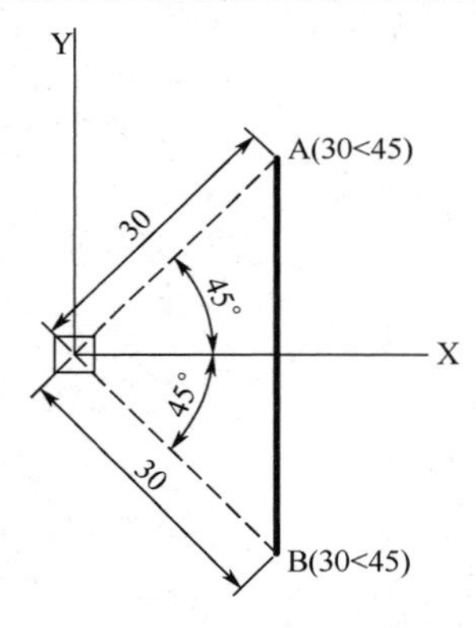

图 1-14　绝对极坐标输入

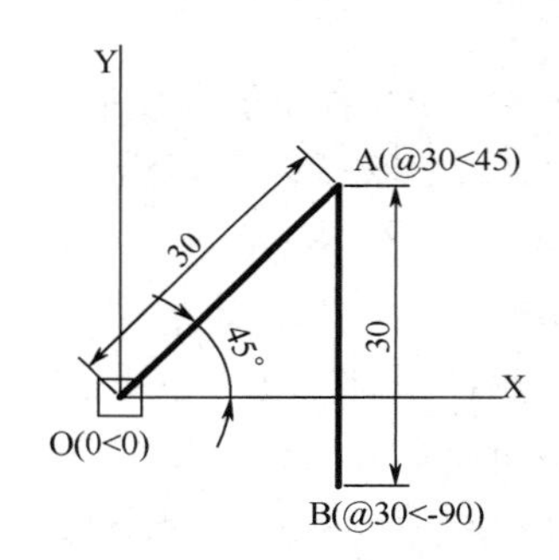

图 1-15　相对极坐标输入

1.1.4　AutoCAD 的图形文件管理

AutoCAD 中文件的管理包括图形文件的新建、打开、保存及输出等。

1．新建图形文件

新建图形文件的具体方法有以下几种。

（1）单击“快速访问工具栏”上的“新建”按钮。

（2）在应用程序菜单中，单击“新建”图标，选择“图形”选项，如图 1-16 所示。

（3）在命令行输入“new”，并按 Enter 键进行确认。

（4）按 Ctrl+N 组合键。

采用上述方法执行新建命令后，弹出“选择样板”对话框，如图 1-17 所示。选择一个样板文件，单击“打开”按钮，即可创建新的图形文件。

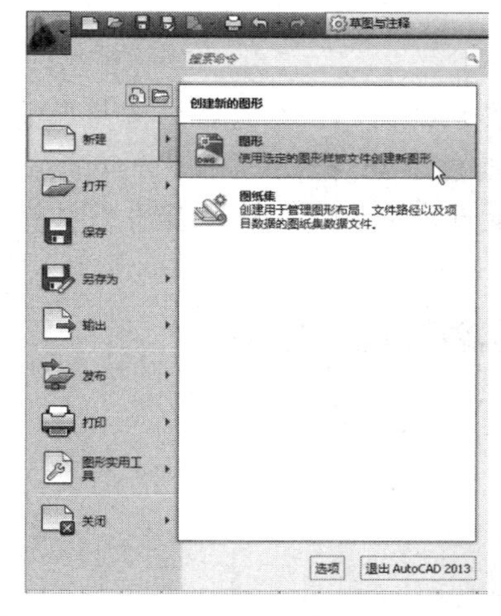

图 1-16　应用程序菜单新建图形文件

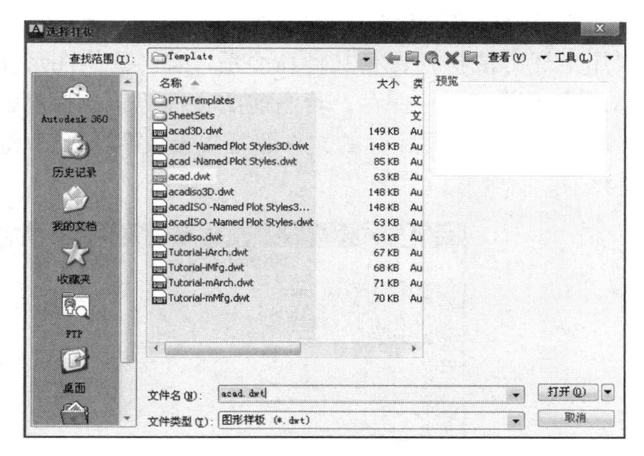

图 1-17　“选择样板”对话框

2．打开图形文件

打开图形文件的具体方法，有以下几种：

(1) 单击快速访问工具栏上的“打开”按钮。

(2) 在应用程序菜单中，单击“打开”按钮，选择相应的文件类型，如图 1-18 (a) 所示。

(3) 在命令行输入“open”，并按 Enter 键进行确认。

(4) 按 Ctrl+O 组合键。

采用上述方法执行打开文件命令后，弹出“选择文件”对话框，如图 1-18 (b) 所示。找到你要打开的文件，单击“打开”按钮即可。

(a) 应用程序菜单打开图形文件

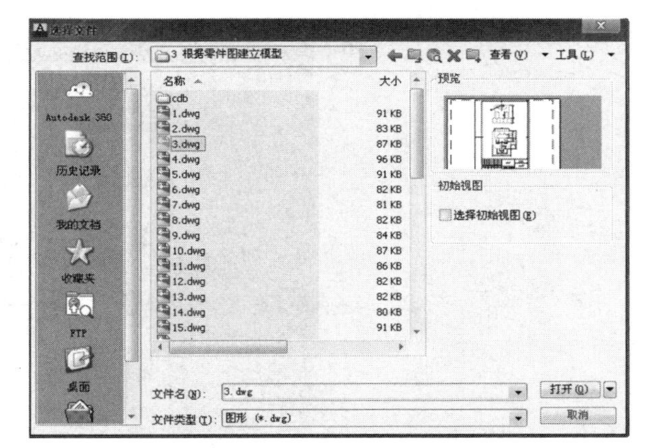

(b) “选择文件”对话框

图 1-18　打开图形文件

3．保存图形文件

保存图形文件的具体方法有以下几种。

（1）单击快速访问工具栏上的“保存”按钮。

（2）在应用程序菜单中，单击“保存”按钮。

（3）在命令行输入“qsave”，并按 Enter 键进行确认。

（4）按 Ctrl+S 组合键。

采用上述方法执行保存文件命令后，若当前的图形文件已经命名保存过，则按照当前文件的名称及路径进行文件保存。若当前的文件第一次保存，则会弹出“图形另存为”对话框，如图 1-19 所示。选择要保存的文件路径以及文件类型，将文件命名后，单击“保存”按钮即可将文件保存。

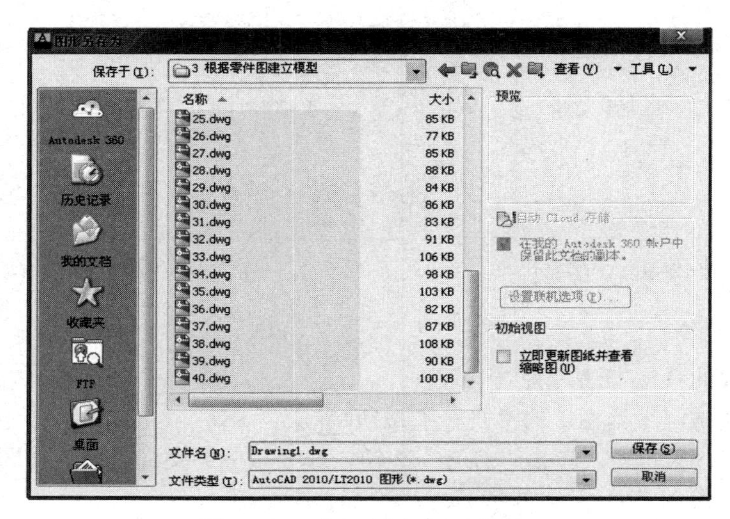

图 1-19　“图形另存为”对话框

4．图形文件的输出

在应用程序菜单中，单击“输出”按钮后，选择相应的图形格式将其输出即可，如图 1-20 所示。

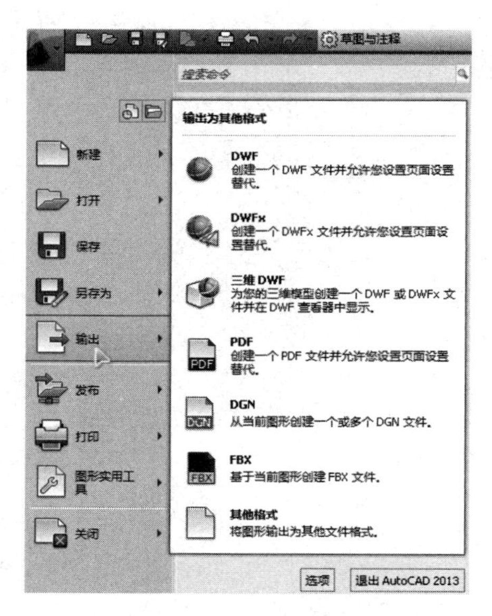

图 1-20　图形输出格式

1.2 对象与观察工具

学习目标

- 掌握 AutoCAD 2013 中鼠标的使用方法。
- 掌握 AutoCAD 2013 中对象的选择方法。
- 掌握 AutoCAD 2013 中缩放与平移工具使用方法。
- 学会使用 View Cube 工具。

学习内容

1.2.1 鼠标的使用

鼠标是计算机外部设备中十分重要的硬件之一，在可视化的操作环境下，用户与 AutoCAD 交互操作时，几乎全部利用鼠标来完成。如何使用鼠标，直接影响到用户的设计效率。使用三键鼠标可以完成各种功能：包括选择菜单、旋转视角、物体缩放等。具体使用方法如下。

1．移动鼠标

鼠标经过某一工具按钮时，该工具按钮会高亮显示。例如，鼠标在绘图工具栏的“直线”工具按钮上悬停时，会弹出该工具按钮的说明对话框，如图 1-21 所示。

2．鼠标左键操作

在 AutoCAD 2013 中单击或双击鼠标均用于选择对象，区别是，双击对象时会弹出该对象的属性对话框。对象在选择后会显示几个关键点，称为“夹持点”，通过对夹持点的操作，可编辑选择对象。图 1-22 所示就是图形中某一条直线被选择后所显示的状态。

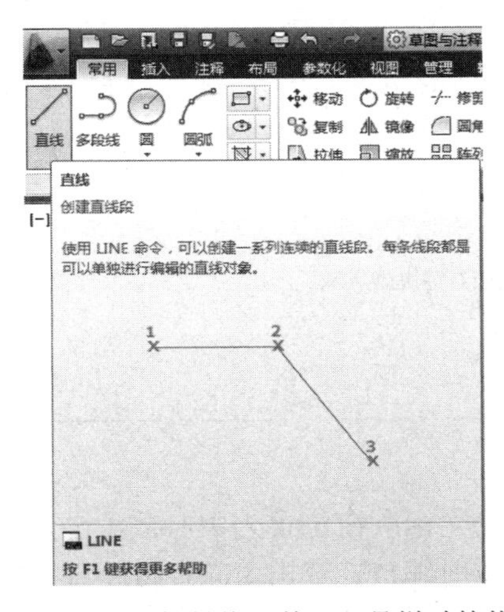

图 1-21 鼠标悬停于某一工具栏时的状态

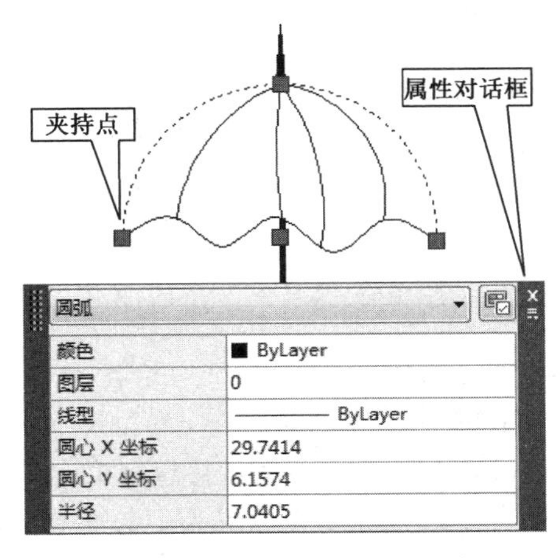

图 1-22 单击鼠标选择对象

3．鼠标右键操作

在 AutoCAD 2013 中的不同区域右击，会显示不同的右键快捷菜单。图 1-23（a）、（b）所示就是分别在绘图区、工具面板上的右键快捷菜单。

说明

在 AutoCAD 2013 的绘图区，若按下 Ctrl 键或者 Shift 键的同时，再单击鼠标右键，则弹出对象捕捉工具菜单，如图 1-23（c）所示。

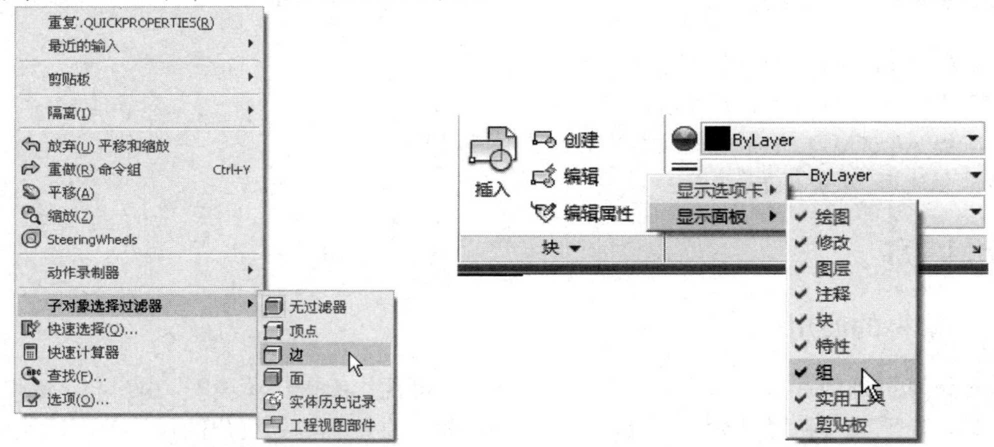

（a）在绘图区弹出的右键快捷菜单　　（b）在工具面板上弹出的右键快捷菜单

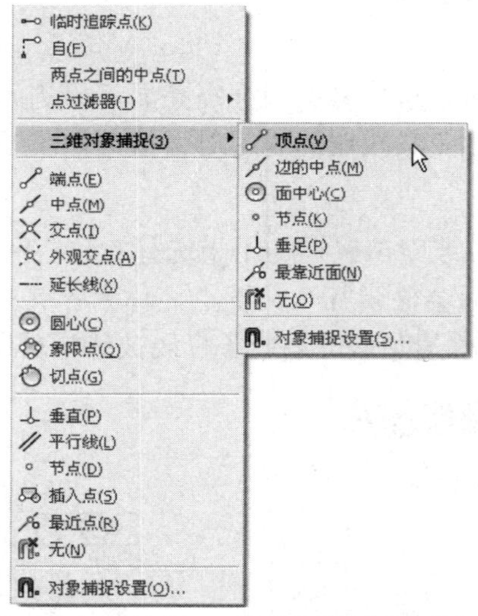

（c）按下 Ctrl 键或 Shift 键时弹出的右键快捷菜单

图 1-23　右键快捷菜单

4．鼠标滚轮

在 AutoCAD 2013 中的绘图区，向上滑动滚轮，会以光标所在位置为中心放大图形；向下滑动滚轮，会以光标所在位置为中心缩小图形，类似于实时缩放。双击滚轮，可将整个图形充满绘图区，等同于范围缩放。

按下滚轮后，鼠标光标会变成小手的形状，如图 1-24（a）所示，此时拖动鼠标，会平移绘图区中的图形。在按下滚轮的情况下，如果按下 Shift 键的同时拖动鼠标，图形只能在 X 轴或者 Y 轴方向移动。

如果先按下 Shift 键，再按下滚轮，拖动鼠标会旋转视图界面；如图 1-24（b）所示。该方法一般在三维环境下进行三维模型的观察；若先按下 Ctrl 键，再按下滚轮，拖动鼠标会将当前图形进行动态平移，如图 1-24（c）所示。

（a）按下滚轮时状态

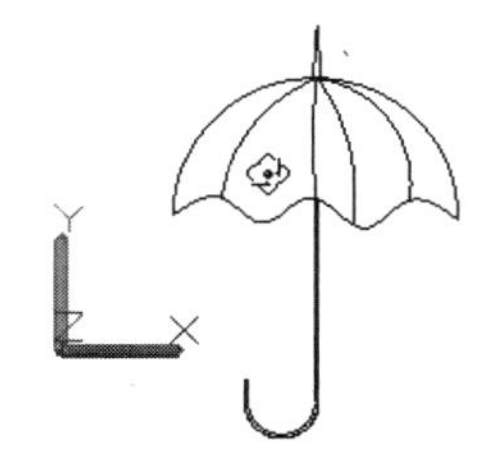

（b）按下 Shift 键+滚轮时状态

（c）按下 Ctrl 键+滚轮时状态

图 1-24　不同情况下按下滚轮时的状态

1.2.2　对象的选择

用户在绘制和编辑图形时，经常需要选择对象，然后对所选对象进行编辑操作。选择对象的方法很多，常用的有单选、窗选、快速选择、栏选等多种方法，在这里重点介绍常用的几种。

1．单选

单击要选择的对象，即可将其选择，多次单击可选择多个对象，该方法用来选择图形中不连续的对象。若要取消已选择的对象，只需在按下 Shift 键的同时，再次单击要取消选择的对象即可。

2．窗选

若选择多个对象时，可采用窗选的方式进行对象选择，所谓窗选，就是用鼠标在绘图区拉出一个矩形选择框，被矩形框选中的对象则被选择，如图 1-25（a）所示。

当矩形选择框是从左到右拉出的时候，矩形背景是浅蓝色的，此时只有完全在矩形框内的对象，才被选中，如图 1-25（b）所示。

当矩形选择框是从右到左拉出的时候，矩形背景是浅绿色的，此时与矩形框相交的对象和在矩形框内的对象就会被全部选中，如图 1-25（c）所示。

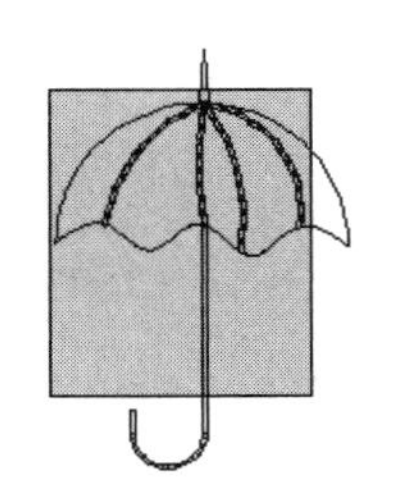

（a）窗选的矩形窗口

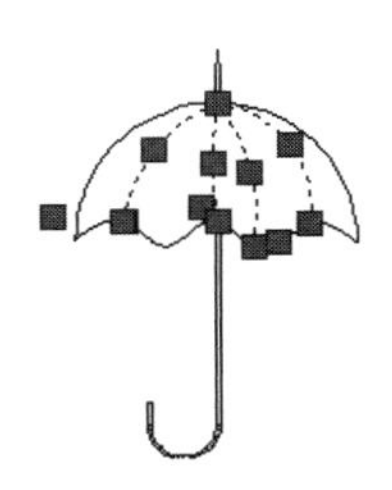

（b）从左往右窗选

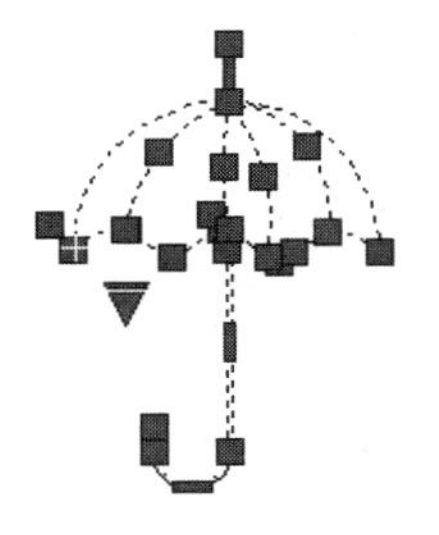

（c）从右往左窗选

图 1-25　窗选对象

3．快速选择对象

在 AutoCAD 2013 中，用户还可以使用“快速选择”对话框来选择对象，快速选择命令根据所选对象的类型和特性建立过滤规则来选择对象，满足过滤规则的对象自动被选中。

在绘图区右击，在弹出的快捷菜单中选择“快速选择”选项，弹出“快速选择”对话框，在该对话框中可对图形的类型、特性进行选择，并可对图形的特性进行布尔运算，如图 1-26 所示。

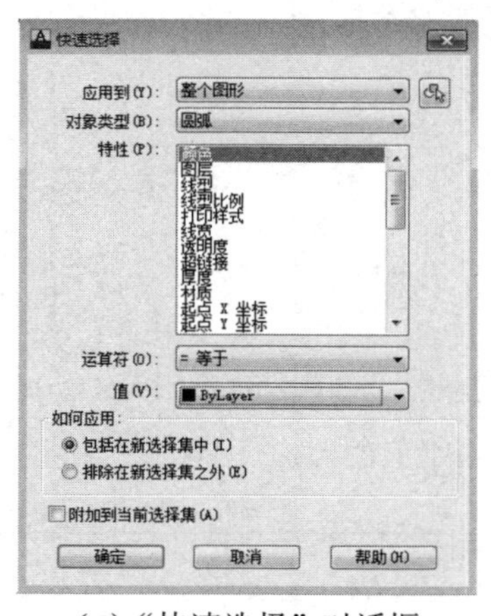

（a）“快速选择”对话框

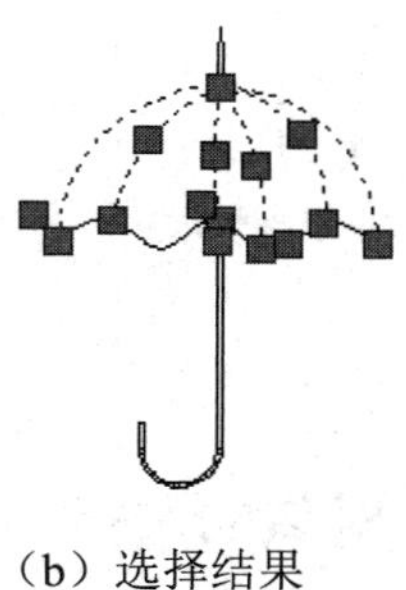

（b）选择结果

图 1-26　快速选择对象

1.2.3　缩放与平移工具

在应用 AutoCAD 2013 的过程中，界面经常需要移动或放大范围，有时用户需要看到整个界面，有时只需要看到某个局部区域，使用缩放或平移工具可以方便用户看到不同的界面范围。

大部分时间，都是用鼠标滚轮来控制绘图界面的显示，这个在前面已经学习过。其他的缩放工具位于“视图”菜单栏下的“二维导航”工具面板上，如图 1-27 所示。除此以外，用户也可以使用图形区右侧的导航栏，进行平移或缩放图形，如图 1-28 所示。导航栏的关闭与打开控制，在“视图”菜单栏下的“用户界面”工具面板上，如图 1-29 所示。

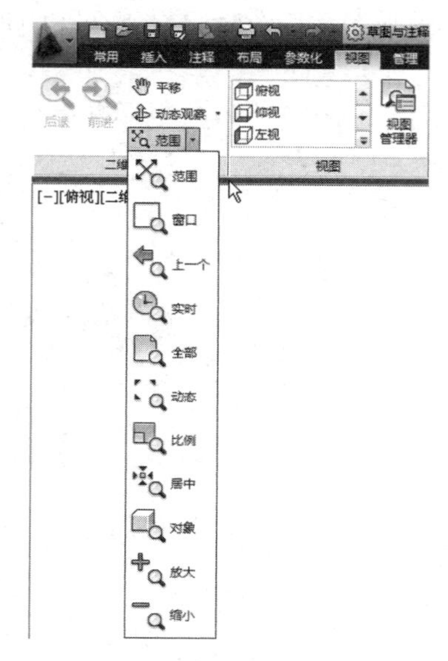

图 1-27　“视图”选项卡下的平移缩放工具

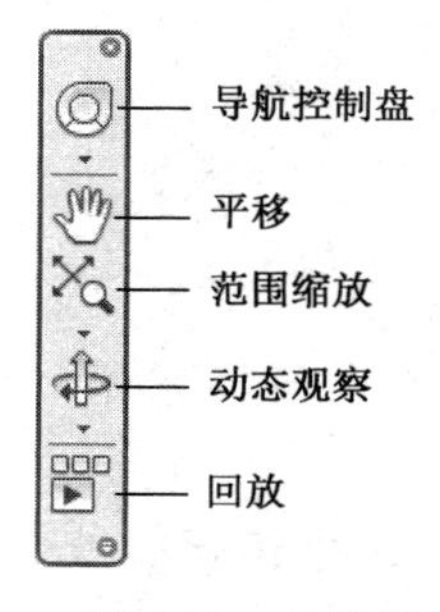

图 1-28　导航栏

图 1-29 “视图”选项卡下的用户界面工具面板

1．平移

使用平移命令，可以改变视图中心的位置，将图形在绘图区的适当位置显示。其操作方式有以下几种。

（1）功能区：进入“视图”功能选项卡，单击“二维导航”工具面板上的平移图标 。

（2）导航栏：单击导航栏上的平移图标。

（3）鼠标滚轮：按下鼠标的滚轮并拖动。

（4）命令区：输入平移命令 PAN 或者 P，然后按下 Enter 键进行确认。

（5）右键菜单：在图形区中右击，在弹出的快捷菜单中选择“平移”选项，如图 1-30 所示。

执行“平移”命令后，鼠标光标变成小手的形状，用户可以在各个方向上拖动图形，将窗口移动到所需要的位置。因此在观察图形的不同位置时，可以使用该功能调整图形到需要显示的位置。在执行平移命令过程中单击鼠标右键，弹出的右键快捷菜单，可以切换到其他选项，也可以选择“退出”命令用以结束“平移”命令，如图 1-31 所示。

图 1-30 选择“平移”选项

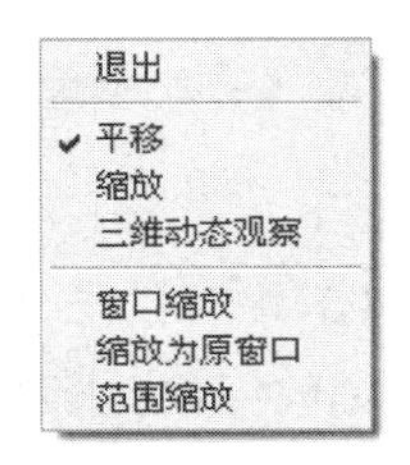

图 1-31 执行平移命令过程中的右键快捷菜单

说明

结束“平移”命令，除了在右键菜单中选择“退出”命令外，也可以通过按下 Enter 键或者 Esc 键用以结束“平移”命令。需要特别说明一点的是：执行“平移”命令跟拖动滚动条的效果是一致的，实际上并没有移动图形，只是改变了界面显示位置。

2．实时缩放

进入“视图”功能菜单，打开“二维导航”工具面板上的“缩放”下拉菜单，单击“实时缩放”按钮 实时 ，此时鼠标光标变为形状，按住鼠标左键并拖曳，向上拖曳放大比例，向下拖曳缩小比例。按下 Enter 键或者 Esc 键即可退出“实时缩放”命令。

说明

执行“实时缩放”命令后，在缩放过程中，图形与坐标系图标会一起缩放，而前面提到的滑动鼠标滚轮进行实时缩放时，只缩放图形，坐标系图标的大小不变。

3．窗口缩放

窗口缩放就是在当前图形中拉一个矩形区域，将该区域所包含的所有图形放大到整个屏幕。进入“视图”功能菜单，打开“二维导航”工具面板上的“缩放”下拉菜单，单击“窗口缩放”按钮 窗口 ，此时鼠标光标变为“十”字形状，确定窗口缩放区域，用鼠标拾取矩形区域的两个角点，拖出一个矩形框，CAD 就将矩形窗口内的图形放大到整个图形区，如图 1-32 所示。

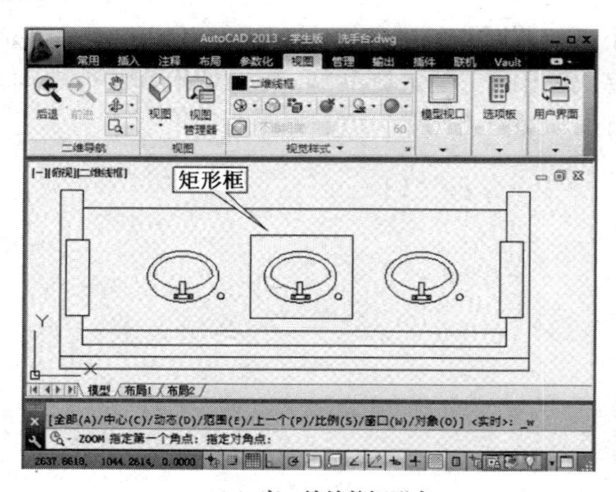

（a）窗口缩放的矩形窗口

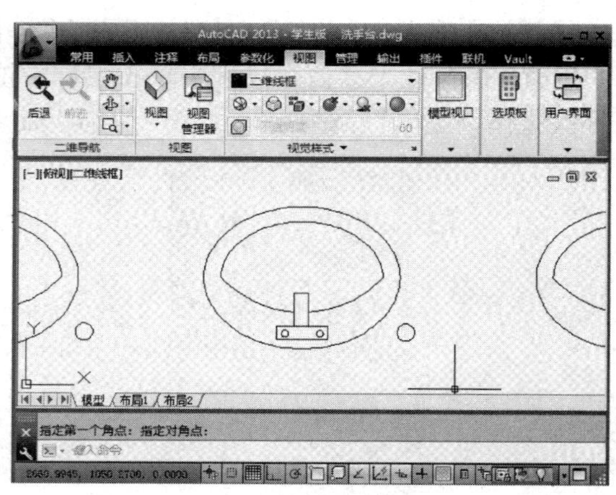

（b）窗口缩放后的效果

图 1-32　窗口缩放

4．其他缩放工具

除了前面介绍的缩放功能外，AutoCAD 2013 也为用户提供了其他的缩放功能，调用其他缩放工具的方法有以下几种。

（1）在“视图”功能菜单下，“二维导航”工具面板上的“缩放”下拉列表中。

（2）在导航栏中，默认情况下，导航栏位于绘图区右侧。单击导航栏上缩放功能的下拉菜单按钮，弹出下拉列表，可进行缩放功能选择，如图 1-33 所示。

（3）在命令行输入“ZOOM”或者“Z”，并按下 Enter 键确认。此时在命令行可列出各种缩放功能，命令行内容如下：

```
ZOOM
指定窗口的角点，输入比例因子（nX 或 nXP），或者
```

[全部（A）/中心（C）/动态（D）/范围（E）/上一个（P）/比例（S）/窗口（W）/对象（O）] <实时>：*取消*

1.2.4 View Cube 工具

View Cube 工具是一种导航工具，默认情况下，其位于图形区的右上角，它可以在二维模型空间或三维视觉样式中处理图形时显示，如图 1-34 所示。

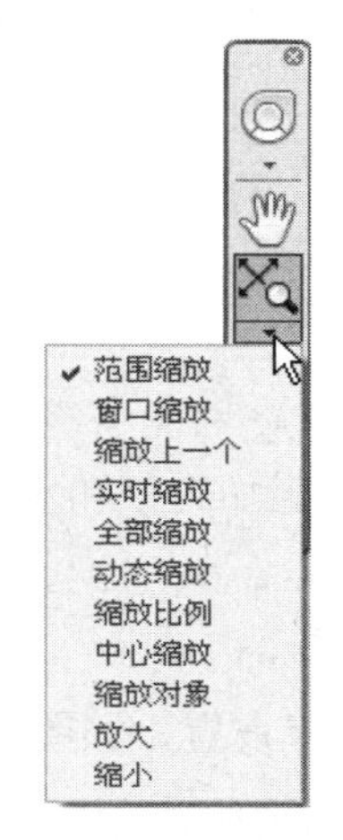

图 1-33 导航栏缩放下拉列表

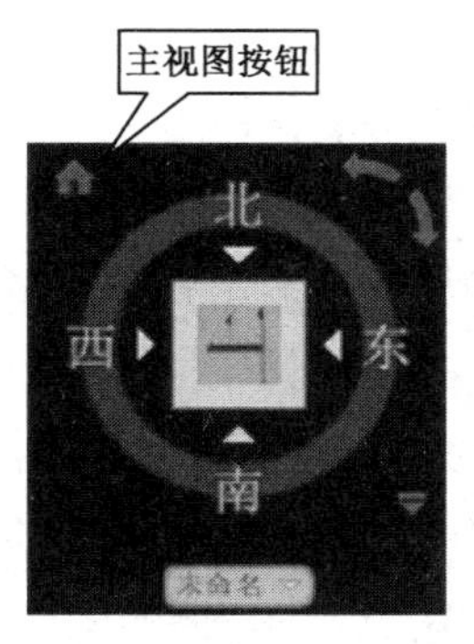

图 1-34 View Cube 工具

默认情况下，View Cube 工具是不活动的，当把光标放置在 View Cube 工具上后，View Cube 工具变为活动状态，通过单击或拖曳 View Cube，可以切换或旋转当前视图。单击“主视图”按钮，可以将图形切换到自定义的基础视图，如图 1-35（a）所示；单击正方体的面，可以将图形切换到平行视图，如图 1-35（b）所示；单击正方体的某个角，可以将图形切换到等轴测视图，如图 1-35（c）所示。

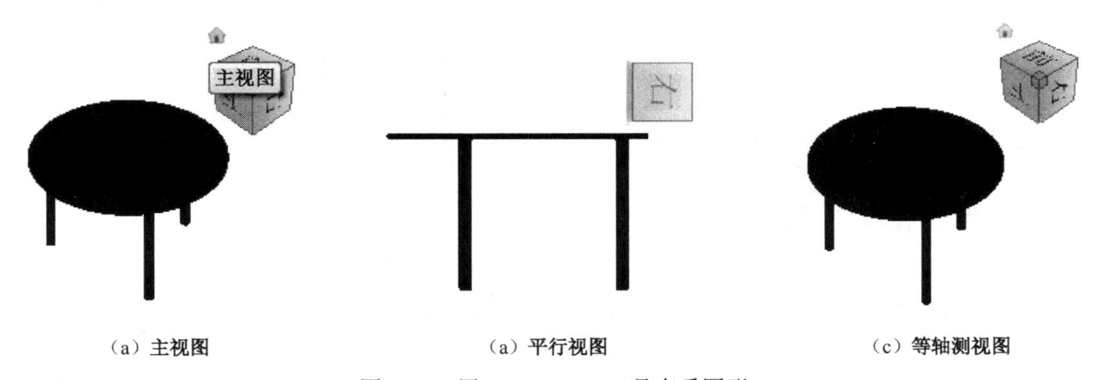

（a）主视图　（a）平行视图　（c）等轴测视图

图 1-35 用 View Cube 工具查看图形

纵观以上，View Cube 具有如下几个主要的附加特征。

（1）始终位于屏幕上图形窗口的一角。

（2）在 View Cube 上按住左键并拖动鼠标可以旋转当前模型，方便用户进行动态观察。

（3）提供了“主视图”按钮，以便快速返回用户自定义的基础视图。

（4）在平行视图中提供了旋转箭头，使用户能够以 90° 为增量，垂直于屏幕旋转图形。

1.3 精确绘图

学习目标

- 学会绘图环境的设置。
- 能够对绘图辅助工具进行设置。

学习内容

1.3.1 设置绘图环境

AutoCAD 2013 安装后首次运行，绘图区的背景、光标大小、靶框大小等配置都是系统默认配置，这些配置可能跟用户的习惯或工作要求不相符，为了创建更加方便和实用的操作界面，用户可以对这些常用配置进行设置。

1．系统参数的配置

对于大部分绘图环境的设置，用户可通过“选项”对话框进行设置，如图 1-36 所示。

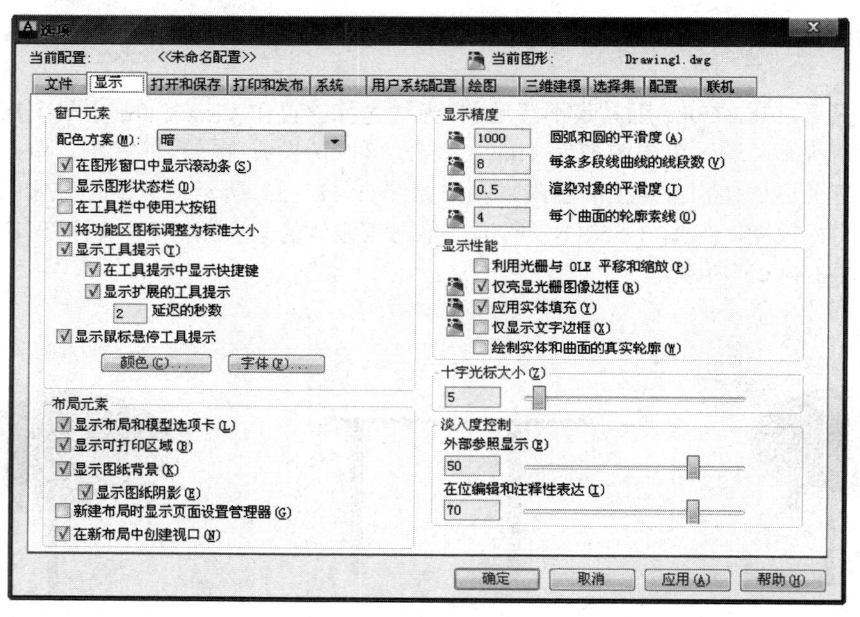

图 1-36 “选项”对话框

打开“选项”对话框的常用方法有以下三种。

第一种是在应用程序菜单中，单击“选项”按钮即可，如图 1-37（a）所示。

第二种是在绘图区或者命令行中右击，在弹出的快捷菜单中选择“选项”选项即可，如图 1-37（b）所示。

第三种是直接在命令行输入“OPtions”或者“OP”，然后按 Enter 键，即可打开“选项”对话框。

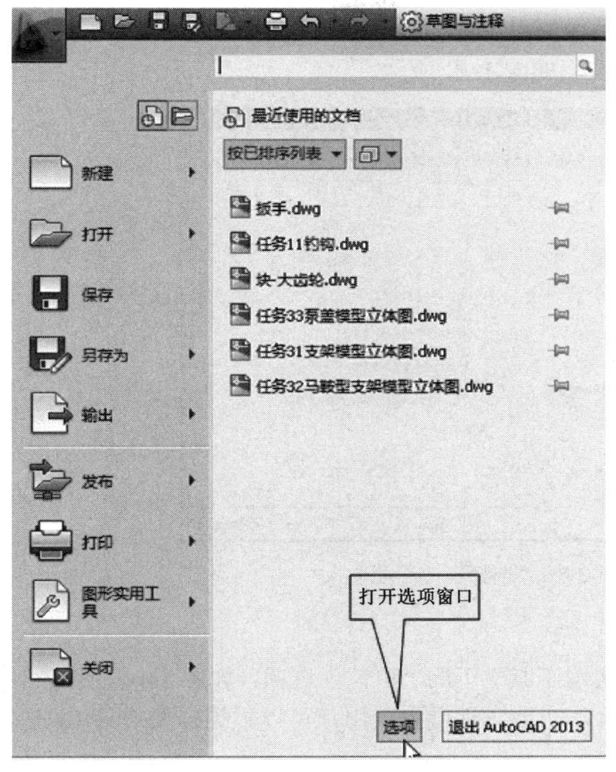

(a) 应用程序菜单打开“选项”对话框

(b) 绘图区右键单击打开“选项”对话框

图 1-37 打开“选项”对话框的方法

下面将“选项”对话框中常用的几项进行简单介绍。

(1) 显示配置。在“选项”对话框的“显示”选项卡下，可以对绘图环境的背景颜色、命令行字体、十字光标大小等进行设置，如图 1-36 所示。

(2) 绘图配置。在“选项”对话框的“绘图”选项卡下，可以对自动捕捉、自动追踪进行相关的设置。例如，靶框的颜色、自动捕捉标记大小、靶框大小等，如图 1-38 所示。

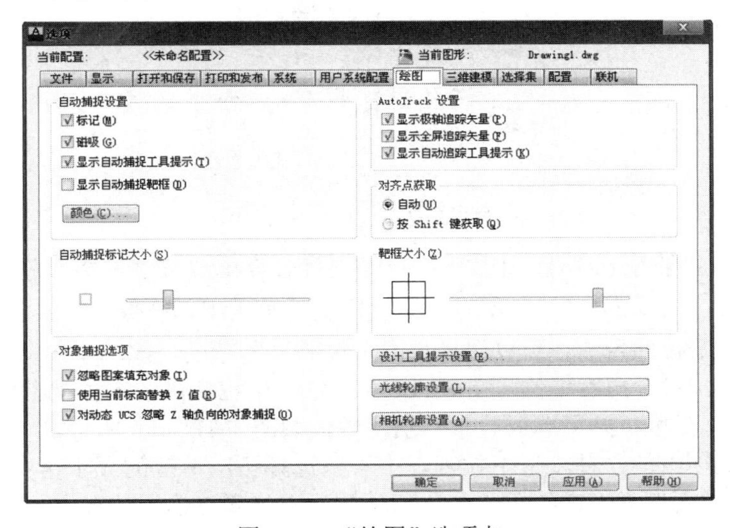

图 1-38 “绘图”选项卡

（3）选择集配置。在“选项”对话框的“选择集”选项卡下，可以对拾取框的大小、夹点的大小、颜色、区域等进行相关的设置，如图 1-39 所示。

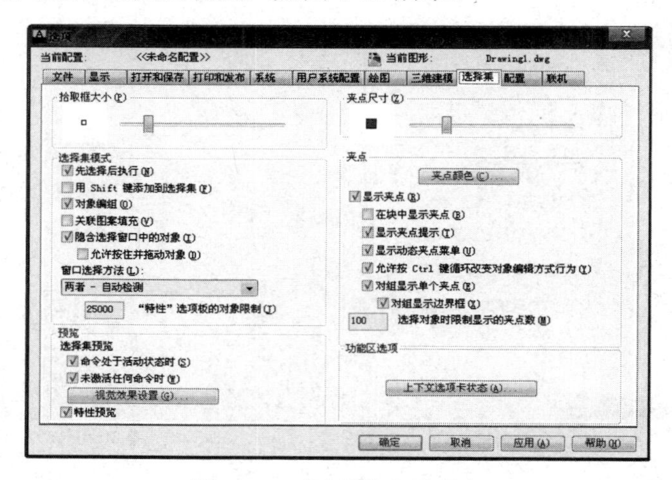

图 1-39　“选择集”选项卡

2．设置绘图单位

在应用程序菜单中，选择“图形实用工具”下的“单位”选项，如图 1-40 所示。弹出“图形单位”对话框，如图 1-41（a）所示，在该对话框中，用户可以根据需要进行绘图单位和精度的设置。

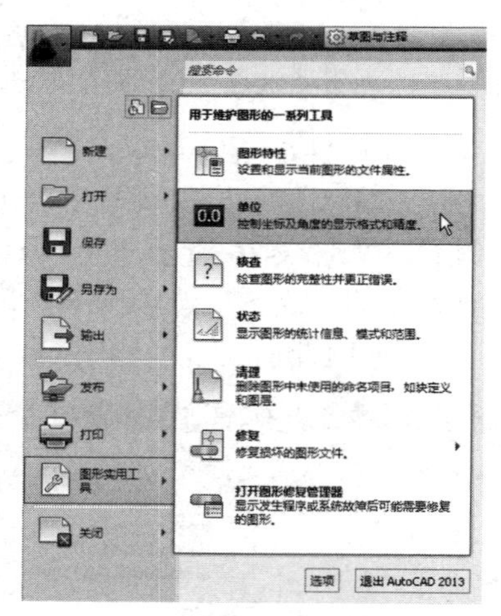

图 1-40　打开图形单位对话框

（1）长度单位。在 AutoCAD 2013 中提供了 5 种长度单位可供选择，分别是分数、工程、建筑、科学、小数，如图 1-41（b）所示。一般情况下都采用“小数”的长度单位。在“长度”选项组的“精度”下拉列表中，可以选择长度单位的显示精度，如图 1-41（c）所示。

（2）角度单位。对于角度单位，在 AutoCAD 2013 中也提供了 5 种类型可供选择，分别是百分度、度/分/秒、弧度、勘测单位、十进制度数，如图 1-41（d）所示。

在“角度”选项组的“精度”下拉列表中可以选择角度单位的显示精度，通常选择“0”。“顺时针”复选框指定角度查询的正方向，默认情况下该复选框不被选中，即采用逆时针方向为正方向。

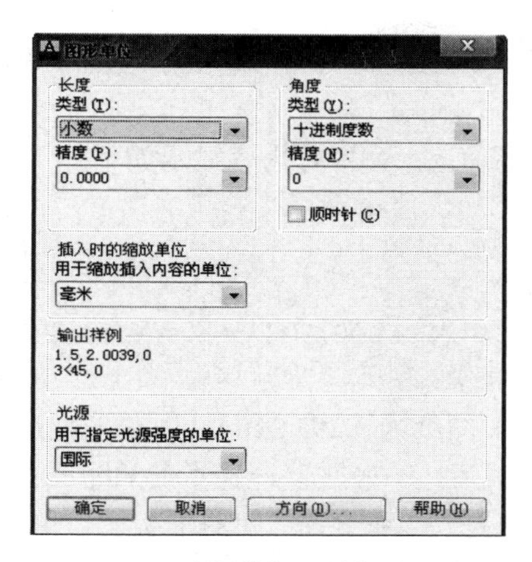

(a)“图形单位”对话框

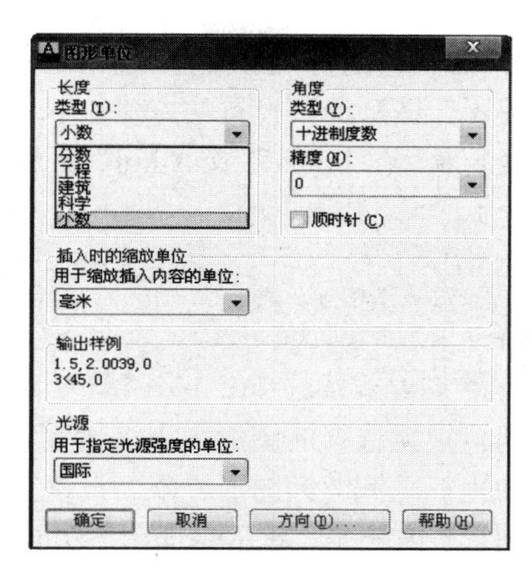

(b)选择长度类型

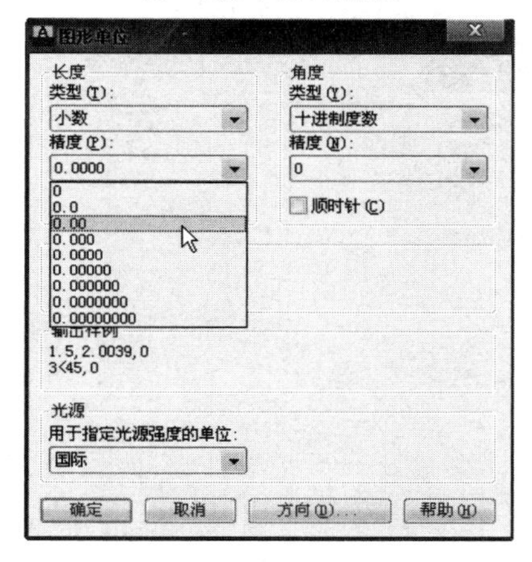

(c)选择长度精度类型

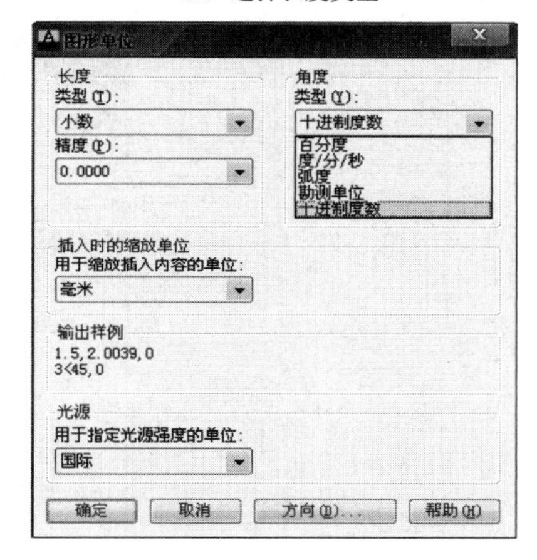

(d)选择角度类型

图 1-41 图形单位设置

(3)方向设置。单击“图形单位”对话框底部的“方向”按钮，可弹出“方向控制”对话框，如图 1-42 所示。在该对话框中，可以定义起始角度的方向，通常默认“东”即水平向右为 0° 角方向。

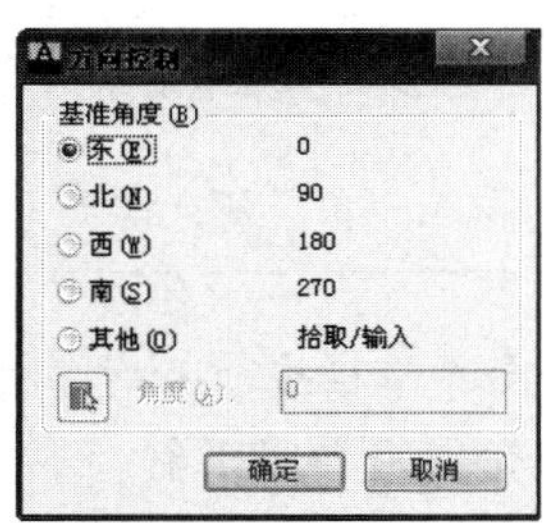

图 1-42 “方向控制”对话框

3. 设置绘图界限

在 AutoCAD 2013 中进行设计和绘图的工作环境是无限大的，称为模型空间，在模型空间中进行设计，可以不受图纸大小的约束，一般采用 1∶1 的比例进行设计。但实际绘图中，我们希望在标准图幅尺寸上进行绘图，因此就需要对绘图区域进行设置，即图形界限的设置。进行了图形界限设置并打开图形界限边界检验功能后，一旦绘制的图形超出了绘图界限，系统会自动发出提示。图形界限设置的方法如下。

在命令行输入“limits”或“limi”并按 Enter 键确认，命令行内容显示如下：

```
命令: limi
LIMITS
重新设置模型空间界限:
指定左下角点或 [开(ON)/关(OFF)] <0.0000,0.0000>: (默认原点是左下角点)
指定右上角点 <297.0000,210.0000>:(输入297,210作为图形右上角点坐标，回车键确认)
```

右上角点根据选择的图纸大小来设置，比如 A4 图纸为（297,210）。由左下角点跟右上角点所确定的矩形区域即为图形界限。设置完图形界限后，一般需要选择“全部缩放”命令，来观察整个图形。方法是：进入“视图”功能菜单栏，在“二维导航”工具面板上，单击“范围”缩放图标 范围 上的下拉箭头，在下拉菜单中选择“全部”缩放按钮 全部，如图 1-43 所示。

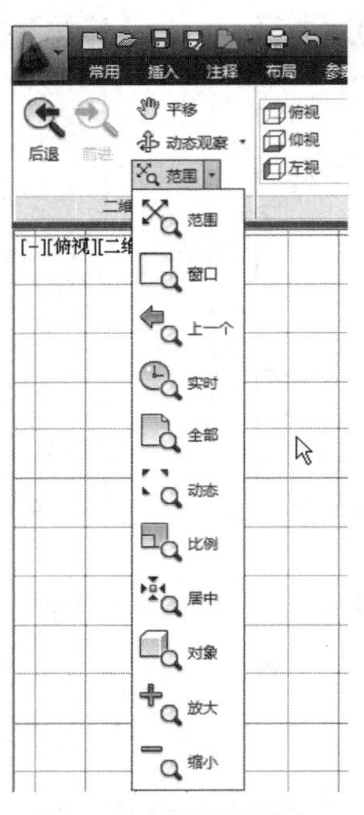

图 1-43　范围缩放

在 AutoCAD 2013 中，只有在绘图界限检查打开时，才限制将图形绘制到图形界限外，若关闭绘图界限检查，绘制的图形将不受图形界限限制。

1.3.2　绘图辅助工具

在 AutoCAD 2013 中用来精确绘图的辅助工具位于状态栏上，如图 1-44 所示。下面将重点介绍常用的几项。

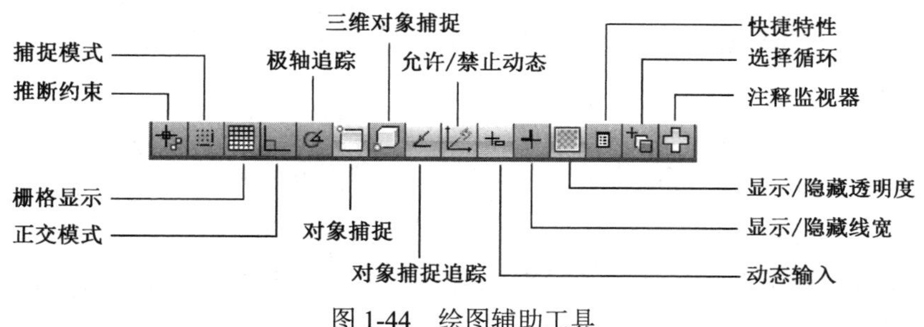

图 1-44 绘图辅助工具

1．对象捕捉

用户在绘图时，尽管用鼠标定位比较方便，但是精度不高，为了解决精确定位问题，AutoCAD 2013 提供了对象捕捉工具。使用对象捕捉，可以精确定位现有图形对象的特征点，例如直线的端点、中点；圆心、切点等，如图 1-45 所示。对象捕捉要想生效必须满足两个条件。

（1）首先打开绘图辅助工具栏上的对象捕捉开关图标 ▢ 或者按下 F3 键。

（2）其次在命令行提示输入点的位置。

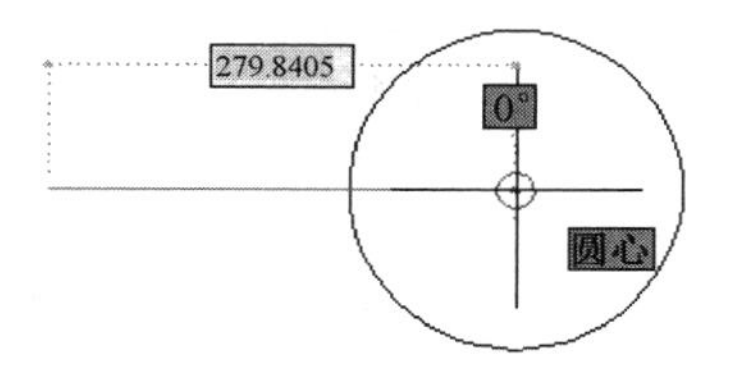

图 1-45 对象捕捉示例

使用对象捕捉功能之前，有必要对其进行设置，方法是：在状态栏的“对象捕捉”图标上，单击鼠标右键，在弹出的快捷菜单中选择“设置”选项，如图 1-46 所示。在弹出的“草图设置”对话框中，单击“对象捕捉”选项卡，在该选项卡中，有 13 种对象捕捉点和对应的捕捉标记。为了避免造成视图混乱，建议按照如图 1-47 所示方式进行设置。设置完成后，单击“确定”按钮，关闭对话框。

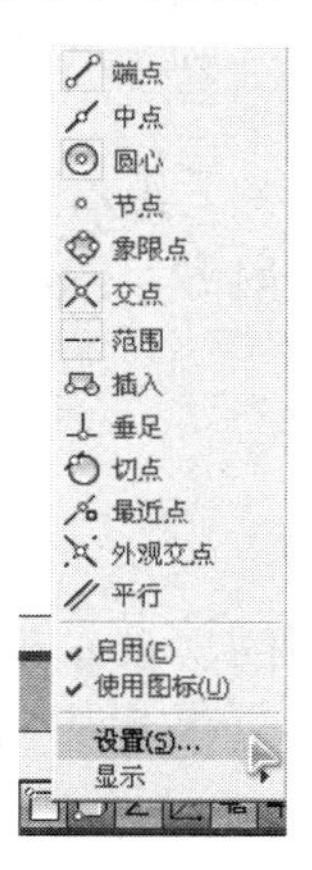

图 1-46 对象捕捉右键菜单

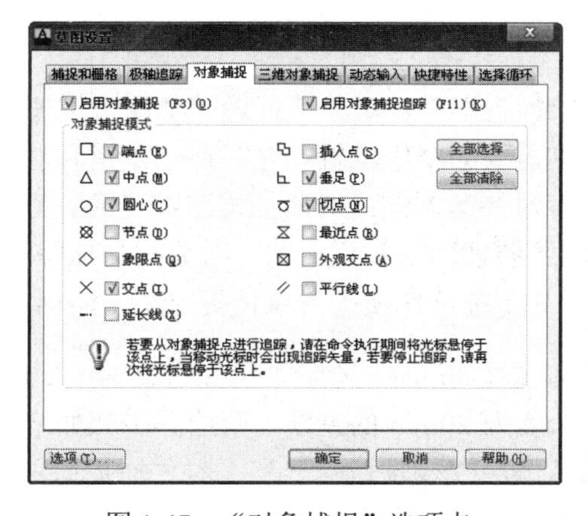

图 1-47 “对象捕捉”选项卡

除了上面设置的自动捕捉功能外，用户在绘图时，还可根据绘图需要，采用临时捕捉功能。临时捕捉就是指：在捕捉之前，手动设置将要捕捉的特征点，而且这种设置是一次性的。方法是：在绘图区，按下 Ctrl 键或者 Shift 键的同时，单击鼠标右键，弹出对象捕捉工具菜单，如

图 1-23（c）所示。根据绘图需要，在右键菜单中选择要捕捉的特征点。

2．自动追踪

自动追踪的作用也是辅助精确绘图，制图时自动追踪能够显示出许多临时的辅助线，如图 1-48 所示，这些辅助线可以帮助用户在精确的角度或位置上创建图形对象。自动追踪包括极轴追踪和对象捕捉追踪两种模式。

（1）极轴追踪。极轴追踪实际上是极坐标的一个应用，该功能可以使光标沿着指定的方向移动，从而找到需要的点，打开极轴追踪可通过以下几种方式。

① 激活绘图辅助工具栏上的“极轴追踪”图标。

② 按下 F10 键可切换“极轴追踪”激活与关闭。

在使用极轴追踪功能时，可根据绘图需要在“草图设置”对话框的“极轴追踪”选项中进行相应的设置，如图 1-49 所示。

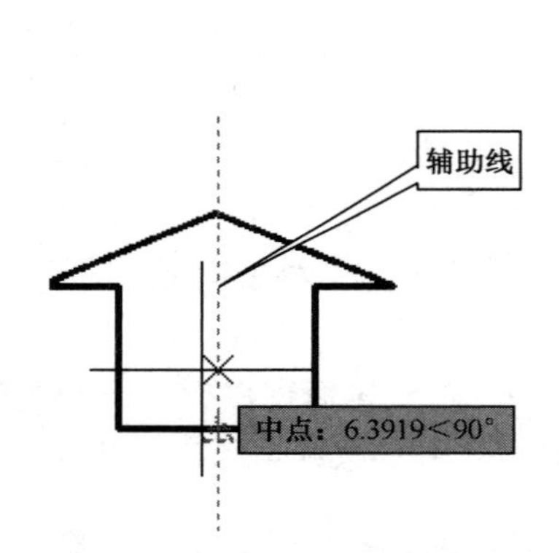

图 1-48　自动追踪功能

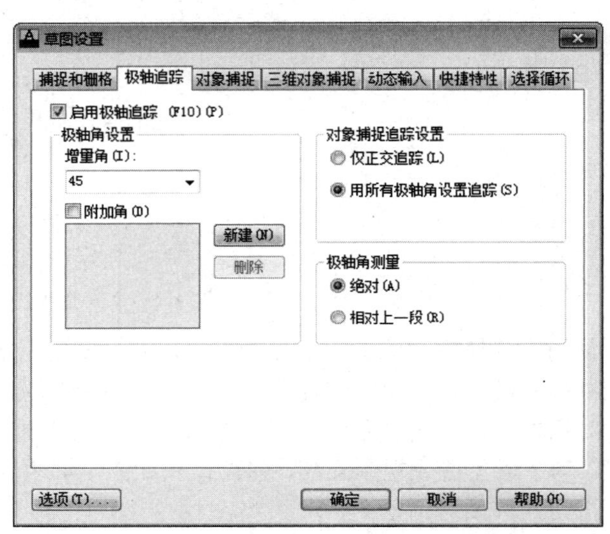

图 1-49　极轴追踪设置

（2）对象捕捉追踪。对象捕捉追踪功能可以使光标从对象捕捉点开始，沿着对齐路径进行追踪，并找到需要的精确位置。对齐路径是指和对象捕捉点水平、垂直对齐，或者按照设置的极轴追踪角度对齐的方向。对象捕捉追踪可通过以下几种方式。

① 激活绘图辅助工具栏上的“对象捕捉追踪”图标。

② 按下 F11 键可切换“对象捕捉追踪”激活与关闭。

练习：如图 1-50（a）所示，已知直线 ab、cd，欲在两直线延长线的交点 g 正右方 10mm 处，绘制一长度为 20mm 的直线。则绘图步骤如下（具体参见素材\演示\1\极轴追踪练习.wrf）。

- 确认激活“极轴追踪”和“对象捕捉追踪”功能。
- 执行“直线”命令。
- 将鼠标移动到 b 点，并悬停片刻，直至出现绿色把框标记，再将光标移动到 d 点，也悬停到绿色把框标记出现，最后将鼠标移动到两直线延长线的交点附近，捕捉追踪到该点后，会出现绿色的标记，如图 1-50（b）所示（注意整个过程均不要单击鼠标）。
- 按住 Shift 键+鼠标右键，打开临时捕捉快捷菜单，选择“临时追踪点”后单击鼠标左键，此时 g 点附近出现了绿色的临时追踪点标记“+”，如图 1-50（c）所示。

- 从 g 点水平向右移动光标，出现水平对齐路径，直接输入“10”并回车，则 e 点确定，再次向右移动光标，出现水平对齐路径，输入直线长度距离后，连续回车两次，完成全部操作。

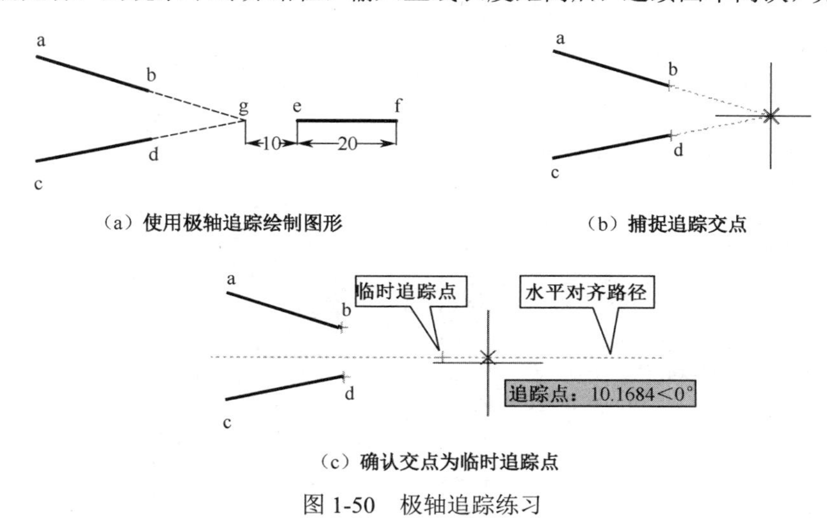

（a）使用极轴追踪绘制图形　　（b）捕捉追踪交点

（c）确认交点为临时追踪点

图 1-50　极轴追踪练习

1.4　图层创建与管理

学习目标

- 熟悉图层的概念。
- 能够创建和删除图层。
- 能够修改图层的名称、颜色、线宽和线型。

学习内容

1.4.1　什么是图层

当用户在绘制较为复杂的图形时，可以用图层来组织和管理图形对象。图层是组织图形对象显示的管理工具，图层的使用，不仅能使图形的各种信息清晰、有序、便于观察，而且也会给图形的编辑和输出带来很大的方便。

用户绘制的图形中，每一个对象都必须在一个图层中，每个图层都必须有一种颜色、线型和线宽。在 AutoCAD 2013 中，默认的图层是“0”层，其颜色默认设置为黑色/白色（即背景为黑色，图层颜色就为白色，反之图层颜色为黑色）。“0”图层既不能删除，也不能重新命名。

在一般的绘图过程中，将同类对象放置在一个图层，以方便图形的设计与管理，图层的数量、命名与设计的图形密切相关。通常用户根据图层，就可以知道该图层上的对象表现的意义。

1.4.2　图层特性管理器

图层管理工具位于“常用”功能菜单栏下的“图层”工具面板上，如图 1-51 所示。在这里主要介绍常用的“图层特性管理器”。单击“图层特性”图标，打开“图层特性管理器”窗口，如图 1-52 所示。

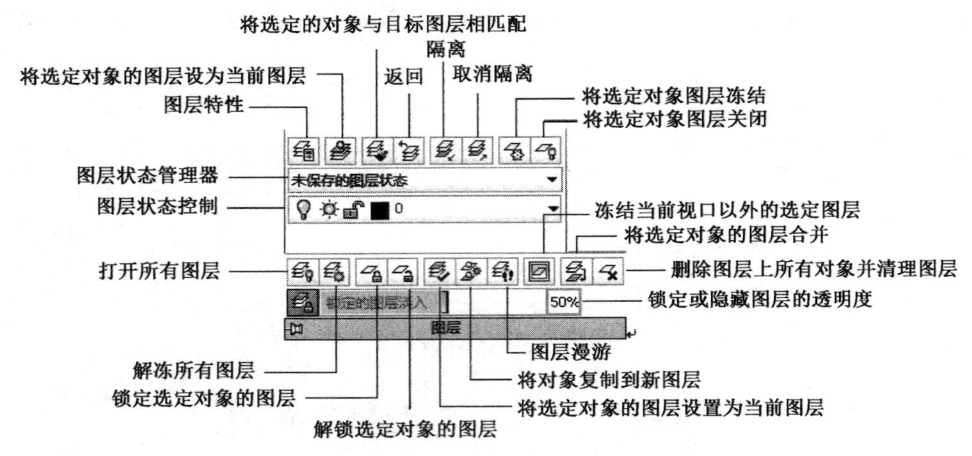

图 1-51　图层管理工具

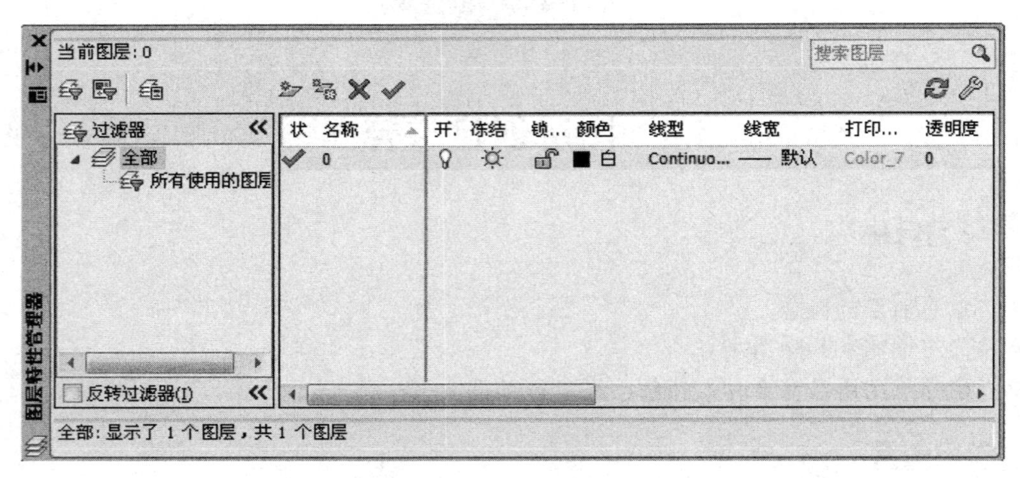

图 1-52　图层特性管理器

新建图层：单击该图标，即可建立新的图层，在图层名称栏输入图层名称，若需修改图层名称，只需单击需要修改的图层名称即可。也可以在图层特性管理器的图层列表窗口内右击，在右键菜单中选择“重命名图层”选项即可，如图 1-53 所示。

删除图层：首先选中要删除的图层，然后单击“删除图层”图标，即可将选中的图层删除，但是“0”图层以及当前图层是不能删除的。

置为当前图层：选中图层，单击该图标后，即可将选中的图层置为当前图层，当前图层的状态栏有个标志。

图层颜色设置：用户如果在使用图层时，需要修改图层的默认颜色，可单击图层列表中某图层的颜色，在弹出的“选择颜色”对话框中，选择所需颜色，如图 1-54 所示。确定图层颜色特性后，单击“确定”按钮，关闭“选择颜色”对话框。

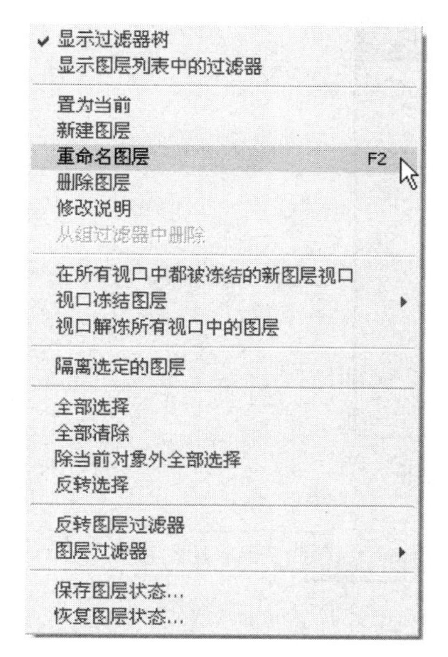

图 1-53 选择“重命名图层”命令

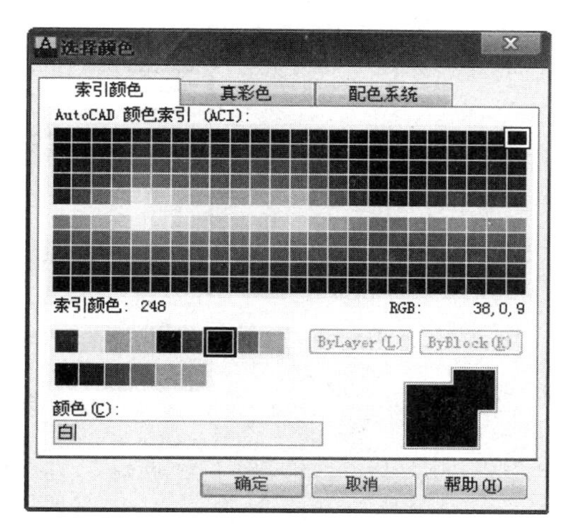

图 1-54 “选择颜色”对话框

图层线型设置：AutoCAD 2013 中默认线型是连续实线型（Continuous），若修改线型，可单击图层列表中某图层的线型，弹出“选择线型”对话框，如图 1-55 所示。在该对话框中单击“加载”按钮，弹出“加载或重载线型”对话框，如图 1-56 所示。选择所需线型后单击“确定”按钮，关闭“加载或重载线型”对话框。在“选择线型”对话框中，选中刚加载的线型，单击“确定”按钮，关闭“选择线型”对话框，完成线型的设置。

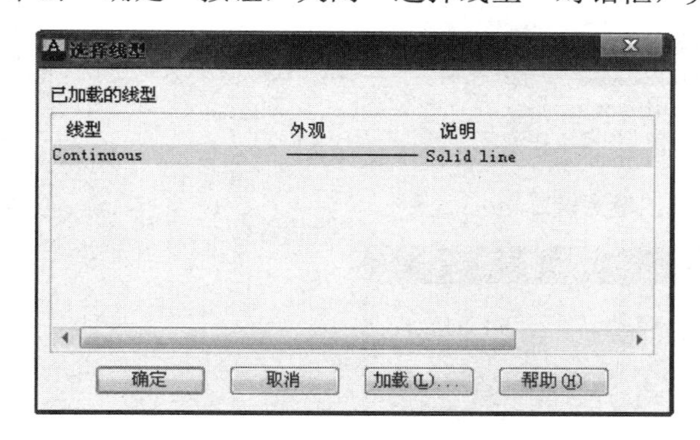

图 1-55 “选择线型”对话框

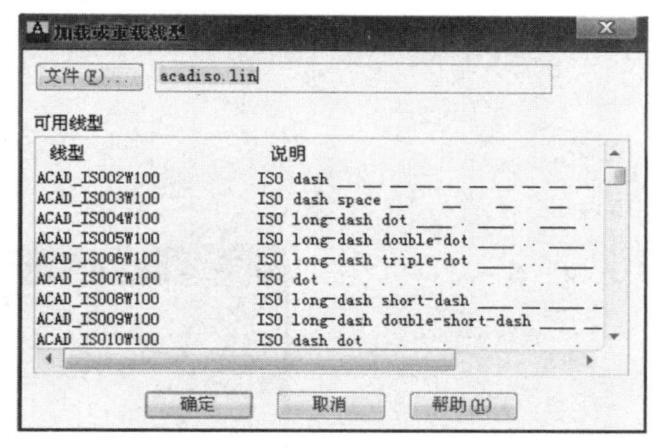

图 1-56 “加载或重载线型”对话框

图层线宽设置：用户若修改线宽，只需单击图层列表中某图层的线宽，即可从弹出的“线宽”对话框中，选择所需线宽，如图 1-57 所示。在状态栏中，只有打开“显示线宽”图标+，图形上才显示线宽，否则不显示。

用户除了能够选择线宽外，也能对线宽进行设置，设置线宽的方法是：单击“特性”工具面板上的“线宽”下拉菜单按钮，在下拉列表中，单击下面的“线宽设置”，如图 1-58 所示。弹出“线宽设置”对话框，如图 1-59 所示，通过调整线宽比例，可以调节图形中的线宽显示。

其他的图层设置功能，这里不再做详细介绍，感兴趣的读者可以自行学习。

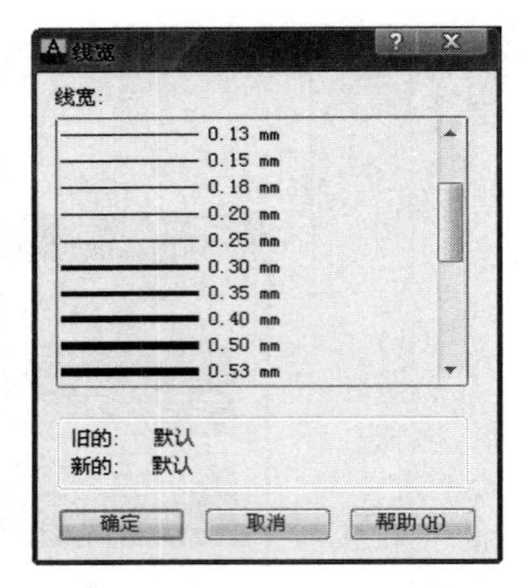

图 1-57 “线宽”对话框

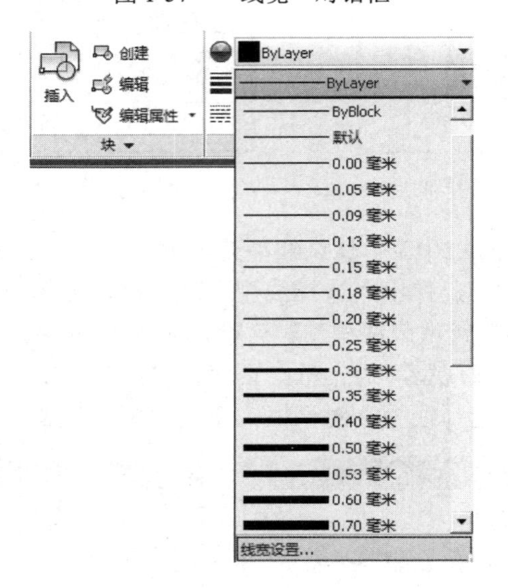

图 1-58 单击“线宽设置”

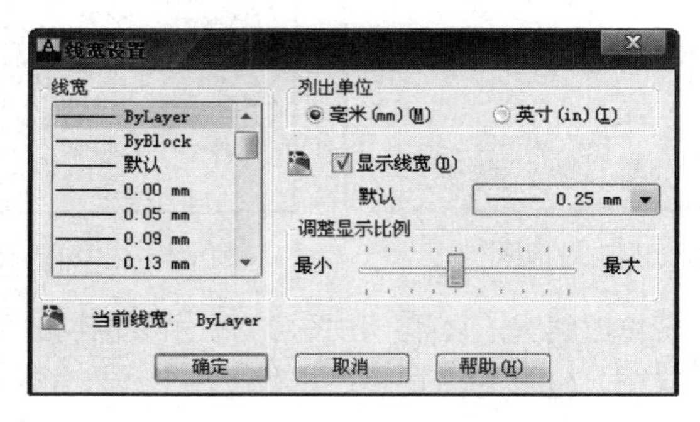

图 1-59 “线宽设置”对话框

思考与练习

一、简答题

1．在 AutoCAD 2013 中，默认的空间模式有哪几种？

2．如何设置绘图环境的图形单位？

3．如何设置图形界限？

二、操作题

1．打开素材中的“\1\快速选择练习.dwg”文件，利用快速选择命令，选择标注文字颜色为绿色的半径标注；并对图形进行范围缩放、窗口缩放等操作。

2．新建一个 CAD 文件，按照如图 1-60 所示的图层特性管理器，进行图层的创建与设置（具体参见“素材\演示\1\图层练习.wrf”）。

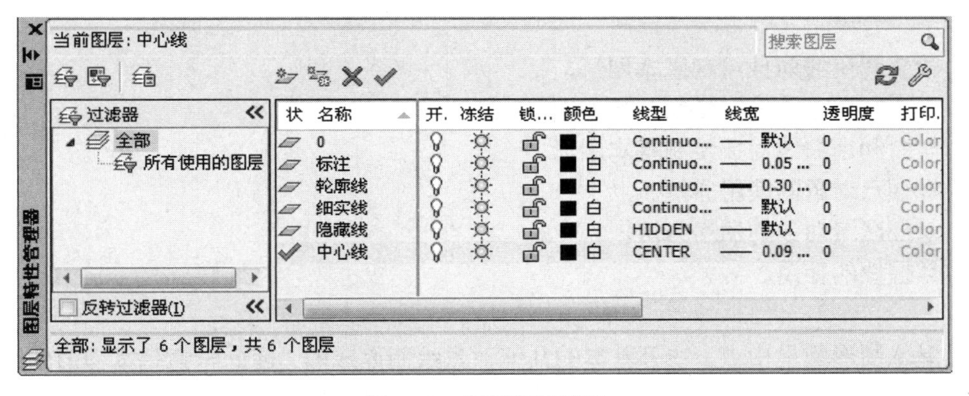

图 1-60　图层管理练习

3．打开素材中的“\1\视图观察练习.dwg”文件，利用 View Cube 导航工具进行视图切换练习。

绘制二维基本图形

学习目标

- 学会利用线对象绘制基本图形。
- 学会利用多边形对象绘制基本图形。
- 学会利用曲线对象绘制基本图形。
- 掌握点对象的使用方法。
- 掌握区域对象的使用方法。
- 掌握块的使用。

二维基本图形都是由点、线等基本的几何对象绘制而成的，因此学会基本图形的绘制是学会 AutoCAD 2013 绘图的基础。只有学习了基本图形的绘制方法，才能更深入地学习该课程。本章的学习都是在默认空间，即草图与注释空间上进行的图形绘制。

2.1 线对象

学习目标

- 掌握直线工具的使用方法。
- 掌握多线工具的使用方法。
- 掌握多段线工具的使用方法。
- 熟悉构造线和射线工具的使用。

学习内容

2.1.1 直线

“直线”命令可以从起点到终点绘制一条线段或者连续线段。执行该命令可以采用以下两种方式。

（1）直接在命令行输入“LINE”或者“L”，并按下 Enter 键进行确认。

（2）在“常用”菜单栏下的“绘图”工具面板上，单击“直线”图标，如图 2-1 所示。

练习：使用“直线”命令，绘制如图 2-2 所示的图形，绘制图形后，命令行内容显示如下（具体参见“素材\演示\2\房子的绘制过程.wrf”）。

```
命令：_line
指定第一个点：                                    // 绘制a点
指定下一点或 [放弃（U）]：20                       // 绘制直线ab
指定下一点或 [放弃（U）]：15                       // 绘制直线bc
指定下一点或 [闭合（C）/放弃（U）]：8              // 绘制直线cd
指定下一点或 [闭合（C）/放弃（U）]：@-18,10        // 绘制直线de
指定下一点或 [闭合（C）/放弃（U）]： @-18,-10      // 绘制直线ef
指定下一点或 [闭合（C）/放弃（U）]：8              // 绘制直线fg
指定下一点或 [闭合（C）/放弃（U）]:c               // 绘制直线ga
```

图 2-1 绘图工具面板

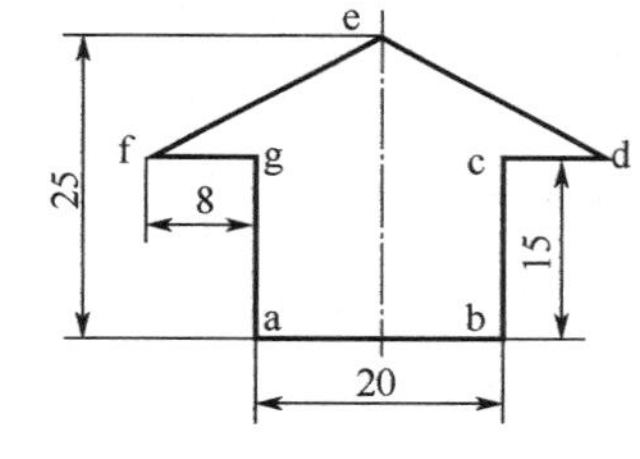

图 2-2 直线练习

思考：请同学们思考一下，如果使用极轴追踪绘制图形，如何操作？

2.1.2 构造线

在 AutoCAD 2013 中，构造线是指向两端无限延伸的直线，其一般用做辅助线，来布置图形的位置。执行一次命令可绘制多条构造线，启用构造线命令，可以采用以下两种方式。

（1）直接在命令行输入“XLINE”或者“XL”，并按下 Enter 键进行确认，根据命令行提示可以绘制不同的构造线。

（2）在“常用”菜单栏下，展开“绘图”工具面板的下拉菜单，单击“构造线”图标。

执行命令后，命令行显示如下：

```
命令：_xline
指定点或 [水平（H）/垂直（V）/角度（A）/二等分（B）/偏移（O）]： // 选项“水平（H）”，表示绘制水平的构造线；选项“垂直（V）”，表示绘制垂直的构造线；选项“角度（A）”，表示绘制与X轴成一定夹角的构造线；选项“二等分（B）”，表示绘制某一个夹角的平分线；选项“偏移（O）”，表示绘制平行于某一条直线的构造线
```

练习：以图 2-3 所示的图形为例，介绍绘制二等分构造线的方法，操作后命令行显示如下

（具体参见“素材\演示\2\二等分构造线绘制过程.wrf ”）。

```
命令：_xline
指定点或 [水平（H）/垂直（V）/角度（A）/二等分（B）/偏移（O）]：b    // 选择“二等分（B）”选项
指定角的顶点：          // 选择O点
指定角的起点：          // 选择A点
指定角的端点：          // 选择B点
指定角的端点：*取消*        // 按下ESC键取消命令
```

图 2-3　绘制二等分构造线

2.1.3　射线

射线与构造线一样，也是用作辅助线，其区别是射线只能向一端无限延伸，执行一次“射线”命令，同样也能绘制多条射线。启用“射线”命令，可以采用以下两种方式。

（1）直接在命令行输入“RAY”或者“XL”，并按下 Enter 键进行确认。

（2）在“常用”菜单栏下，展开“绘图”工具面板的下拉菜单，单击“射线”图标。

2.1.4　多段线

多段线也称为复合线，可以由直线、圆弧组合而成。使用“多段线”命令绘制的直线或者曲线属于同一个整体。单击时，会选择整个图形，不能分别编辑，如图 2-4 所示。

图 2-4　直线与多段线的选择

执行“多段线”命令可以采用以下两种方式。

（1）直接在命令行输入“PLINE”或者“PL”，并按下 Enter 键进行确认。

（2）在“常用”菜单栏下的“绘图”工具面板上，单击“多段线”命令按钮。

执行多段线命令后，命令行显示如下：

```
命令：_pline
指定起点：
当前线宽为 0.0000     // 线宽默认值
指定下一个点或 [圆弧（A）/半宽（H）/长度（L）/放弃（U）/宽度（W）]： // 选项“圆弧（A）”，表示使多段线命令转入画圆弧的方式；选项“半宽（H）”，表示按照线宽的一半来指定当前线宽；选项“长度（L）”，表示在与前一段直线或者圆弧的端点相切方向上，绘制指定长度的直线；选项“宽度（W）”，表示指定多段线一段的起始点宽度和终止点宽度，这一段的中间部分宽度线性渐变
```

当选择“圆弧（A）”选项时，命令行提示如下：

```
    指定圆弧的端点或      // 默认前一线段的终点为圆弧的起点
    [角度（A）/圆心（CE）/闭合（CL）/方向（D）/半宽（H）/直线（L）/半径（R）/第二个点（S）
/放弃（U）/宽度（W）]：  // 选项“角度（A）”，表示输入圆弧的包含角；选项“圆心（CE）”，表示
指定所画圆弧的圆心；选项“闭合（CL）”，表示封闭多段线；选项“方向（D）”，表示指定所画圆弧起点
的切线方向；选项“直线（L）”，表示返回直线模式；选项“半径（R）”，表示指定所画圆弧的半径；选
项“第二个点（S）”，表示指定按照三点方式画圆弧的第2个点
```

练习：以图 2-5 所示的拱形门图形为例，来介绍“多段线”命令的使用，操作后命令行显示如下（具体参见“素材\演示\2\拱门的绘制过程.wrf”）。

```
    命令：_pline
    指定起点：
    当前线宽为 0.0000
    指定下一个点或 [圆弧（A）/半宽（H）/长度（L）/放弃（U）/宽度（W）]：50
    指定下一点或 [圆弧（A）/闭合（C）/半宽（H）/长度（L）/放弃（U）/宽度（W）]：w
                                                          //“宽度”选项
    指定起点宽度 <0.0000>:
    指定端点宽度 <0.0000>：5                               // 设定线宽为5
    指定下一点或 [圆弧（A）/闭合（C）/半宽（H）/长度（L）/放弃（U）/宽度（W）]：a
                                                          //“圆弧”选项
    指定圆弧的端点或
    [角度（A）/圆心（CE）/闭合（CL）/方向（D）/半宽（H）/直线（L）/半径（R）/第二个点（S）
/放弃（U）/宽度（W）]：50                                  // 设定圆弧的直径为50
    指定圆弧的端点或
    [角度（A）/圆心（CE）/闭合（CL）/方向（D）/半宽（H）/直线（L）/半径（R）/第二个点（S）
/放弃（U）/宽度（W）]：w                                   //“宽度”选项
    指定起点宽度 <5.0000>:
    指定端点宽度 <5.0000>：10
    指定圆弧的端点或
    [角度（A）/圆心（CE）/闭合（CL）/方向（D）/半宽（H）/直线（L）/
    半径（R）/第二个点（S）/放弃（U）/宽度（W）]：l      //“直线”选项
    指定下一点或 [圆弧（A）/闭合（C）/半宽（H）/长度（L）/放弃（U）/宽度（W）]：50
    指定下一点或 [圆弧（A）/闭合（C）/半宽（H）/长度（L）/放弃（U）/宽度（W）]：
```

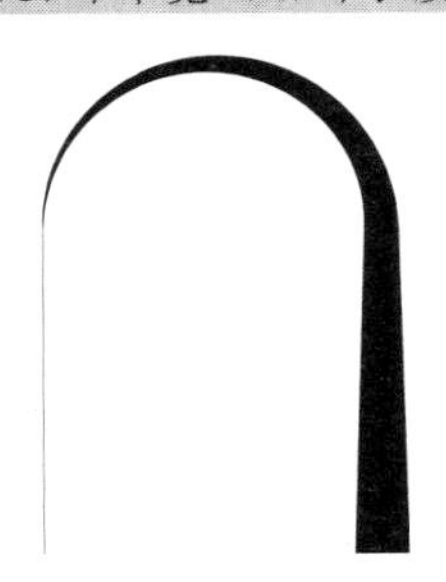

图 2-5 多段线命令绘制拱门

2.1.5 多线

多线是一种由多条平行线组成的图形元素，其各平行线的数目以及平行线之间的宽度都是可以调整的。多线常用于建筑图纸中的墙体、电子线路图中的平行线等元素的绘制。在 AutoCAD

2013 中默认的绘图工具面板上，没有提供多线命令的按钮。因此用户必须在命令行输入“Mline”，方可执行“多线”命令。执行“多线”命令后，命令行内容显示如下：

```
命令：mline
当前设置：对正 = 上，比例 = 1.00，样式 = STANDARD    // 多线当前设置样式
指定起点或 [对正（J）/比例（S）/样式（ST）]：st    // 选项“对正（J）”用来给定绘制多线的基准，其共有“上”、“下”、“无”三种对正类型，如图2-6所示，其中 ⊗ 表示光标所在位置；选项“比例（S）”用来设定平行线之间的距离；选项“样式（T）”用来设置当前多线的样式
输入多线样式名或 [?]： ?   //输入“？”即可以文本的形式显示已经加载的多线样式
已加载的多线样式：
      名称            说明
---------------- ------------------
STANDARD
```

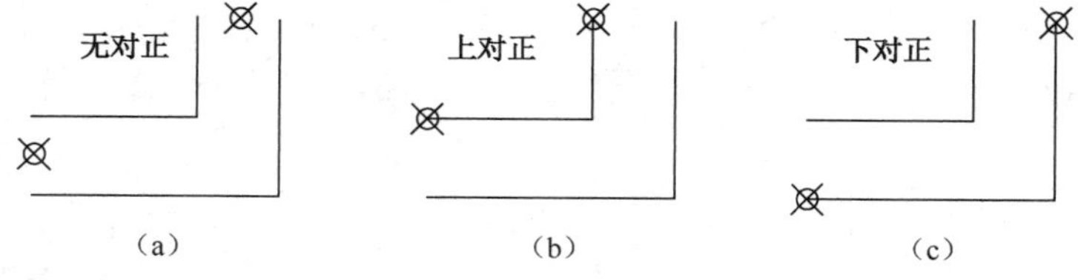

（a）　　（b）　　（c）

图 2-6　多线的三种对正方式

在 AutoCAD 中，系统默认的多线样式是 STANDARD 样式，用户也可以根据需要设置不同的多线样式。用户可以在命令行输入“Mlstyle”，执行多线样式设置命令，执行命令后，弹出“多线样式”对话框，如图 2-7（a）所示。单击“新建”按钮。可弹出“创建新的多线样式”对话框，如图 2-7（b）所示。输入新的样式名，单击“继续”按钮，打开“新建多线样式：墙体样式”对话框，在这里用户可对多线样式的封口、填充、元素、颜色等特性内容进行设置，如图 2-7（c）所示。

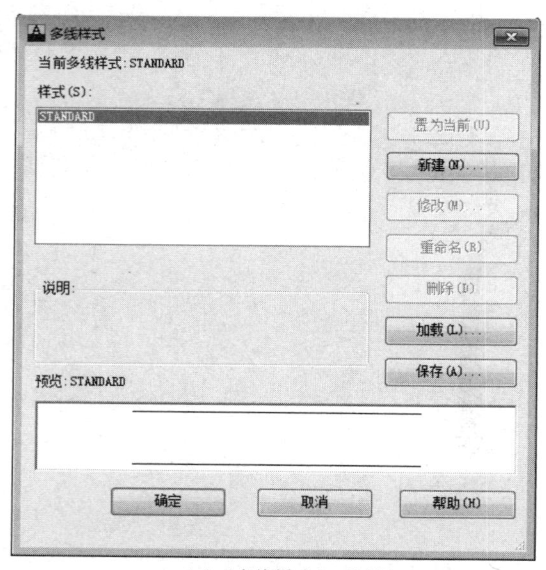

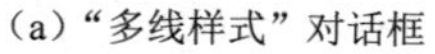

（a）“多线样式”对话框

（b）“创建新的多线样式”对话框

图 2-7　设置多线样式

（c）“新建多线样式：墙体样式”对话框

图 2-7　设置多线样式（续）

练习：以图 2-8 所示的一段墙体示意图形为例来介绍“多线”命令的使用，操作后命令行显示如下（具体参见“素材\演示\2\多线绘制墙体.wrf”）。

```
命令: mline
当前设置: 对正 = 上, 比例 = 1.00, 样式 = STANDARD
指定起点或 [对正 (J) /比例 (S) /样式 (ST) ]:
指定下一点: 50
指定下一点或 [放弃 (U) ]: 20
指定下一点或 [闭合 (C) /放弃 (U) ]: 20
指定下一点或 [闭合 (C) /放弃 (U) ]: 20
指定下一点或 [闭合 (C) /放弃 (U) ]: 30
指定下一点或 [闭合 (C) /放弃 (U) ]: c
```

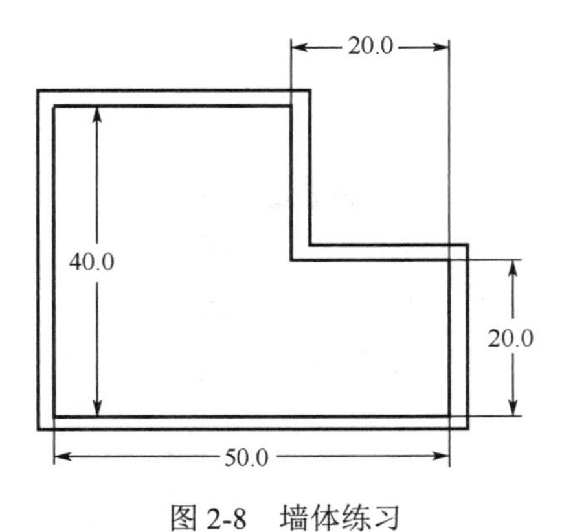

图 2-8　墙体练习

2.2　多边形对象

学习目标

- 掌握矩形工具的使用方法。
- 掌握多边形工具的使用方法。

学习内容

2.2.1　矩形

在 AutoCAD 2013 中，矩形命令除了能够绘制矩形外，还可以为矩形设置倒角、圆角、宽度及厚度等参数。执行“矩形”命令，可以采用以下两种方式。

（1）直接在命令行输入“RECTANG”或者“REC”，并按下 Enter 键进行确认。

（2）在“常用”菜单栏下的“绘图”工具面板上，单击“矩形”图标。

执行命令后，命令行给出如下选项提示：

```
命令：_rectang
指定第一个角点或 [倒角（C）/标高（E）/圆角（F）/厚度（T）/宽度（W）]：　// 选项“倒角（C）”，表示绘制一个带倒角的矩形，如图2-9（b）所示；选项“标高（E）”，表示绘制矩形的平面偏移XY平面的高度，该选项一般用于三维绘图；选项“圆角（F）”，表示绘制一个带圆角的矩形，如图2-9（c）所示；选项“厚度（T）”，表示设置矩形的厚度，一般用于三维绘图，如图2-9（d）所示；选项“宽度（W）”，表示矩形每条边的宽度，如图2-9（e）所示
指定另一个角点或 [面积（A）/尺寸（D）/旋转（R）]：　// 选项“面积（A）”，表示绘制一个指定面积的矩形；选项“尺寸（D）”，表示绘制一个固定长度和宽度的矩形；选项“旋转（R）”，表示绘制一个矩形的某条边跟X轴成一定角度的矩形，如图2-9（f）所示
```

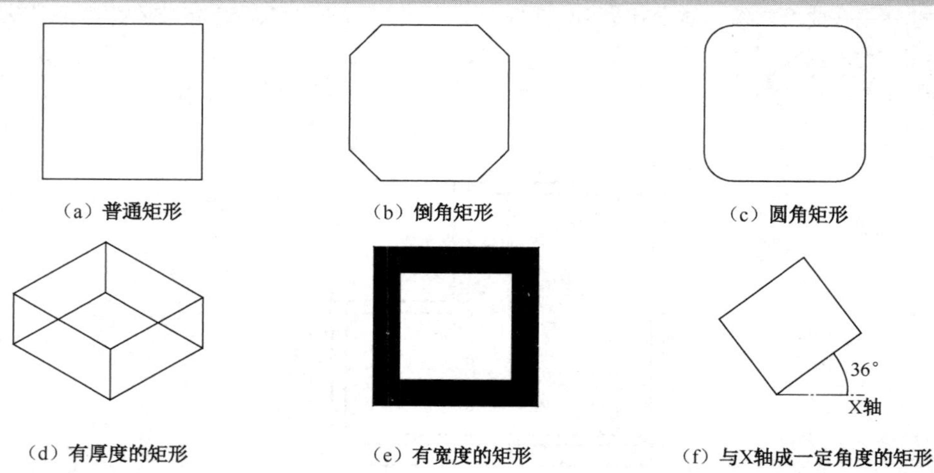

图 2-9　绘制多类型矩形

2.2.2　多边形

“正多边形”命令可以按照指定方式，绘制具有 3～1024 条边的正多边形，启用“正多边形”命令可以采用以下两种方式：

（1）直接在命令行输入“POLYGON”或者“POL”，并按下 Enter 键进行确认；

（2）在“常用”菜单栏下，单击“绘图”工具面板上的“正多边形”按钮，执行“正多边形”命令后，根据命令行提示，可以采用边长（E）、内接于圆（I）、外切于圆（C）三种方式绘制正多边形，下面分别举例说明。

1．边长方式绘制正多边形

下面以图 2-10（a）所示的图形为例，介绍边长绘制正多边形的方法，操作完成后，命令行显示如下：

```
命令：_polygon 输入侧面数 <5>:                 // 输入正多边形的边数，并回车确认
指定正多边形的中心点或 [边（E）]: e              // 选择边长方式
指定边的第一个端点：指定边的第二个端点：10        // 指定边长
```

2．内接于圆方式绘制正多边形

下面以图 2-10（b）所示的图形为例，介绍内接于圆绘制正多边形的方法，操作完成后，命令行显示如下：

```
命令：_polygon 输入侧面数 <5>: 6
指定正多边形的中心点或 [边（E）]:
输入选项 [内接于圆（I）/外切于圆（C）] <C>: I        // 选择内接于圆方式
指定圆的半径：10          // 指定内接圆的半径
```

3．外切于圆方式绘制正多边形

下面以图 2-10（c）所示的图形为例，介绍外切于圆绘制正多边形的方法，操作完成后，命令行显示如下：

```
命令：_polygon 输入侧面数 <5>: 6
指定正多边形的中心点或 [边（E）]:
输入选项 [内接于圆（I）/外切于圆（C）] <C>: C        // 选择外切于圆方式
指定圆的半径：10                                    // 指定外切圆的半径
```

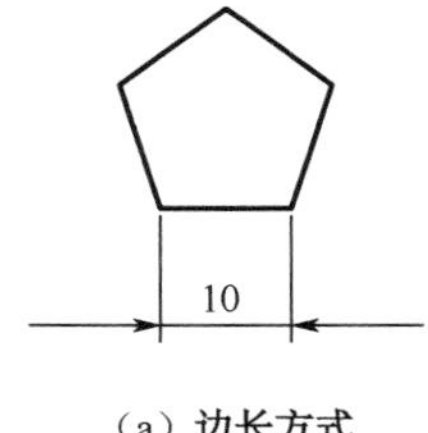

（a）边长方式

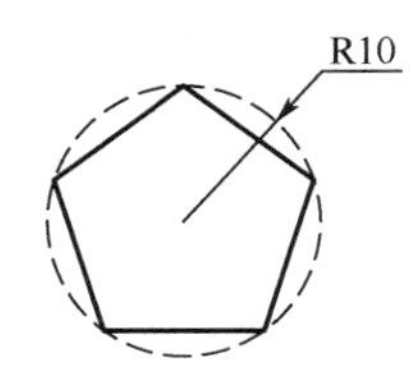

（b）内接于圆方式

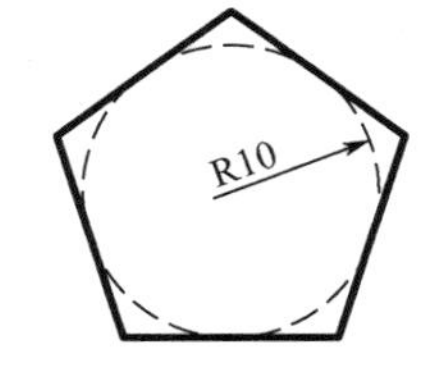

（c）外切于圆方式

图 2-10　正多边形练习示例

练习：利用“矩形”、“多边形”命令绘制如图 2-11（a）所示的图形。首先激活“正交模式”和“对象捕捉追踪”命令，然后进行绘制，执行命令后，命令行内容显示如下（具体参见“素材\演示\2\矩形跟多边形的练习.wrf”）。

```
命令：_polygon 输入侧面数 <5>: 6
指定正多边形的中心点或 [边（E）]: e
指定边的第一个端点：指定边的第二个端点：10
命令：
命令：
命令：_rectang
```

```
指定第一个角点或 [倒角（C）/标高（E）/圆角（F）/厚度（T）/宽度（W）]: f
指定矩形的圆角半径 <0.0000>: 2
指定第一个角点或 [倒角（C）/标高（E）/圆角（F）/厚度（T）/宽度（W）]: 10    // 捕捉正六边形一条水平边的中点，如图2-11（b）所示；水平向左引导光标，输入“10”并回车确认，如图2-11（c）所示；移动光标先后捕捉a、b两点，利用极轴追踪捕捉到交点c，最后单击鼠标左键确认，如图2-11（d）所示
指定另一个角点或 [面积（A）/尺寸（D）/旋转（R）]:
```

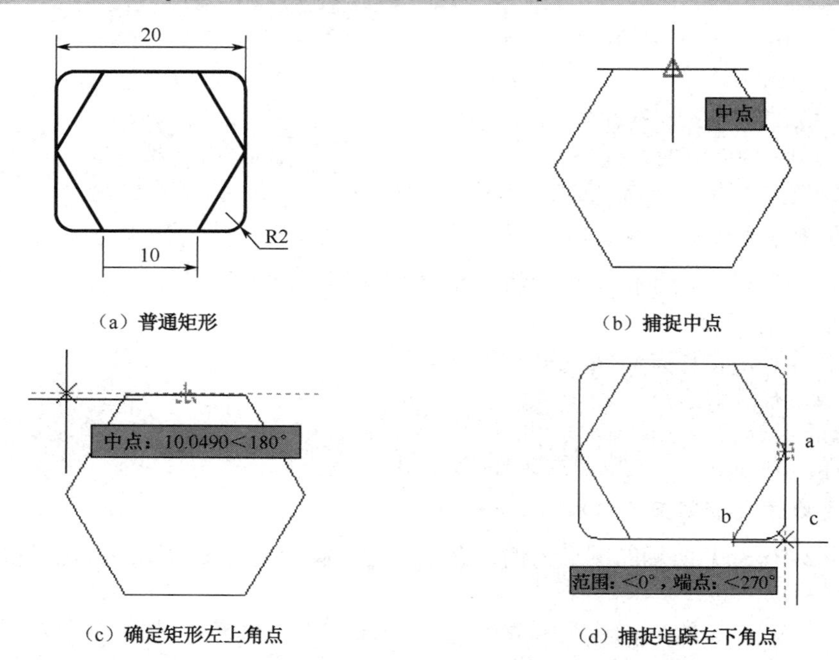

（a）普通矩形　（b）捕捉中点

（c）确定矩形左上角点　（d）捕捉追踪左下角点

图 2-11　矩形、多边形练习

2.3　曲线对象

学习目标

- 掌握圆弧工具的使用方法。
- 掌握圆工具的使用方法。
- 掌握椭圆工具的使用方法。
- 掌握圆环工具的使用方法。
- 掌握样条曲线的使用方法。
- 了解修订云线工具的使用。

学习内容

2.3.1　圆弧

AutoCAD 2013 中提供了 11 种绘制圆弧的方法，如图 2-12 所示。系统默认的圆弧绘制方式是三点绘制方式，执行“圆弧”命令可以采用以下两种方式：

（1）直接在命令行输入“ARC”，并按下 Enter 键进行确认；

（2）在“常用”菜单栏下的“绘图”工具面板上，单击“圆弧”图标，单击下拉箭头后可以选择其他绘制圆弧方式。

执行命令后，命令行给出如下选项提示：

```
命令：ARc
指定圆弧的起点或 [圆心（C）]:    // 如不输入其他选项，则默认采用三点绘制圆弧方式绘制圆弧
```

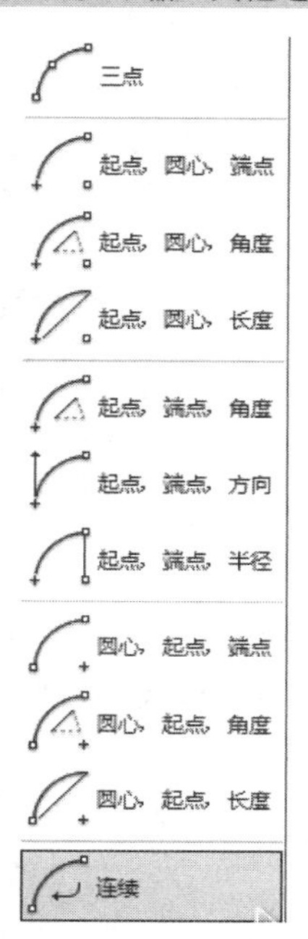

图 2-12　绘制圆弧的方式

这里分别举例介绍几种常用的圆弧绘制方式。

1．三点方式绘制圆弧

该方式是默认的圆弧绘制方式，以图 2-13（a）中所示图形为例，介绍三点绘制圆弧的方法。操作后命令行显示如下：

```
命令：_arc
指定圆弧的起点或 [圆心（C）]:    // 捕捉A点
指定圆弧的第二个点或 [圆心（C）/端点（E）]:    // 捕捉B点
指定圆弧的端点:    // 捕捉C点
```

2．起点、圆心、端点方式绘制圆弧

以图 2-13（b）所示的图形为例，介绍该种绘制圆弧的方式。操作后命令行显示如下：

```
命令：_arc
指定圆弧的起点或 [圆心（C）]:    // 捕捉A点
指定圆弧的第二个点或 [圆心（C）/端点（E）]: _c 指定圆弧的圆心:    //  捕捉B点
指定圆弧的端点或 [角度（A）/弦长（L）]:    // 捕捉C点
```

3．起点、圆心、角度方式绘制圆弧

以图 2-13（c）所示的图形为例，介绍该种绘制圆弧的方式。操作后命令行显示如下：

```
命令：_arc
指定圆弧的起点或 [圆心（C）]：    // 捕捉A点
指定圆弧的第二个点或 [圆心（C）/端点（E）]：_c 指定圆弧的圆心：    // 捕捉B点
指定圆弧的端点或 [角度（A）/弦长（L）]：_a 指定包含角：60      // 指定角度
```

4．起点、圆心、长度方式绘制圆弧。

以图 2-13（d）所示的图形为例，介绍该种绘制圆弧的方式。操作后命令行显示如下：

```
命令：_arc
指定圆弧的起点或 [圆心（C）]：    // 捕捉A点
指定圆弧的第二个点或 [圆心（C）/端点（E）]：_c 指定圆弧的圆心：    // 捕捉B点
指定圆弧的端点或 [角度（A）/弦长（L）]：_l 指定弦长：15      // 指定弦长
```

5．起点、端点、角度方式绘制圆弧

以图 2-13（e）所示的图形为例，介绍该种绘制圆弧的方式。操作后命令行显示如下：

```
命令：_arc
指定圆弧的起点或 [圆心（C）]：     // 捕捉A点
指定圆弧的第二个点或 [圆心（C）/端点（E）]：_e      // 捕捉C点
指定圆弧的端点：
指定圆弧的圆心或 [角度（A）/方向（D）/半径（R）]：_a 指定包含角：60   // 指定包含角
```

6．起点、端点、方向方式绘制圆弧

以图 2-13（f）所示的图形为例，介绍该种绘制圆弧的方式。操作后命令行显示如下：

```
命令：_arc
指定圆弧的起点或 [圆心（C）]：      // 捕捉A点
指定圆弧的第二个点或 [圆心（C）/端点（E）]：_e      // 捕捉B点
指定圆弧的端点：
指定圆弧的圆心或 [角度（A）/方向（D）/半径（R）]：_d 指定圆弧的起点切向：  //指定方向
```

7．起点、端点、半径方式绘制圆弧

以图 2-13（g）所示的图形为例，介绍该种绘制圆弧的方式。操作后命令行显示如下：

```
命令：_arc
指定圆弧的起点或 [圆心（C）]：       // 捕捉A点
指定圆弧的第二个点或 [圆心（C）/端点（E）]：_e     // 捕捉B点
指定圆弧的端点：
指定圆弧的圆心或 [角度（A）/方向（D）/半径（R）]：_r 指定圆弧的半径：12   // 指定半径
命令：_arc      // 重复命令
指定圆弧的起点或 [圆心（C）]：     // 捕捉C点
指定圆弧的第二个点或 [圆心（C）/端点（E）]：_e      // 捕捉D点
指定圆弧的端点：
指定圆弧的圆心或 [角度（A）/方向（D）/半径（R）]：_r 指定圆弧的半径：-12   //指定半径
```

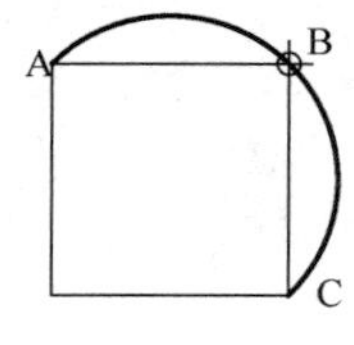

（a）三点

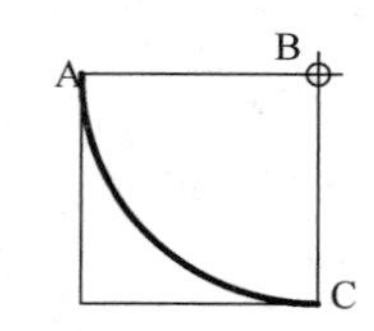

（b）起点、圆心、端点

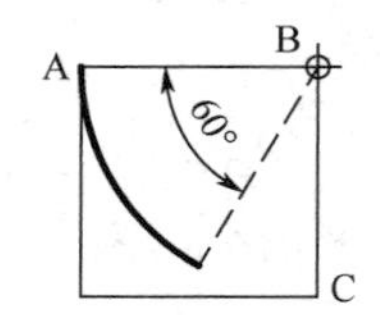

（c）起点、圆心、角度

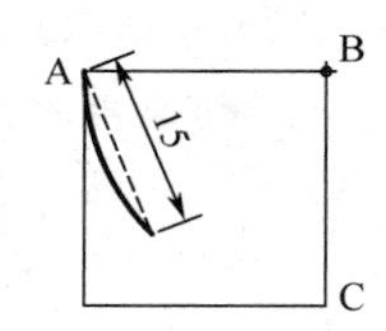

（d）起点、圆心、长度

图 2-13　多方式绘制圆弧

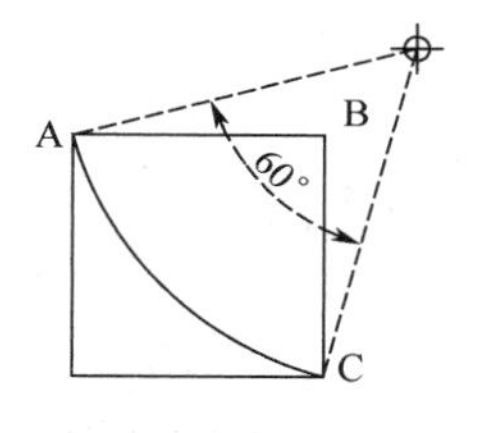

（e）起点、端点、角度

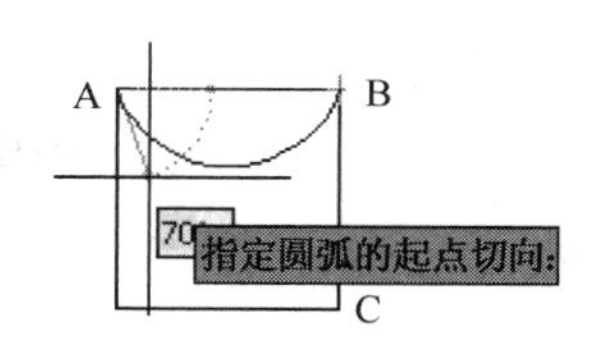

（f）起点、端点、方向

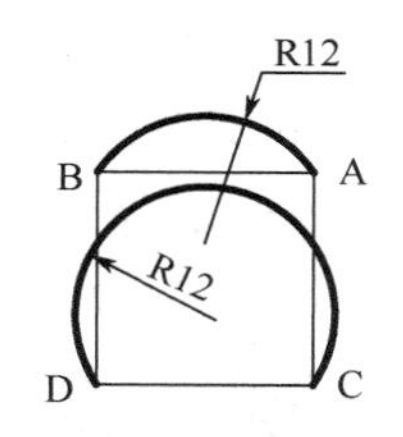

（g）起点、端点、半径

图 2-13　多方式绘制圆弧（续）

在输入半径时，若输入的半径值为正，绘制的圆弧为劣弧；若输入的半径值为负，则绘制的圆弧为优弧。

2.3.2　圆

在 AutoCAD 2013 中，共提供了 6 种绘制圆的方式，如图 2-14 所示。在系统默认的圆绘制方式是“圆心、半径”绘制方式，执行圆命令可以采用以下两种方式：

（1）直接在命令行输入“CIRCLE”或者“C”，并按下 Enter 键进行确认；

（2）在“常用”菜单栏下的“绘图”工具面板上，单击“圆”图标。

执行圆命令后，命令行会给出如下三种选项提示：

```
指定圆的圆心或 [三点（3P）/两点（2P）/切点、切点、半径（T）]:
```

如果不输入其他选项，则采用默认的“圆心、半径”方式绘制圆。除了采用命令行，选择不同提示选项绘制圆以外，也可直接单击图 2-14 所示的命令按钮来绘制圆，下面分别举例说明。

1．圆心、半径方式绘制圆

执行该命令后，在屏幕上指定点作为圆心，然后输入半径，完成圆的绘制，如图 2-15（a）所示。命令行提示如下：

```
命令: _circle
指定圆的圆心或 [三点（3P）/两点（2P）/切点、切点、半径（T）]:
指定圆的半径或 [直径（D）] <10.0000>: 10
```

2．圆心、直径方式绘制圆

执行该命令后，在屏幕上指定点作为圆心，然后输入直径，完成圆的绘制，如图 2-15（b）所示。命令行提示如下：

```
命令: _circle
指定圆的圆心或 [三点（3P）/两点（2P）/切点、切点、半径（T）]:
指定圆的半径或 [直径（D）] <10.0000>: _d 指定圆的直径 <20.0000>: 20
```

3．以直径的两个端点方式绘制圆

执行该命令后，在屏幕上指定两个点作为圆直径的两个端点，完成圆的绘制，如图 2-15（c）所示。命令行提示如下：

```
命令: _circle
指定圆的圆心或 [三点（3P）/两点（2P）/切点、切点、半径（T）]: _2p 指定圆直径的第一个端点:
```

```
指定圆直径的第二个端点：20
```

4．以圆周上的三个点方式绘制圆

执行该命令后，分别捕捉三角形的三个顶点作为圆周上的三个点，完成圆的绘制，如图 2-15（d）所示。命令行提示如下：

```
命令：_circle
指定圆的圆心或 [三点（3P）/两点（2P）/切点、切点、半径（T）]：_3p 指定圆上的第一个点：
指定圆上的第二个点：
指定圆上的第三个点：
```

5．切点、切点、半径方式绘制圆

执行该命令后，分别在三角形的两个直角边上选择两个点，作为切点，然后输入半径，完成圆的绘制，如图 2-15（e）所示。命令行提示如下：

```
命令：_circle
指定圆的圆心或 [三点（3P）/两点（2P）/切点、切点、半径（T）]：_ttr
指定对象与圆的第一个切点：
指定对象与圆的第二个切点：
指定圆的半径 <4.0000>：4
```

6．创建相切于三个对象的圆

执行该命令后，分别在三角形的三条边上选择三个点作为切点，完成圆的绘制，如图 2-15（f）所示。命令行提示如下：

```
命令：_circle
指定圆的圆心或 [三点（3P）/两点（2P）/切点、切点、半径（T）]：_3p 指定圆上的第一个点：
_tan 到
指定圆上的第二个点：_tan 到
指定圆上的第三个点：_tan 到
```

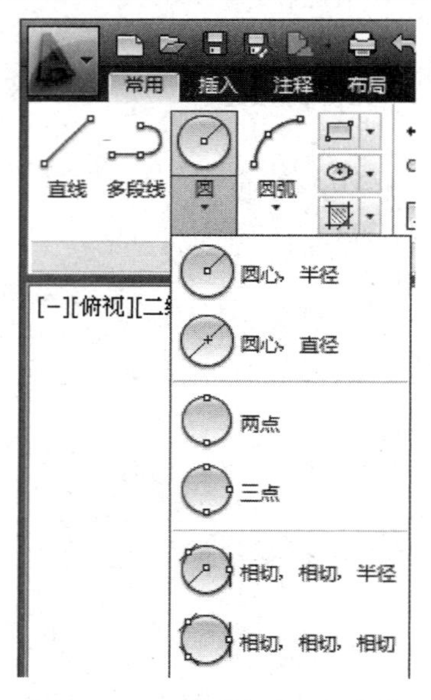

图 2-14 “圆”命令下拉菜单

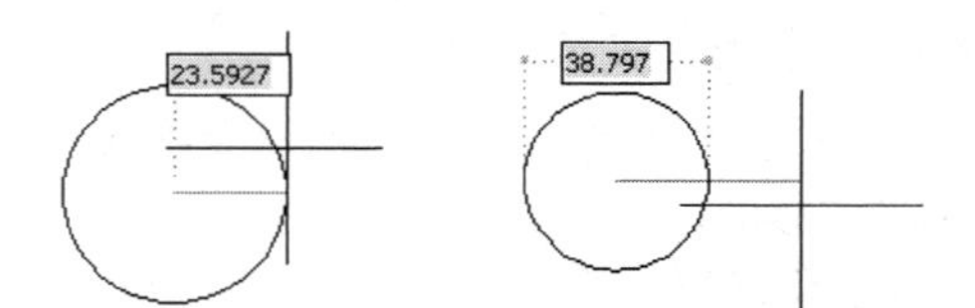

（a）圆心、半径绘制圆 （b）圆心、直径绘制圆

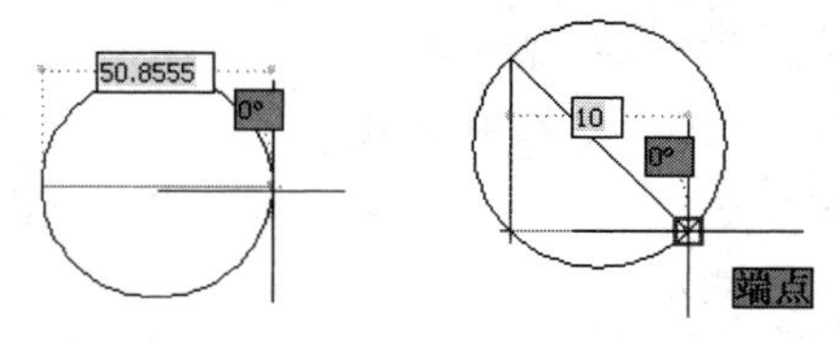

（c）直径的两个端点绘制圆 （d）圆周上三点绘制圆

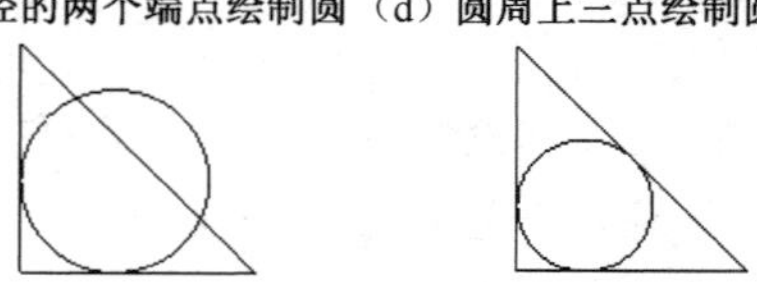

（e）切点、切点、半径绘制圆 （f）创建相切于三个对象的圆

图 2-15 绘制圆的多种方式

2.3.3 椭圆

在机械制图中，椭圆或椭圆弧一般用来绘制轴测图。在 AutoCAD 2013 中，绘制椭圆有三种方法，分别是指定中心点、指定端点及椭圆弧。在系统中默认的是指定中心点方式。启用椭圆命令，可以采用以下两种方式：

（1）直接在命令行输入“ELLIPSE”或者“EL”，并按下 Enter 键进行确认；

（2）在“常用”菜单栏下的“绘图”工具面板上，单击 圆心 图标。

1．中心点方式绘制椭圆 圆心

以图 2-16（a）所示的图形为例，介绍中心点方式绘制椭圆的方法，操作完成后，命令行显示如下：

```
命令：_ellipse          // 执行椭圆命令
指定椭圆的轴端点或 [圆弧（A）/中心点（C）]：_c        // 选择中心点，若选择“圆弧（A）”选项，表示绘制椭圆弧
指定椭圆的中心点：
指定轴的端点：12          // 指定长半轴长度
指定另一条半轴长度或 [旋转（R）]：8          // 指定短半轴长度，若选择“旋转（R）”选项，表示通过旋转指定的长半轴来绘制椭圆，长半轴旋转后在X轴上的投影即为短半周长度，因此若输入角度0，则绘制圆；若输入90，则不能绘制椭圆
```

2．轴、端点方式绘制椭圆 轴，端点

以图 2-16（b）所示的图形为例，介绍轴、端点方式绘制椭圆的方法，操作完成后，命令行显示如下：

```
命令：_ellipse
指定椭圆的轴端点或 [圆弧（A）/中心点（C）]：       // 选择长轴端点
指定轴的另一个端点：20                    // 指定长轴长度
指定另一条半轴长度或 [旋转（R）]：6          // 指定短半轴长度
```

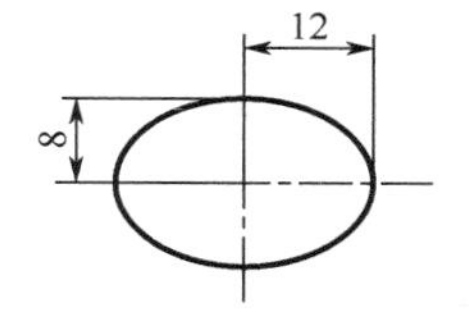

（a）中心点方式绘制椭圆

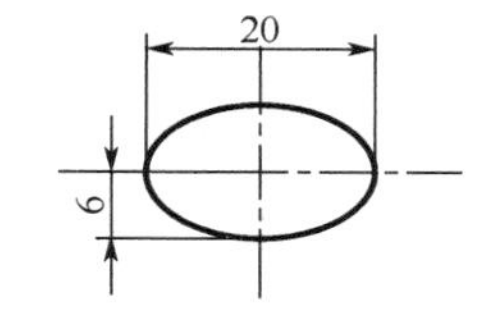

（b）轴、端点方式绘制椭圆

图 2-16 绘制椭圆练习示例

3．椭圆弧 椭圆弧

椭圆弧是椭圆的一部分，和椭圆不同的是其起点和终点没有闭合，下面举例说明椭圆弧的画法。

（1）采用起始角度、终点角度方式绘制椭圆弧。该种方法绘制圆弧，有中心点方式和轴端点方式两种，以图 2-17（a）所示的图形为例来分别介绍。操作完成后，命令行显示如下：

```
命令：_ellipse
指定椭圆的轴端点或 [圆弧（A）/中心点（C）]：_a        // 执行椭圆弧命令
指定椭圆弧的轴端点或 [中心点（C）]：c          // 选择中心点绘制椭圆弧方式
指定椭圆弧的中心点：                  // 捕捉中心点O
指定轴的端点：                        // 捕捉端点B，即指定长半轴长度
```

```
指定另一条半轴长度或 [旋转（R）]:    // 捕捉端点C，即指定短半轴长度
指定起点角度或 [参数（P）]: 90        // 输入起始角度，选项“参数（P）”，表示用参数化矢量方程式来定义椭圆弧的端点角度，本教材不作介绍
指定端点角度或 [参数（P）/包含角度（I）]: 180     // 输入终点角度，即完成CA椭圆弧绘制
命令: _ellipse
指定椭圆的轴端点或 [圆弧（A）/中心点（C）]: _a     // 重复执行椭圆弧命令
指定椭圆弧的轴端点或 [中心点（C）]:          // 捕捉长轴端点即A点
指定轴的另一个端点:                     // 捕捉端点B，即指定长轴长度
指定另一条半轴长度或 [旋转（R）]:           // 捕捉端点C，即指定短半轴长度
指定起点角度或 [参数（P）]: 90                // 输入起始角度
指定端点角度或 [参数（P）/包含角度（I）]: 180     // 输入终点角度，即完成DB椭圆弧绘制
```

通过上面两段圆弧的绘制，发现不同的绘制方法，圆弧起始角度的起点是不同的。CA 段椭圆弧的起始角度是以 B 点为起始点，逆时针绘制圆弧；DB 段椭圆弧的起始角度是以 A 点为起始点，逆时针绘制圆弧。

（2）采用起始角度、包含角方式绘制椭圆弧。以图 2-17（b）所示的图形为例，介绍该种方法的应用，操作完成后，命令行显示如下：

```
命令: _ellipse
指定椭圆的轴端点或 [圆弧（A）/中心点（C）]: _a
指定椭圆弧的轴端点或 [中心点（C）]:
指定轴的另一个端点:
指定另一条半轴长度或 [旋转（R）]:
指定起点角度或 [参数（P）]: 60
指定端点角度或 [参数（P）/包含角度（I）]: I       // 选择包含角模式
指定圆弧的包含角度 <180>: 150                    // 输入椭圆弧的包含角
```

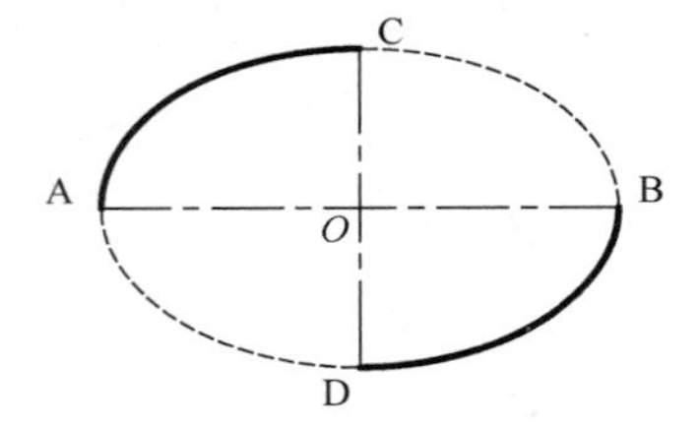

（a）起始角度、终点角度方式绘制椭圆

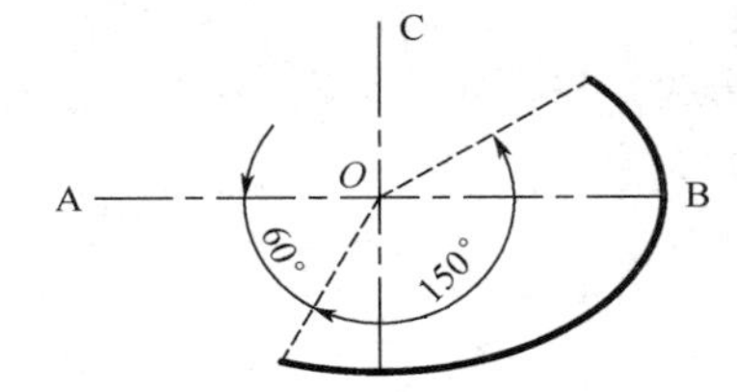

（b）起始角度、包含角度方式绘制椭圆

图 2-17　绘制椭圆弧练习示例

练习：利用圆弧、圆、椭圆命令绘制如图 2-18 所示的盥洗盆图形，绘制完成后，命令行内容显示如下（具体参见“素材\演示\2\盥洗盆的绘制过程.wrf”）。

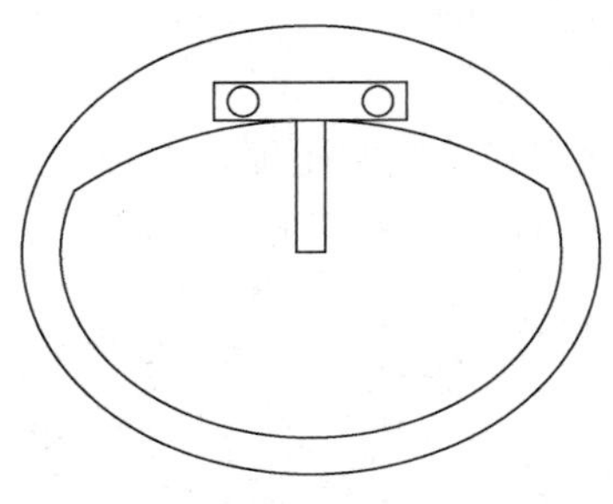

图 2-18　盥洗盆图形

```
命令: _ellipse
指定椭圆的轴端点或 [圆弧(A)/中心点(C)]: _c    // 以中心点方式绘制椭圆
指定椭圆的中心点:
指定轴的端点: 150    // 指定椭圆的长轴
指定另一条半轴长度或 [旋转(R)]: 120    // 指定椭圆的短轴
命令:
命令:
命令: _ellipse
指定椭圆的轴端点或 [圆弧(A)/中心点(C)]: _a    // 执行椭圆弧命令
指定椭圆弧的轴端点或 [中心点(C)]: c    // 以中心点方式绘制椭圆弧
指定椭圆弧的中心点:    // 捕捉椭圆的中心点
指定轴的端点: 130    // 指定椭圆弧的长轴
指定另一条半轴长度或 [旋转(R)]: 100    // 指定椭圆弧的短轴
指定起点角度或 [参数(P)]: 165    // 指定椭圆弧的起始角度
指定端点角度或 [参数(P)/包含角度(I)]: 15  // 指定椭圆弧的终点角度
命令:
命令: _rectang    // 执行矩形命令
指定第一个角点或 [倒角(C)/标高(E)/圆角(F)/厚度(T)/宽度(W)]: 7.5    // 捕捉追踪椭圆的中心点并向左偏移7.5，指定矩形的左下角点
指定另一个角点或 [面积(A)/尺寸(D)/旋转(R)]: @15,70    //指定矩形的右上角点
命令:
RECTANG    // 按下Enter键重复执行矩形命令
指定第一个角点或 [倒角(C)/标高(E)/圆角(F)/厚度(T)/宽度(W)]: 50    // 捕捉追踪矩形上边的中点，并向左偏移50，指定矩形的左下角点
指定另一个角点或 [面积(A)/尺寸(D)/旋转(R)]: @100,20    //指定矩形的右上角点
命令:
命令: _circle    // 执行圆命令
指定圆的圆心或 [三点(3P)/两点(2P)/切点、切点、半径(T)]: 15    // 捕捉追踪矩形左边的中点，并向右偏移15，指定圆心
指定圆的半径或 [直径(D)] <8.0000>: 8    //指定圆的半径
命令:
命令: _circle    // 按下Enter键，重复执行圆命令
指定圆的圆心或 [三点(3P)/两点(2P)/切点、切点、半径(T)]: 70    // 捕捉追踪圆心，并向右偏移70，指定另一个圆的圆心
指定圆的半径或 [直径(D)] <8.0000>: 8    //指定圆的半径
命令:
命令: _arc    // 执行三点圆弧命令
指定圆弧的起点或 [圆心(C)]:    //捕捉椭圆弧的一个端点
指定圆弧的第二个点或 [圆心(C)/端点(E)]:    //捕捉矩形水平边的中点
指定圆弧的端点:    //捕捉椭圆弧的另一个端点
```

2.3.4　圆环

利用“圆环”命令可以绘制实心圆和圆环，如图 2-19 所示。启用“圆环”命令，可以采用以下两种方式。

（1）直接在命令行输入“Donut”，并按下 Enter 键进行确认。

（2）展开“常用”菜单栏下的“绘图”工具面板，单

图 2-19　圆环和实心圆

击◎图标。

以图 2-19 所示的图形为例，介绍圆环与实心圆绘制的方法，绘制完成后，命令行内容显示如下：

```
命令: _donut
指定圆环的内径 <8.0000>: 8        // 设置内径为8
指定圆环的外径 <10.0000>: 10     // 设置外径为10
指定圆环的中心点或 <退出>:      // 单击右键退出
命令:
DONUT                // 重复命令绘制实心圆
指定圆环的内径 <8.0000>: 0       // 设置内径为8
指定圆环的外径 <10.0000>: 10      // 设置外径为10
指定圆环的中心点或 <退出>:       // 单击右键退出
```

2.3.5 样条曲线

样条曲线是通过拟合空间一系列的点，得到的光滑曲线。在 AutoCAD 2013 的绘图工具面板上提供了“样条曲线拟合”与“样条曲线控制点”两种图标。启用样条曲线绘制命令，可以采用以下两种方式：

（1）直接在命令行输入“SPLINE”或者“SPL”，并按下 Enter 键进行确认，根据命令行提示选择不同的类型；

（2）在“常用”菜单栏下，展开“绘图”工具面板的下拉菜单，单击“样条曲线拟合”图标或“样条曲线控制点”图标。

执行样条曲线命令后，可根据命令行提示，创建拟合点的样条曲线或者控制点的样条曲线，如图 2-20 所示。以图 2-20（a）所示的图形为例介绍样条曲线的绘制方法。操作完成后，命令行显示如下：

```
命令: _SPLINE
当前设置: 方式=拟合    节点=弦
指定第一个点或 [方式（M）/节点（K）/对象（O）]: _M
输入样条曲线创建方式 [拟合（F）/控制点（CV）] <拟合>: _FIT    // 执行拟合样条曲线命令
当前设置: 方式=拟合    节点=弦                  // 样条曲线当前设置
指定第一个点或 [方式（M）/节点（K）/对象（O）]:     // 指定第一个点
输入下一个点或 [起点切向（T）/公差（L）]:           // 指定第二个点
输入下一个点或 [端点相切（T）/公差（L）/放弃（U）]:              // 指定第三个点
输入下一个点或 [端点相切（T）/公差（L）/放弃（U）/闭合（C）]:    // 指定第四个点
输入下一个点或 [端点相切（T）/公差（L）/放弃（U）/闭合（C）]:    // 回车结束命令
```

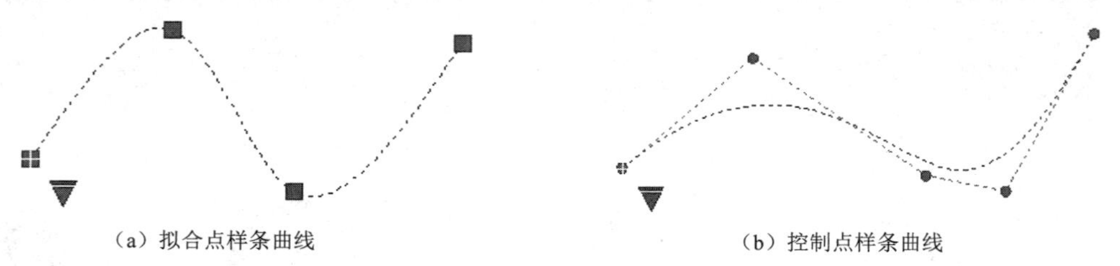

（a）拟合点样条曲线　　（b）控制点样条曲线

图 2-20　样条曲线绘制

2.3.6　修订云线

修订云线的主要功能并不是用来绘图，而是用来标识图形中特别注意的区域。在 AutoCAD 2013 中，修订云线即可以手动绘制，也可以由原来的闭合图形转换而来，如图 2-21 所示，启用修订云线命令，可以采用以下两种方式：

（1）直接在命令行输入“REVCLOUD”，并按下 Enter 键进行确认；

（2）展开“常用”菜单栏下的“绘图”工具面板，单击“修订云线”图标。

图 2-21　封闭多段线区域转换修订云线

以图 2-21 所示的图形为例，介绍封闭多段线转换成修订云线的过程，完成后，命令行内容显示如下（具体参见“素材\演示\2\修订云线.wrf”）。

```
命令: _revcloud
最小弧长: 0.5000    最大弧长: 0.5000    样式: 普通    // 默认修订云线样式
指定起点或 [弧长（A）/对象（O）/样式（S）] <对象>: a    // 进入弧长设定模式
指定最小弧长 <0.5000>: 2       // 设定修订云线的最小弧长
指定最大弧长 <2.0000>: 5       // 设定修订云线的最大弧长
指定起点或 [弧长（A）/对象（O）/样式（S）] <对象>: o    // 进入对象选择模式
选择对象:      // 选择封闭的多段线
反转方向 [是（Y）/否（N）] <否>:
修订云线完成
```

练习：利用样条曲线、圆弧、多段线命令，绘制如图 2-22 所示的伞的图形。绘制步骤如下（具体参见“素材\演示\2\伞的绘制过程.wrf”）。

（1）利用“圆弧”命令绘制半圆弧。

（2）利用“样条曲线”命令绘制伞边。

（3）利用“圆弧”命令绘制伞骨架。

（4）利用“多段线”命令绘制伞尖。

（5）利用“多段线”命令绘制伞把。

图 2-22　伞的示意图形

2.4　点对象

学习目标

- 学会点的样式设置。
- 掌握点命令的使用方法。
- 掌握定数等分命令的使用方法。
- 掌握定距等分命令的使用方法。

学习内容

2.4.1　点的样式设置

点是组成图形的最基本元素，在绘图中起辅助作用，通常用来作为对象捕捉的参考点，在AutoCAD 2013中，提供了多种样式的点来让用户选择。由于系统将点默认为一个小黑点，不便于用户观察，因此在绘制点之前首先要对点的样式进行设置。进行点的样式设置可以采用以下两种方式：

（1）直接在命令行输入“DDPTYPE”或者“DDPT”，并按下Enter键进行确认；

（2）在“常用”菜单栏下，展开“实用工具”工具面板上的下拉菜单，单击点样式...图标，如图2-23所示。

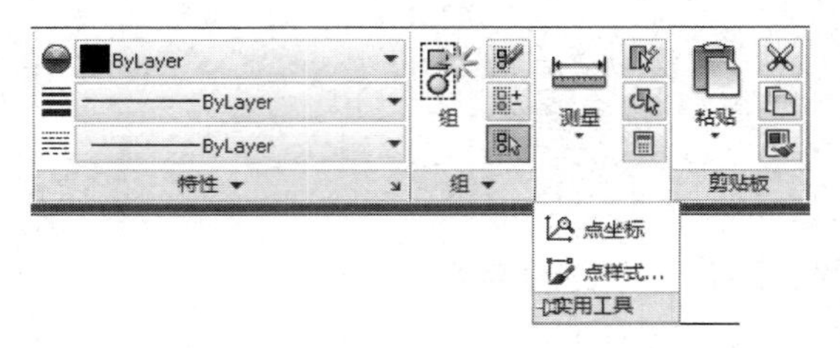

图2-23　点样式设置

执行上述命令后，弹出“点样式”对话框，如图2-24所示。在该对话框中，用户可根据需要选择点的样式，设置点的大小。设置完点的样式后，系统会自动执行“重生成”命令，将图形中原有的点自动换成新的点样式。

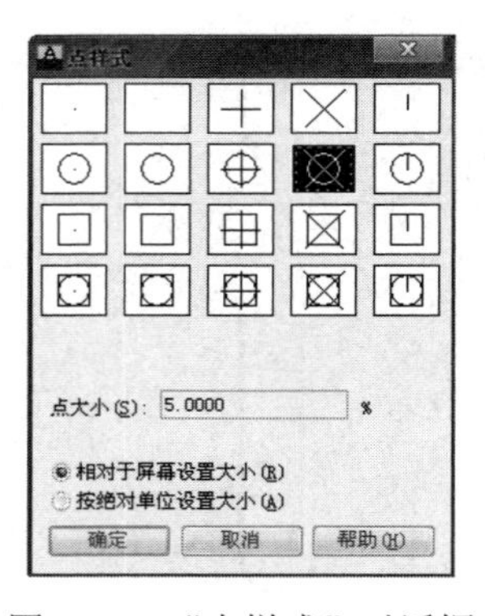

图2-24　“点样式”对话框

2.4.2 点的绘制

在 AutoCAD 2013 中，绘制点的命令有单点和多点两种。在系统默认环境下的“绘图”工具面板上，没有“单点”图标，用户可以直接在命令行输入“POINT”或“PO”命令，并按 Enter 键确认，然后移动鼠标至需要放置点的位置后，单击鼠标即可放置单点，每次只能放置一个点。

执行“多点”命令可通过单击“绘图”工具面板上的 图标，如图 2-25 所示。该命令执行后，移动鼠标至需要放置点的位置，单击鼠标即可创建点。每单击一次，则创建一个点，直至按 Esc 键结束命令为止。

练习：利用点命令绘制如图 2-26 所示的桌布。

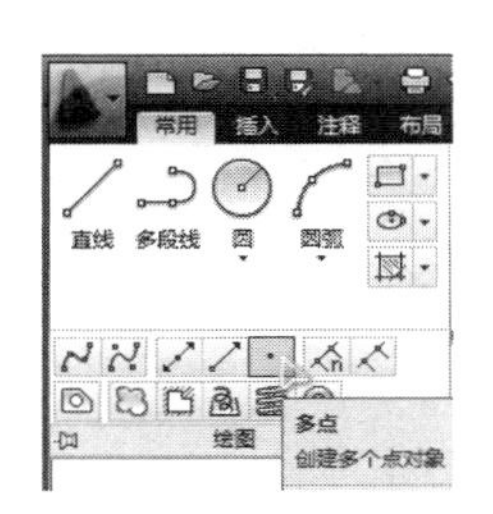

图 2-25 执行“多点”命令

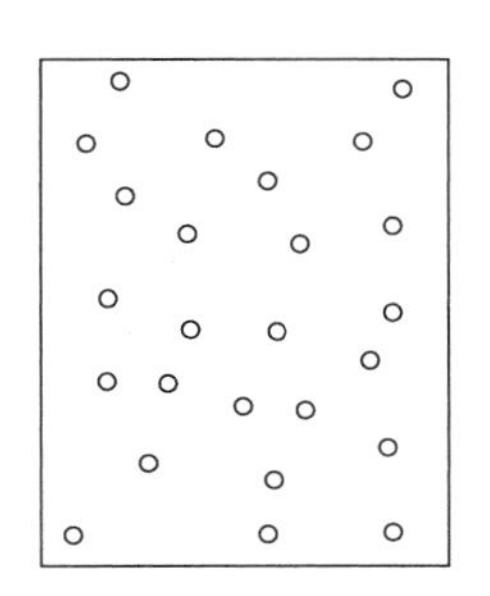

图 2-26 桌布绘制练习

2.4.3 绘制定数等分点

该命令是将指定的对象以一定的数量进行等分，在指定的对象上添加一个或多个点，并不是将原来对象拆分。启用“定数等分点”命令，可以采用以下两种方式。

（1）直接在命令行输入“DIVIDE”或者“DIV”，并按下 Enter 键进行确认。

（2）在“常用”菜单栏下，展开“绘图”工具面板上的下拉菜单，单击图标。

以图 2-27 所示的定数等分点为例来介绍绘制定数等分点的方法，操作后命令行显示如下：

```
命令: _divide
选择要定数等分的对象:                // 选择圆弧，并按下Enter键确认
输入线段数目或 [块(B)]: 4            // 输入等分的数目，若选择“块(B)”选项，则可以沿选定的对象等间距的放置块，这里不再作详细介绍
```

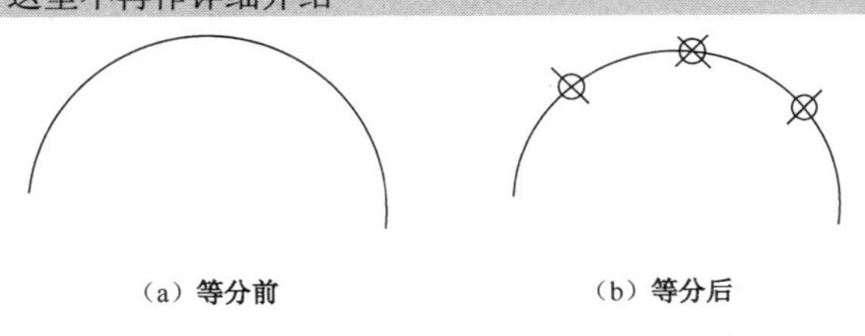

图 2-27 定数等分圆弧

2.4.4 绘制定距等分点

该命令是将指定的对象，按确定的长度进行等分。若指定对象的总长度除以等分距不是整数，就会出现剩余线段。启用“定数等分点”命令可以采用以下两种方式。

（1）直接在命令行输入“MEASURE”，并按下 Enter 键进行确认。

（2）在“常用”菜单栏下，展开“绘图”工具面板上的下拉菜单，单击图标。

以绘制如图 2-28 所示的定距等分直线为例来介绍绘制定距等分点的方法，操作后命令行

显示如下：

```
命令： _measure
选择要定距等分的对象：        // 选择直线，并按下Enter键确认
指定线段长度或 [块（B）]： 15    // 输入等分距
```

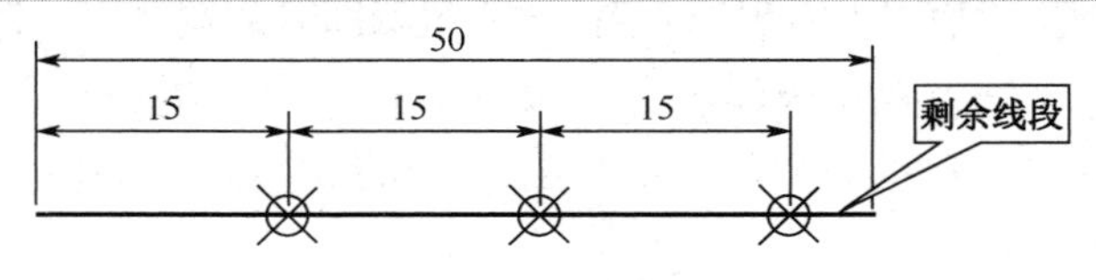

图 2-28　定距等分直线

练习：利用定数等分或者定距等分命令绘制如图 2-29 所示的五角星，绘制步骤如下（具体参见“素材\演示\2\五角星的绘制过程.wrf”）。

（1）设置点的样式。

（2）对象捕捉设置，将“节点”设为捕捉对象。

（3）绘制圆。

（4）将圆定数等分。

（5）利用直线连接各点。

（6）将点的样式设置成“无”的样式。

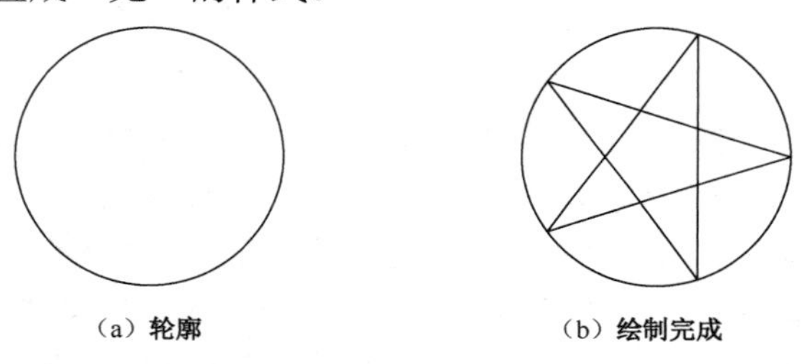

（a）轮廓　（b）绘制完成

图 2-29　五角星的绘制

2.5　区域对象

学习目标

- 掌握图案填充命令的使用方法。
- 掌握渐变色填充命令的使用方法。
- 掌握边界命令的使用方法。
- 熟悉面域命令的使用。
- 了解区域覆盖命令的使用。

学习内容

2.5.1　图案填充

图案填充功能在 CAD 制图中一般用来标识某个区域或者标识部件的组成材质。执行图案

填充创建命令有以下两种方式。

（1）直接在命令行输入“HATCH”或者“H”，并按下 Enter 键进行确认，根据命令行提示进行操作。

（2）在“常用”菜单栏下，单击“绘图”工具面板上的“填充图案”图标。

执行命令后，会打开“图案填充创建”功能菜单，如图 2-30 所示。下面对功能面板的部分选项进行简单介绍。

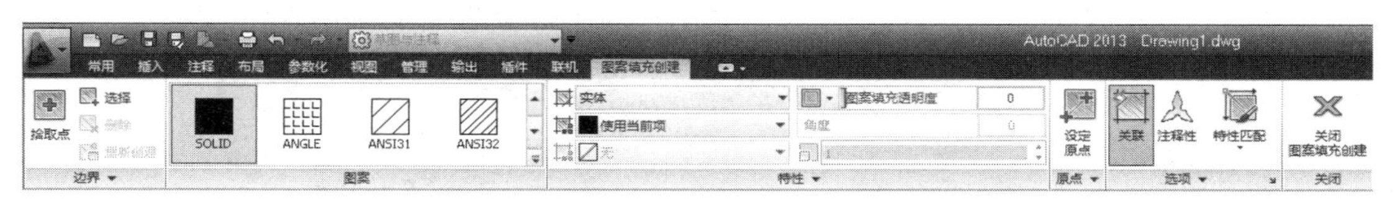

图 2-30　图案填充创建功能菜单

1．“边界”面板

在该面板上，用户可以通过“拾取点”的方式选择边界内部点进行填充，也可以通过“选择对象”的方式直接选择边界对象，以创建图案填充边界。

（1）“拾取点”方式：通过拾取填充区域的内部点，来填充图案。执行该命令后，当光标停留在某一封闭区域时，该封闭区域会预览填充效果，如图 2-31（a）所示，单击鼠标后，该封闭区域的边界会以虚线形式显示，如图 2-31（b）所示。可以继续拾取点进行其他封闭区域的填充，若不再继续填充，只需按下 Enter 键，即可完成图案填充命令，如图 2-31（c）所示，同时关闭“图案填充创建”功能菜单。

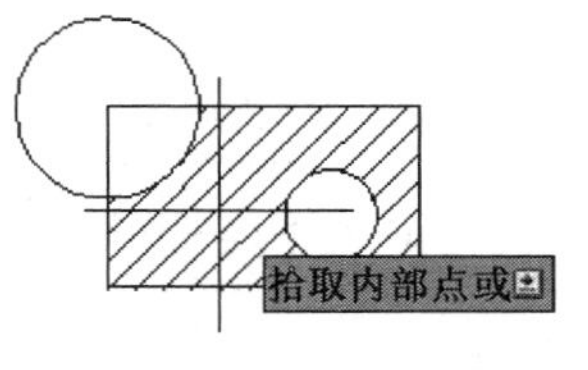

（a）在填充区域内部拾取点

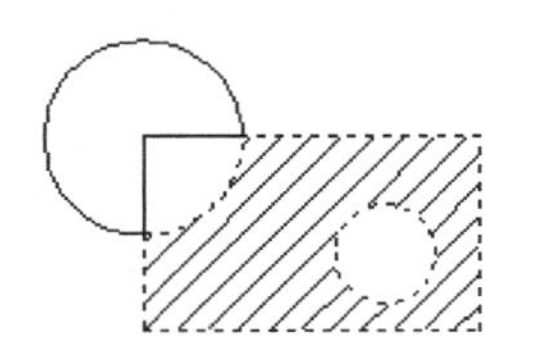

（b）生成填充边界

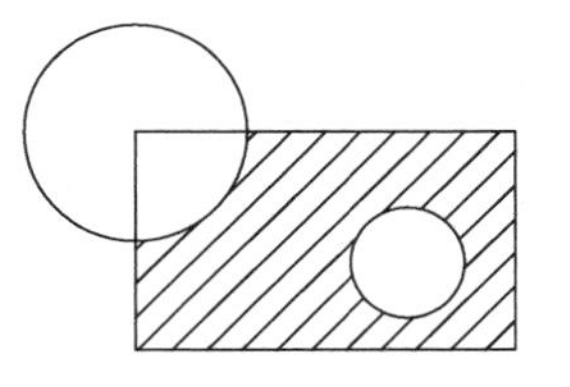

（c）填充结果

图 2-31　用拾取点方式填充图案

（2）“选择”方式：通过选择边界对象，来填充图案。执行该命令后，鼠标变成拾取框的形式，边界对象即可以框选，也可以通过单击鼠标进行选择，如图 2-32 所示。

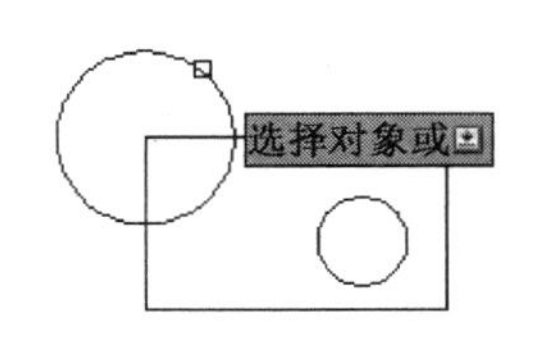

（a）选择边界对象（圆）

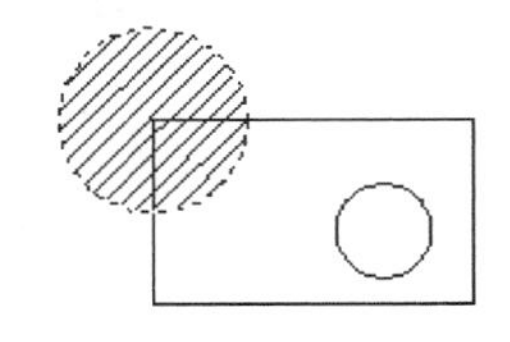

（b）生成填充边界

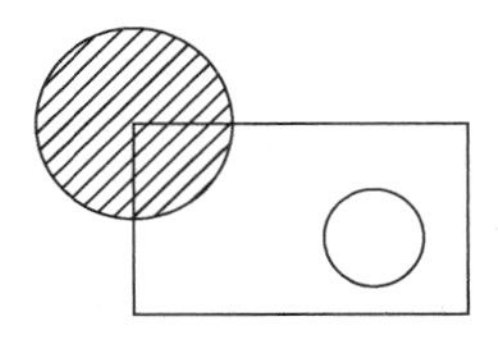

（c）填充结果

图 2-32　用选择边界对象方式填充图案

2．图案面板

用来设置填充图案的形状，如图 2-33（a）所示，单击右侧的上、下箭头，可在面板中显示不同的图案，单击右下角的箭头，可展开图案面板，如图 2-33（b）所示。

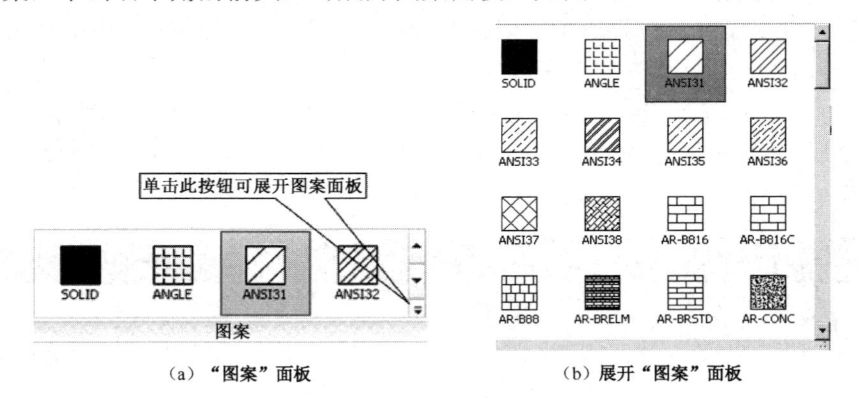

（a）“图案”面板　　（b）展开“图案”面板

图 2-33　“图案”面板

3．“特性”面板

用来设置填充图案的特性，如图 2-34 所示。如图 2-35 所示的图形，即为改变旋转角度与填充比例后的效果。

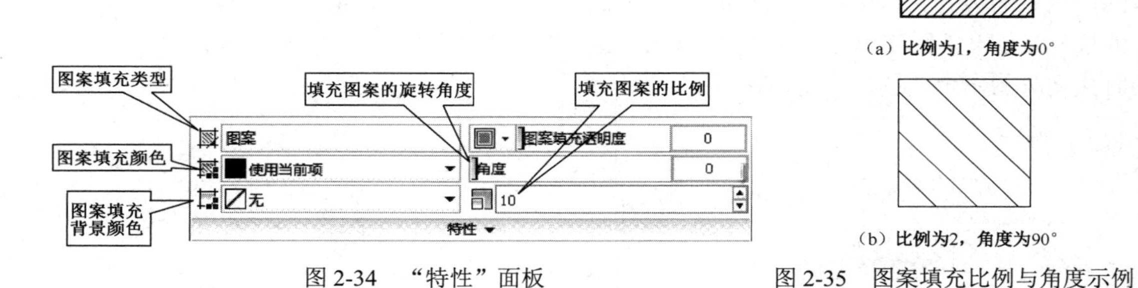

图 2-34　“特性”面板　　图 2-35　图案填充比例与角度示例

4．“原点”面板

在绘图过程中，有些面板可能需要调整图案填充原点，以表现更适当的图案填充排列方式，如图 2-36 所示。使用该工具面板，用户可以根据实际情况去控制图案填充的起始点。如图 2-37 所示的图形即为不同原点的填充方式。

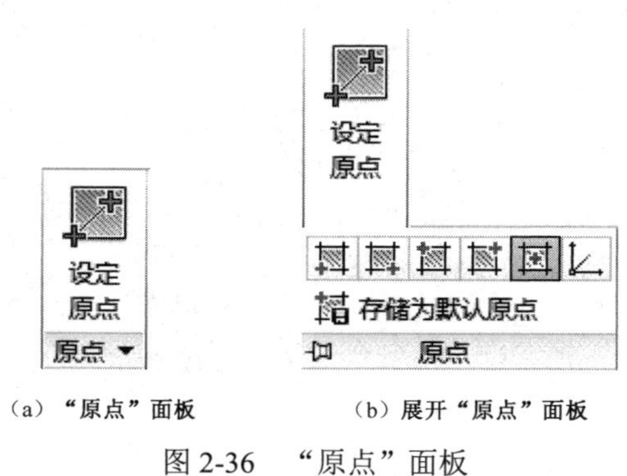

（a）“原点”面板　　（b）展开“原点”面板

图 2-36　“原点”面板

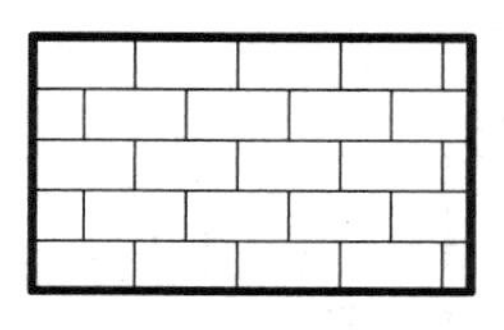

（a）左下角为填充原点

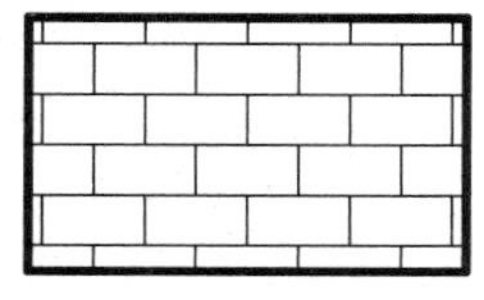

（b）图形中央为填充原点

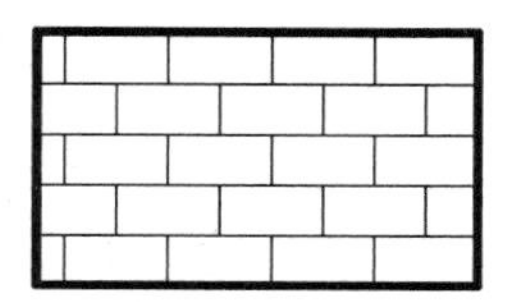

（c）右下角为填充原点

图 2-37　图案填充原点的控制

5．“选项”面板

该面板用来控制图案填充模式或填充选项，如图 2-38 所示。以图 2-39 所示的图形为例来说明该面板上“关联”填充功能的应用。所谓关联填充，即当用户修改图案填充边界时，填充图案会自动进行更新。

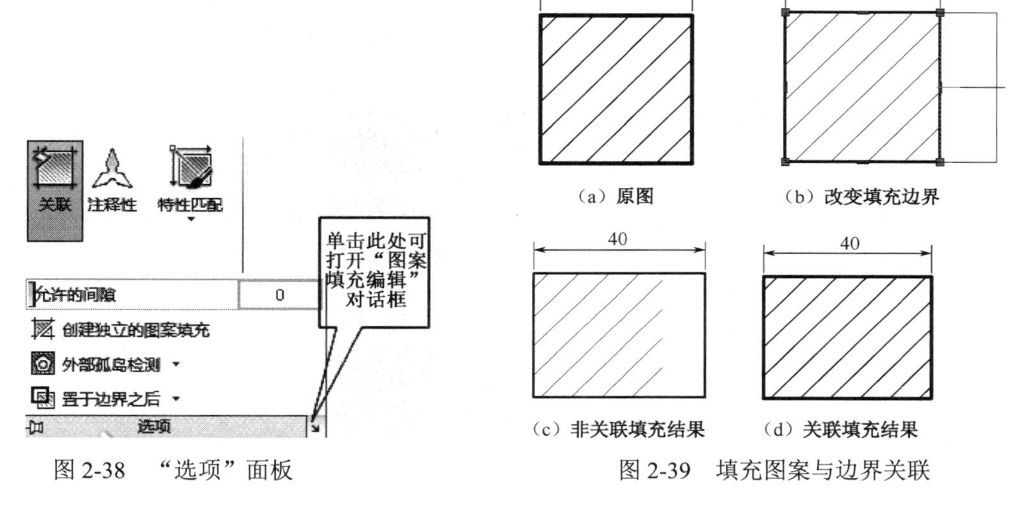

（a）原图　（b）改变填充边界　（c）非关联填充结果　（d）关联填充结果

图 2-38　“选项”面板

图 2-39　填充图案与边界关联

2.5.2　渐变色填充

实际上渐变色填充也是图案填充的一种，该功能可以让用户以渐变色来代替填充图案，绘制方法与图案填充类似。执行“渐变色填充”命令有以下两种方式。

（1）直接在命令行输入“Gradient”或者“Gd”，并按下 Enter 键进行确认，根据命令行提示进行操作。

（2）在“常用”菜单栏下，单击“绘图”工具面板上的“渐变色”命令图标。

执行命令后，“图案填充创建”选项卡的“图案”、“特性”面板均显示与渐变色相关的默认设置。在 CAD 中系统给出 9 个预先定义的渐变色填充选项，如图 2-40 所示。

练习：打开“素材/2/填充图案练习.dwg”文件，如图 2-41（a）所示房子图形，利用“填充图案”命令，进行图案填充练习，如图 2-41（b）所示。绘图步骤如下（具体参见“素材\演示\2\图案填充练习.wrf”）：

（1）渐变色填充屋顶，图案和特性选择如图 2-42 所示。

（2）图案填充屋裙，填充图案选择“GRAVEL”，填充比例根据情况进行调整。

（3）图案填充屋山，填充图案选择“GRASS”，颜色选择绿色，自行调整填充比例。

（4）图案填充屋顶，填充图案选择“TRIANG”，自行调整填充比例。

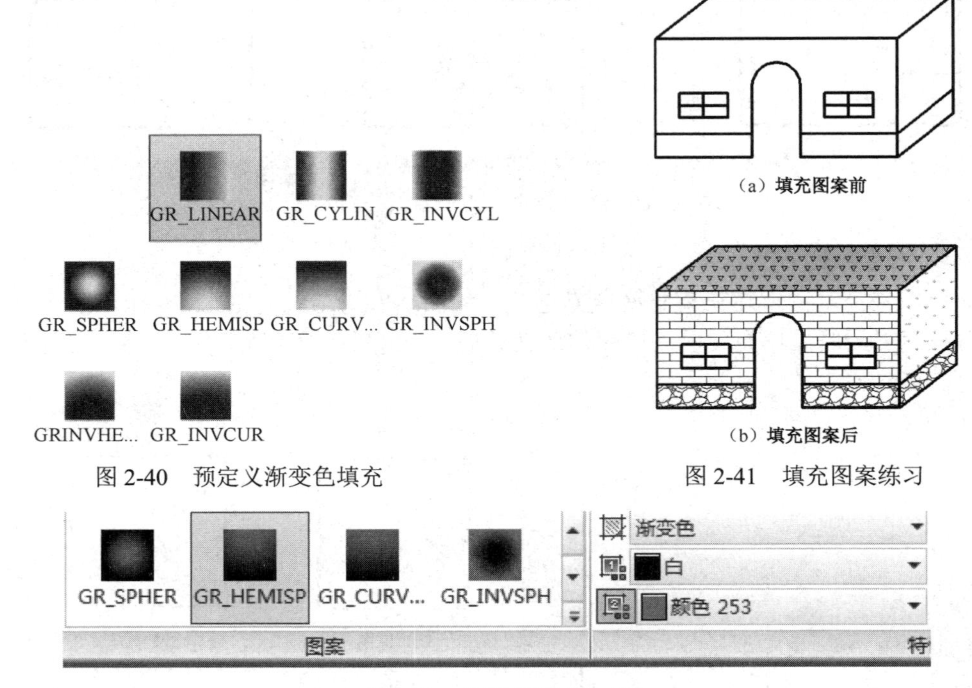

图 2-40 预定义渐变色填充

图 2-41 填充图案练习

图 2-42 渐变色填充设置

2.5.3 边界创建

所谓边界，就是某个封闭区域的轮廓，使用“边界”命令可以根据封闭区域内的任一指定点来自动分析该区域的轮廓，并可通过多段线或面域的形式保存下来。执行边界创建命令有以下两种方式。

（1）直接在命令行输入“Boundary”或者“Bo”。

（2）在“常用”菜单栏下，单击“绘图”工具面板上的“边界”图标，如图 2-43 所示。执行命令后弹出“边界创建”对话框，如图 2-44 所示。下面举例说明该命令的使用。

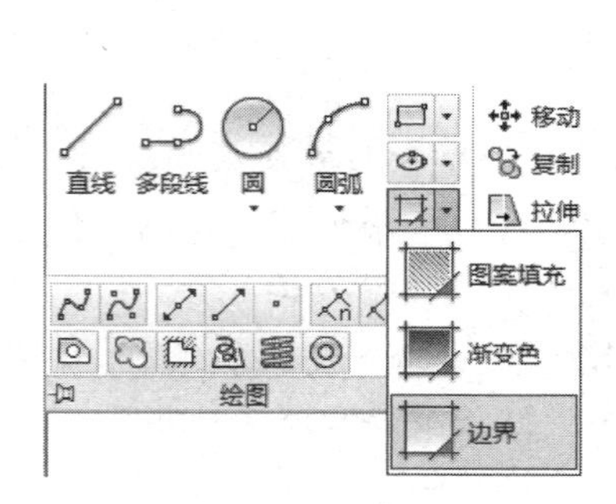

图 2-43 “边界”命令

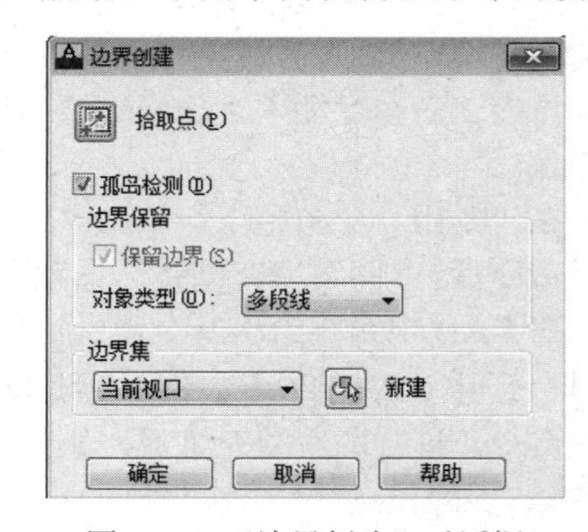

图 2-44 “边界创建”对话框

练习：如图 2-45 所示，创建三个圆相交部分的区域边界，绘图步骤如下（具体参见“素材\演示\2\创建边界练习.wrf”）。

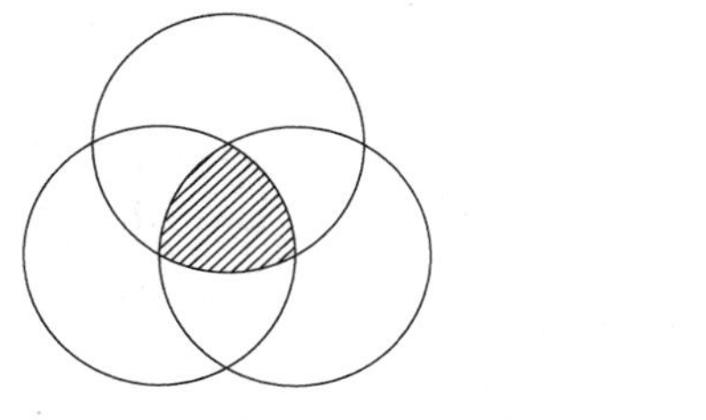

图 2-45 创建边界练习

（1）随意绘制三个相交的圆。

（2）执行“边界创建”命令，弹出“边界创建”对话框。

（3）先单击“拾取点”按钮，再在三圆相交区域单击。

（4）移动创建边界到图形外部。

2.5.4 面域

面域就是指用闭合的二维图形创建的二维区域，该二维区域可以是由一个或多个区域组成的。激活“面域”命令，可采用如下几种方法。

（1）直接在命令行输入“Region”或者“REG”，并按下 Enter 键进行确认。

（2）进入“草图与注释”空间，展开“常用”菜单栏下的“绘图”工具面板，单击“面域”图标。

激活命令后，根据命令行提示，选择对象后按 Enter 键确认，即可生成面域。在“草图与注释”空间下，生成面域后的对象变成一个整体，如图 2-46（a）所示。进入“三维基础”空间，将显示样式置为“着色”，我们发现，生成面域后的图形就是一个面，如图 6-30（b）所示。

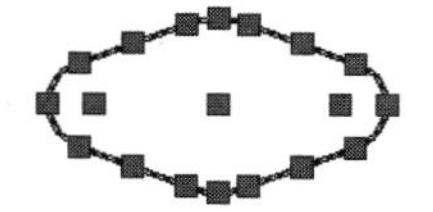

（a）草图与注释空间下的对比

（b）三维基础空间下的对比

图 2-46 面域生成前后对比

2.5.5 区域覆盖

区域覆盖的功能与前面学习的“修订云线”的功能基本类似。其差别在于区域覆盖所创建的图像，可以设置为任意形状的区域覆盖与边框，一旦完成后，是一个不透明的对象贴附在用户指定的位置上，而且也可以在该对象上添加文字说明。激活“区域覆盖”命令，可采用如下几种方法。

（1）直接在命令行输入“Wipeout”或者“REG”，并按下 Enter 键进行确认。

（2）展开“常用”菜单栏下的“绘图”工具面板，单击“区域覆盖”图标。

激活命令后，根据命令行内容显示如下：

```
    wipeout 指定第一点或 [边框（F）/多段线（P）]       // 根据一系列点确定区域覆盖对象的多边形边界；“边框”选项用来确定是否显示所有区域覆盖对象的边；“多段线”选项表示根据选定的多段线确定区域覆盖对象的多边形边界
```

练习：打开“素材/2/区域覆盖练习.dwg”文件，如图 2-47（a）所示，将停车场正中的矩形区域设置为区域覆盖，如图 2-47（b）所示（具体参见“素材\演示\2\区域覆盖练习.wrf”）。

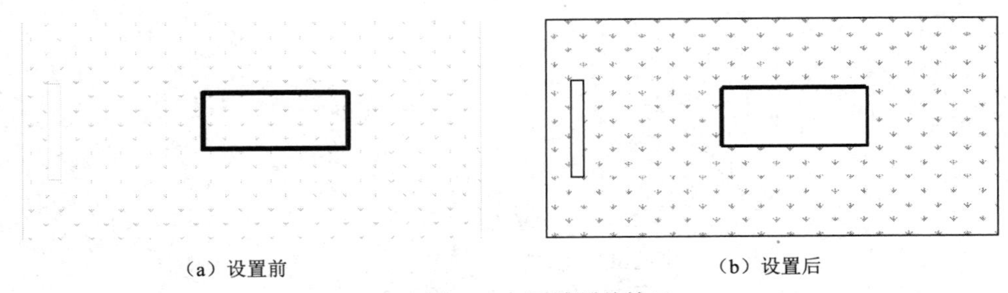

（a）设置前　　（b）设置后

图 2-47　区域覆盖练习

2.6　图块的操作

学习目标

- 掌握块的创建方法。
- 掌握块的插入方法。
- 掌握块的编辑方法。
- 掌握块的属性设置。

学习内容

在 AutoCAD 2013 设计中，有很多图形元素需要大量的重复使用，例如螺钉、螺母等标准紧固件。这些多次重复使用的图形，如果每次都从头开始设计和绘制，既麻烦又费时。为了解决上述问题，AutoCAD 2013 中提供了“块”命令，使用“块”命令，可以把上述关联的一系列图形对象定义为一个整体。

在 AutoCAD 2013 中，块的使用包括块的创建、块的插入、块的编辑、块的属性等，下面分别进行简单介绍。

2.6.1　块的创建

创建块之前，要先将组成块的图形绘制出来。启用“创建块”命令可采用以下三种方式。

（1）直接在命令行输入“BLOCK”或者“B”，并按下 Enter 键进行确认。

（2）在“常用”菜单栏下，单击“块”工具面板上的“创建块”图标 创建，如图 2-48 所示。

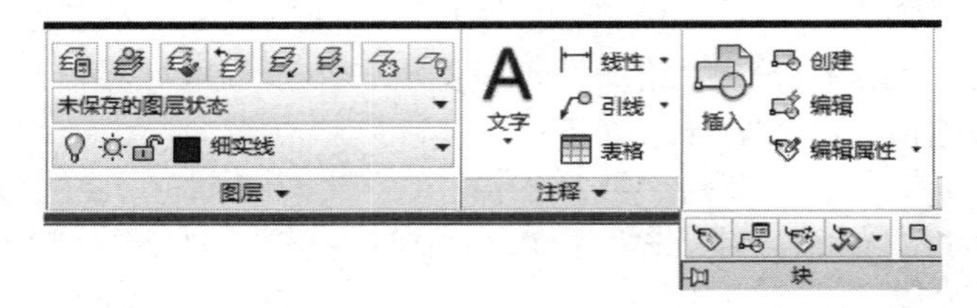

图 2-48　“常用”菜单栏下的“块”工具面板

（3）在“插入”菜单栏下，单击“块定义”工具面板上的“创建块”图标 创建，如图 2-49 所示。

练习： 下面举例说明创建块的过程（具体参见“素材\演示\2\块的创建练习.wrf”）。

（1）打开素材中“素材\ 2\块的练习.dwg”文件，如图 2-50 所示。

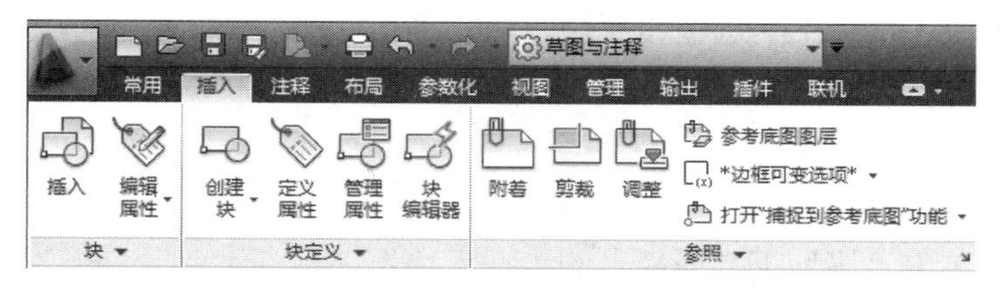

图 2-49　“插入”菜单栏下的“块定义”工具面板

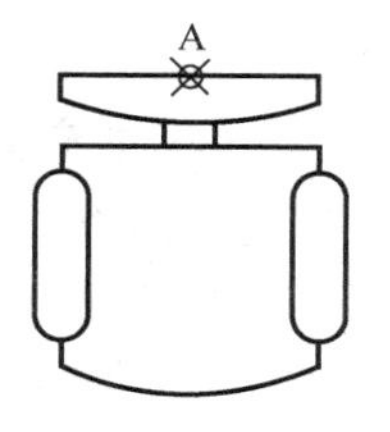

图 2-50　块的练习

（2）执行“创建块”命令，弹出“块定义”对话框，如图 2-51 所示。

（3）单击“基点”选项组的“拾取点”按钮 ，返回到绘图区，捕捉 A 点后，自动返回到“块定义”对话框。

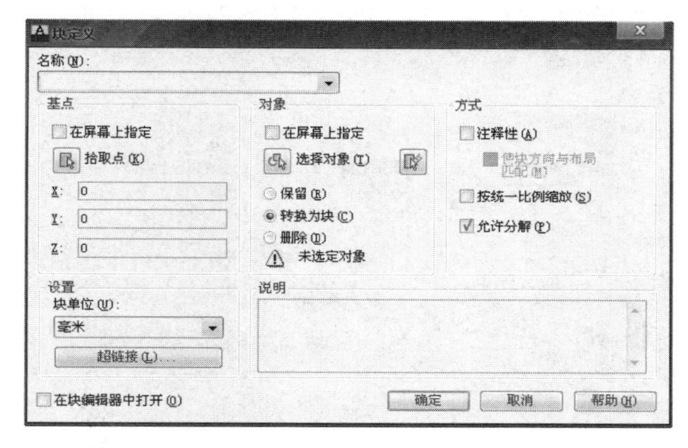

图 2-51　“块定义”对话框

（4）单击“对象”选项组的“选择对象”按钮，返回到绘图区，利用框选，选取所有对象，按 Enter 键确认后，自动返回到“块定义”对话框。

（5）在“名称”栏中输入“椅子”，完成后如图 2-52 所示。

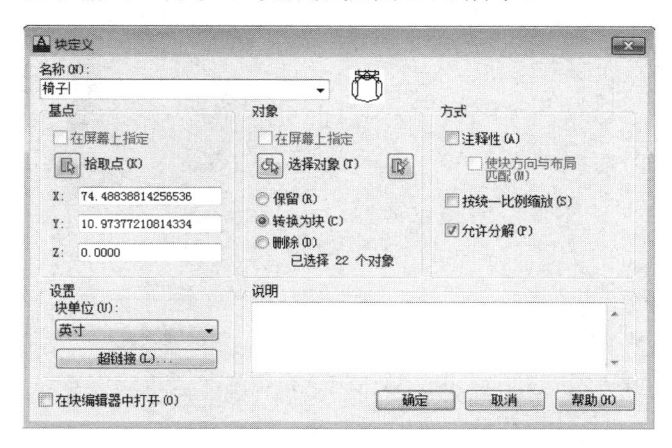

图 2-52　完成块定义的设置

（6）最后单击“确定”按钮，完成块的创建。

2.6.2　块的插入

前面学习了块的创建，接下来就来学习块的插入使用。插入块有三种方法，分别是：使用插入块命令、使用设计中心插入块、使用工具选项面板插入块。

1．插入块命令

启用该命令，有以下三种方式。

（1）直接在命令行输入“INSERT”或者“I”，并按下 Enter 键进行确认。

（2）在“常用”菜单栏下，单击“块”工具面板上的“插入块”图标 。

（3）在“插入”菜单栏下，单击“块”工具面板上的“插入块”图标 。

执行插入块命令后，弹出“插入”对话框，如图 2-53 所示，通过“名称”框的下拉列表，找到需要插入块的名称。也可通过“浏览”按钮 浏览(B)... 插入外部块，根据需要可设置比例与角度，单击“确定”按钮后，即可将块插入到指定位置。

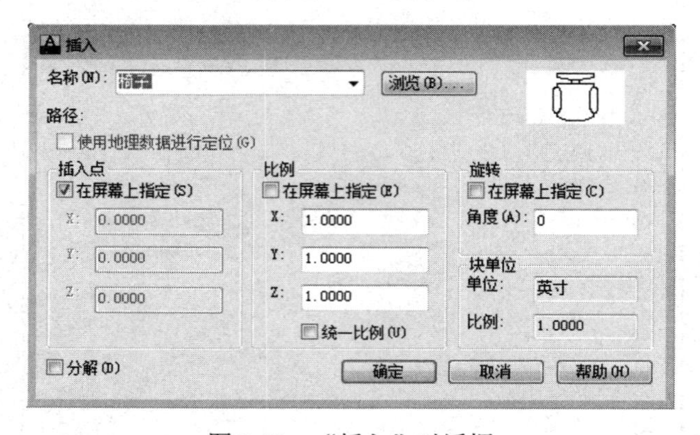

图 2-53　“插入”对话框

练习：以如图 2-54 所示的图形为例来介绍插入块的应用，限于篇幅操作步骤这里不再赘述（具体参见“素材\演示\2\块的插入练习.wrf”）。

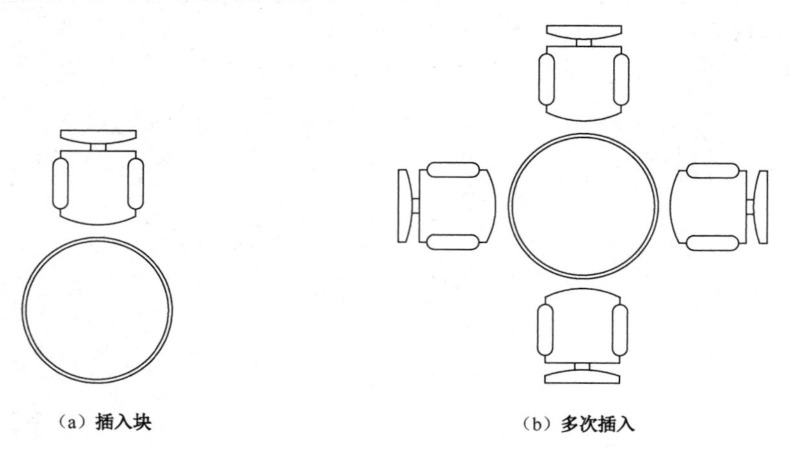

（a）插入块　　（b）多次插入

图 2-54　插入块练习

2．使用设计中心插入块

在设计中心可以打开任何包含块定义的图形文件，并将其以缩略图的形式显示出来，激活设计中心，可采用以下几种方式。

（1）直接在命令行输入“ADCENTER”或者“ADC”，并按下 Enter 键进行确认。

（2）在“视图”菜单栏下，单击“选项板”工具面板上的“设计中心”图标；如图 2-55 所示。

（3）按 Ctrl+2 组合键。

图 2-55　“设计中心”图标

启用命令后，弹出“设计中心”对话框，首先从“文件夹”选项中找到具有“块”的文件，例如在安装目录下“sample\zh-cn\designcenter\kitchens.dwg”文件中就提供了部分厨房用具的块，这些块都以缩略图的形式现实在设计中心，如图 2-56 所示。如果需要，可将其拖动到图形中指定位置即可。

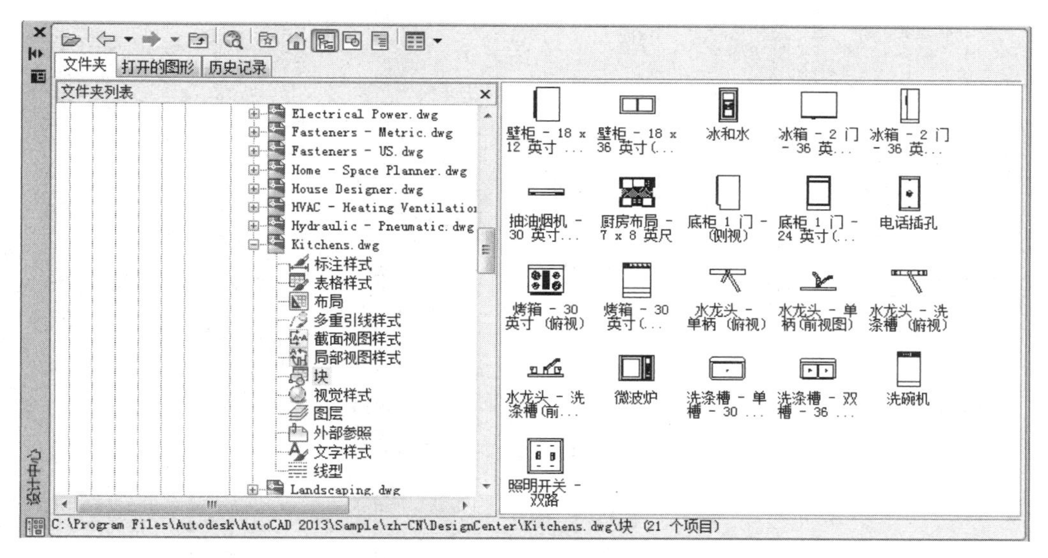

图 2-56　“设计中心”对话框

3．使用工具选项面板

工具选项面板是将一些常用的块及填充图案集合到一起分类放置，需要的时候，只需将其拖动到指定位置即可。激活工具选项面板，可采用以下几种方式。

（1）直接在命令行输入“TOOLPALETTES”或者“TP”，并按下 Enter 键进行确认。

（2）在“视图”菜单栏下，单击“选项板”工具面板上的“工具选项板”图标。

（3）按 Ctrl+3 组合键。

启用命令后，弹出工具选项面板，如图 2-57 所示。在该面板中已经具有机械、建筑、电力、土木等类型工具。若需要可将这些块直接拖拽到图形中的指定位置。

在该面板上，也可以建立新的工具选项。方法是：在工具选项面板的选项标签处，单击鼠标右键，选择“新建选项板”选项，如图 2-58（a）所示。创建新的工具选项后，可通过右键菜单的“上移”、“下移”选项，更改其在工具选项面板上的位置。如图 2-58（b）所示，即为创建一个名为“紧固件”的工具选项。要想在新建的工具选项里面添加“块”，只需要打开设计中心，选择将要添加的块，拖动到工具选项面板中即可，如图 2-59 所示。

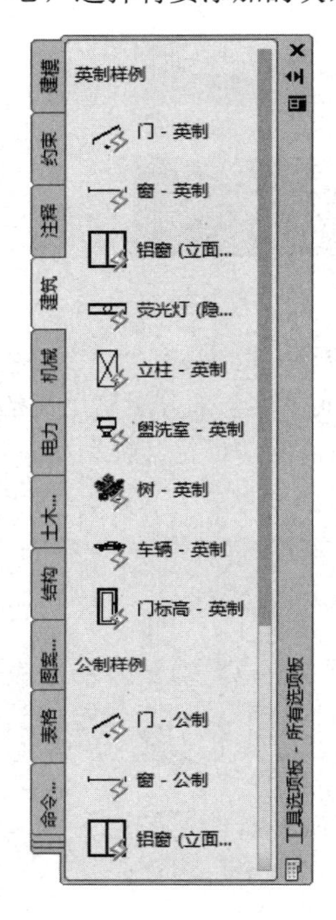

图 2-57　工具选项面板

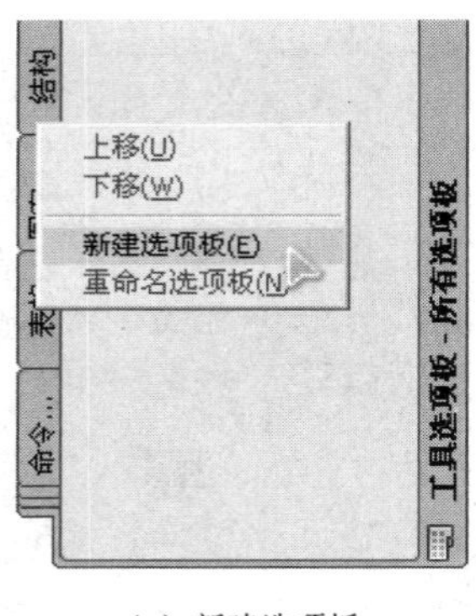

（a）新建选项板

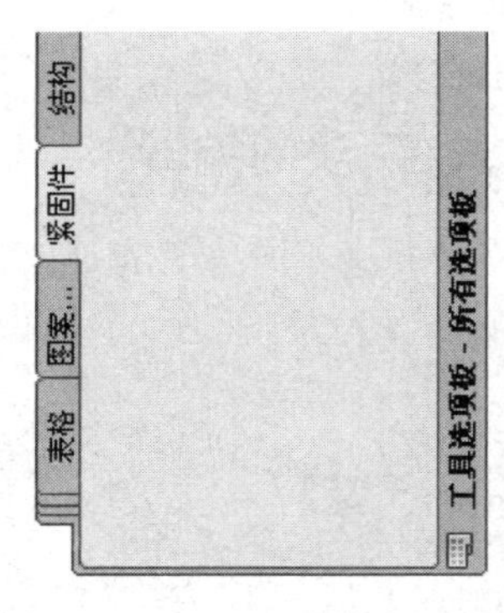

（b）建立“紧固件”选项板

图 2-58　建立新的选项板

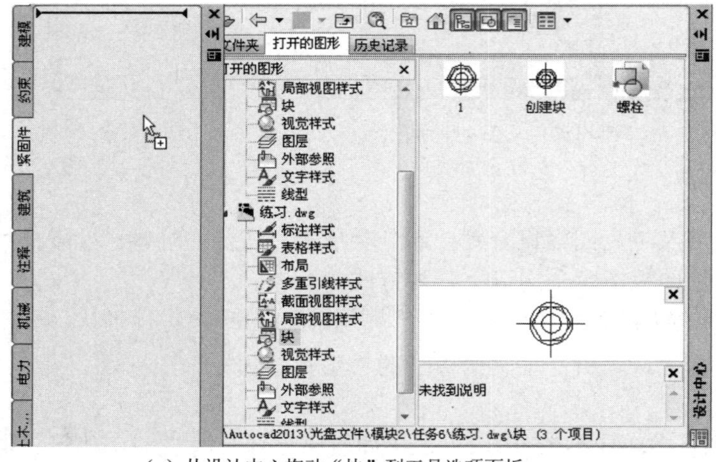

（a）从设计中心拖动“块”到工具选项面板

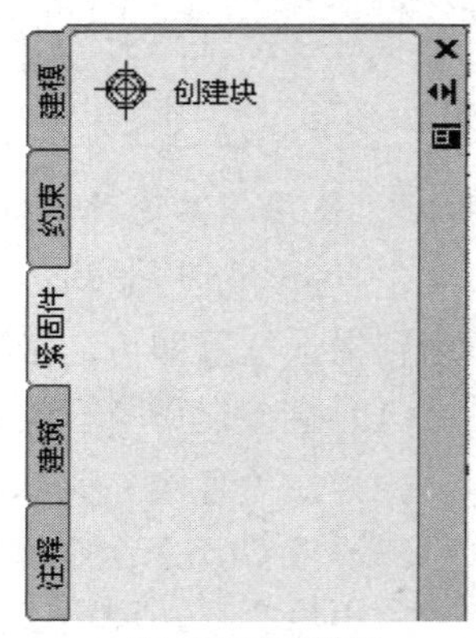

（b）拖动后的效果

图 2-59　在选项面板中增加“块”

除了上面方法外，也可以直接在设计中心的“块”名称上右击，在右键菜单中选择“创建工具选项板”选项，如图 2-60 所示。

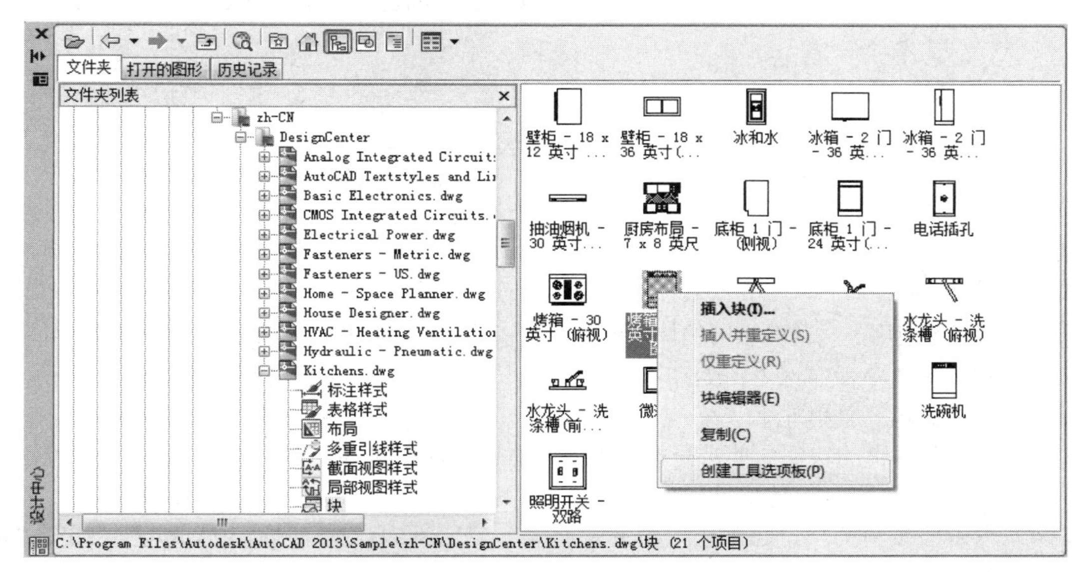

图 2-60　在设计中心创建工具选项面板

2.6.3　块的编辑

块在插入图形后，表现为一个整体，不能直接对组成块的对象进行编辑。在 AutoCAD 2013 中，提供了 4 种编辑块的方法，分别是：分解块、对块重定义、块的在位编辑以及块编辑器。这里只简单介绍后面两种。

1．块的在位编辑

所谓在位编辑，即在块原来位置上进行编辑。方法是：在选择块后，单击鼠标右键，在右键菜单中选择“在位编辑块”选项，如图 2-61 所示。弹出“参照编辑”对话框，如图 2-62 所示。单击“确定”按钮后，图形区除了要编辑的块以外，其他图形灰色显示，同时在功能区的当前菜单下出现“编辑参照”功能面板，如图 2-63 所示。修改完成后，单击功能面板上的“保存修改”按钮，会弹出 AutoCAD 2013 的信息警告窗口，单击“确定”按钮，完成块的编辑。

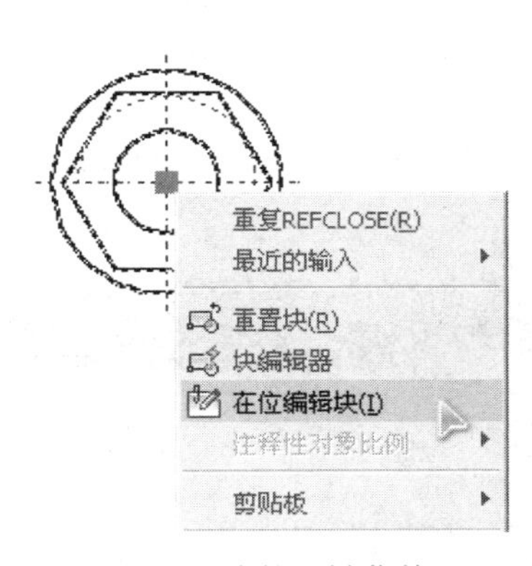

图 2-61　块的右键菜单

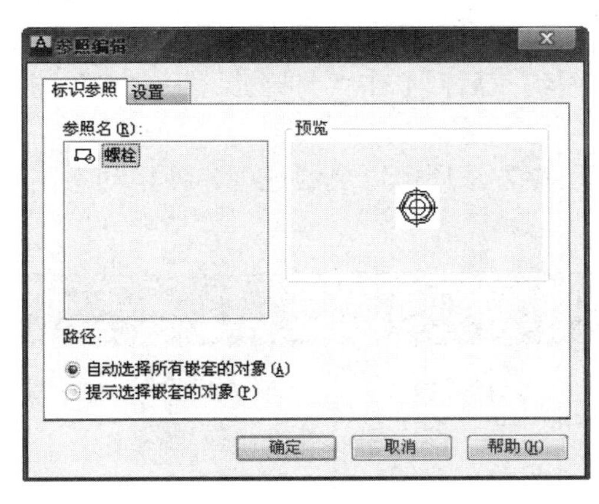

图 2-62　参照编辑窗口

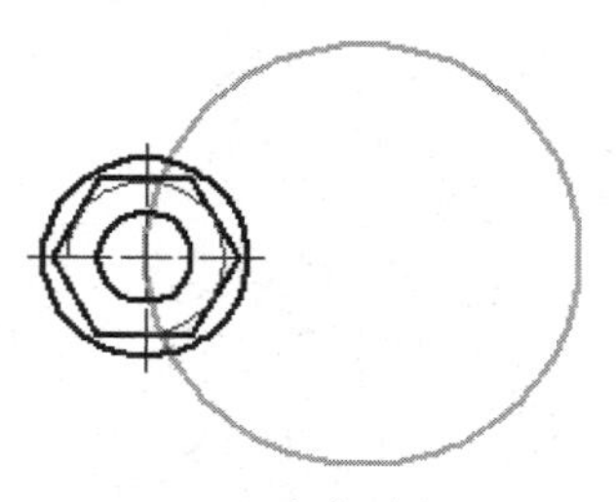

（a）在位编辑块

（b）“编辑参照”功能面板

图 2-63　在位编辑块

2．块编辑器

块编辑器的使用，与前面学习的快的在位编辑基本相似，执行块编辑器的方法有以下 4 种。

（1）直接在命令行输入“BEDIT”或者“BE”，并按下 Enter 键进行确认。

（2）在“插入”菜单栏下，单击“块定义”工具面板上的“块编辑器”图标。

（3）选择要编辑的块后，单击鼠标右键，在右键菜单中选择“块编辑器”选项，如图 2-61 所示。

（4）双击要编辑的块，在弹出“编辑块定义”对话框中，单击“确定”按钮，如图 2-64 所示。

图 2-64　“编辑块定义”对话框

执行命令后，会进入块的编辑状态，同时在功能区出现“块编辑器”功能菜单，如图 2-65 所示。编辑完后，单击“打开/保存”功能面板上的“保存块”图标，即可将编辑的块进行保存。

使用该方法还可以灵活地创建使用动态图块，这里不再详细介绍，感兴趣的读者可以自行学习。

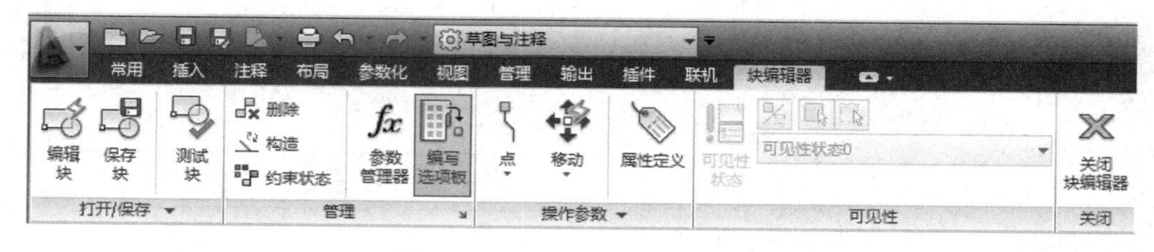

图 2-65　“块编辑器”功能菜单

2.6.4　块的属性

一般情况下定义的块，只有图形信息，而有些情况下需要定义块的非图形信息，如零件的质量、体积、价格等信息。这类信息根据需要可在图形形式中显示，也可不显示，这些信息称为块的属性。

块的属性包含定义块的属性和编辑块的属性，下面分别进行简单介绍。

1．定义块的属性

在 AutoCAD 2013 中，定义块的属性有以下三种方法。

（1）直接在命令行输入“ATTDEF”或者“ATT”，并按下 Enter 键进行确认。

（2）在“插入”菜单栏下，单击“块定义”工具面板上的“定义属性”图标。

（3）在“常用”菜单栏下，单击“块”工具面板上的下拉按钮，选择“定义属性”图标，如图 2-66 所示。

执行命令后，会弹出“属性定义”对话框，如图 2-67 所示，用户可在该对话框中进行属性定义，完成后单击“确定”按钮。在图形中的指定位置，放置定义的属性，属性定义后，可将其创建为块，前面已经介绍过，这里不再赘述。

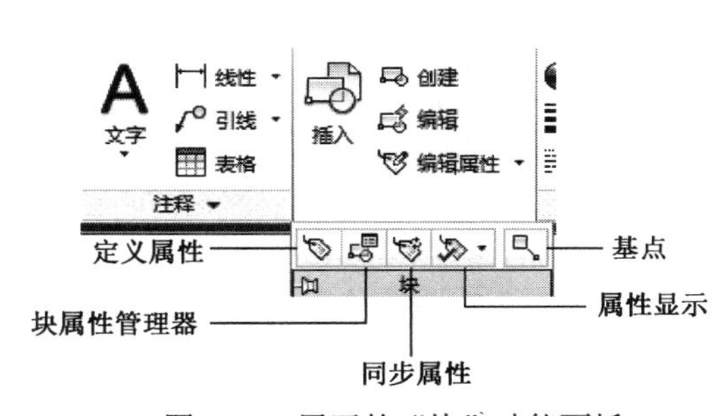

图 2-66　展开的“块”功能面板

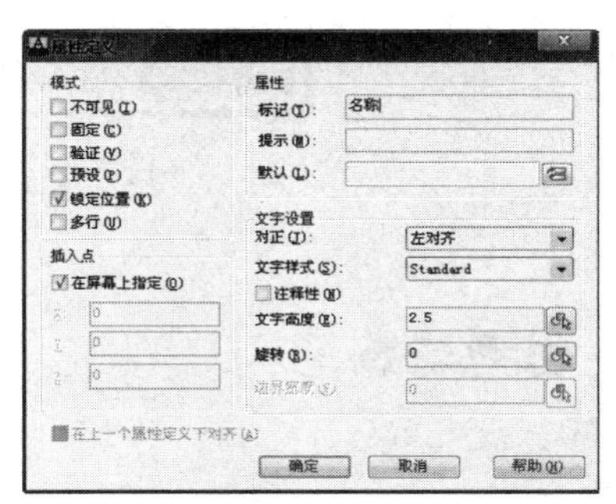

图 2-67　“属性定义”对话框

2．编辑块的属性

属性编辑分为两个层次，即创建块之前和之后。

（1）定义之前：直接在属性上双击，弹出“编辑属性定义”对话框，在这里可对属性的标记、提示、默认三个基本要素进行编辑，如图 2-68（a）所示。

（2）定义之后：创建块之后，属性和块已经结合在一起，对块进行编辑即可。编辑方法有两种，一是直接在带有属性的块上双击；二是在“常用”菜单栏下的“块”功能面板上，单击“编辑属性”的下拉按钮，选择“单个”图标。执行上述操作后，弹出“增强属性编辑器”对话框，如图 2-68（b）所示。

（a）“编辑属性定义”对话框

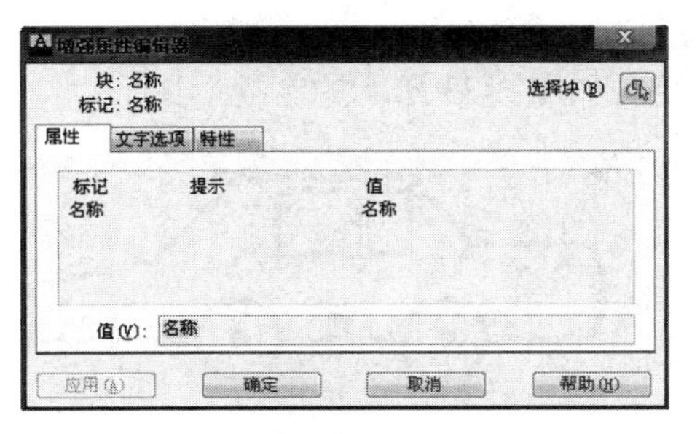

（b）“增强属性编辑器”对话框

图 2-68　编辑属性

除了上述属性编辑以外，AutoCAD 2013 还提供了一个功能非常强的属性管理工具，即“块属性管理器”。它可以对整个图形中任意一个块中的属性标记、提示、值、模式、文字选项等进行编辑。打开块属性管理器的方法有以下两种。

（1）在“常用”菜单栏下，展开“块”工具面板上，单击“块属性管理器”图标。

（2）在“插入”菜单栏下的“块定义”工具面板上，单击“块属性管理器”图标。

执行上述命令后，弹出“块属性管理器”对话框，如图 2-69 所示。在该对话框中，选择编辑项后，单击“编辑”按钮，即可对块属性进行编辑。

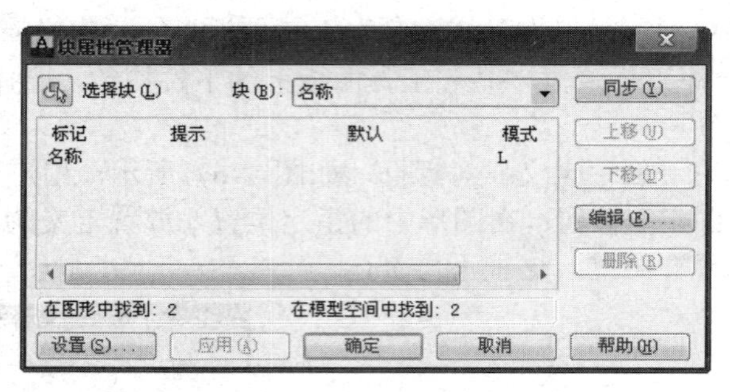

图 2-69　“块属性管理器”对话框

思考与练习

1．绘制如图 2-70 所示的三角形。

2．绘制如图 2-71 所示的二极管图形。

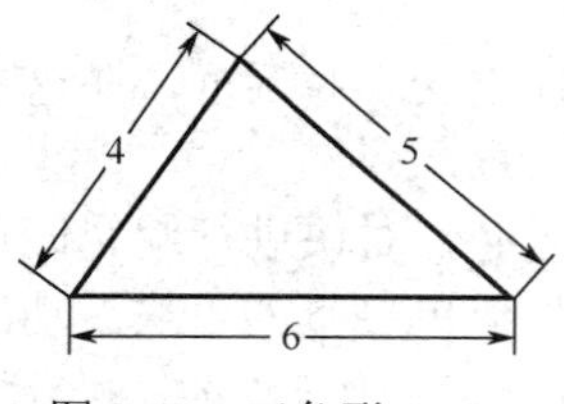

图 2-70　三角形

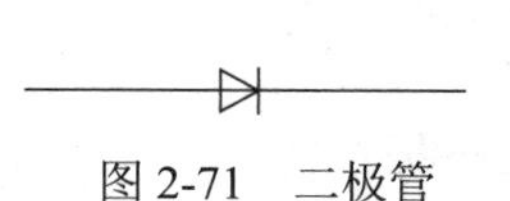

图 2-71　二极管

3．绘制如图 2-72 所示的汽车模型。

4．绘制如图 2-73 所示的电视墙图形。

图 2-72　汽车模型

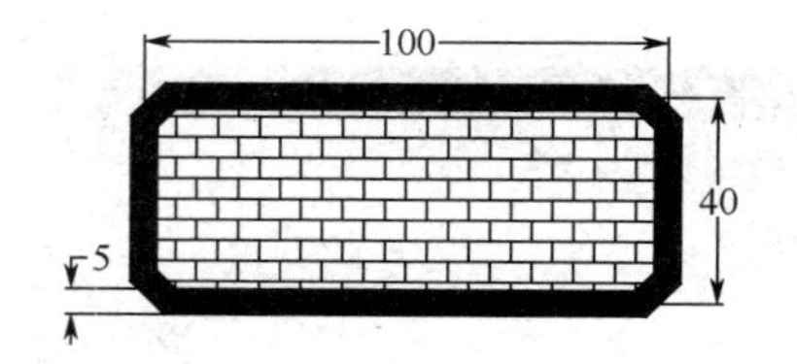

图 2-73　电视墙图形

编辑二维基本图形

学习目标

- 熟练应用复制、偏移、镜像、阵列等基本编辑命令。
- 熟练掌握利用夹点编辑图形。
- 熟练应用延伸、拉伸、修剪等高级编辑命令。
- 熟悉多线、多段线、图案填充等特殊编辑命令的应用。

二维图形的编辑操作配合二维绘图命令，可以进一步完成复杂图形的绘制，并可使用户合理安排和组织图形，保证作图的准确，减少重复。对编辑命令的熟练掌握和应用，有助于提高设计和绘图的效率。

3.1　基本编辑命令

学习目标

- 熟练掌握移动、删除、旋转、复制等简单编辑命令。
- 熟练掌握偏移、镜像、阵列等编辑命令的使用。
- 熟练应用利用夹点编辑图形的方法。

学习内容

3.1.1　移动

利用“移动”命令可以将对象在指定的方向上移动指定的距离，激活该命令，可以采用以下两种方式。

（1）直接在命令行输入“MOVE”或者“M”，并按下Enter键进行确认。

（2）在“常用”菜单栏下的“修改”工具面板上，单击“移动”按钮 移动，执行命令后，光标变成拾取框的样式，选择要移动的对象，并按Enter键确认，根据命令行提示进行操作。

练习：将如图3-1（a）所示的图形中的圆从左侧移动到右侧，操作后命令行内容显示如下：

```
命令：_move
选择对象：找到 1 个                          // 选择圆
选择对象：
指定基点或 [位移（D）] <位移>：               // 选择圆心作为基点
指定第二个点或 <使用第一个点作为位移>：        // 捕捉矩形右边中点
```

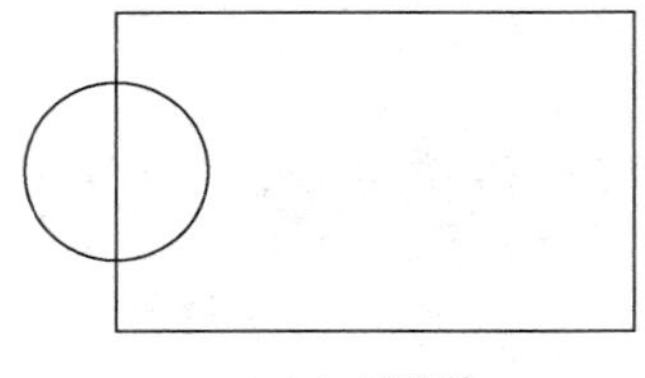

（a）平移前

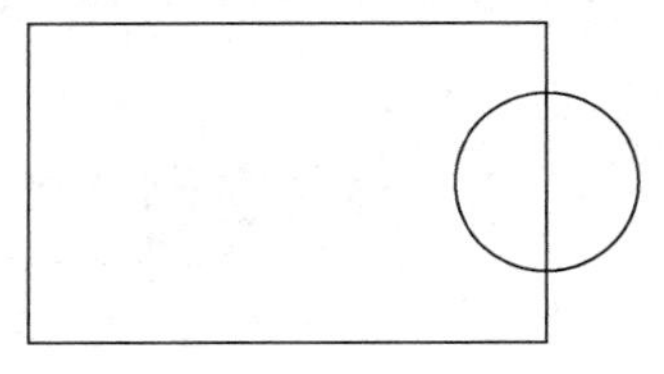

（b）平移后

图3-1　平移命令练习示例

3.1.2　删除

删除图形对象，除了利用键盘上的Delete键以外，AutoCAD 2013还提供了专门的“删除”命令，启用该命令可以采用以下两种方式。

（1）直接在命令行输入“ERASE”或者“E”，并按下Enter键进行确认。

（2）在“常用”菜单栏下的“修改”工具面板上，单击“删除”按钮，执行命令后，根据命令行提示，选择对象并按Enter键确认，即可将需要删除的对象删除。

3.1.3　复制

复制与移动的区别是，在移动对象后，在原来位置会复制一个副本。启用“复制”命令，可以采用以下两种方式：

（1）直接在命令行输入“COPY”或者“CP/CO”，并按下Enter键进行确认；

（2）在“常用”菜单栏下的“修改”工具面板上，单击“复制”按钮 复制，执行命令后，命令行显示如下：

```
命令：_copy
选择对象：找到 1 个          // 选择对象，并按Enter键确认
选择对象：
当前设置： 复制模式 = 单个    // 默认设置，表示当前是“单个”复制模式，即执行一次命令只能复制一个副本
指定基点或 [位移（D）/模式（O）/多个（M）] <位移>：    // 指定基点即指定复制前的起始点，选项“位移（D）”，表示以指定位移的方式来确定复制对象的新位置；选项“模式（O）”表示选择复制模式，可以在“单个”模式与“多个”模式之间选择
指定第二个点或 [阵列（A）] <使用第一个点作为位移>：    // 指定复制对象的新位置，选项“阵列（A）”，表示可以采用阵列形式复制对象
```

练习：以图3-2所示的图形为例，介绍“复制”命令的应用（具体参见“素材\演示\2\复制

练习.wrf”)。

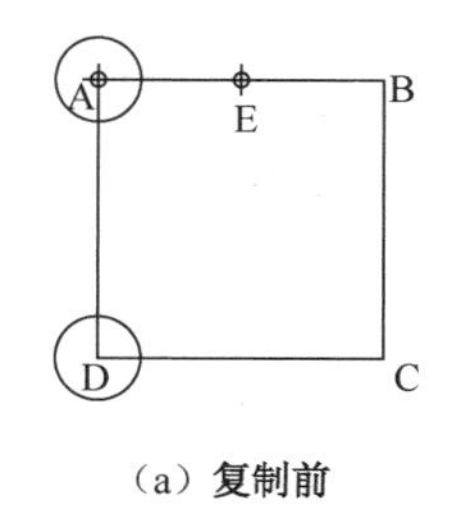

(a)复制前

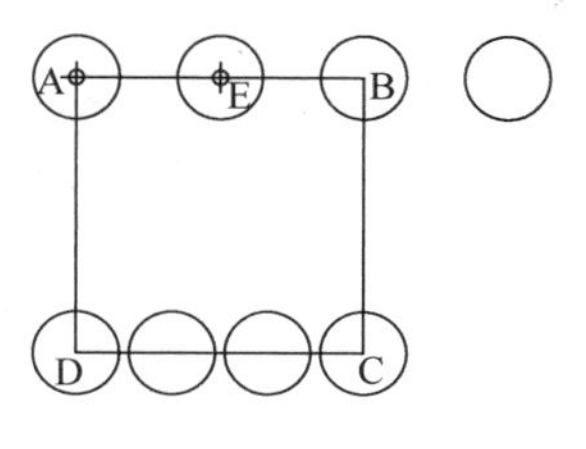

(b)复制后

图 3-2　复制命令练习示例

3.1.4　偏移

偏移命令是指采用复制的方法生成等距的平行直线、平行曲线以及同心圆，如图 3-3 所示。执行该命令可以采用以下两种方式。

(1)直接在命令行输入“OFFSET”或者“O”，并按下 Enter 键进行确认。

(2)在“常用”菜单栏下的“修改”工具面板上，单击“偏移”图标。

执行偏移命令后，命令行显示如下：

```
命令: _offset
当前设置: 删除源=否　图层=源　OFFSETGAPTYPE=0
指定偏移距离或 [通过(T)/删除(E)/图层(L)] <4.0000>:　　// 指定偏移距离为4 ，选项“通过(T)”，表示偏移复制的对象通过某一个点；选项“ 删除(E)”，表示偏移对象后，删除源对象；选项“图层(L)”，表示偏移后的对象是位于当前图层还是跟源对象位于同一图层
选择要偏移的对象，或 [退出(E)/放弃(U)] <退出>:
指定要偏移的那一侧上的点，或 [退出(E)/多个(M)/放弃(U)] <退出>:　// 选项“多个(M)”， 表示连续的偏移复制对象，新建对象会成为下一个偏移对象的源对象
```

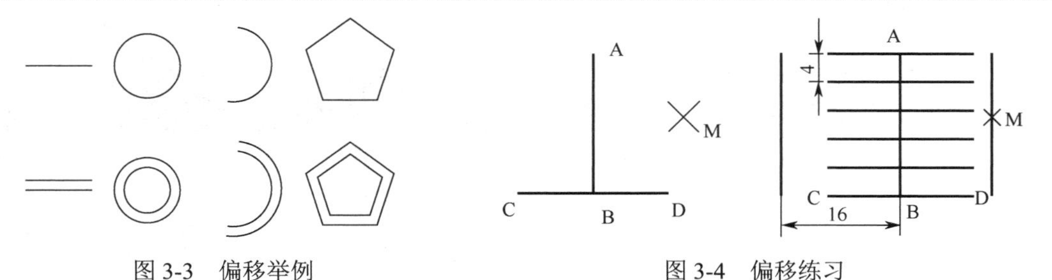

图 3-3　偏移举例

图 3-4　偏移练习

练习：以图 3-4 所示的图形为例，练习偏移命令的应用(具体参见“素材\演示\2\偏移练习.wrf”)。

3.1.5　镜像

运用“镜像”命令，用户可以创建对称的几何对象。执行该命令，可以采用以下两种方式。

(1)直接在命令行输入“MIRROR”或者“MI”，并按下 Enter 键进行确认。

(2)在“常用”菜单栏下的“修改”工具面板上，单击“镜像”图标；执行命令后，命令行内容显示如下：

```
命令: _mirror
选择对象: 找到 1 个　　　　　　// 选择对象并按Enter键确认
```

```
指定镜像线的第一点：指定镜像线的第二点：  // 选择镜像线上任意两点
要删除源对象吗？[是（Y）/否（N）] <N>:  // 是否删除源对象
```

练习：以图 3-5 所示的图形为例，练习“镜像”命令的应用（具体参见“素材\演示\2\镜像练习.wrf”）。

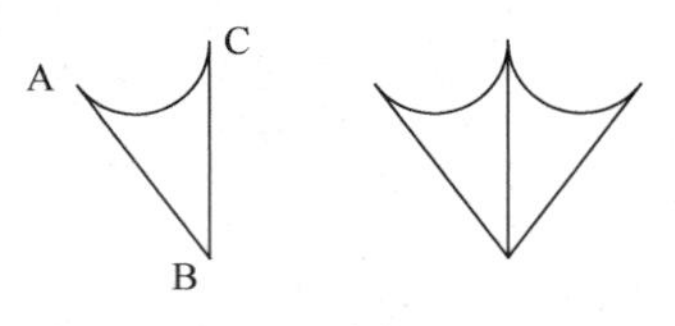

图 3-5　镜像练习

3.1.6　阵列

所谓阵列，就是把相同的对象按照一定的规律进行阵形排列。AutoCAD 2013 中，提供的阵列有矩形阵列、圆形阵列、路径阵列三种类型。执行“阵列”命令，可以采用以下两种方式。

（1）直接在命令行输入“ARRAY”或者“AR”，并按下 Enter 键进行确认，根据命令行提示选择不同的阵列类型。

（2）在“常用”菜单栏下的“修改”工具面板上，展开“阵列”下拉菜单，根据需要可选择“矩形阵列”命令、“圆形阵列”命令、“路径阵列”命令。

1．矩形阵列

所谓矩形阵列，就是以指定的行数、列数或者行和列之间的距离等方式，使选取的对象以矩形样式进行排列。执行“矩形阵列”命令后，根据命令行提示，选择阵列对象并按 Enter 键确认后，系统会自动打开“阵列创建”功能菜单，如图 3-6 所示。同时阵列对象上会出现各个方向的夹点，如图 3-7 所示；激活并拖动夹点可自动调整行数、行间距等相关参数，这样用户可以边操作边调整阵列效果，从而降低了阵列的难度。

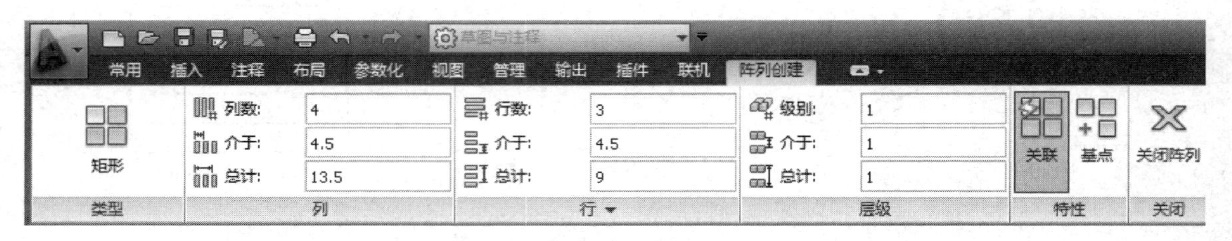

图 3-6　矩形阵列创建功能菜单

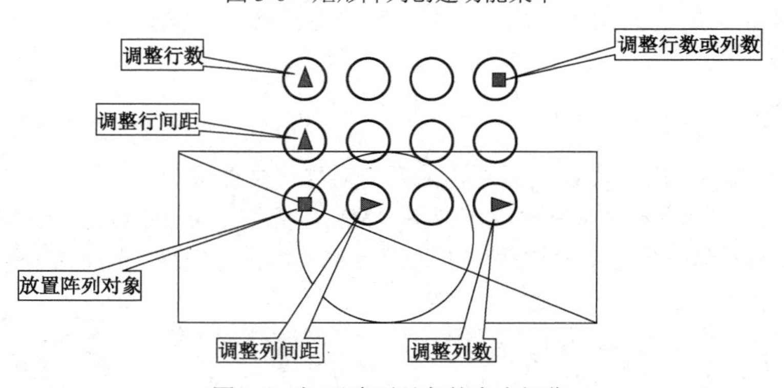

图 3-7　矩形阵列对象的夹点操作

2．环形阵列

环形阵列即极轴阵列，是指将选取的对象围绕指定的圆心以圆形样式进行阵列。执行圆形阵列后，根据命令行提示，选择阵列对象并按 Enter 键确认，进而在选择指定圆心后，会自动打开“阵列创建”功能菜单，如图 3-8 所示。同时阵列对象上出现三个夹点，如图 3-9 所示。

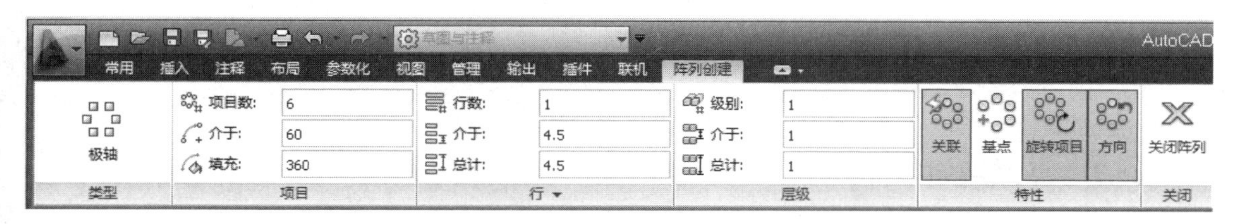

图 3-8　环形阵列创建功能菜单

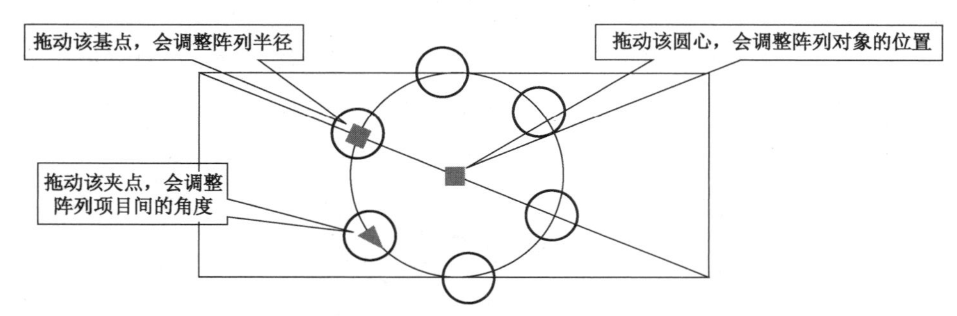

图 3-9　环形阵列对象的夹点操作

3．路径阵列

路径阵列是指将阵列对象沿着指定的路径进行排列。执行“路径阵列”命令后，根据命令行提示，选择阵列对象并按 Enter 键确认，进而选择路径对象后，会自动打开“阵列创建”功能菜单，如图 3-10 所示。阵列对象上出现两个夹点，如图 3-11 所示。

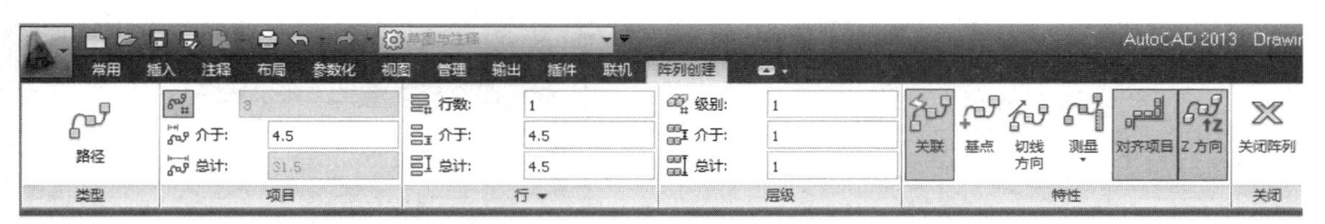

图 3-10　路径阵列创建功能菜单栏

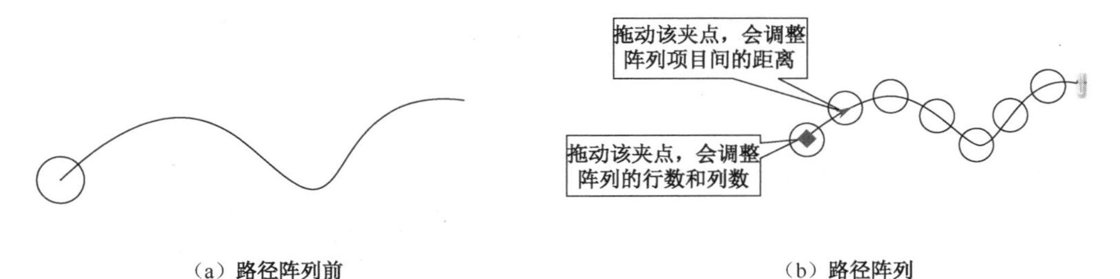

图 3-11　路径阵列操作

练习：以图 3-12 所示的图形为例，介绍阵列命令的应用（具体参见“素材\演示\2\阵列练习.wrf”）。

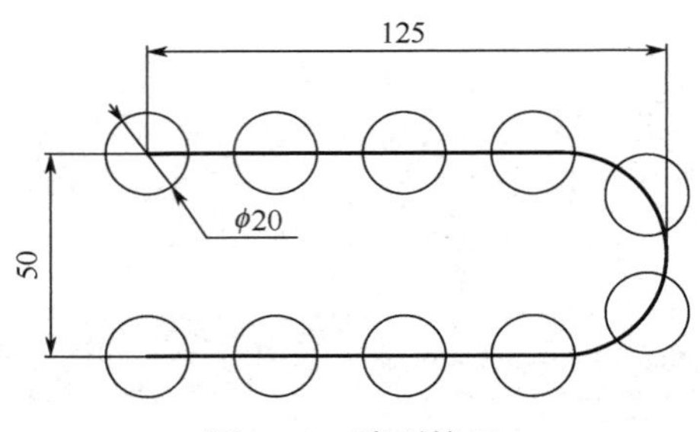

图 3-12　阵列练习

3.1.7　夹点编辑

所谓夹点，是指图形对象上的一些特征点，如端点、顶点、中点、中心点等，如图 3-13 所示，图形的位置和形状通常由夹点的位置决定。在 AutoCAD 2013 中，夹点是一种集成的编辑模式，利用夹点可以编辑图形的大小、位置、方向以及对图像进行镜像复制操作等。

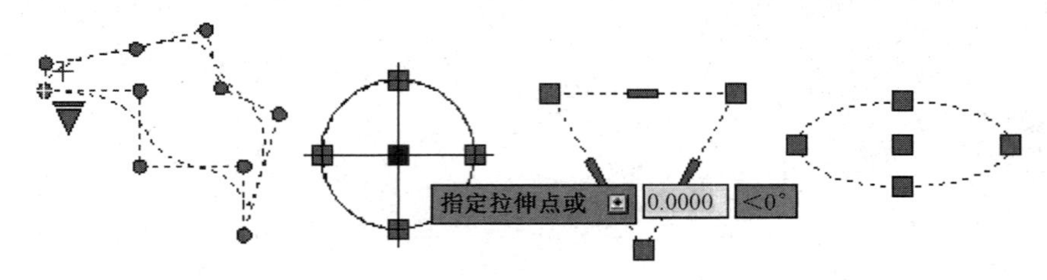

图 3-13　夹点示例

夹点有未激活和被激活两种状态。蓝色小方框显示的夹点处于未激活状态，单击某个未激活夹点，该夹点以红色小方框显示，处于被激活状态。夹点只有被激活后才能打开夹点编辑功能，包括拉伸、移动、复制、旋转、缩放、镜像等操作，默认是拉伸类型，如图 3-14 所示。

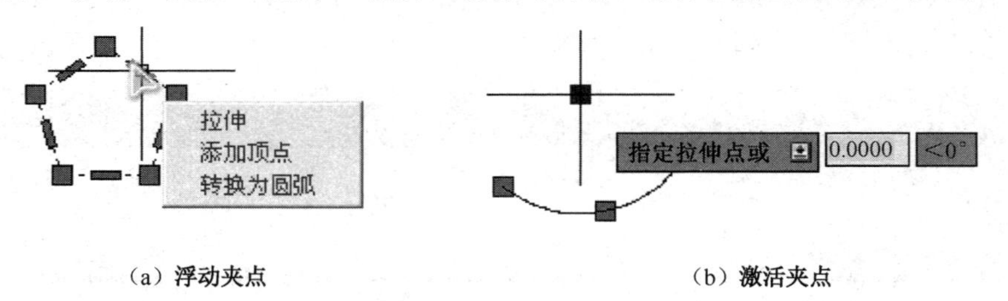

（a）浮动夹点　　（b）激活夹点

图 3-14　夹点类型

夹点的编辑类型可通过以下 4 种方式来进行切换。

（1）按下 Space 键来切换。

（2）按下 Enter 键来切换。

（3）通过右键菜单进行选择，如图 3-15 所示。

（4）直接在命令行中输入“ST”（拉伸）、“MO”（移动）、“RO”（旋转）、“SC”（缩放）、“MI”（镜像）来分别调用夹点编辑功能。

1．利用夹点拉伸对象

单击某个夹点，进入夹点编辑模式，命令行显示如下：

```
** 拉伸 **
```

指定拉伸点或 [基点（B）/复制（C）/放弃（U）/退出（X）]： // 选项“基点（B）”，表示单击的夹点激活后，即成为对象拉伸时的基点，若选择该项，表示可以重新指定基点；选项“复制（C）”，表示将激活的夹点拉伸到指定点后，会创建一个或多个副本，源对象并不删除，如图3-16所示

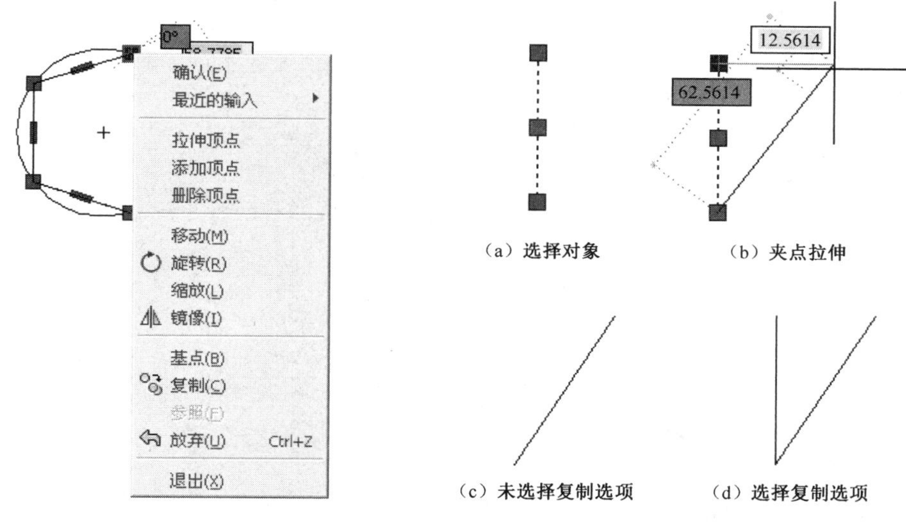

图 3-15　右键菜单选择夹点编辑类型　　　图 3-16　利用夹点拉伸对象

说明

执行夹点拉伸操作时，选择对象不同的夹点，拉伸后的效果也不同，对于一般夹点，执行的是拉伸操作，对于文字、块、直线中点、圆心等夹点，则执行的是移动操作，如图 3-17 所示。

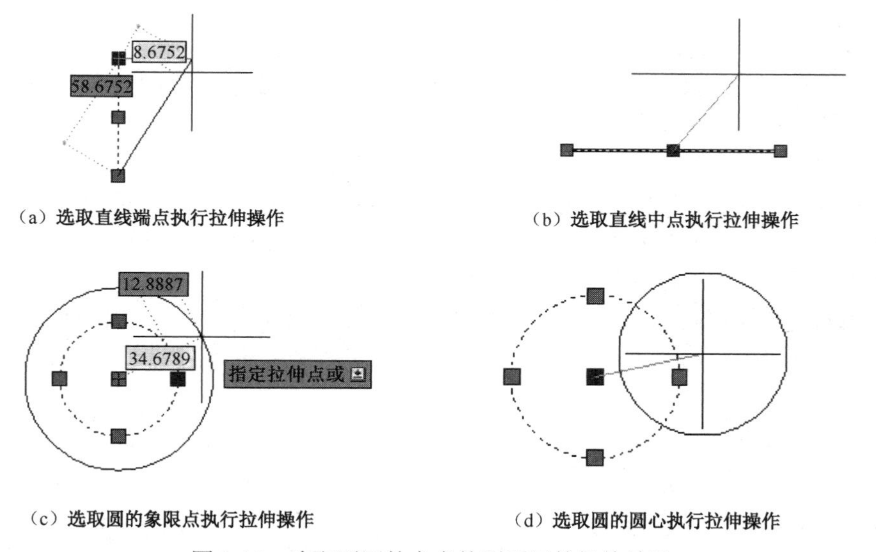

图 3-17　选取不同的夹点的到不同的拉伸效果

2．利用夹点移动对象

通过夹点移动，可以改变夹点的位置，从而改变对象的位置。单击某个夹点，并按下 Space 键，进入夹点移动操作模式。命令行显示如下：

```
** MOVE **
指定移动点 或 [基点（B）/复制（C）/放弃（U）/退出（X）]： // 通过“复制（C）”选项的选择，可以将对象复制多个副本，如图3-18所示
```

3．利用夹点旋转对象

通过夹点旋转，可使对象绕选中的夹点进行旋转操作。单击某个夹点，并连续按下 Space 键两次，进入夹点旋转操作模式。命令行显示如下：

```
** 旋转 **
指定旋转角度或 [基点（B）/复制（C）/放弃（U）/参照（R）/退出（X）]： // 选项“参照（R）”，表示指定相对角度来旋转对象，如图3-19所示
```

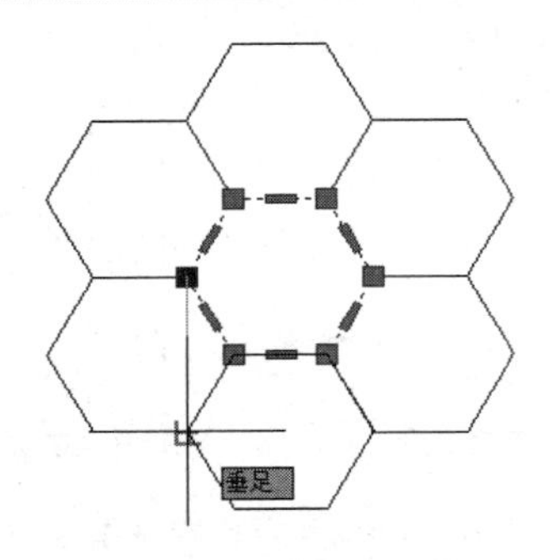

图 3-18　利用夹点移动来复制对象

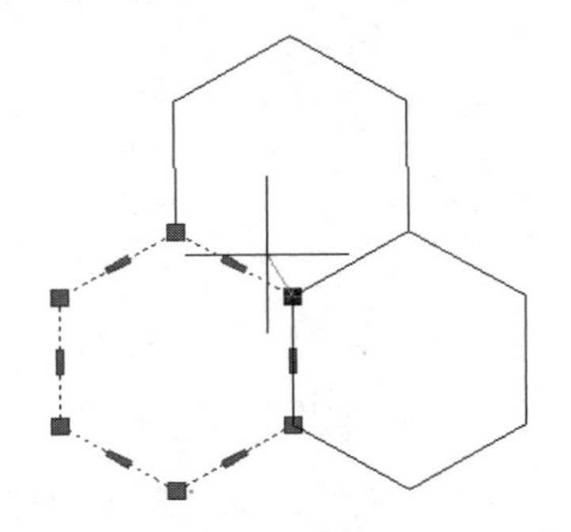

图 3-19　利用夹点旋转来复制对象

4．利用夹点缩放对象

通过夹点缩放，可使对象以选中的夹点为基点，进行比例缩放。单击某个夹点，并连续按下 Space 键三次，进入夹点缩放操作模式。命令行显示如下：

```
** 比例缩放 **
指定比例因子或 [基点（B）/复制（C）/放弃（U）/参照（R）/退出（X）]： // 比例因子大于1，表示放大对象，比例因子小于1，表示缩小对象，如图3-20所示
```

5．利用夹点镜像对象

通过夹点镜像，可使对象以指定的夹点为镜像线上的一点，再选择镜像线上另一个点来镜像对象。单击某个夹点，并连续按下 Space 键四次，进入夹点镜像操作模式。命令行显示如下：

```
** 镜像 **
指定第二点或 [基点（B）/复制（C）/放弃（U）/退出（X）]： // 指定镜像线上第二个点并回车确认，如图3-21所示
```

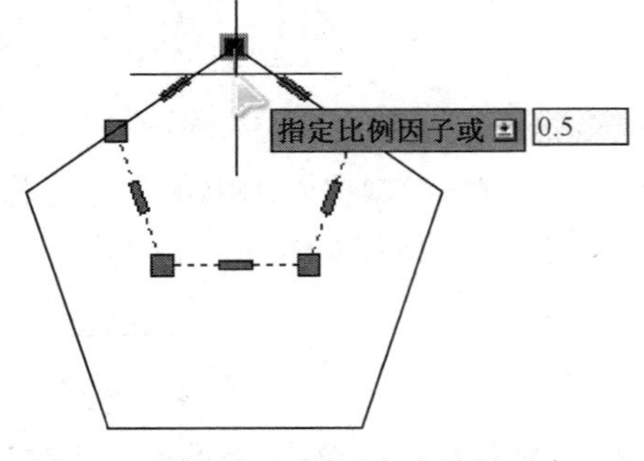

图 3-20　利用夹点缩放对象

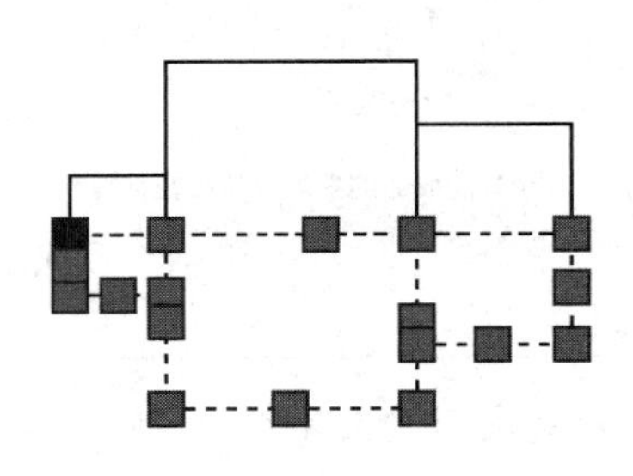

图 3-21　利用夹点镜像对象

练习：以图 3-22 所示的图形为例，练习夹点编辑模式（具体参见“素材\演示\2\夹点编辑练习.wrf”）。

图 3-22　夹点练习

3.2　高级编辑命令

学习目标

- 熟练掌握比例、延伸、拉长拉伸等长度编辑命令。
- 熟练掌握修剪、打断、分解与合并等编辑命令的使用。
- 熟练掌握圆角、倒角等角度编辑命令。

学习内容

3.2.1　缩放

缩放命令能将对象依所输入的比例系数，在 X 方向和 Y 方向执行同比例的放大或缩小。在比例的调整中，可以直接输入比例系数，比例系数介于 0 和 1 之间是缩小图形；大于 1 是放大图形，但是比例系数不能是负值。执行“缩放”命令，可以采用以下两种方式。

（1）直接在命令行输入“SCALE”或者“SC”，并按下 Enter 键进行确认。

（2）在“常用”菜单栏下的“修改”工具面板上，单击“缩放”按钮 缩放。

以图 3-23 所示的图形为例介绍“缩放”命令的应用，操作后命令行显示如下：

```
命令: _scale
选择对象: 指定对角点: 找到 1 个                    //选择缩放对象
选择对象:
指定基点:                                          //指定端点作为缩放基准点
指定比例因子或 [复制（C）/参照（R）]: c             //复制对象，否则源对象不保留缩放一组选定对象
指定比例因子或 [复制（C）/参照（R）]: 2             //指定缩放比例
```

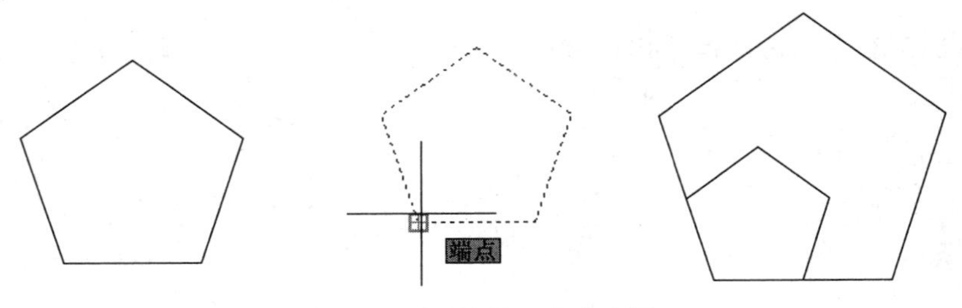

图 3-23　“缩放”命令应用

3.2.2　延伸

延伸是以某个图形为边界，将另一个指定对象延伸到此界限上，在使用延伸命令时，按下 Shift 键的同时选择对象，再执行“修剪”命令。执行“延伸”命令，可以采用以下两种方式。

（1）直接在命令行输入“EXTEND”或者“EX”，并按下 Enter 键进行确认。

（2）在“常用”菜单栏下的“修改”工具面板上，单击“修剪”图标右侧的下拉按钮，选择“延伸”命令 延伸，如图 3-24 所示。

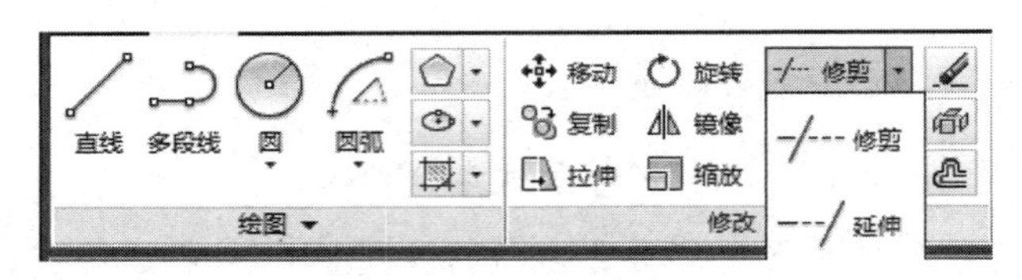

图 3-24　延伸命令

以图 3-25 所示的图形为例，介绍延伸命令的应用。操作后，命令行显示如下：

```
命令: _extend
当前设置:投影=UCS, 边=无
选择边界的边...
选择对象或 <全部选择>:找到1个  // 选择要延伸到的边界，并按Enter键确认，这里选择中心线
选择对象:
选择要延伸的对象，或按住 Shift 键选择要修剪的对象，或
[栏选（F）/窗交（C）/投影（P）/边（E）/放弃（U）]: // 选择延伸对象，这里选择垂直线
选择要延伸的对象，或按住 Shift 键选择要修剪的对象，或
[栏选（F）/窗交（C）/投影（P）/边（E）/放弃（U）]: // 选择延伸对象，继续选择垂直线，并按Enter键确认
```

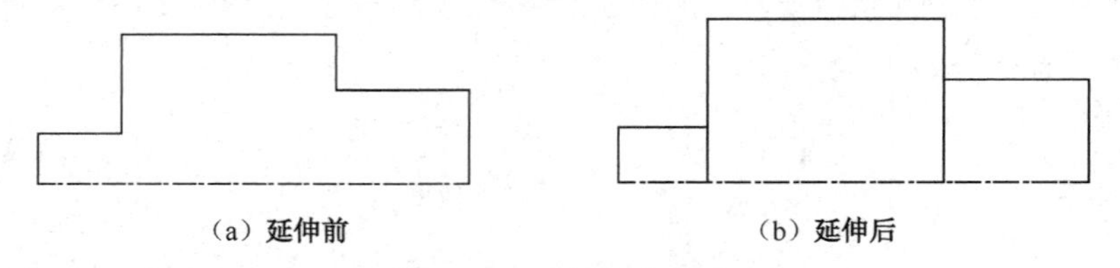

（a）延伸前　　（b）延伸后

图 3-25　延伸命令应用

3.2.3　拉伸

拉伸命令是指拉长或缩短选中的对象，从而改变已有图形对象的形状。执行该命令，必须采用框选的形式或者多边形框去定义拉伸区域，其中和选择窗口相交的对象将被拉伸，窗口外的对象保持不变，完全在窗口内的对象只发生移动，如图 3-26 所示图形中，只有按照图 3-26（d）中

的方式选择对象，才能执行拉伸功能，否则，仅执行移动操作。

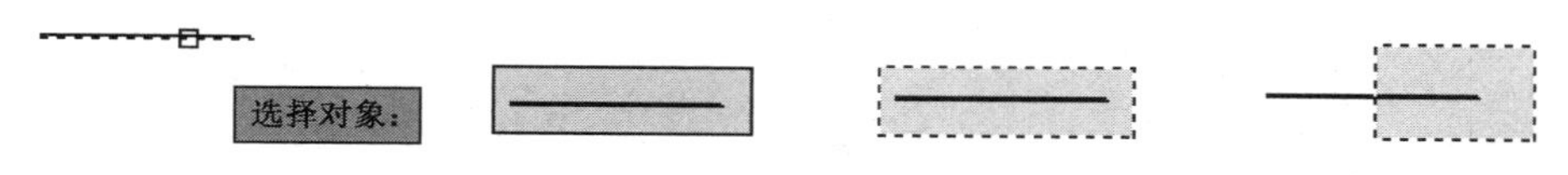

（a）单击鼠标选择对象　（b）从左往右框选　（c）从右往左全部框选　（d）从右往左部分框选

图 3-26　选择对象的形式

启用拉伸命令，可以采用以下两种方式。

（1）直接在命令行输入“STRETCH”或者“S”，并按下 Enter 键进行确认。

（2）在“常用”菜单栏下的“修改”工具面板上，单击“拉伸”按钮 拉伸。

以图 3-27 所示的图形为例，介绍“拉伸”命令的应用，执行命令后，命令行显示如下：

```
命令: _stretch
以交叉窗口或交叉多边形选择要拉伸的对象...
选择对象: 指定对角点: 找到 3 个
选择对象:                  // 选择对象，并按Enter键确认，如图3-27（b）所示
指定基点或 [位移（D）] <位移>:              // 指定基点，如图3-27（c）所示
指定第二个点或 <使用第一个点作为位移>:      // 指定第二点，如图3-27（d）所示
```

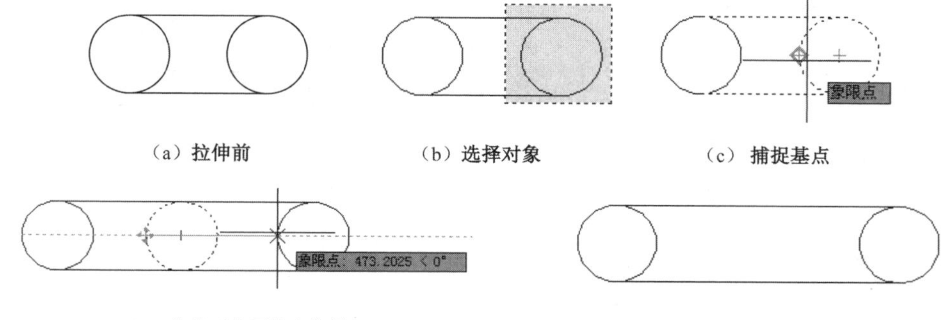

（a）拉伸前　（b）选择对象　（c）捕捉基点

（d）拉伸对象至指定位置　（e）拉伸结果

图 3-27　“拉伸”命令示例

3.2.4　拉长

拉长命令可以查看对象的长度，并可将选中对象按照指定的方式延长或缩短。执行该命令，在选择对象时，不能采用框选的方式，并且一次只能选择一个对象。

启用“拉长”命令，可以采用以下两种方式。

（1）直接在命令行输入“LENGTHEN”或者“LEN”，并按下 Enter 键进行确认。

（2）在“常用”菜单栏下，展开“修改”工具面板的下拉菜单，单击“拉长”按钮 。

以图 3-28 所示的图形为例介绍“拉长”命令的应用，操作后命令行显示如下：

```
命令: _lengthen                                          // 执行拉长命令
选择对象或 [增量（DE）/百分数（P）/全部（T）/动态（DY）]: de    // 以增量方式拉长L1
输入长度增量或 [角度（A）] <10.0000>: 16                  // L1在原来基础上增加16mm
选择要修改的对象或 [放弃（U）]:                           // 选择L1的右端点
选择要修改的对象或 [放弃（U）]: *取消*                    // 取消拉长命令
命令:
```

```
LENGTHEN                                          // 回车，重复执行拉长命令
选择对象或 [增量（DE）/百分数（P）/全部（T）/动态（DY）]: p      // 以百分数方式拉长L2
输入长度百分数 <150.0000>: 60                    //  L2长度为原来的60%
选择要修改的对象或 [放弃（U）]:                   // 选择L2的右端点
选择要修改的对象或 [放弃（U）]: *取消*
命令:
LENGTHEN                                          // 回车，重复执行拉长命令
选择对象或 [增量（DE）/百分数（P）/全部（T）/动态（DY）]: t      // 以全部方式拉长L3
指定总长度或 [角度（A）] <25.0000）>: 25        //  L3拉长后长度为25mm
选择要修改的对象或 [放弃（U）]:                   // 选择L3的右端点
选择要修改的对象或 [放弃（U）]: *取消*
命令:
LENGTHEN        // 回车，重复执行拉长命令
选择对象或 [增量（DE）/百分数（P）/全部（T）/动态（DY）]: dy     // 动态拉长L4
选择要修改的对象或 [放弃（U）]:         // 选择L4，可以在左右两个方向上移动鼠标，随着鼠
标的移动，动态的扩减对象的长度
指定新端点:        // 指定L4拉长后的新端点
选择要修改的对象或 [放弃（U）]: *取消*
```

图 3-28　“拉长”命令示例

3.2.5　修剪

当用户绘制图形时，对于多余的图形，需要用“修剪”命令将其修剪掉，执行该命令可以采用以下两种方式。

（1）直接在命令行输入“TRIM”或者“TR”，并按下 Enter 键进行确认。

（2）在“常用”菜单栏下的“修改”工具面板上，单击“修剪”图标 。

以图 3-29 所示的图形为例，介绍“修剪”命令的应用，命令行显示如下：

```
命令: _trim
当前设置:投影=UCS，边=无      //显示修剪命令选项的参数
选择剪切边...    //选择作为修剪边界的对象，若直接按下Enter键，则所有对象均视为修
剪边界
选择对象或 <全部选择>:  找到 1 个     //选择一条切线
选择对象: 找到 1 个，总计 2 个     //选择另一条切线
选择对象:
选择要修剪的对象，或按住 Shift 键选择要延伸的对象，或     //选择圆的左边部分
[栏选（F）/窗交（C）/投影（P）/边（E）/删除（R）/放弃（U）]:       //选择修剪对
象的方式，选项“栏选（F）”，表示以栏选方式选择对象，选项“窗交（C）”，表示以窗交
方式选择对象；选项“投影（P）”，表示用于指定修剪对象时所使用的投影方法；选项“边（E）”，
表示修剪的对象时是否采用延伸方式；选项“删除（R）”，表示用于删除图形中的对象
```

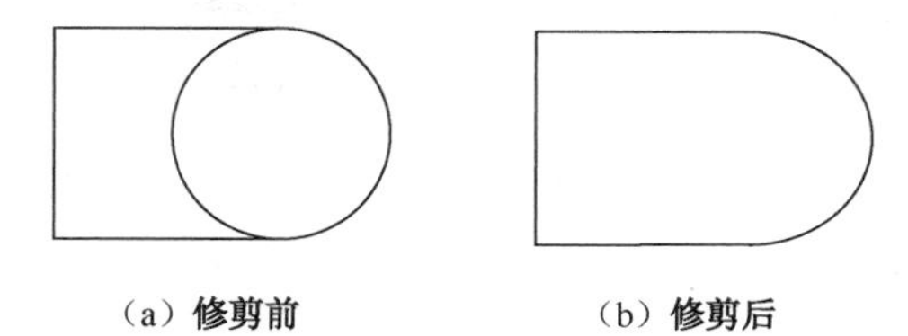

图 3-29 修剪练习

选择“修剪”命令后，直接按下 Enter 键，然后选择需要修剪掉的图形更方便直接，效果也一样。

练习：利用“修剪”命令绘制一个如图 3-30 所示的五角星。

（1）绘制正五边形。

（2）用直线连接顶点。

（3）修剪。

图 3-30 五角星

3.2.6 打断

所谓打断对象，是指将一个对象分成两个独立的对象，而且分成的两个对象具有相同的性质。在 AutoCAD 2013 中，“打断”命令有两种，一种是“打断”命令，即在两点之间打断对象，命令完成后两点之间部分将被删除，在分成的两个对象之间留下一段缝隙；另一种就是打断于点命令，即在对象的某一点处将其分成两部分，分成的两个对象之间没有缝隙。下面分别作简单介绍。

1．打断命令

启用“打断”命令，可采用以下两种方式。

（1）直接在命令行输入“BREAK”或者“BR”，并按下 Enter 键进行确认。

（2）在“常用”菜单栏下，展开“修改”工具面板的下拉菜单，单击“打断”图标。

执行命令后，根据命令行提示进行操作，以图 3-31 所示的图形为例，介绍打断命令的应用。

```
命令: _break      // 执行命令
选择对象:         // 选择要打断的对象
指定第二个打断点 或 [第一点(F)]: f     // 选择“第一点(f)”选项，若不选择，则
选择对象时，拾取框所在的位置，就默认为是第一个打断点的位置
指定第一个打断点:           // 捕捉A点作为第一个打断点
指定第二个打断点:           // 捕捉B点作为第二个打断点
```

（a）打断前　　　　（b）打断后

图 3-31　“打断”命令应用示例

2．打断于点命令

在“常用”菜单栏下，展开“修改”工具面板的下拉菜单，单击“打断于点”图标，即可启用该命令。以图 3-32 所示的图形为例，介绍该命令的使用，操作后命令行显示如下：

```
命令： _break                                   // 执行“打断于点”命令
选择对象：
指定第二个打断点 或 [第一点（F）]： _f          // 选择要打断的对象
指定第一个打断点：                              // 指定打断对象的打断点
指定第二个打断点： @
```

（a）打断前　　　　（b）打断后

图 3-32　打断于点命令应用示例

在执行“打断”命令时，若拾取的两个打断点均为同一个点，则“打断”命令相当于“打断于点”命令。

3.2.7　倒角

倒角命令可按照指定的距离或角度在一对相交直线上倒斜角，执行倒角命令可以采用以下两种方式。

（1）直接在命令行输入“CHAMFER”或者“CHA”，并按下 Enter 键进行确认。

（2）在“常用”菜单栏下的“修改”工具面板上，单击“倒角”按钮 倒角，如图 3-33 所示。

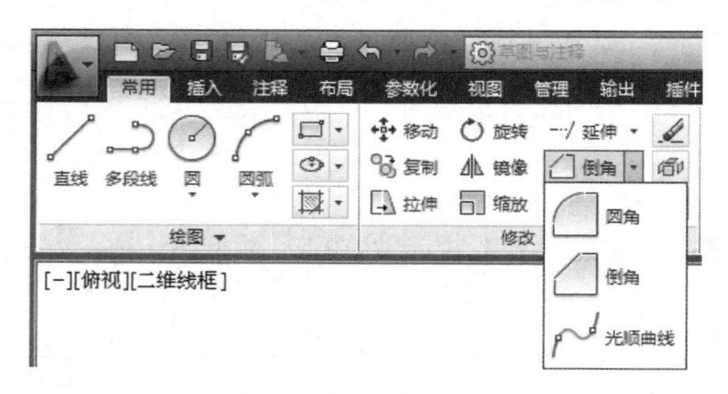

图 3-33　倒角命令

执行倒角命令后，命令行显示如下：

```
命令：_chamfer
（“修剪”模式）当前倒角距离 1 = 0.0000，距离 2 = 0.0000
选择第一条直线或 [放弃（U）/多段线（P）/距离（D）/角度（A）/修剪（T）/方式（E）/多个（M）]：
```

从命令行可以看到，倒角有两种方式可供选择，分别是“距离（D）”方式和“角度（A）”

方式，默认是距离方式，下面分别作详细介绍。

1．“距离（D）”方式倒角

该方式是通过设置两个倒角边的倒角距离来进行倒角。执行倒角命令后，在命令行提示下，输入“D”并按 Enter 键确认，即进入“距离”倒角方式。

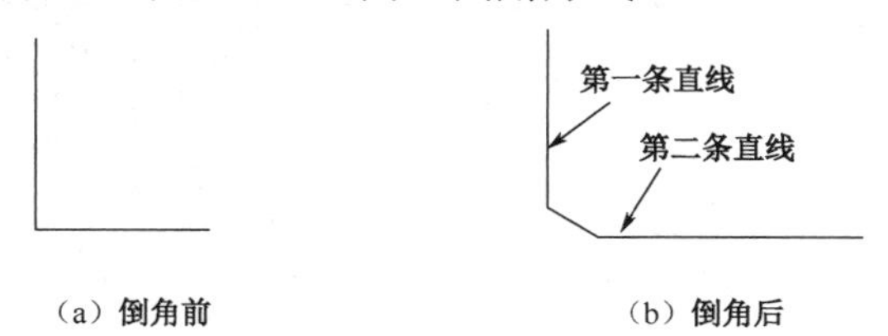

（a）倒角前　（b）倒角后

图 3-34　距离方式倒角

以图 3-34 所示的图形为例介绍该种方式的应用。操作后，命令行显示如下：

```
命令: _chamfer
（“修剪”模式）当前倒角距离 1 = 0.0000，距离 2 = 0.0000
选择第一条直线或 [放弃（U）/多段线（P）/距离（D）/角度（A）/修剪（T）/方式（E）/多个（M）]:  d
指定 第一个 倒角距离 <0.0000>: 2
指定 第二个 倒角距离 <2.0000>: 3
选择第一条直线或 [放弃（U）/多段线（P）/距离（D）/角度（A）/修剪（T）/方式（E）/多个（M）]:
选择第二条直线，或按住 Shift 键选择直线以应用角点或 [距离（D）/角度（A）/方法（M）]:
```

说明

用户在选择对象时，如果按住 Shift 键，前面输入的倒角距离将用“0”代替，如果选择对象的角点处已被倒角，此操作会还原以被倒角的角点；如图 3-35 所示。

（a）倒角前　（b）倒角后

图 3-35　按住 Shift 键选择对象进行倒角

命令行中其他各项的含义如下。

（1）多段线（P）：对利用多段线命令或者正多边形命令绘制的图形，选择此种方式后，会一次对整个图形的所有顶点处进行倒角，如图 3-36 所示。

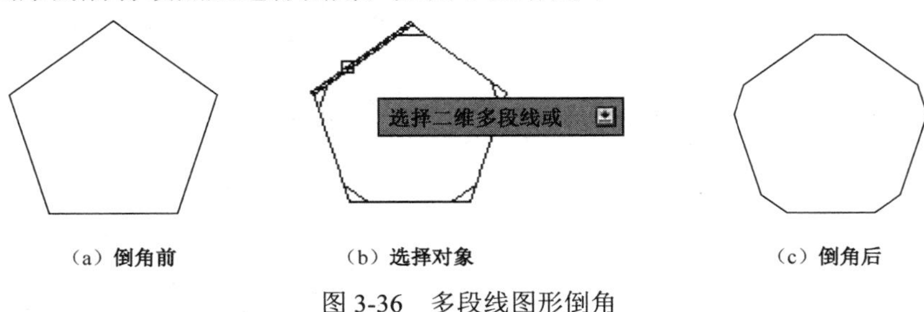

（a）倒角前　（b）选择对象　（c）倒角后

图 3-36　多段线图形倒角

（2）修剪（T）：设定对倒角是否进行修剪，默认是修剪。

以图 3-37 所示的图形为例，对“修剪”选项的使用进行介绍，操作后，命令行显示如下：

```
命令: _chamfer
（“修剪”模式）当前倒角距离 1 = 2.0000，距离 2 = 2.0000
选择第一条直线或 [放弃（U）/多段线（P）/距离（D）/角度（A）/修剪（T）/方式（E）/多个（M）]:
选择第二条直线，或按住 Shift 键选择直线以应用角点或 [距离（D）/角度（A）/方法（M）]:
选择第一条直线或 [放弃（U）/多段线（P）/距离（D）/角度（A）/修剪（T）/方式（E）/多个（M）]: t
输入修剪模式选项 [修剪（T）/不修剪（N）] <修剪>: n
选择第一条直线或 [放弃（U）/多段线（P）/距离（D）/角度（A）/修剪（T）/方式（E）/多个（M）]:
选择第二条直线，或按住 Shift 键选择直线以应用角点或 [距离（D）/角度（A）/方法（M）]:
```

（a）倒角前

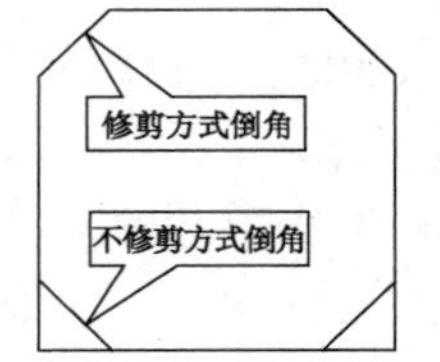

（b）倒角后

图 3-37　多个、不修剪方式倒角

（3）多个（M）：选择该项，可以对多组对象进行连续倒角，相当于连续多次执行同一设置的倒角。

2．“角度（A）”方式

该方式是通过设置一个角度跟一个距离来进行倒角。执行倒角命令后，在命令行提示下，输入“A”并按 Enter 键确认，即进入“角度”倒角方式。以图 3-38 所示的图形为例，介绍该种方式的应用，操作后命令行显示如下：

```
命令: _chamfer
（“修剪”模式）当前倒角距离 1 = 0.0000，距离 2 = 0.0000
选择第一条直线或 [放弃（U）/多段线（P）/距离（D）/角度（A）/修剪（T）/方式（E）/多个（M）]: a
指定第一条直线的倒角长度 <0.0000>: 3
指定第一条直线的倒角角度 <0>: 30
选择第一条直线或 [放弃（U）/多段线（P）/距离（D）/角度（A）/修剪（T）/方式（E）/多个（M）]:
选择第二条直线，或按住 Shift 键选择直线以应用角点或 [距离（D）/角度（A）/方法（M）]:
```

（a）倒角前

选择第二条边
选择第一条边

（b）倒角后

图 3-38　角度方式倒角

3.2.8　圆角

圆角命令跟倒角命令相似，它是利用一段指定半径的圆弧将两条直线、两端圆弧、直线跟圆弧等对象进行圆滑连接，执行圆角命令可以采用以下两种方式。

（1）直接在命令行输入“FILLET”或者“F”，并按下 Enter 键进行确认。

（2）在“常用”菜单栏下的“修改”工具面板上，单击“圆角”按钮 圆角，如图 3-39 所示。

执行圆角命令后，根据命令行提示输入“R”，设置圆角半径。这里以图 3-39 所示的图形为例，介绍“圆角”命令的应用。

（a）圆角前　　（b）圆角后

图 3-39　圆角命令使用

```
命令：_fillet
当前设置：模式 = 修剪，半径 = 5.0000
选择第一个对象或 [放弃（U）/多段线（P）/半径（R）/修剪（T）/多个（M）]: r    // 选择半径选项
指定圆角半径 <5.0000>: 3    // 设定半径值
选择第一个对象或 [放弃（U）/多段线（P）/半径（R）/修剪（T）/多个（M）]: m    //连续圆角
选择第一个对象或 [放弃（U）/多段线（P）/半径（R）/修剪（T）/多个（M）]:
选择第二个对象，或按住 Shift 键选择对象以应用角点或 [半径（R）]:
选择第一个对象或 [放弃（U）/多段线（P）/半径（R）/修剪（T）/多个（M）]:
选择第二个对象，或按住 Shift 键选择对象以应用角点或 [半径（R）]:
```

命令行中其他各项含义与倒角命令相似，这里不再赘述。

3.2.9　分解/合并命令

在前面学习的绘图命令中，有很多命令绘制的图形是一个组合对象，如矩形、多边形、多段线等。要想对这些对象的其中一部分进行编辑，就必须利用“分解”命令，将其分解。执行分解命令，有以下两种方式。

（1）直接在命令行输入“EXPLODE”或者“EXPL”，并按下 Enter 键进行确认，根据命令行提示进行操作。

（2）在“常用”菜单栏下，单击“修改”工具面板上的“分解”图标。

执行命令后，根据命令行提示，选择对象，按下 Enter 键，即可将其分解，如图 3-40 所示。

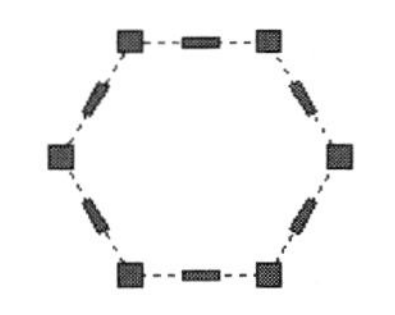

（a）分解前选择对象

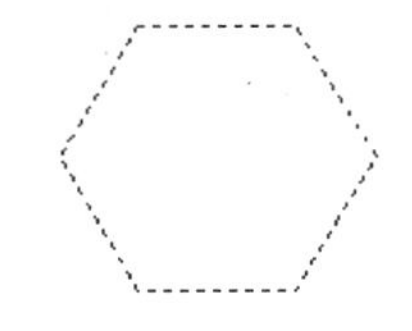

（b）执行分解命令后选择分解对象

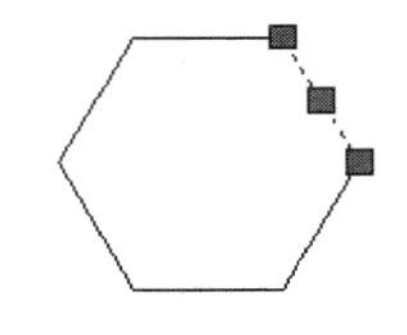

（c）分解后选择对象

图 3-40　分解对象

与“分解”命令相反，合并命令可以将多个独立对象合并成一个整体，可对直线、圆弧、多段线、椭圆弧、样条曲线等进行合并操作。启用合并命令，可采用以下两种方式：

（1）直接在命令行输入“JOIN”或者“J”，并按下 Enter 键进行确认。

（2）在“常用”菜单栏下，展开“修改”工具面板，单击“合并”图标 。

执行命令后，根据命令行提示，选择将要合并的对象并按 Enter 键确认，即可将多个对象合并成一个整体。以图 3-41 所示的图形为例来说明“合并”命令的使用。在图 3-41（a）中由多段线、直线、圆弧组成，合并前各个图元是独立的，执行“合并”命令后，各种图元就变成了一个整体，如图 3-41（b）所示。

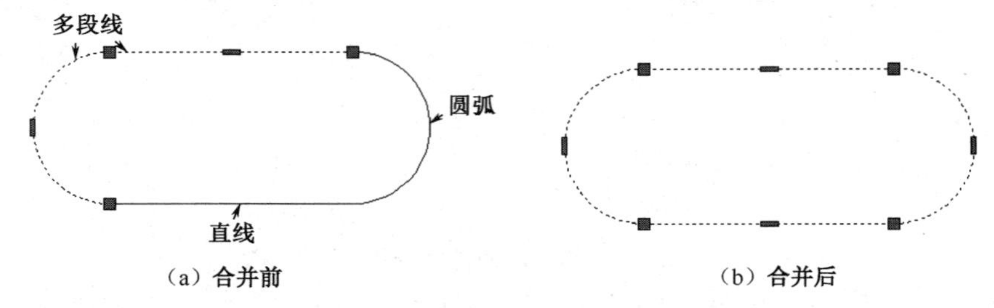

（a）合并前　　（b）合并后

图 3-41　合并对象

练习 1： 利用“分解”命令、“拉伸”命令和“延伸”命令将图 3-42（a）所示的建筑平面图修改成图 3-42（b）所示。

（1）多线绘制外形。

（2）分解多线。

（3）拉伸轮廓。

（4）延伸水平线。

（5）延伸竖直线。

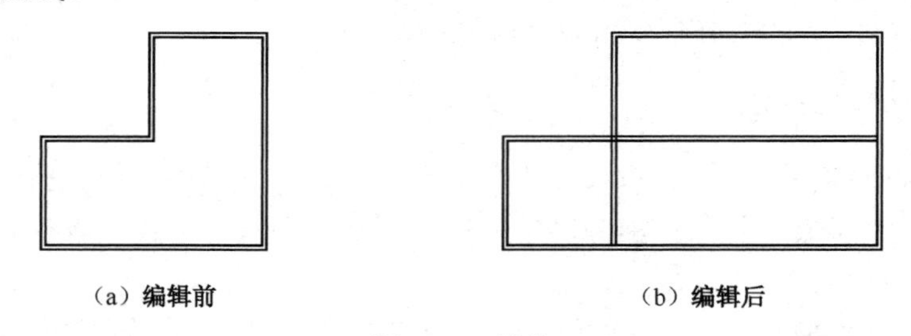

（a）编辑前　　（b）编辑后

图 3-42　墙体

练习 2： 应用多段线结合分解、偏移、打断、圆角知识绘制如图 3-43 所示的鼠标图形。

（1）多段线绘制外形。

（2）分解多段线。

（3）偏移竖直线。

（4）水平线打断。

（5）偏移水平线。

（6）圆角。

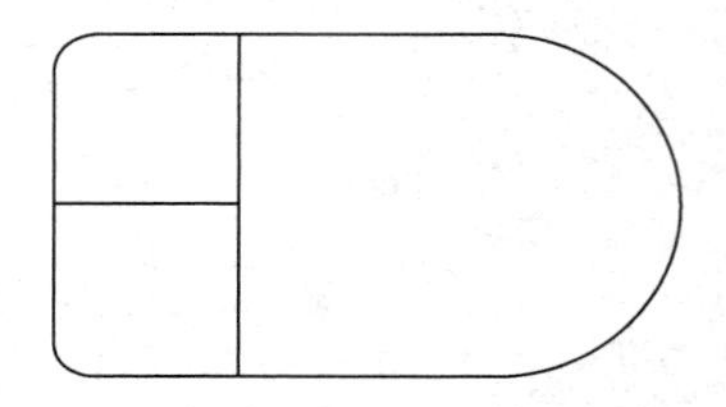

图 3-43　鼠标模型

3.3　特殊编辑命令

学习目标

- 熟练掌握多线、多段线以及样条曲线的编辑方法。
- 熟练掌握图案填充的编辑方法。
- 熟练掌握图案显示顺序的调整方法。

学习内容

3.3.1　编辑多线

多线绘制完成后，往往不能满足实际要求，针对画好的多线，可以利用“编辑多线（MIedit）”命令编辑多线相交时其交叉口的处理方式。另外，也可以处理合并点和顶点，或是对多线做打断和合并的操作。在 AutoCAD 2013 中默认的修改工具面板上，没有提供“编辑多线”命令的按钮。因此用户必须在命令行输入“MLEDIT”，方可执行“编辑多线”命令。执行命令后打开“多线编辑工具”对话框，如图 3-44 所示。编辑时先选择交叉口的处理方式，然后选择需要编辑的两条多线即可，图 3-45 是分别对 A 点和 B 点选择“十字打开”和“角点结合”后的效果。

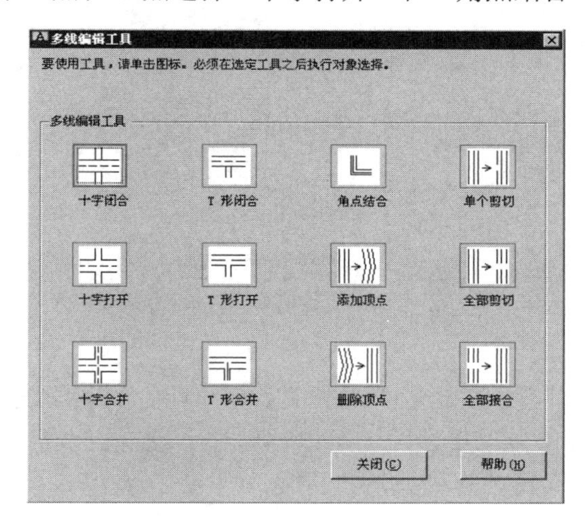

图 3-44　“多线编辑工具”对话框

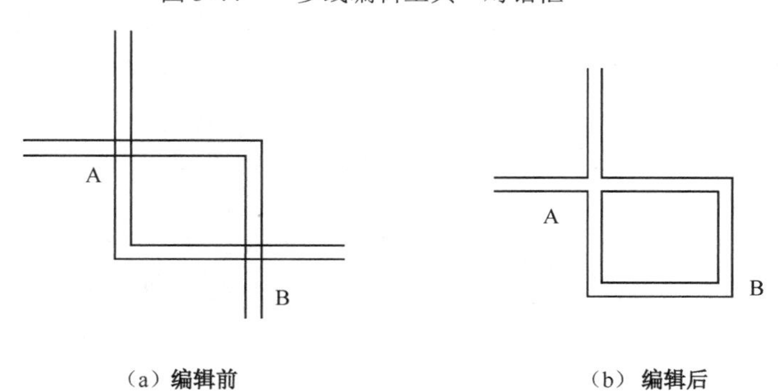

（a）编辑前　　（b）编辑后

图 3-45　编辑多线

3.3.2 编辑多段线

利用 AutoCAD 2013 所提供的“多段线绘图”命令所画的多段线如果不满足要求需要编辑，可以利用“编辑多段线（Pedit）命令加以编辑。执行“编辑多段线”命令，有以下两种方式。

（1）直接在命令行输入“PEDIT”，并按下 Enter 键进行确认。

（2）在“常用”菜单栏下，展开“修改”工具面板的下拉菜单，单击“编辑多段线”图标。

下面以图 3-46 所示的拱门为例学习多段线的编辑方法。

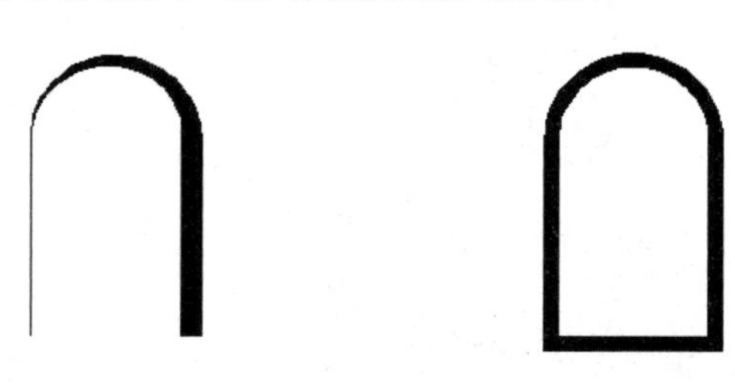

图 3-46 多段线的编辑

执行后，命令行显示如下：

```
命令: _pedit
选择多段线或 [多条（M）]:
输入选项 [闭合（C）/合并（J）/宽度（W）/编辑顶点（E）/拟合（F）/样条曲线（S）/非曲线化（D）/线型生成（L）/反转（R）/放弃（U）]: c
输入选项 [打开（O）/合并（J）/宽度（W）/编辑顶点（E）/拟合（F）/样条曲线（S）/非曲线化（D）/线型生成（L）/反转（R）/放弃（U）]: w
指定所有线段的新宽度: 2
```

其中输入选项的各参数的功能用途分别说明如下。

闭合（C）或打开（O）：如果选择的多段线没有闭合，可以输入 C 参数，将多段线闭合；反之如果选择的多段线已经闭合，则“闭合（C）”会被“打开（O）”所取代，输入“O”会将闭合的多段线打开。

合并（J）：将直线、圆弧或其他多段线的端点和非闭合的多段线端点相连。

宽度（W）：针对宽度不同的多段线，可以利用这个设置让整条多段线变成相同宽度。

编辑顶点（E）：进入编辑顶点模式后，再输入“W”（宽度）参数，就可以设置该多段线的起点宽度和端点宽度。

拟合（F）：编辑原有的多段线成为一个平滑的曲线，而且使得该曲线通过原有多段线的每一个顶点。系统的处理方式是，每两个顶点之间以一个圆弧取代。

样条曲线（S）：将一条多段线，以每个顶点当做是控制点，创建一条线性近似样条曲线的曲线，这条曲线会通过多段线的起点和端点。至于中间的单独的点，样条曲线会尽量接近它们，但是不一定要通过。

非曲线化（D）：将已经拟合或转变为样条曲线的多段线，还原成原来的形状。

线型生成（L）：多段线线型若是点和虚线混合的线型，线型生成打开时，多段线中每一段的起点和端点，都会以线型的点标示；如果关闭则各段顶点是以虚线画出。

放弃（U）：取消最近一次的多段线编辑。

提示

利用 AutoCAD 2013 所提供的绘图命令所画的矩形、多边形都属于多段线，都可以利用“编辑多段线（Pedit）”命令加以编辑。

3.3.3 编辑样条曲线

样条曲线绘制完成后，往往也不能满足实际要求，此时可以采用样条曲线编辑功能对其进行编辑。样条曲线的编辑方法有两种。

一种是选择样条曲线后，将鼠标悬停在任意夹点上，会弹出编辑菜单，如图 3-47（a）所示。

另一种是采用 AutoCAD 2013 提供的“编辑样条曲线”命令。应用时展开“修改”工具面板的下拉菜单，单击“编辑样条曲线”图标，启用命令后，命令行提示如下：

```
命令: _splinedit
选择样条曲线:              //选择如图3-48（a）所示样条曲线
输入选项 [闭合（C）/合并（J）/拟合数据（F）/编辑顶点（E）/转换为多段线（P）/反转（R）/放弃（U）/退出（X）] <退出>: c        //选择“闭合”选项后的结果如图3-48（b）所示
```

选择要编辑的样条曲线后，便弹出编辑菜单，如图 3-47（a）所示。单击相应选项即可对样条曲线进行编辑，效果如图 3-47（b）～（d）所示。

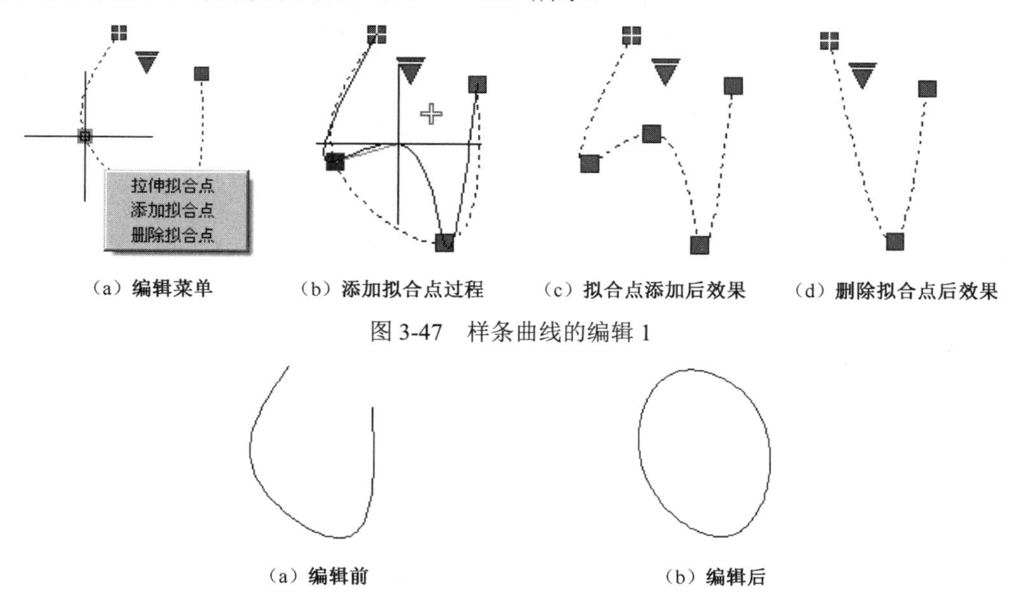

（a）编辑菜单　（b）添加拟合点过程　（c）拟合点添加后效果　（d）删除拟合点后效果

图 3-47　样条曲线的编辑 1

（a）编辑前　（b）编辑后

图 3-48　样条曲线的编辑 2

3.3.4 编辑图案填充

在设计中，有时一次填充的图案可能不满足要求，因此需要对其进行编辑。编辑的方法有多种，这里介绍常用的几种。

1. 利用夹点编辑填充图案

选择填充图案后，在填充图案的任一夹点上悬停鼠标，会弹出编辑菜单，如图 3-49（a）所示，在该菜单中可对填充角度及比例等进行设置。

2．右键菜单进行编辑

选择填充图案后，在填充图案上右键单击，在右键菜单中，可以通过“图案填充编辑器”、“设定原点”、“设定边界”、“生成边界”等选项进行设置，如图 3-49（b）所示。

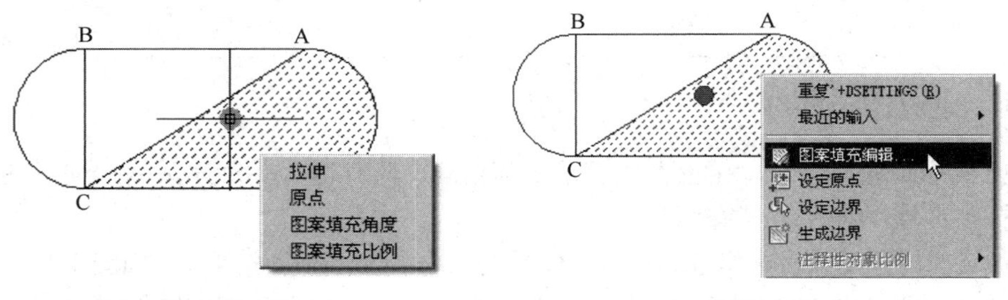

（a）夹点编辑填充图案　　（b）右键菜单编辑填充图案

图 3-49　编辑图案填充

3．通过命令编辑填充图案

展开“常用”功能菜单下的“修改”功能面板，单击“编辑图案填充”图标，根据提示，选择要编辑的填充图案，弹出如图 3-50 所示的“图案填充编辑”对话框。该对话框的设置与“图案填充创建”菜单功能相似，这里不再赘述。

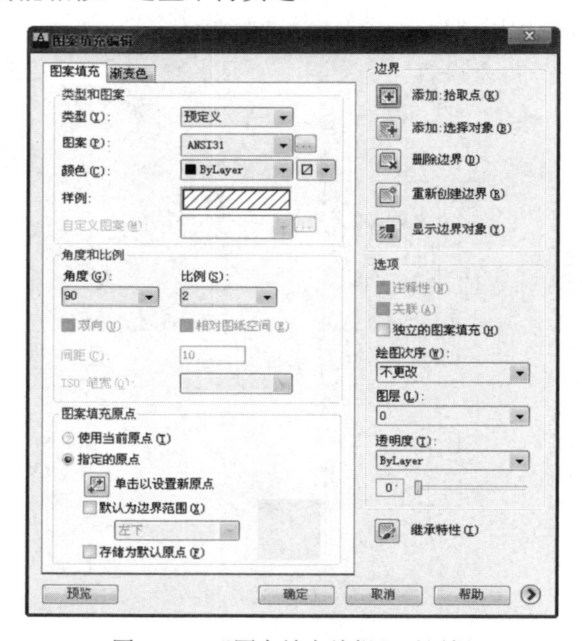

图 3-50　“图案填充编辑”对话框

3.3.5　改变显示顺序

一般绘图时，后面画的图形如果和先前的图形有重叠时，后画的对象会覆盖前面的对象。这时可以修改重叠对象彼此之间显示的先后顺序。更改显示顺序的两种方法如下。

（1）直接在命令行输入“DRAWORDER”，按 Enter 键确认后根据命令行提示进行操作。

（2）展开“修改”工具面板的下拉菜单，单击“前置”图标后面的下拉箭头，打开改变显示顺序相关命令，如图 3-51 所示。相应命令的含义如下。

前置：使所选对象显示在所有对象之前。

后置：使所选对象显示在所有对象之后。

置于对象之上：使所选对象显示在指定参考对象之前。

置于对象之下：使所选对象显示在指定参考对象之后。

将文字前置：使文字对象显示在所有对象之前。

将标注前置：使标注对象显示在所有对象之前。

引线前置：使引线对象显示在所有对象之前。

所有注释前置：使所有注释对象显示在所有对象之前。

将图案填充项后置：使全部图案填充项显示在所有对象之前。

以“置于对象之上”为例学习改变图形显示顺序的方法，效果如图 3-52 所示，命令行显示如下。

```
命令：
选择对象：指定对角点：找到 2 个                //选择圆
选择对象：
选择参照对象：指定对角点：找到 2 个            //选择矩形
选择参照对象：
```

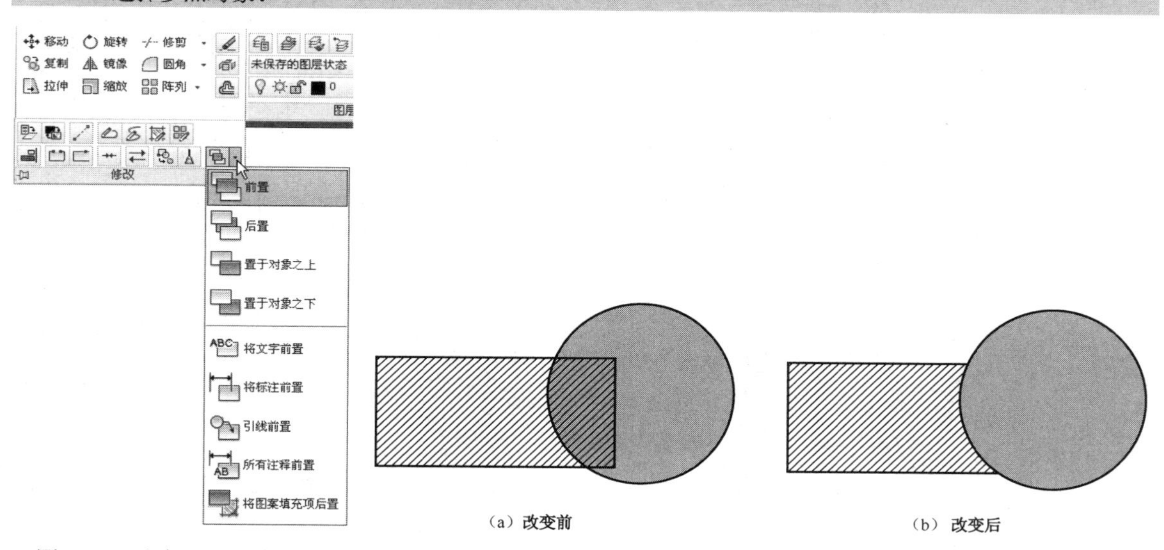

图 3-51　改变显示顺序命令

图 3-52　改变显示顺序

思考与练习

1．绘制如图 3-53 所示的图形。

2．绘制如图 3-54 所示的图形。

3．绘制如图 3-55 所示的图形。

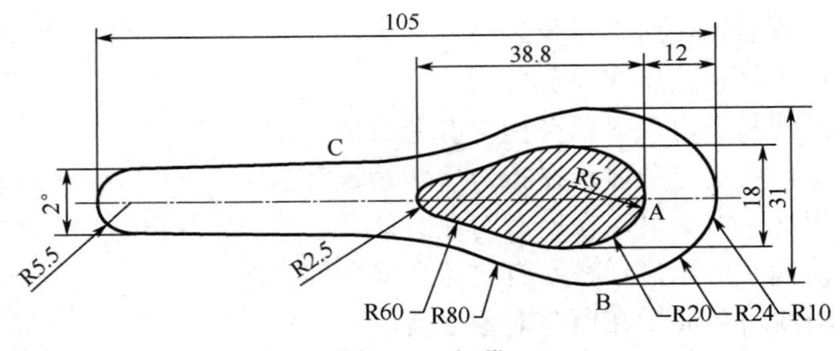

图 3-53　汤匙

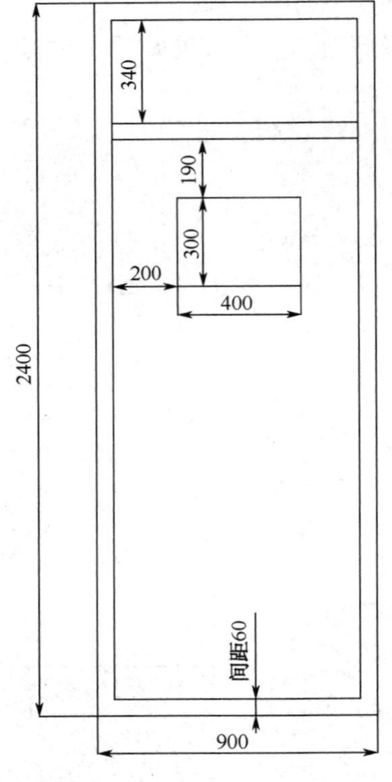

图 3-54　单开门

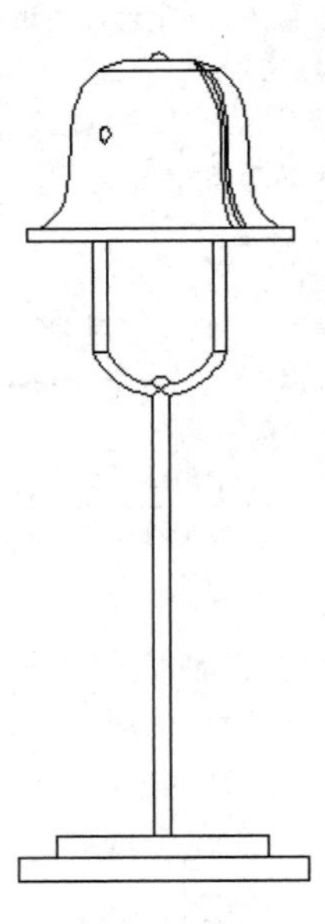

图 3-55　灯具

4．绘制如图 3-56 所示的图形。

5．绘制如图 3-57 所示的图形。

图 3-56　紫荆花

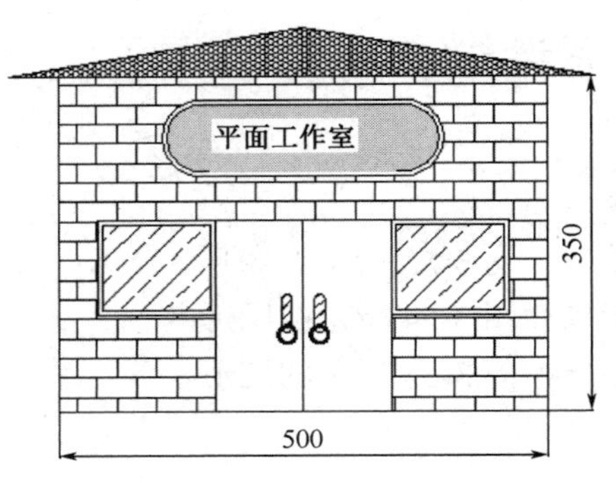

图 3-57　房屋

尺寸标注与数据查询

学习目标

- 熟悉尺寸标注样式的设置方法。
- 能够熟练创建各种尺寸标注。
- 掌握 AutoCAD 2013 中文字工具的使用方法。
- 学会利用数据查询工具查询各种参数。

图纸作为表达产品信息的主要媒介，是设计者与生产制造者交流的载体。因此一张完整的图纸，除了用图形完整、正确、清晰的表达物体的结构形状外，还必须有尺寸表示物体的大小，并且还要有相应的文字信息，如技术说明、标题栏等。另外工程图也是生产制造者加工的依据。因此标准、正确的工程图是生产制造者能够生产出合格产品的重要保证。这就要求我们在出工程图时，一定要细心、严谨、有责任意识。在本章中就来学习 AutoCAD 2013 中有关尺寸、文字标注和参数查询等方面的知识。

4.1 尺寸标注

学习目标

- 熟悉尺寸标注样式的设置方法。
- 掌握各种尺寸标注工具的使用方法。

学习内容

4.1.1 设置尺寸标注样式

尺寸样式是一组尺寸参数设置的组合，用以控制尺寸标注各部分组成的格式和外观。由于在不同行业对尺寸标注的标准不同，因此在标注尺寸前一般需要使用标注样式来定义不同的尺寸标注标准。

尺寸注是一项极为重要、严肃的工作，必须严格遵守国家相关标准和规范，了解尺寸标注的规则和尺寸的组成元素以及尺寸的标注方法。

如果要定义尺寸标注样式，需要激活标注样式管理器。激活的方法有如下几种。

（1）直接在命令行输入“DDIM”，并按下 Enter 键进行确认。

（2）在“常用”菜单栏下，将“注释”工具面板展开，单击“标注样式”文本框前面的图标，如图 4-1（a）所示。

（3）在“注释”菜单栏下，单击“标注”工具面板上的图标，如图 4-1（b）所示。

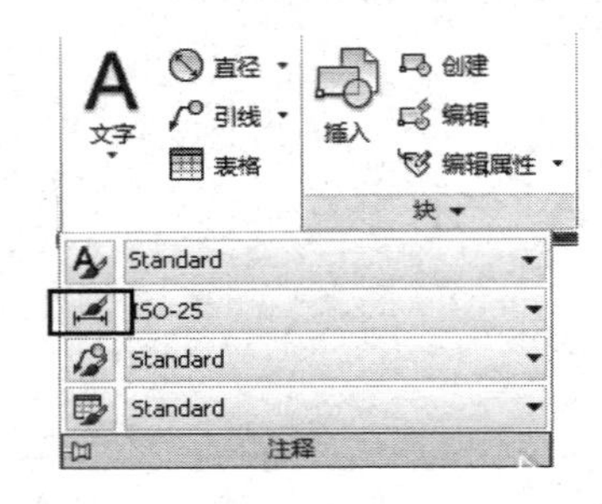

（a）“常用”菜单下激活标注样式

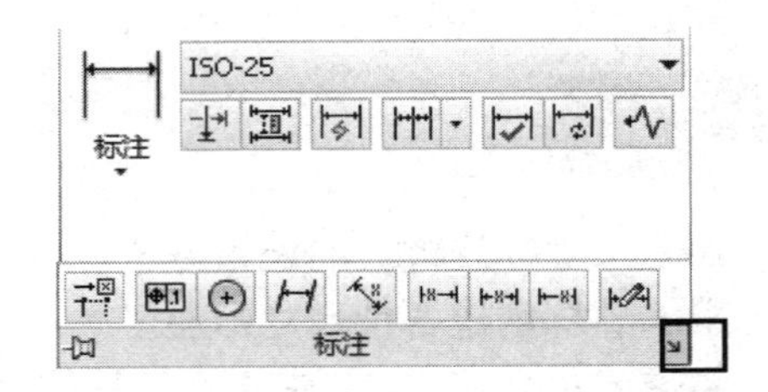

（b）“注释”菜单下激活标注样式

图 4-1　激活标注样式

激活命令后，弹出“标注样式管理器”对话框，如图 4-2 所示。若是采用 Acadiso.dwt 作为样板文件建立的图形文件，则在“标注样式管理器”的“样式”列表框中有“Annotative”、“ISO-25”和“Standard”三个标注样式，其中“Annotative”为注释性标注样式。

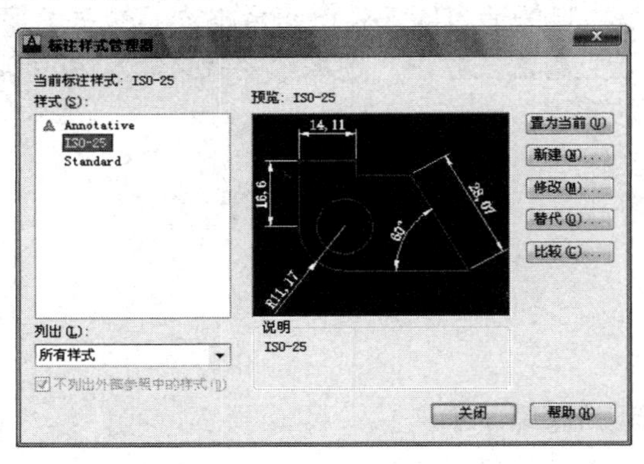

图 4-2　“标注样式管理器”对话框

在“创建新标注样式”对话框中，单击“新建”按钮，弹出“创建新标注样式”对话框，在“新样式名”文本框中，输入“平面设计”，其他设置如图 4-3 所示。单击“继续”按钮，打开“新建标注样式：平面设计”对话框，如图 4-4 所示。在该对话框中有 7 个选项卡下面分别介绍。

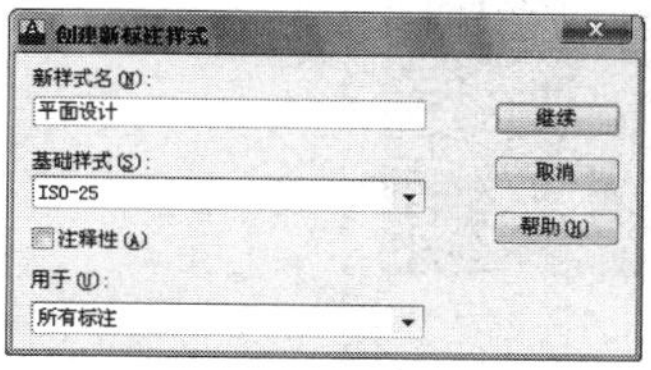

图 4-3　“创建新标注样式”对话框

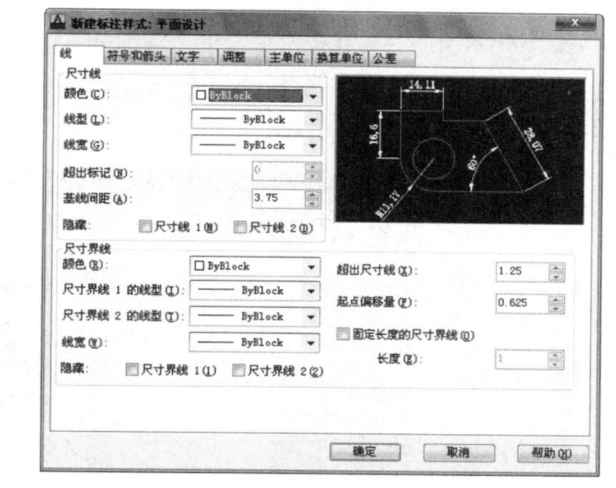

图 4-4　“新建标注样式：平面设计”对话框

1．“线”选项卡

利用该选项卡可以设置尺寸线和尺寸界限的颜色、线型、线宽等参数，如图 4-4 所示。在该选项卡中，部分选项含义如图 4-5 所示。下面只对其中的几项进行说明。

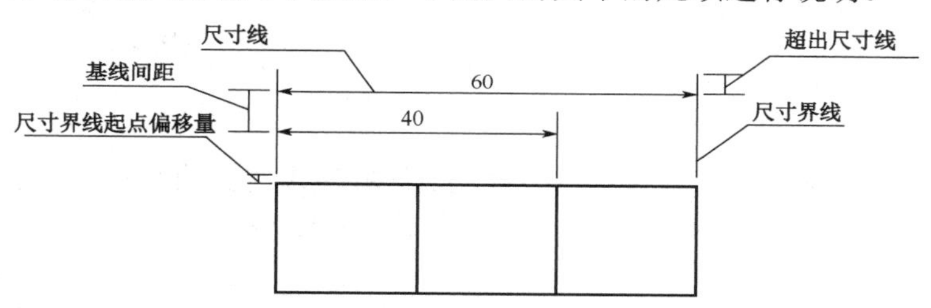

图 4-5　“线”选项卡中各项含义标示

（1）尺寸线超出标记。当尺寸线的箭头采用斜线、建筑标记、小点、积分或无标记时，尺寸线超出尺寸界线的长度，如图 4-6 所示。

（a）超出值为0　　（b）超出值为3

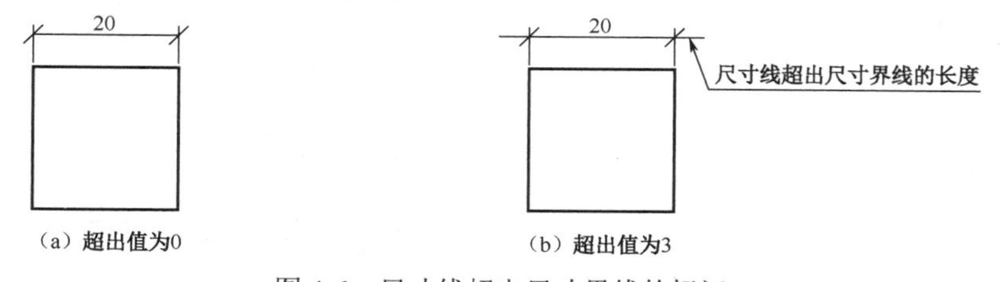

图 4-6　尺寸线超出尺寸界线的标记

（2）隐藏。尺寸线 1 即靠近尺寸界线第 1 个起点的半个尺寸线；尺寸线 2 即靠近尺寸界线第 2 个起点的半个尺寸线，如图 4-7 所示。

（a）隐藏尺寸线1　（b）隐藏尺寸线2　（c）隐藏尺寸界线1　（d）隐藏尺寸界线2

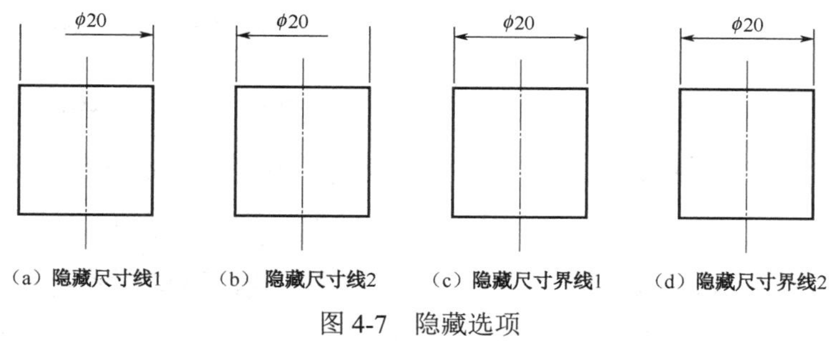

图 4-7　隐藏选项

2．“符号和箭头”选项卡

该选项卡用来设置尺寸箭头、圆心标记、折断标注、弧长符号、半径折弯标注和线性折弯标注方面的格式，如图 4-8 所示。

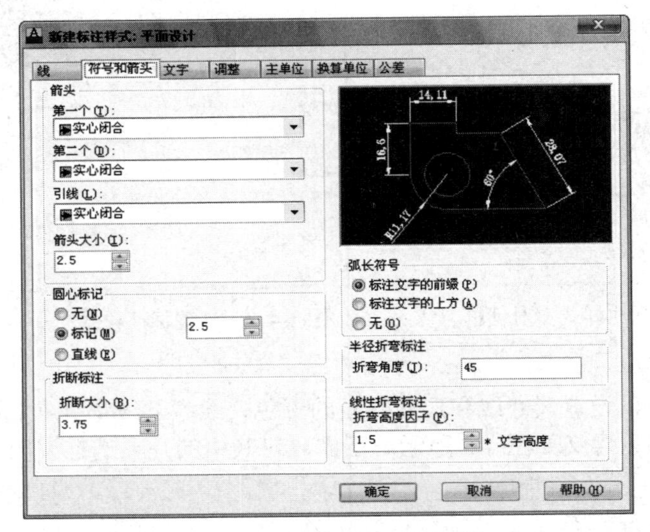

图 4-8　“符号和箭头”选项卡

（1）箭头。该选项区可以设置尺寸线与快速引线标注中箭头的形状和大小。机械类制图标注中，箭头种类一般选择“实心闭合”，大小一般设置为 3；建筑类制图标注中，箭头种类一般选择“建筑标记”，大小一般设置为 200。

（2）圆心标记。该选项区可以设置尺寸标注中圆心标记的格式和大小，如图 4-9 所示。

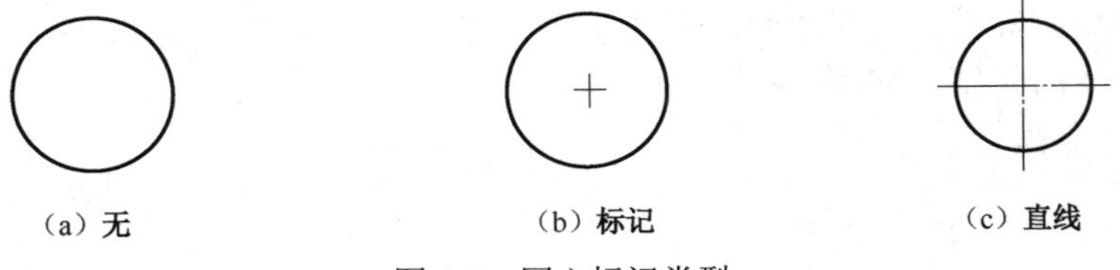

图 4-9　圆心标记类型

（3）折断标注。在 AutoCAD 2013 中，允许在尺寸线或尺寸界线与其他线的交汇处打断尺寸线或尺寸界线，折断大小即为折断的距离，如图 4-10 所示。

图 4-10　折断标注

（4）弧长符号。表示标注圆弧时，弧长符号所在的位置，如图 4-11 所示。

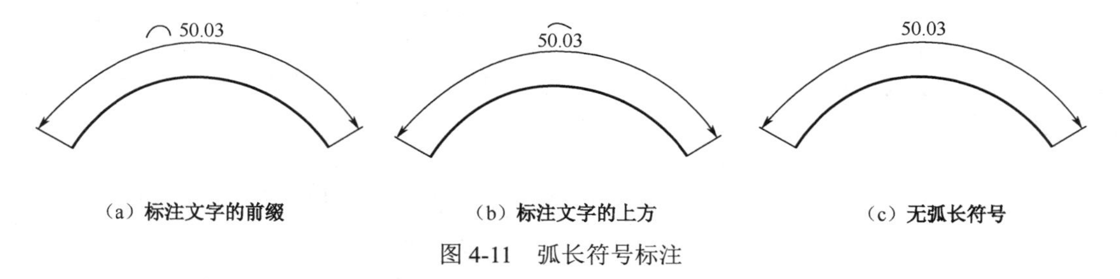

图 4-11　弧长符号标注

（5）半径折弯角度。是指当采用半径折弯标注时，尺寸界线与尺寸线之间连接线和尺寸界线之间的角度，如图 4-12 所示。

图 4-12　折弯角度

（6）线性折弯标注。用来设定线性标注折弯的高度，该值等于折弯高度因子与尺寸文字高度值的乘积。若文字高度值为 3，当采用不同折弯高度因子时，折弯高度如图 4-13 所示。

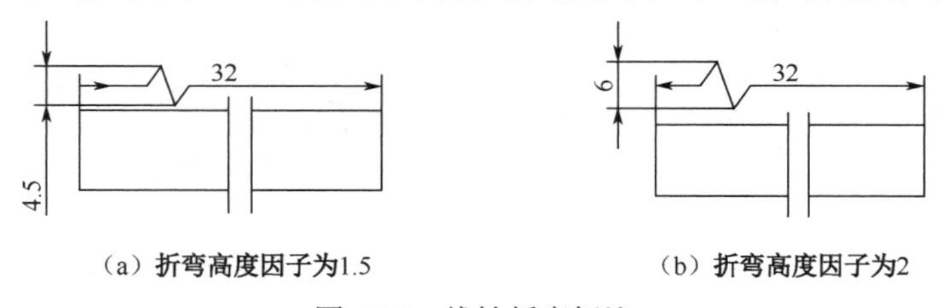

图 4-13　线性折弯标注

3．“文字”选项卡

该选项卡用来设置文字的外观、文字的位置以及文字的对齐方式，如图 4-14 所示。

图 4-14　“文字”选项卡

（1）文字外观。

文字样式：通过下拉列表可以选择已有的文字样式，也可以单击 按钮，打开“文字样式”对话框，单独进行文字样式设置。

文字颜色：用于设置尺寸文字的颜色。

填充颜色：表示尺寸数值的背景颜色，一般设置为无。

文字高度：即标注尺寸中，文字的字号，一般设置为 3.5。

分数高度比例：只有当“主单位”选项卡中，“单位格式”为“分数”时，该项才有效。

绘制文字边框：选择该项，表示将标注的文字加上边框，如图 4-15 所示。

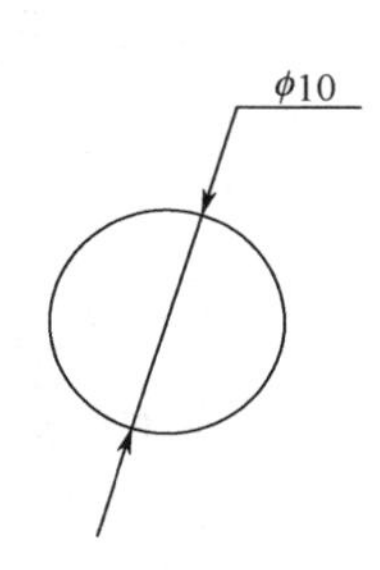

φ10

（a）未选中“绘制文字边框”复选框　　（b）选中“绘制文字边框”复选框

图 4-15　绘制文字边框

（2）文字位置。

垂直：在该项的下拉列表中，有 5 种方式可供选择，如图 4-16（a）所示。其中 JIS 为日本工业标准，另外 4 种方式应用效果，如图 4-16（b）～（e）所示。

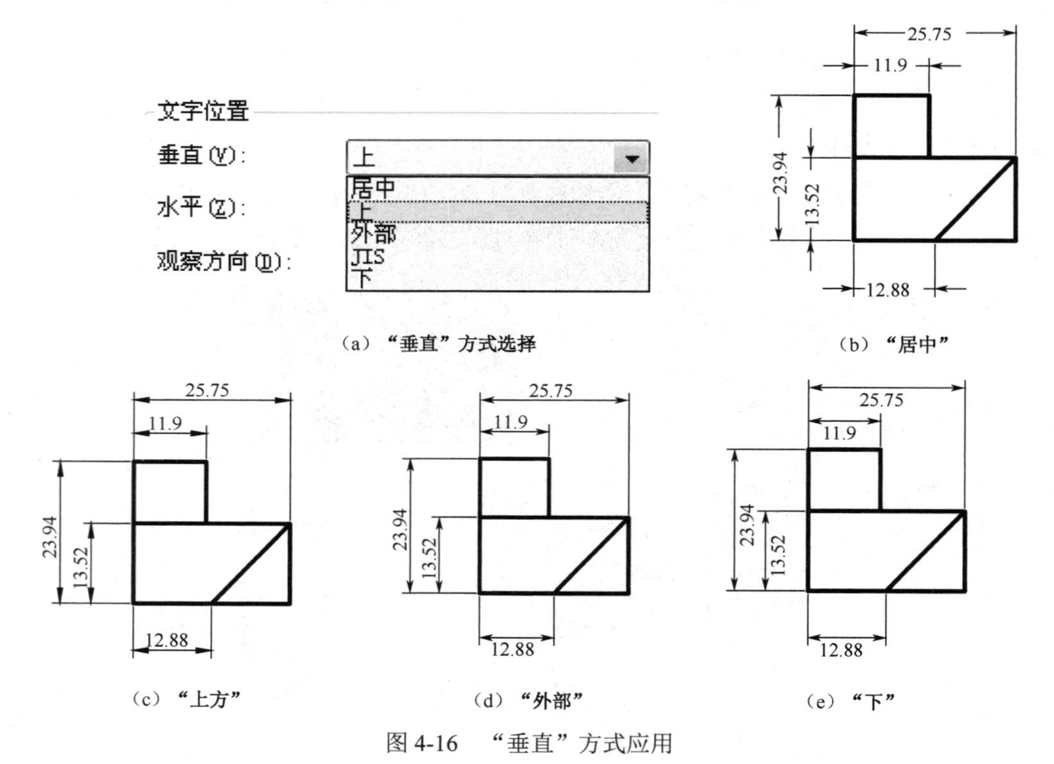

（a）“垂直”方式选择　　（b）“居中”

（c）“上方”　　（d）“外部”　　（e）“下”

图 4-16　“垂直”方式应用

水平：在该项的下拉列表中，也有 5 种方式可供选择，如图 4-17 所示。

观察方向：标注文字的观察方向，选择默认的“从左到右”即可。

从尺寸线偏移：尺寸数字与尺寸线之间的距离，如图 4-18 所示。

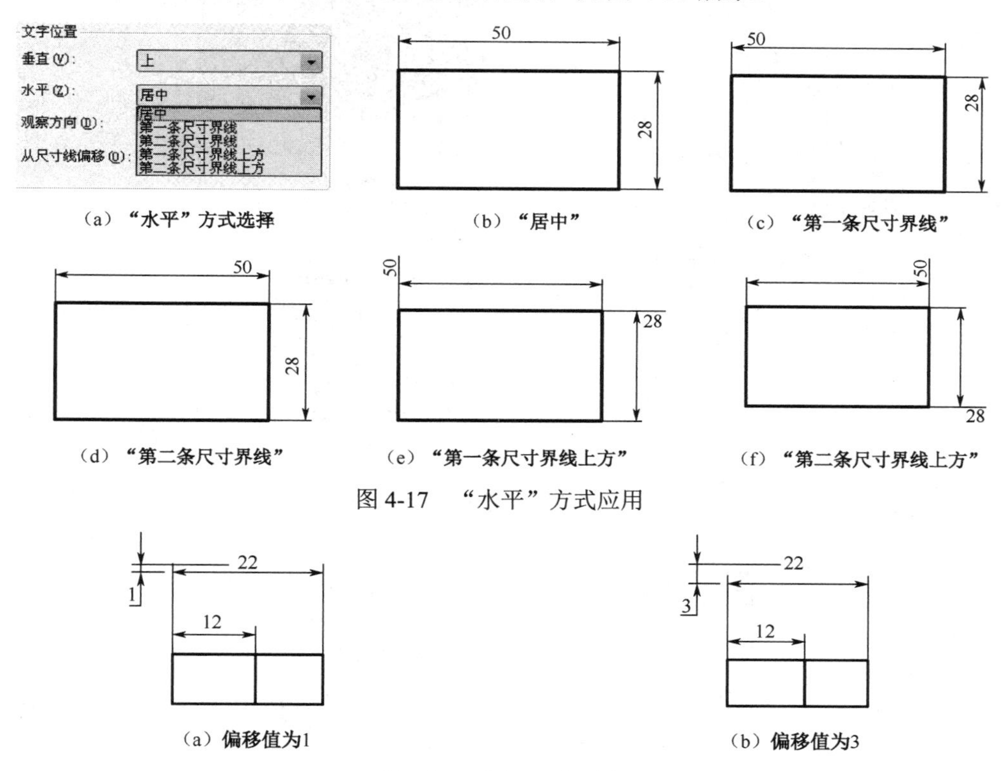

图 4-17 “水平”方式应用

图 4-18 从尺寸线偏移

（3）文字对齐。

水平：水平放置文字，如图 4-19（a）所示。

与尺寸线对齐：文字与尺寸线对齐，如图 4-19（b）所示。

“ISO”标准：当文字在尺寸界线内时，文字与尺寸线对齐；当文字在尺寸界线外时，文字水平排列，如图 4-19（c）所示。

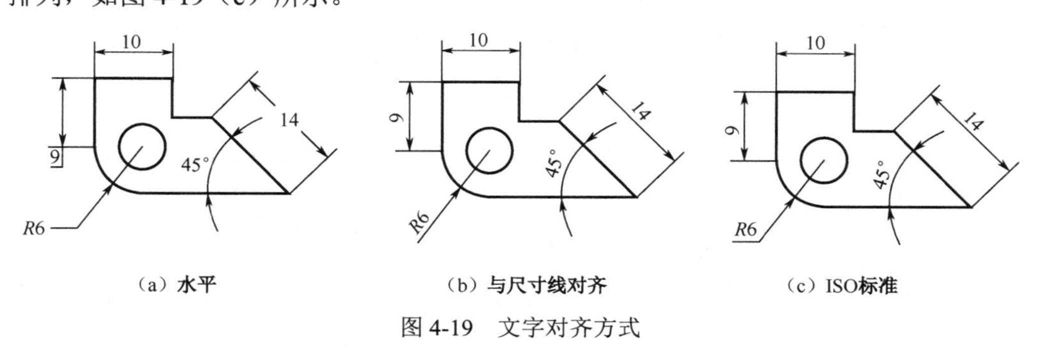

（a）水平　（b）与尺寸线对齐　（c）ISO标准

图 4-19 文字对齐方式

4．“调整”选项卡

该选项卡可以调整尺寸数字、箭头、引线和尺寸线的位置，有调整选项、文字位置、标注特征比例和优化 4 个选项区，如图 4-20 所示。

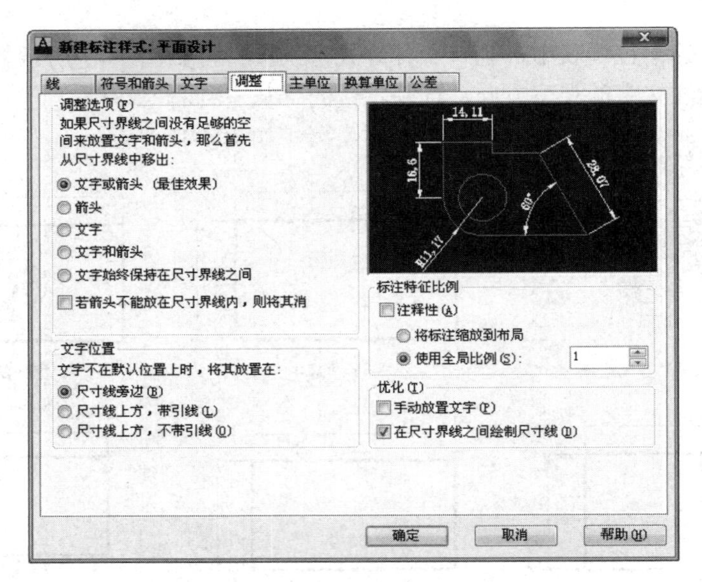

图 4-20 “调整”选项卡

（1）调整选项。用来调整尺寸界线之间，可用空间的文字和箭头的位置，如图 4-21 所示。

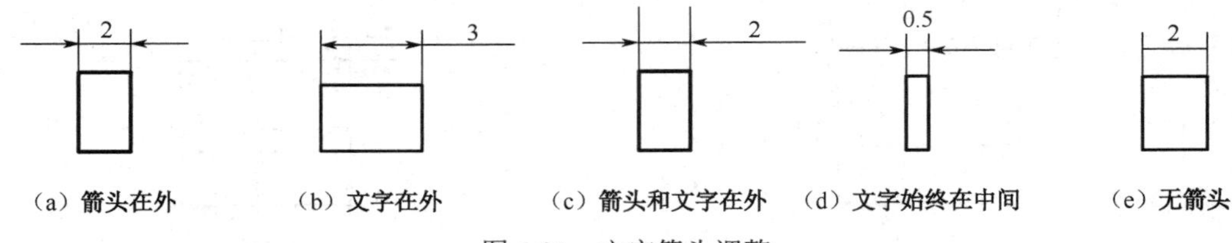

（a）箭头在外 （b）文字在外 （c）箭头和文字在外 （d）文字始终在中间 （e）无箭头

图 4-21 文字箭头调整

（2）文字位置。

尺寸线旁边：当尺寸数字不能放在默认位置时，将在第二条尺寸界线旁边放置尺寸数字，如图 4-22（a）所示。

尺寸线上方且带引线：当尺寸数字不能放在默认位置时，且尺寸数字和箭头都不足以放置在尺寸界线内时，CAD 会自动引出一条引线标注尺寸数字，如图 4-22（b）所示。

尺寸线上方且不带引线：当尺寸数字不能放在默认位置时，且尺寸数字和箭头都不足以放置在尺寸界线内时，将在尺寸线上方放置数字，且不带引线，如图 4-22（c）所示。

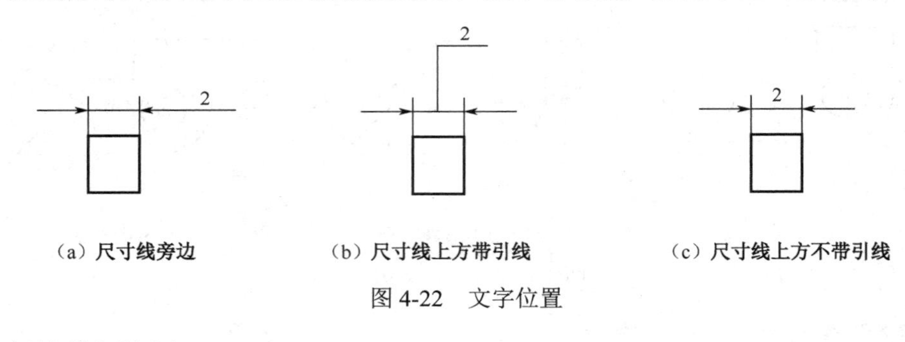

（a）尺寸线旁边 （b）尺寸线上方带引线 （c）尺寸线上方不带引线

图 4-22 文字位置

（3）标注特征比例。

注释性：可以将该标注定义成可注释对象。

将标注缩放到布局：表示可根据模型空间的比例设置标注比例。

使用全局比例：表示按照指定的尺寸标注比例进行标注。例如标注文字的高度为 3，比例因子设为 2，则标注时字高即为 6 mm。

（4）优化。

手动放置文字：选择该项，在标注时允许用户自行指定尺寸文字放置的位置。

在尺寸界线之间绘制尺寸线：选择该项，表示总在尺寸界线之间绘制尺寸线，否则当箭头移至尺寸界线之外时，则不绘制尺寸线。

5．“主单位”选项卡

“主单位”选项卡用来设置标注单位的格式和精度，同时还可以设置标注文字的前缀和后缀，如图 4-23 所示。

图 4-23　“主单位”选项卡

（1）线性标注。

单位格式：在其下拉列表中，有 6 种格式可供选择，如图 4-24 所示，一般选择默认的“小数”即可。

精度：设置尺寸数字中小数点后保留的位数，如果选择“0.00”，则表示小数点后保留两位。

分数格式：只有当“单位格式”选择“分数”时，该项才有效。在下拉列表中有三项可供选择，如图 4-25 所示。

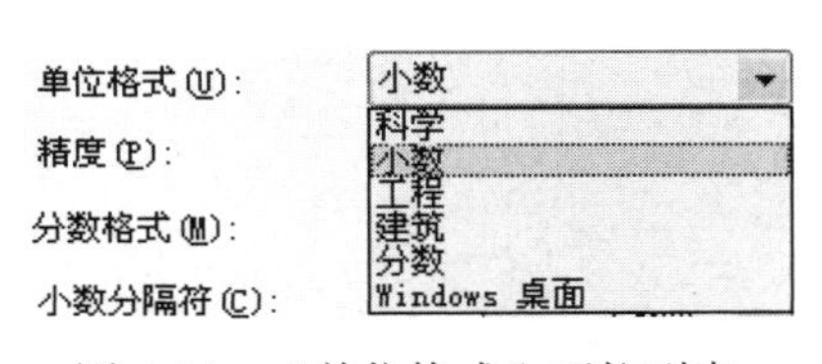

图 4-24　“单位格式”下拉列表

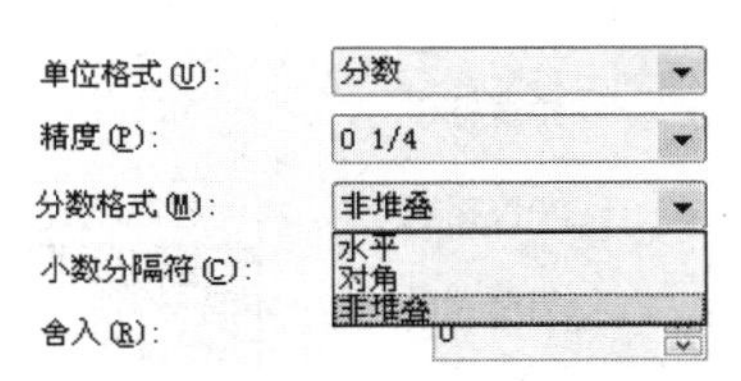

图 4-25　“分数格式”下拉列表

小数分隔符：用来指定十进制中小数分割符的形式，默认是“逗号”，这里改成“句点”。

舍入：用来设定非角度测量值的舍入规则，若设置舍入值为 0.5，那么所有长度值都将被舍入到接近 0.5 个单位的数值。

前缀：用来在尺寸数字前加一个符号，例如用线性尺寸标注“ϕ10”时，可以在“前缀”文本框中输入“%%c”，如图 4-26（a）所示。

后缀：用来在尺寸数字后加一个符号，例如用线性尺寸标注“M12×1”时，除了在“前缀”文本框中输入“M”外，还需要在“后缀”文本框中输入“\U+00d71”，其中“\U+00d7”是“×”的代码，如图 4-26（b）所示。

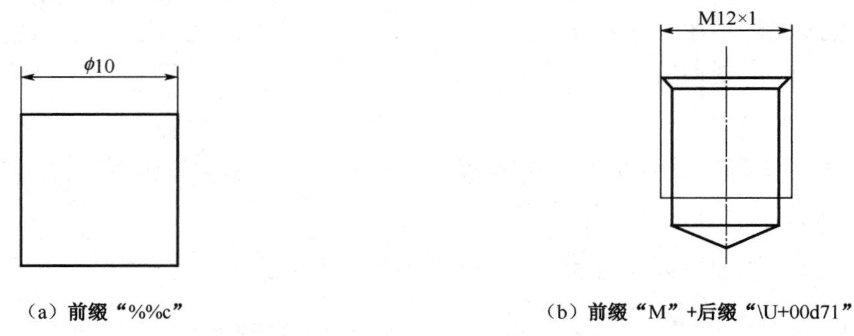

（a）前缀“%%c”　　（b）前缀“M”+后缀“\U+00d71”

图 4-26　具有前、后缀的线性标注

（2）测量单位比例。

比例因子：用来设置线性测量值的比例因子，即用来直接标注形体的真实尺寸。例如，绘图比例为 1∶2，在这里输入比例因子“2”，AutoCAD 2013 将把测量值扩大 2 倍，使用真实的尺寸数值进行标注。

仅应用到布局标注：选择该项，表示比例因子仅用于布局中的尺寸标注。

（3）消零。

前导：用来控制前导零是否显示，若选择该项，当尺寸值为“0.50”时，只显示“.50”，如图 4-27（b）所示。

后续：用来控制后续零是否显示，若选择该项，当尺寸值为“0.50”时，只显示“0.5”，如图 4-27（c）所示。

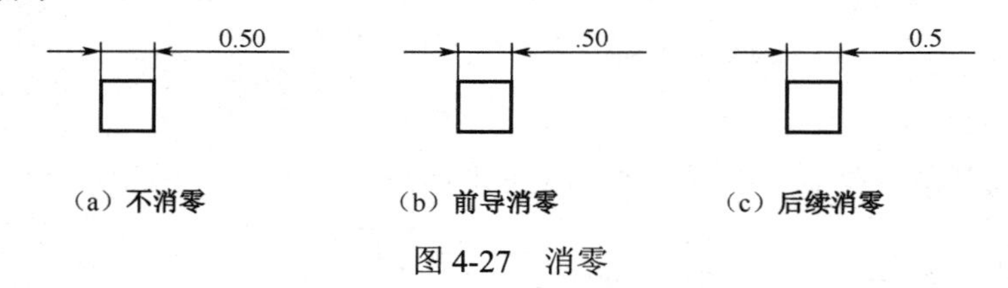

（a）不消零　　（b）前导消零　　（c）后续消零

图 4-27　消零

（4）角度标注。

单位格式：在下拉列表中有 4 种可供选择，如图 4-28 所示。

精度：与前面一样这里不再赘述。

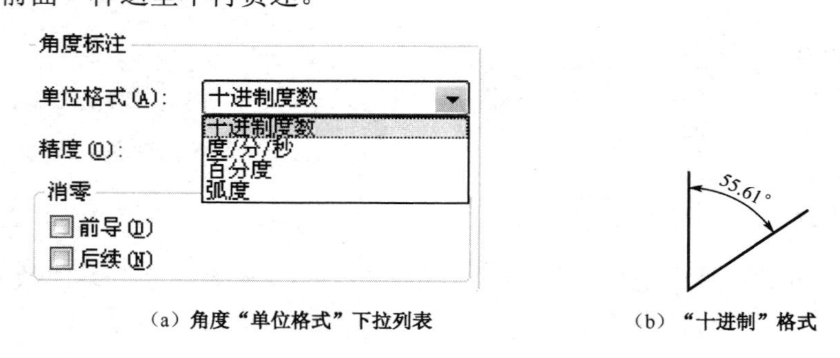

（a）角度“单位格式”下拉列表　　（b）“十进制”格式

图 4-28　角度单位格式

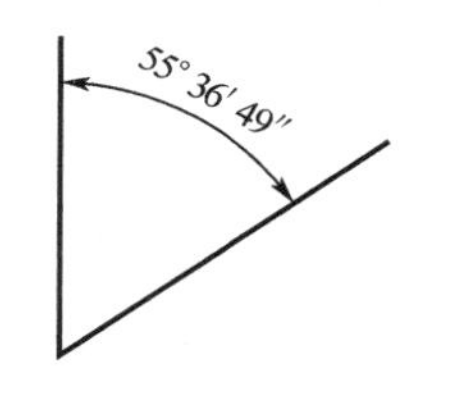

（c）“度分秒”格式

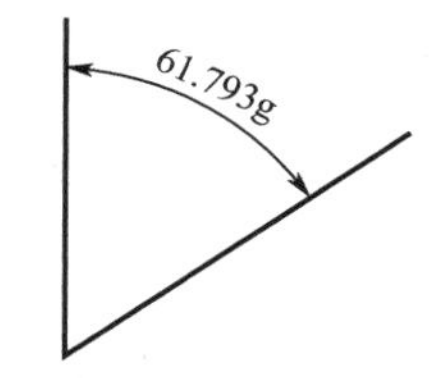

（d）“百分度”格式

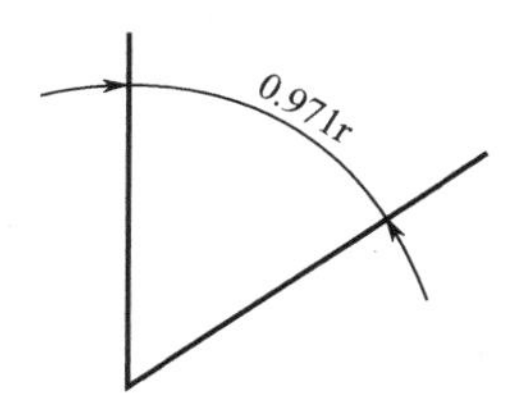

（e）“弧度”格式

图 4-28　角度单位格式（续）

6．“换算单位”选项卡

用户只有在选中“显示换算单位”选项后，该选项卡下各项才有效，在这里保持默认即可，如图 4-29 所示。该选项卡在公制、英制图纸之间进行交流的时候是非常有用的，可以将所有标注尺寸同时标注上公制和英制的尺寸，以方便不同国家的工程人员进行交流，如图 4-30 所示。

图 4-29　“换算单位”选项卡

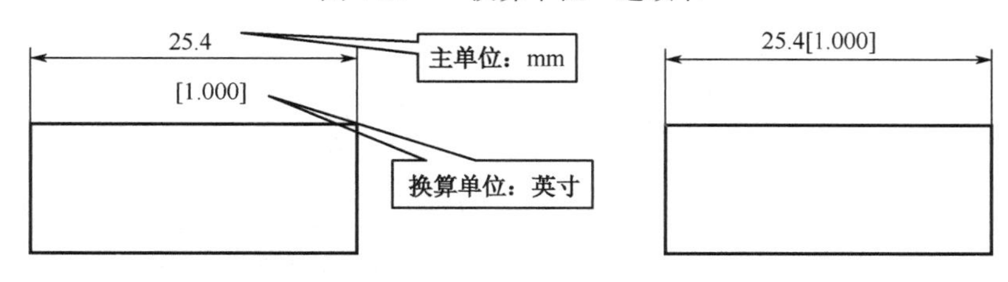

（a）换算单位在主单位下面

（b）换算单位在主单位后面

图 4-30　单位换算

7．“公差”选项卡

该选项卡可以控制标注文字中公差的显示格式，如图 4-31 所示。

（1）公差格式。

方式：用于指定公差的标注方式，下拉列表中包括“无”、“对称”、“极限偏差”、“极限尺寸”和“基本尺寸”5 个选项，如图 4-32 所示。

精度：用于指定公差值的小数位数。

上偏差：用于输入最大公差值或上偏差值。

下偏差：用于输入最小公差值或下偏差值。

高度比例：用于设定尺寸公差数字的高度，该比例即为公差数字高度比上基本数字高度。若设定为“0.6”，则表示公差数字的高度是基本数字高度的 0.6 倍。

图 4-31　“公差”选项卡

25.4

（a）“无”方式

25.4±0.1

（b）“对称”方式

$25.4^{+0.05}_{-0.1}$

（c）“极限偏差”方式

25.45
25.3

（d）“极限尺寸”方式

25.4

（e）“基本尺寸”方式

图 4-32　公差方式示例

垂直位置：用于控制基本尺寸数字相对于尺寸公差数字的对齐方式，包括三项，如图 4-33 所示。

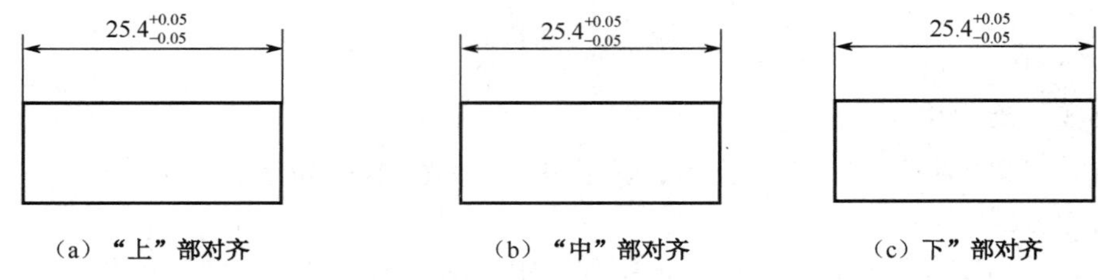

图 4-33　基本尺寸跟公差尺寸的对齐方式

（2）公差对齐。用于控制公差堆叠时的对齐方式，有小数点上下对齐和运算符上下对齐两种方式，如图 4-34 所示。

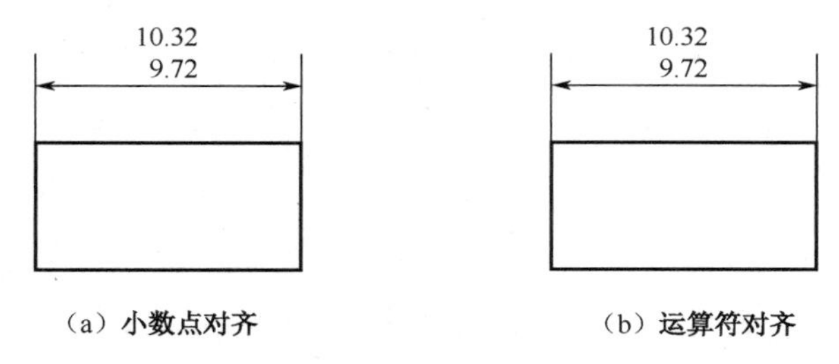

（a）小数点对齐　　（b）运算符对齐

图 4-34　公差对齐

创建好尺寸标注样式后，在“标注样式管理器”对话框中，选择需要应用的样式，单击“置为当前”按钮，在图形中标注尺寸时，即使用该样式进行标注。

设置好的尺寸样式也可以修改，在“标注样式管理器”对话框中，选择需要修改的样式，单击“修改”按钮，弹出“修改标注样式”对话框，在该对话框中，即可对标注样式的各项特性进行修改。修改标注样式后，图形中按照该样式标注的尺寸都将自动更新。

设置标注样式练习，具体参见“素材\演示\4\建筑标注样式设置过程.wrf”。

创建一个满足建筑制图要求的标注样式：样式名为建筑标注 100；尺寸线中基线间距设为 800；尺寸界线超出尺寸线设为 250；起点偏移量设为 300；箭头第一项、第二项设为建筑标记，大小为 200；圆心标记选中标记，且大小设为 200；半径标注折弯角度设为 45 度；文字高度设为 300；文字位置从尺寸线偏移设为 100，文字位置垂直设为上方，水平设为居中；主单位中线性标注的单位格式设为小数，精度设为 0；角度标注中单位格式设为十进制数，精度设为 0.00；调整选中文字始终保持在尺寸界线之间；其他采用默认设置。

4.1.2　线性标注

在使用标注工具标注尺寸时，应打开对象捕捉和极轴追踪功能，这样可准确、快速地进行尺寸标注。

打开尺寸标注工具的菜单有以下两种方法。

（1）在“常用”功能菜单栏下的“注释”工具面板上，单击 线性 图标上的下拉箭头，展开常用尺寸标注类型菜单，如图 4-35（a）所示。

（2）在“注释”功能菜单栏下的“标注”工具面板上，单击 标注 图标上的下拉箭头，展开常用尺寸标注类型菜单，如图 4-35（b）所示。

“线性标注”命令主要用来标注水平或垂直的线性尺寸，以及尺寸线旋转一定角度的倾斜尺寸。启用“线性标注”命令，可采用以下几种方式。

（1）直接在命令行输入“DIMLINXT”或者“DLI”，并按下 Enter 键进行确认。

（2）在常用标注工具菜单中，选择“线性”标注图标。

下面以图 4-36 所示图形的尺寸标注为例来介绍线性尺寸标注的使用方法。标注斜线 AB 的尺寸时，命令行显示如下：

```
DIMLINEAR
指定第一个尺寸界线原点或 <选择对象>:      // 捕捉A点
指定第二条尺寸界线原点:                  // 捕捉B点
```

创建了无关联的标注。

指定尺寸线位置或

[多行文字（M）/文字（T）/角度（A）/水平（H）/垂直（V）/旋转（R）]：r　　// 选择“旋转”选项；其中选项“多行文字（M）”，表示在文字编辑器中可以输入多行文字作为尺寸文字，用户可以输入尺寸数字与文字相结合的内容；选项“文字（T）”，表示在文字编辑器中可以输入单行文字作为尺寸文字；选项“角度（A）”，表示设置尺寸文字的旋转角度，使文字倾斜；选项“水平（H）”，表示尺寸线水平标注；选项“垂直（V）”，表示尺寸线垂直标注；选项“旋转（R）”，表示尺寸线与水平线所成的夹角

指定尺寸线的角度 <0>：45　　// 输入旋转角度。

指定尺寸线位置或

[多行文字（M）/文字（T）/角度（A）/水平（H）/垂直（V）/旋转（R）]：

标注文字 = 42.43

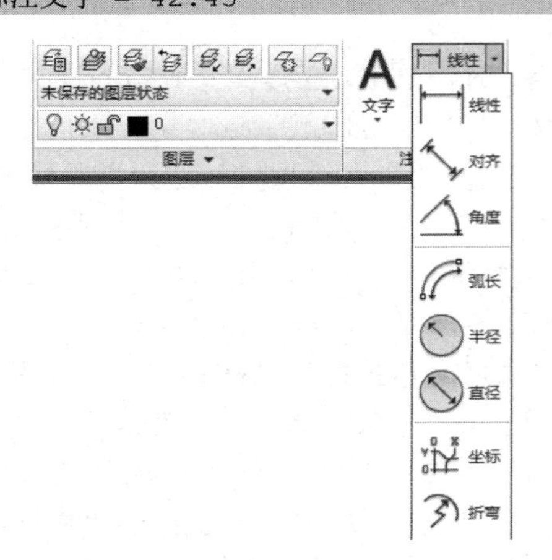

（a）注释面板上常用标注工具

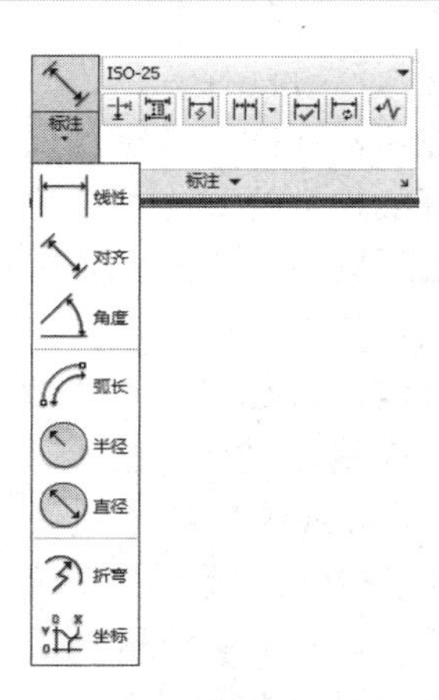

（b）标注面板上常用标注工具

图 4-35　常用尺寸标注菜单

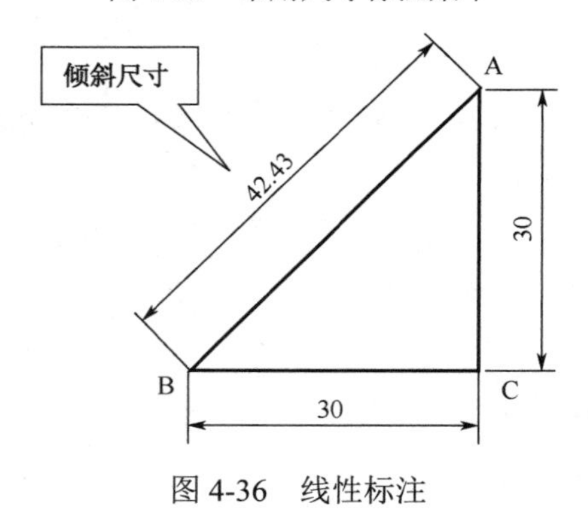

图 4-36　线性标注

4.1.3　对齐标注

“对齐标注”命令主要用来标注有一定角度倾斜的尺寸。启用“对齐标注”命令，可采用以下几种方式。

（1）直接在命令行输入“DIMALIGEND”或“DAL”，并按下 Enter 键进行确认。

（2）在常用标注工具菜单中，选择“线性”标注图标。

图 4-36 所示图形的斜线 AB 的倾斜尺寸标注就可以用对齐尺寸标注的方法来标注，命令行显示如下：

```
命令: _dimaligned
指定第一个尺寸界线原点或 <选择对象>:        // 捕捉A点
指定第二条尺寸界线原点:                    // 捕捉B点
指定尺寸线位置或
[多行文字(M)/文字(T)/角度(A)]:
标注文字 = 42.43
```

4.1.4 角度标注

“角度标注”命令主要用来标注两条不平行直线之间的夹角。启用“角度标注”命令，可采用以下几种方式。

（1）直接在命令行输入“DIMANGULAR”或者“DAN”，并按下 Enter 键进行确认。

（2）在常用标注工具菜单中，选择“角度”标注图标。

执行命令后，根据命令行提示，先后选择组成角的两条边，然后指定标注角度的位置即可。当鼠标在不同象限时，标注的角度是不同的，如图 4-37 所示。

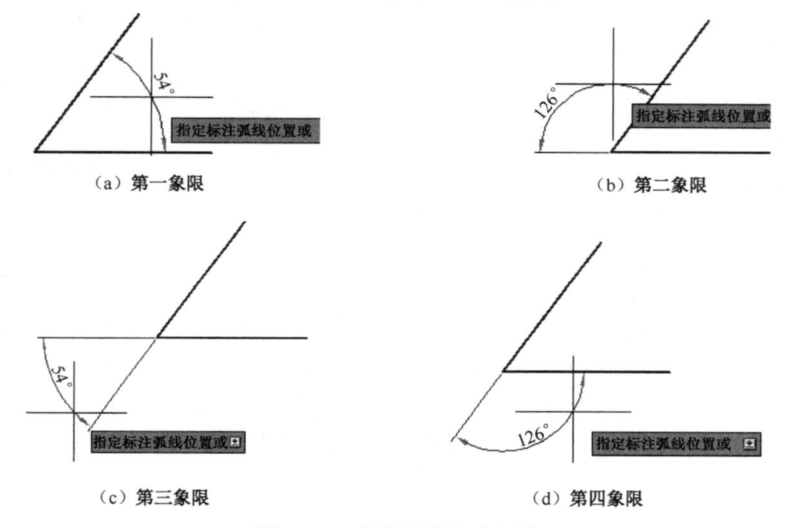

图 4-37　直线间的角度标注

练习：（1）标注如图 4-38 所示的图形中五角星的边 AD 和 BE 的长。

（2）标注如图 4-38 所示的图形中五角星的顶角的大小。

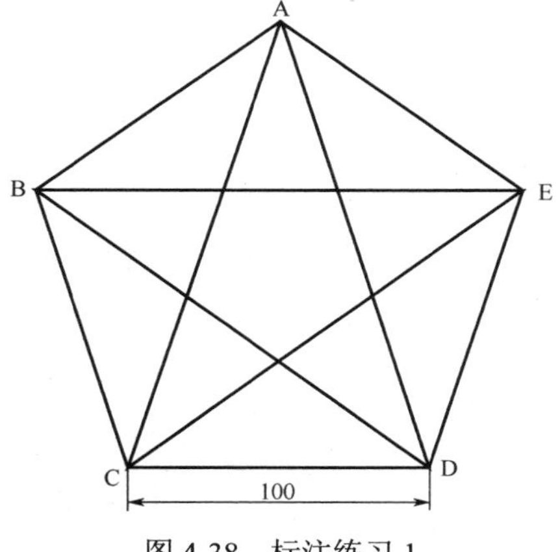

图 4-38　标注练习 1

4.1.5 弧长标注

“弧长标注”命令用来标注圆弧或多段线弧线段的长度。启用“弧长标注”命令，可采用以下几种方式。

（1）直接在命令行输入“DIMARC”，并按下 Enter 键进行确认。

（2）在常用标注工具菜单中，选择“半径标注”图标。

激活命令后，命令行显示如下：

```
命令：_dimarc          // 执行命令
选择弧线段或多段线圆弧段：        // 选择圆弧
指定弧长标注位置或 [多行文字（M）/文字（T）/角度（A）/部分（P）/引线（L）]：    // 指定弧长标注的位置，如图4-39（a）所示；若选择“部分（P）”选项，则表示标注部分圆弧的弧长，如图4-39（b）所示；若选择“引线（L）”选项，则表示采用引线方式标注圆弧，如图4-39（c）所示
标注文字 = 52.8
```

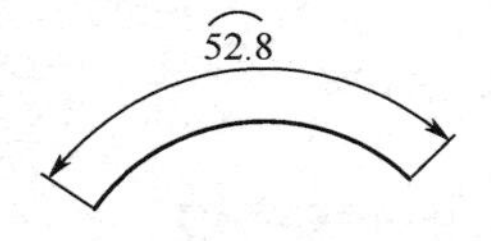

（a）标注整段圆弧

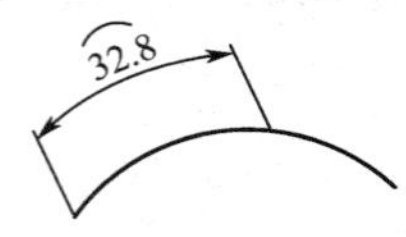

（b）标注部分圆弧

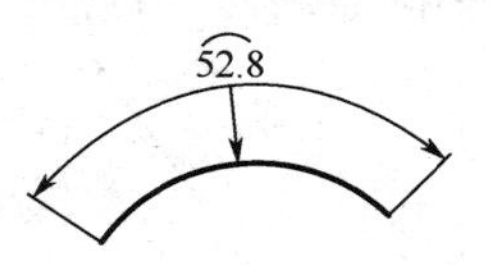

（c）引线方式标注圆弧

图 4-39　弧长标注

4.1.6 半径/直径标注

“半径标注”命令用来标注圆或者圆弧的半径，启用“半径标注”命令可采用以下几种方式。

（1）直接在命令行输入“DIMRADIUS”或者“DRA”，并按下 Enter 键进行确认。

（2）在常用标注工具菜单中，选择“半径标注”图标。

执行命令后，根据命令行提示，单击要标注的圆或者圆弧，然后引导光标到指定位置后，单击鼠标即可。

“直径标注”命令用来标注圆或者圆弧的直径。启用“直径标注”命令，可采用以下几种方式。

（1）直接在命令行输入“DIMDIAMETER”或者“DDI”，并按下 Enter 键进行确认。

（2）在常用标注工具菜单中，选择“直径标注”图标。

标注方法同半径标注。

4.1.7 折弯标注

折弯标注用来对大圆弧进行标注，如图 4-40 所示。启用“折弯标注”命令，可采用以下几种方式。

（1）直接在命令行输入“DIMJOGGED”或者“DJO”，并按下 Enter 键进行确认。

（2）在常用标注工具菜单中，选择“折弯标注”图标。

执行命令后，命令行和操作步骤如下：

```
_dimjogged
选择圆弧或圆：                    //提示选择圆弧，如图4-40（a）
指定图示中心位置：                //即尺寸界线的起点，如图4-40（b）所示（捕捉A点）
标注文字 = 38.95
```

```
指定尺寸线位置或 [多行文字(M)/文字(T)/角度(A)]:         //捕捉B点
指定折弯位置:                //如图4-40(d)所示(捕捉C点)
```

最后结果如图 4-40（e）所示。

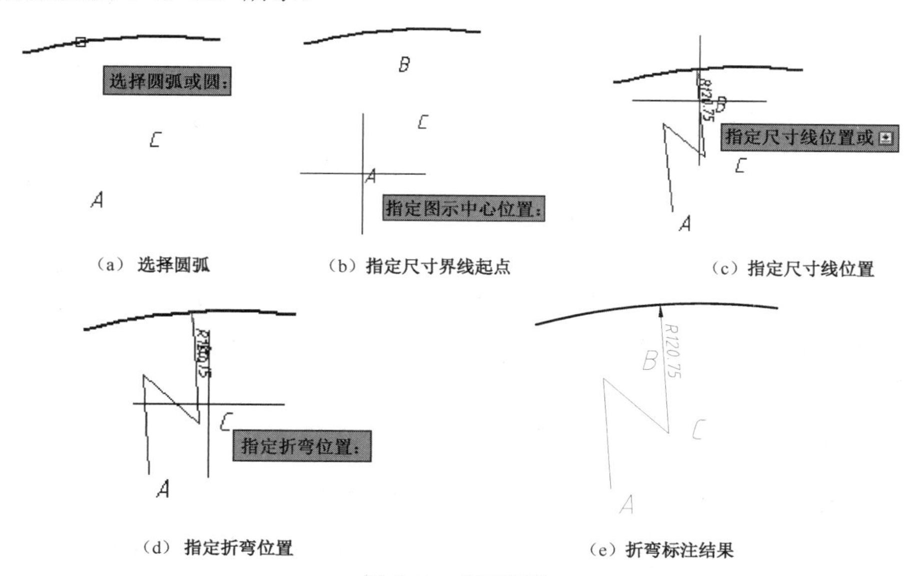

（a）选择圆弧　（b）指定尺寸界线起点　（c）指定尺寸线位置

（d）指定折弯位置　（e）折弯标注结果

图 4-40　折弯标注

4.1.8 引线标注

在图样中，有些内容需要添加特殊说明，如机械图样中的倒角、建筑图样中的文字注释等，需要用引线来标注，这就用到了 AutoCAD 2013 中的“多重引线标注”命令。

“多重引线标注”命令的激活，有以下几种方法。

（1）直接在命令行输入“MLEADER”，并按下 Enter 键进行确认。

（2）在“常用”菜单栏下的“注释”工具面板上，单击“引线”图标，如图 4-41（a）所示。

（3）在“注释”菜单栏下的“引线”工具面板上，单击“引线”图标，如图 4-41（b）所示。

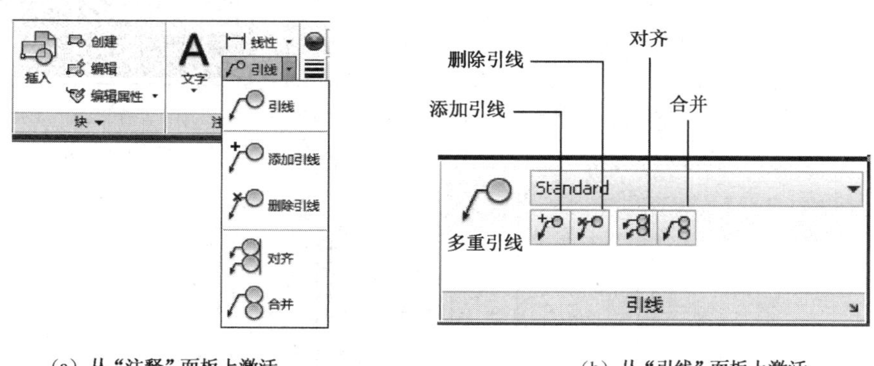

（a）从“注释”面板上激活　（b）从“引线”面板上激活

图 4-41　“多重引线”命令的激活方法

执行命令后，命令行和操作步骤如下：

```
命令: _mleader
```

```
指定引线箭头的位置或 [引线基线优先（L）/内容优先（C）/选项（O）] <选项>:
指定引线基线的位置：        //指定添加注释的位置，如图42（a）所示，指定后输入注释的内容，如图4-42（b）所示，完成后如图4-42（c）所示
```

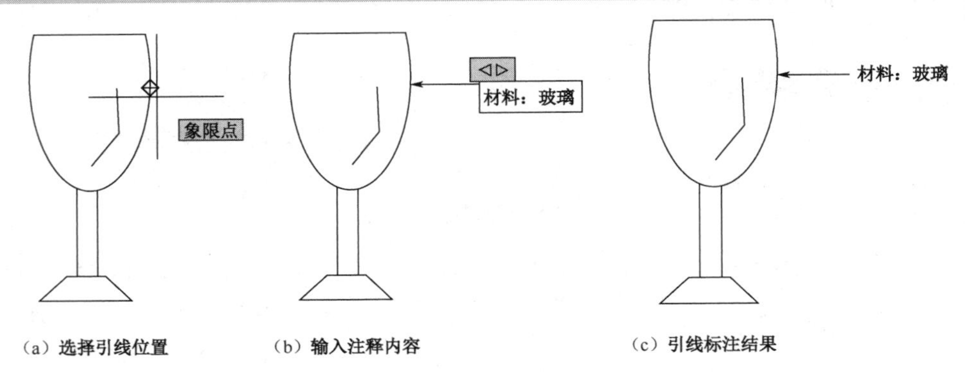

图 4-42　引线标注

4.1.9　公差标注

在 AutoCAD 中，“公差”标注仅指形位公差标注，形位公差是指加工后的零件与理想零件之间的误差。如垂直度、同轴度、平行度等。激活形位公差标注命令，可采用以下方式。

（1）直接在命令行输入“TOLERANCE”，并按下 Enter 键进行确认。

（2）在“注释”菜单栏下，展开“标注”工具面板，单击“公差标注”图标。

激活命令后，会弹出“形位公差”对话框，如图 4-43（a）所示。单击符号图框，弹出“特征符号”对话框，如图 4-43（b）所示。选择一个符号，如垂直符号；关闭“特征符号”对话框；在“公差 1”输入“0.01”；在“基准 1”输入“A”；单击“确定”按钮后，关闭“形位公差”对话框；在图形中拾取一个位置，就可以创建出如图 4-43（c）所示的形位公差。

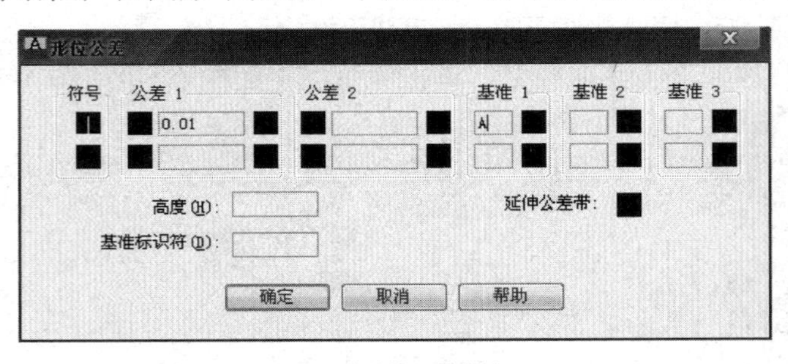

（a）“形位公差”对话框　　（b）“特征符号”对话框

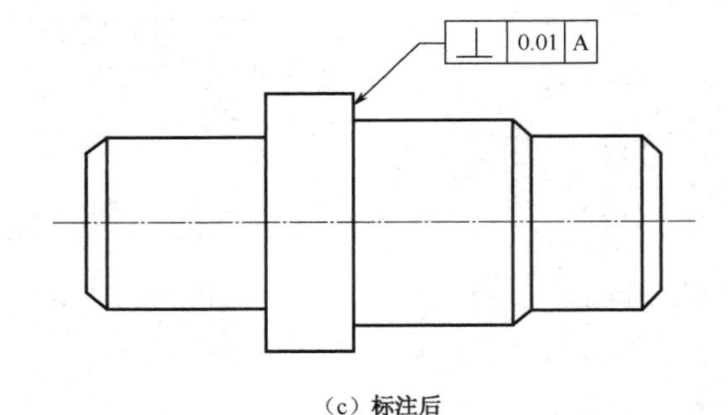

（c）标注后

图 4-43　形位公差标注

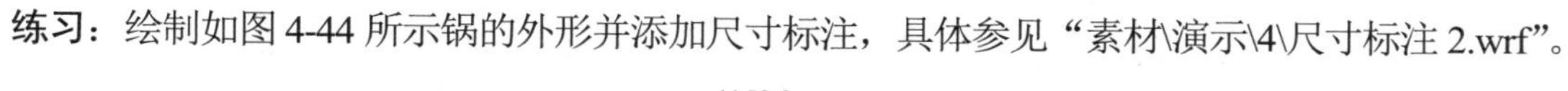

练习：绘制如图 4-44 所示锅的外形并添加尺寸标注，具体参见“素材\演示\4\尺寸标注 2.wrf”。

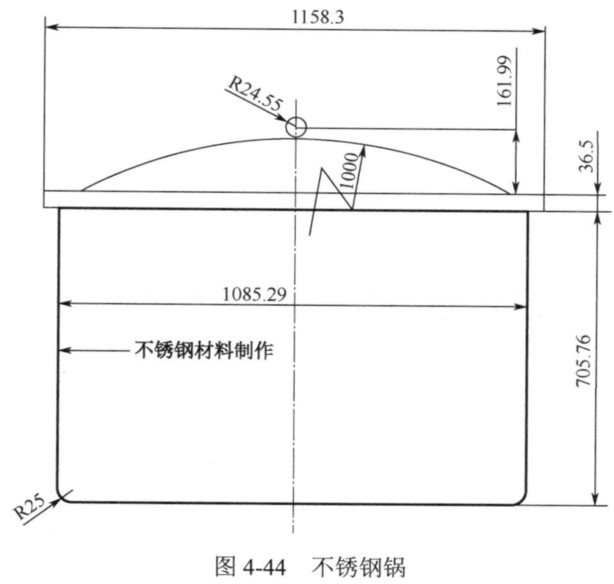

图 4-44　不锈钢锅

4.2　文字标注

学习目标

- 学习文字标注样式的设置方法。
- 掌握 AutoCAD 2013 中文字工具的使用方法。

学习内容

4.2.1　设置文字标注样式

图纸中的文字可以表达许多非图形信息，图形和文字相结合才能准确地表达设计意图。为了使得图形中的文字符合制图标准，因此需要根据实际情况，设置文字样式。进行文字样式设置，可采用以下两种方法。

（1）直接在命令行输入“STYLE”或者“ST”，并按下 Enter 键进行确认。

（2）在“注释”菜单栏下，单击“文字”工具面板右下角的 ↘ 图标，如图 4-45 所示。

激活“文字样式”命令后，弹出“文字样式”对话框，如图 4-46 所示。在该对话框中，默认的当前文字样式是“Standard”，另外还有个名为“Annotative”的注释性文字样式。下面举例说明文字样式创建过程。

（1）单击“新建”按钮 新建(N)... ，弹出“新建文字样式”对话框，输入文字样式的名称，如图 4-47 所示。单击“确定”按钮，完成文字样式名称的创建。

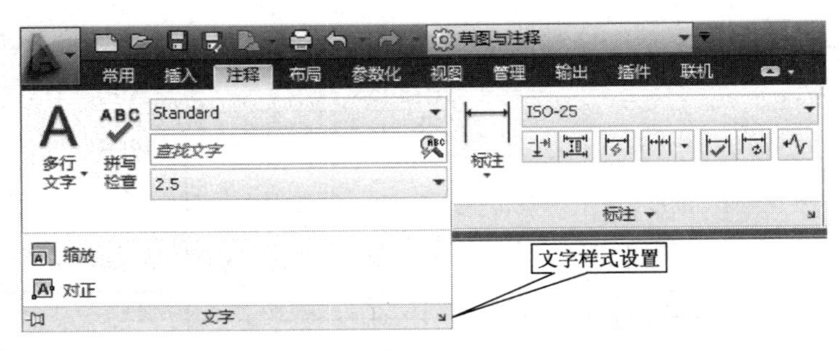

图 4-45　文字功能面板

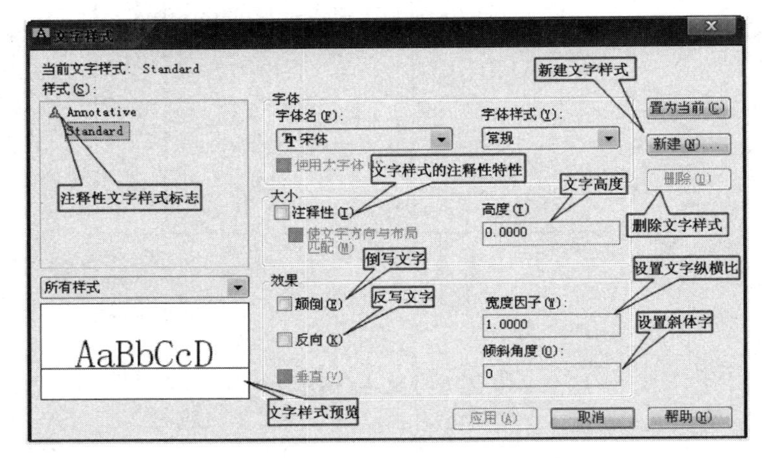

图 4-46　“文字样式”对话框

图 4-47　新建文字样式窗口

（2）在“文字样式”对话框的“样式”列表中，选中刚创建的文字样式。在“字体”下拉列表中，选择“gbetic.shx”选项，并选中“使用大字体”复选框，选中该项后，右侧的“字体样式”选项变为“大字体”选项。在“大字体”选项的下拉列表中，选择“gbcbig.shx”选项；其他保持默认设置，如图 4-48 所示。单击“应用”按钮后，将该对话框关闭。

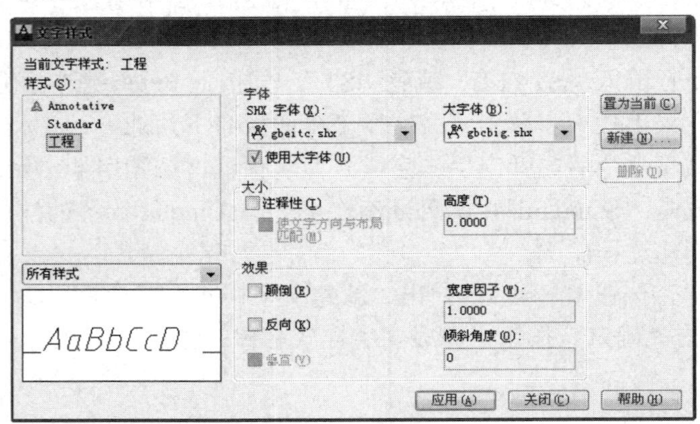

图 4-48　创建文字样式

此时进入“注释”菜单栏，就发现“文字”功能面板上的“文字样式”列表框中有了“工程”文字样式，如图 4-49（a）所示。展开“常用”菜单栏下的“注释”功能面板，文字样式框中同样也增加了“工程”文字样式，如图 4-49（b）所示。

创建完文字样式后，如果需要修改的话，只需重新打开“文字样式”对话框，选择已经创建的文字样式，进行修改即可。

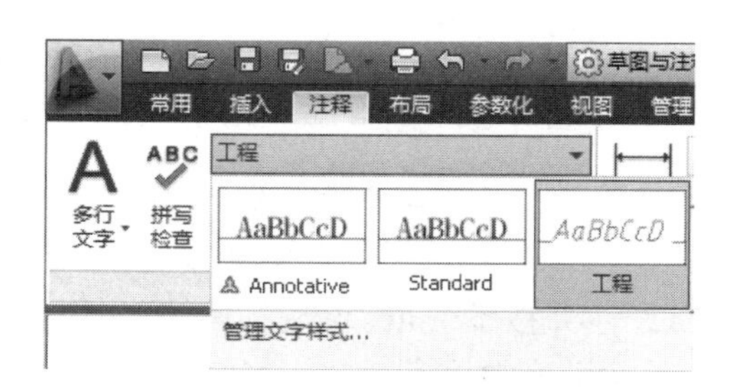

（a）“注释”菜单栏下的“文字”功能面板

（b）“常用”菜单栏下的“注释”功能面板

图 4-49　创建“工程”文字样式

练习：设置一个文字样式名为“文字 500”，满足 SHX 字体为“tet.shx”；大字体“gbcbig.shx”；字高“500”；宽度比例“0.8”；其他为默认值。并以新创建的文字“500”为当前样式，采用单行文字方式输入“AutoCAD 在建筑领域的应用”。并将“AutoCAD 在建筑领域的应用”编辑成“AutoCAD 2013 在建筑领域的应用”。

4.2.2　创建单行文字

可以使用单行文字创建一行或多行文字，其中每行文字都是独立的对象。启用“单行文字”命令可采用以下几种方式。

（1）直接在命令行输入“DTEXT”或者“DT”，并按下 Enter 键进行确认。

（2）在“常用”菜单栏下，单击“注释”工具面板上的“单行文字”图标，如图 4-50 所示。

（3）在“注释”菜单栏下，单击“文字”工具面板上的“单行文字”图标。

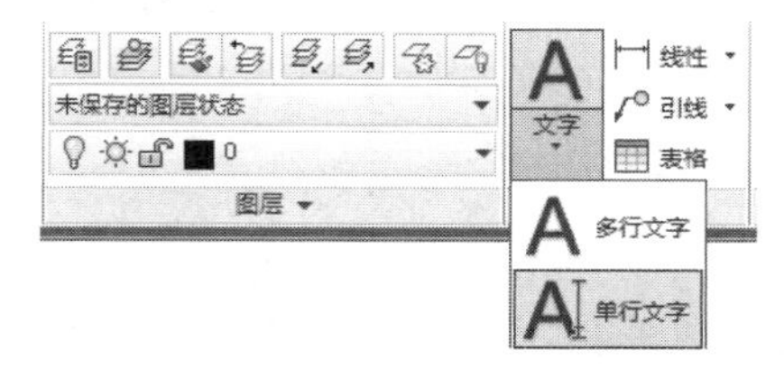

图 4-50　执行单行文字命令

执行命令后，根据命令行提示，进行操作，输入完成后，用鼠标在指定起点位置单击后，可以继续创建文字，如不需要，可按 Enter 键或 Esc 键完成操作。以图 4-51 所示的文字效果为例，介绍单行文字创建的过程。操作完成后，命令行显示如下：

```
    命令：_text          // 执行命令
    当前文字样式：“工程”  文字高度：8.0000  注释性：否
    指定文字的起点或 [对正（J）/样式（S）]：J      // 选择对正选项
    输入选项 [对齐（A）/布满（F）/居中（C）/中间（M）/右对齐（R）/左上（TL）/中上（TC）/
右上（TR）/左中（ML）/正中（MC）/右中（MR）/左下（BL）/中下（BC）/右下（BR）]：ML       //
```

```
选择对正方式
        指定文字的左中点:                    // 指定位置
        指定高度 <8.0000>: 10                // 指定文字高度
        指定文字的旋转角度 <0>:               // 指定文字旋转角度，这里选择默认的0度
```

AutoCAD制图

图 4-51　单行文字效果

4.2.3　创建多行文字

“多行文字”命令用来输入含有多种格式的大段文字，一般用于创建较为复杂的文字说明。启用“多行文字”命令，可采用以下几种方式。

（1）直接在命令行输入“MTEXT”或者“MT”，并按下 Enter 键进行确认。

（2）在“常用”菜单栏下，单击“注释”工具面板上的“多行文字”图标A。

（3）在“注释”菜单栏下，单击“文字”工具面板上的 “多行文字”图标A。

执行命令后，根据命令行提示如下。

```
        命令: _mtext              // 执行命令
        当前文字样式: "工程"  文字高度: 10  注释性: 否
        指定第一角点:              // 指定多行文字矩形边界的第一个角点
        指定对角点或 [高度(H)/对正(J)/行距(L)/旋转(R)/样式(S)/宽度(W)/栏(C)]:   //
指定多行文字矩形边界的第二个角点，如图4-52所示图形的右下角点；其中选项“高度（H）”，表示指定文
字的高度；选项“行距（L）”，表示指定多行文字的行距；选项“旋转（R）”，表示指定文字边界旋转的
角度；选项“宽度（H）”，表示指定多行文字矩形的宽度；选项“栏（C）”，表示创建分栏格式的文字，
可指定栏间距以及栏宽度
```

在指定文字边界框的第二个角点后，文字边界框变为文字编辑框，如图 4-53 所示，同时打开“文字编辑器”功能菜单，如图 4-54 所示。

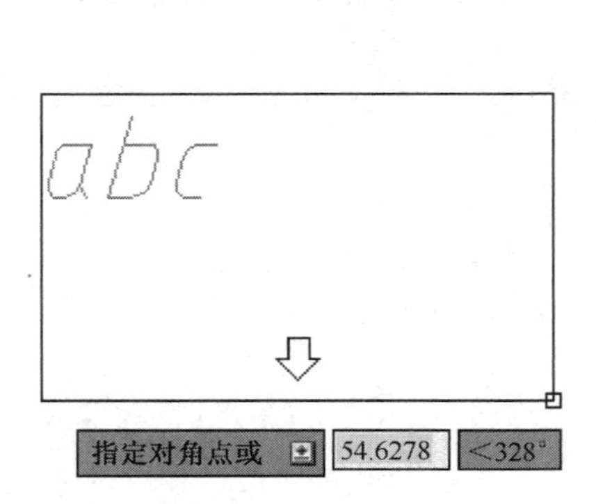

图 4-52　多行文字矩形边界框

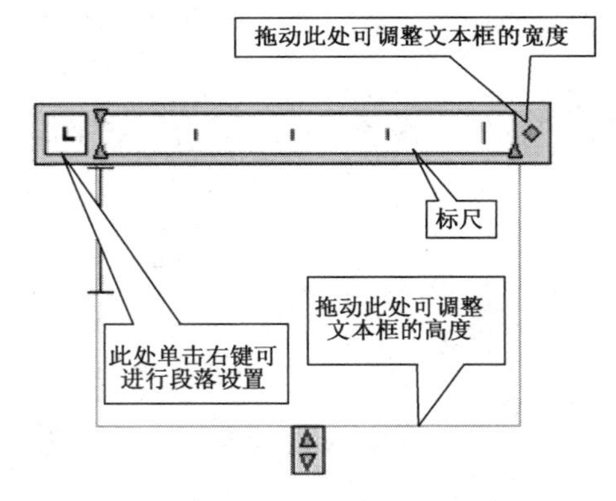

图 4-53　多行文字编辑框

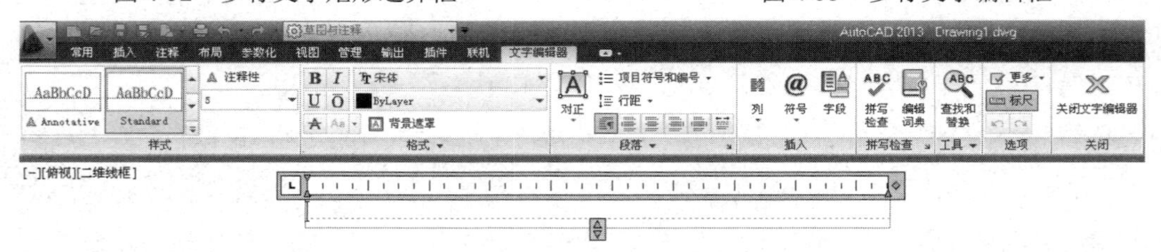

图 4-54　文字编辑器

以“ϕ5”为例，介绍多行文字的创建方法。

（1）输入直径符号“ϕ”。直径符号属于特殊字符。在“文字编辑器”功能菜单下的“插入”功能面板上，单击“符号”按钮@上的下拉箭头。在下拉菜单中，选择“直径”符号，如图 4-55 所示。

（2）输入文字“ϕ5”。文字创建后，有时不会一次就能满足要求，因此需要对其进行编辑。可以直接双击要编辑的文字进行编辑或者选择要编辑的文字，然后单击鼠标右键，在右键菜单中选择“编辑”或“编辑多行文字”。

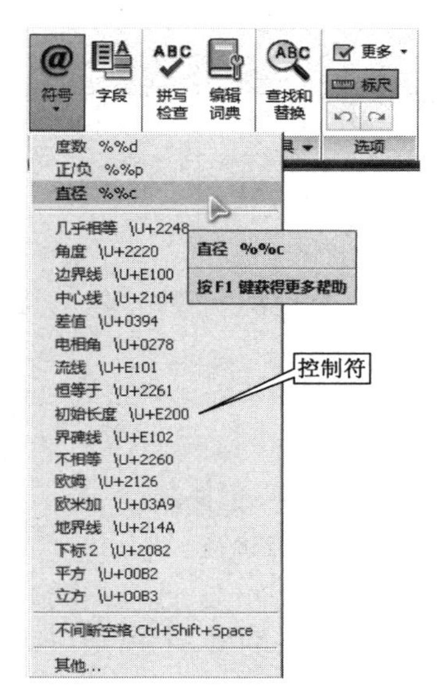

图 4-55 “特殊符号”下拉列表

练习：利用多行文字输入如下内容。

设置一个文字样式名为“文字 500”，满足 SHX 字体为“tet.shx”；大字体“gbcbig.shx”；字高“500”；宽度比例“0.8”；其他为默认值。并以新创建的“文字 500”为当前样式。

4.3 数据查询

学习目标

- 掌握点坐标的查询方法。
- 掌握角度的查询方法。
- 掌握距离的查询方法。
- 掌握面积的查询方法。
- 掌握体积的查询方法。

学习内容

用户建立对象时，对象的特性信息都存储在图形文件的数据库中，可以使用 AutoCAD2013

的测量特征获得对象的信息，例如点的坐标、距离、角度、面积、体积等其他对象相关的信息。查询单位为当前图形设置的单位。测量命令功能位于“常用”功能菜单栏下的“实用工具”功能面板上，如图 4-56 所示。

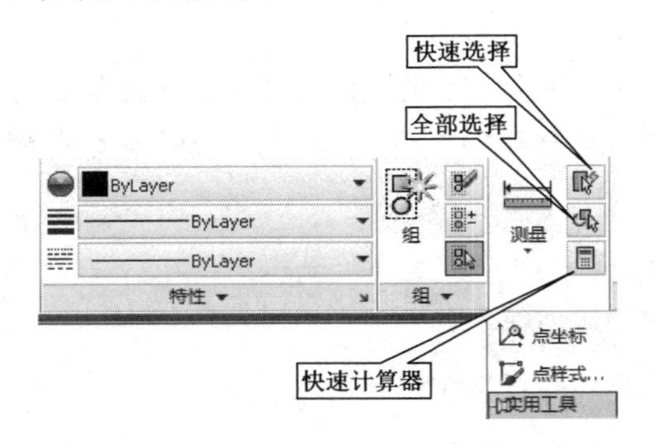

（a）“实用工具”面板

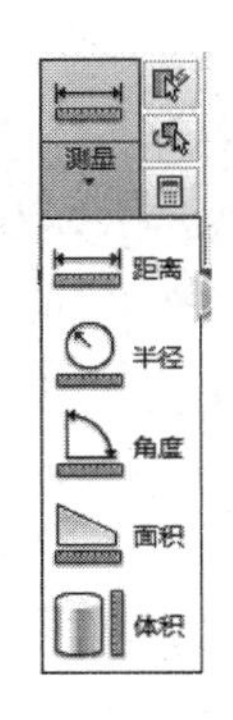

（b）“测量”下拉菜单

图 4-56　测量工具

4.3.1　查询点的坐标

查询点的坐标，有以下两种方法：

（1）单击“实用工具”面板上的图标点坐标。

（2）在命令行输入“ID”，并按 Enter 键确认。

执行查询点坐标命令后，利用对象捕捉功能，选择需要查询坐标的点，命令行便列出该点的绝对坐标值。如图 4-57 所示，即为执行查询命令后，捕捉跑道模型左圆弧圆心点时的状态，此时命令行显示内容如下：

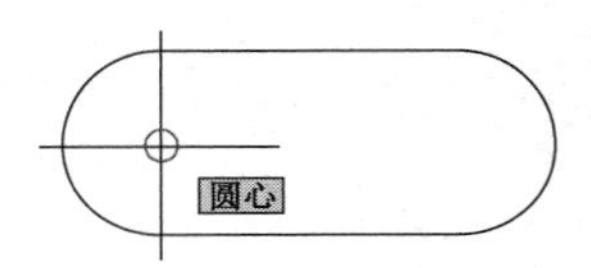

图 4-57　查询点坐标

```
命令: '_id 指定点:  X = 2364.1508     Y = 1078.9760     Z = 0.0000
```

4.3.2　查询距离

查询距离是指查询两点之间的距离或多点之间的距离总长度，启动查询距离命令，可采用以下几种方式。

（1）在“实用工具”功能面板上，单击“测量”下拉菜单上的图标 距离 。

（2）在命令行输入“DIST”，并按 Enter 键确认。

以图 4-58 中，跑道模型左右两个顶点的距离查询为例来介绍两点之间距离查询的方法。

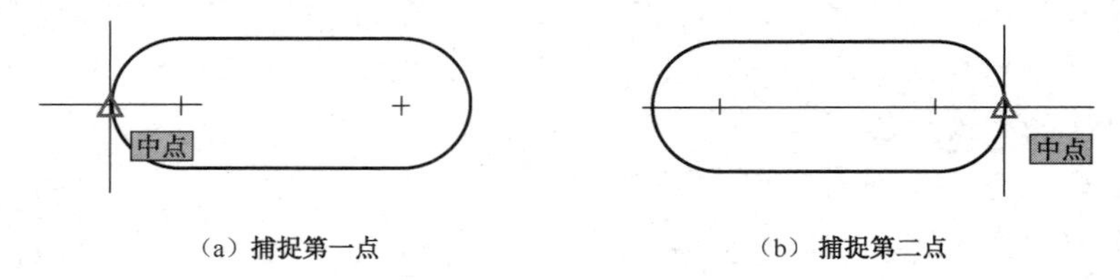

（a）捕捉第一点　　（b）捕捉第二点

图 4-58　查询两点之间距离

完成距离查询后，若按下 Enter 键，则继续查询其他距离，若按下 Esc 键，则结束查询命令，命令行显示如下：

```
命令: _MEASUREGEOM
```

```
输入选项 [距离（D）/半径（R）/角度（A）/面积（AR）/体积（V）] <距离>: _distance
指定第一点:                    //捕捉跑道模型左面的顶点，如图4-58（a）所示
指定第二个点或 [多个点（M）]:        //捕捉跑道模型右面的顶点，如图4-58（b）所示
距离 = 163.6943，XY 平面中的倾角 = 0，   与 XY 平面的夹角 = 0
X 增量 = 163.6943，   Y 增量 = 0.0000，    Z 增量 = 0.0000
```

查询多点之间的距离：在图 4-59（a）中，以查询跑道模型中直线 AB 与圆弧 BC 的总长为例，查询多点之间距离总长。此时命令行内容，显示如下：

```
命令: _MEASUREGEOM
输入选项 [距离（D）/半径（R）/角度（A）/面积（AR）/体积（V）] <距离>: _distance
指定第一点:                                    //捕捉A点
指定第二个点或 [多个点（M）]: M                        //进入多点模式
指定下一个点或 [圆弧（A）/长度（L）/放弃（U）/总计（T）] <总计>:      //捕捉B点
距离 = 100.0000
指定下一个点或 [圆弧（A）/闭合（C）/长度（L）/放弃（U）/总计（T）] <总计>: A  //圆弧模式
距离 = 100.0000
指定圆弧的端点或                                  //捕捉C点
[角度（A）/圆心（CE）/闭合（CL）/方向（D）/直线（L）/半径（R）/第二个点（S）/放弃（U）]:
距离 = 200.0000
```

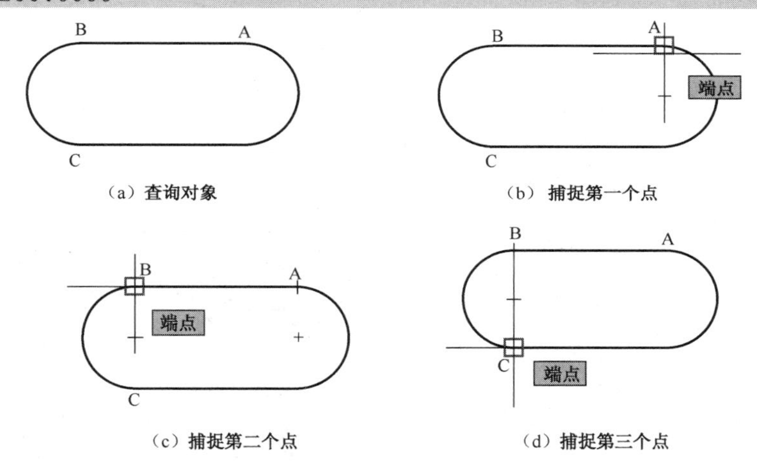

图 4-59　查询多点之间距离总长

练习：利用查询命令查询如图 4-60 所示的图形中阴影五边形的周长。

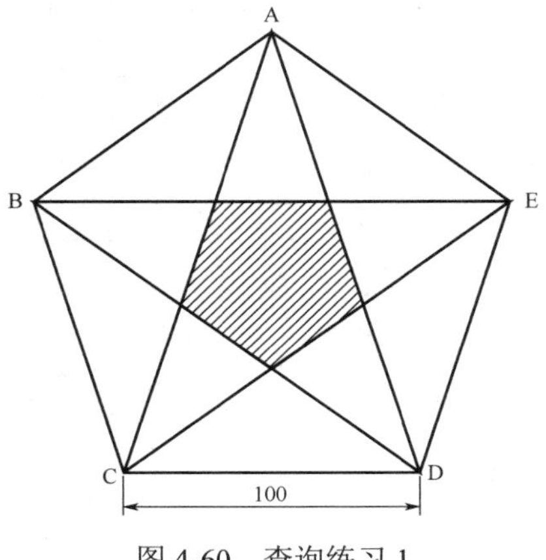

图 4-60　查询练习 1

4.3.3 查询半径

此命令用来查询圆弧或者圆的半径。在“实用工具”功能面板中，单击“测量”下拉菜单上的图标 半径 可以启动“查询半径”命令。

以图 4-61（a）中的圆弧 BC 的查询为例，半径查询的命令行内容，显示如下：

```
命令: _MEASUREGEOM
输入选项 [距离(D)/半径(R)/角度(A)/面积(AR)/体积(V)] <距离>: _radius
选择圆弧或圆:                          //拾取对象，鼠标显示一个小矩形
半径 = 110.0000
直径 = 220.0000
```

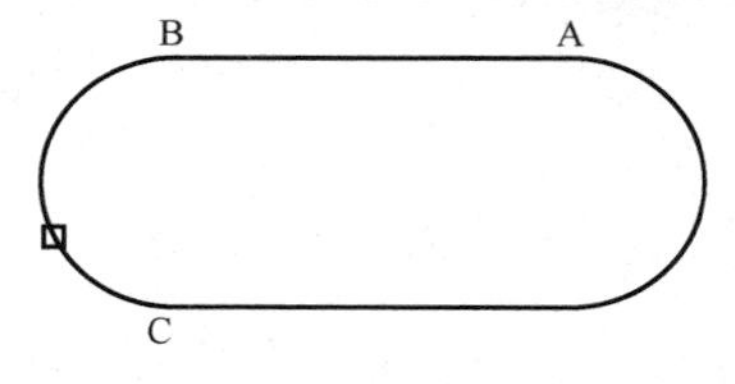

图 4-61 查询半径

4.3.4 查询角度

此命令用来查询指定圆弧、圆、直线或定点的角度。在“实用工具”功能面板中，单击“测量”下拉菜单上的图标 角度 可以启动“查询角度”命令。下面以图 4-62（a）中的直线、圆弧为查询对象，命令行内容，显示如下：

```
命令: _MEASUREGEOM
输入选项 [距离(D)/半径(R)/角度(A)/面积(AR)/体积(V)] <距离>: _angle
选择圆弧、圆、直线或 <指定顶点>:          //拾取第一条直线AB，图4-62(b)所示
选择第二条直线:                         //拾取第二条直线AC，图4-62(c)所示
角度 = 32°        //如果选取的两条直线是平行的，此处会显示：直线是平行的
输入选项 [距离(D)/半径(R)/角度(A)/面积(AR)/体积(V)/退出(X)] <角度>:
选择圆弧、圆、直线或 <指定顶点>:          //拾取圆弧BC，如图4-62(d)所示
角度 = 180°                             //结果说明圆弧BC是一个半圆
```

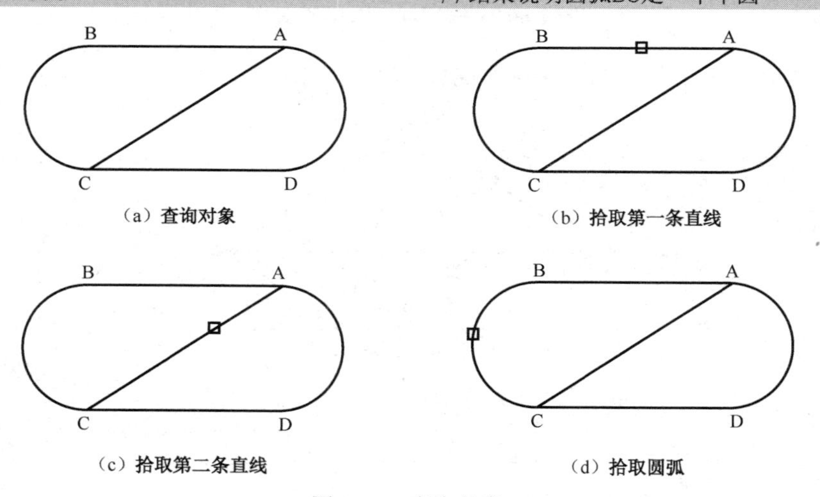

图 4-62 查询角度

4.3.5　查询面积

此命令用来查询对象或定义区域的面积和周长。在“实用工具”功能面板中，单击“测量”下拉菜单上的图标可以启动“查询面积”命令。下面分别举例介绍该命令的使用方法。

1．按照序列点查询面积

该方法可用来查询指定点所定义的任意形状的封闭区域的面积和周长，例如要查询图 4-63（a）所示图形中三角形 ABC 的面积，命令行内容显示如下：

```
命令：_MEASUREGEOM
输入选项 [距离（D）/半径（R）/角度（A）/面积（AR）/体积（V）] <距离>：_area
指定第一个角点或 [对象（O）/增加面积（A）/减少面积（S）/退出（X）] <对象（O）>： //选择A点
指定下一个点或 [圆弧（A）/长度（L）/放弃（U）]：              //选择B点
指定下一个点或 [圆弧（A）/长度（L）/放弃（U）]：              //选择C点
指定下一个点或 [圆弧（A）/长度（L）/放弃（U）/总计（T）] <总计>：
区域 = 3184.7135，周长 = 282.2563
```

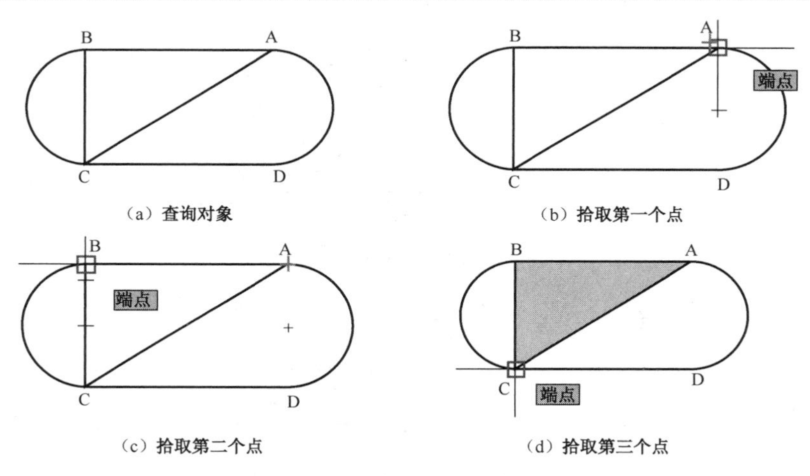

（a）查询对象　（b）拾取第一个点

（c）拾取第二个点　（d）拾取第三个点

图 4-63　按照序列点方式查询面积

2．按照对象查询面积

利用序列点查询面积是需要严格控制各个序列点的位置，有时候难度很大。此时可以采用按照对象查询面积的方法。该方法可用来查询椭圆、圆、多边形、多段线、面域以及三维实体的闭合面积和周长。以查询图 4-64（a）中的阴影部分的面积为例，介绍对象面积查询的方法。查询时根据提示，输入“O”，选择对象模式，光标变为拾取框形状，拾取剖切线，如图 4-64（b）所示，选中后命令行内容显示如下：

```
命令：_MEASUREGEOM
输入选项 [距离（D）/半径（R）/角度（A）/面积（AR）/体积（V）] <距离>：_area
指定第一个角点或 [对象（O）/增加面积（A）/减少面积（S）/退出（X）] <对象（O）>：o
选择对象：
区域 = 4777.8780，周长 = 318.6128
```

查询时可以先将需要查询的区域添加图案填充，在查询完成后再删掉图案填充。

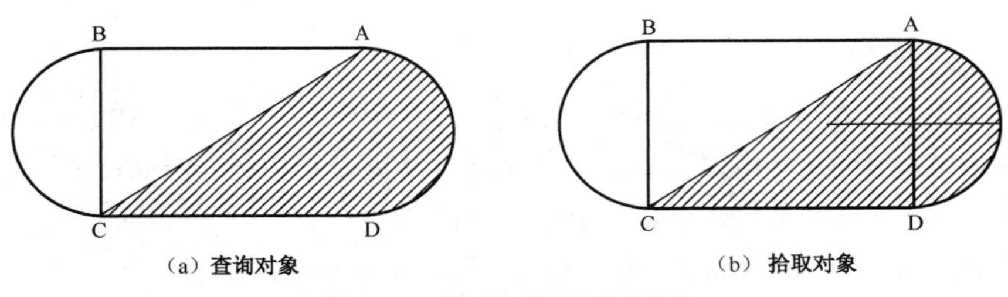

（a）查询对象　　（b）拾取对象

图 4-64　按对象查询面域面积

练习：利用查询命令查询如图 4-65 所示的图形中阴影部分的面积和正五边形的内角角度。

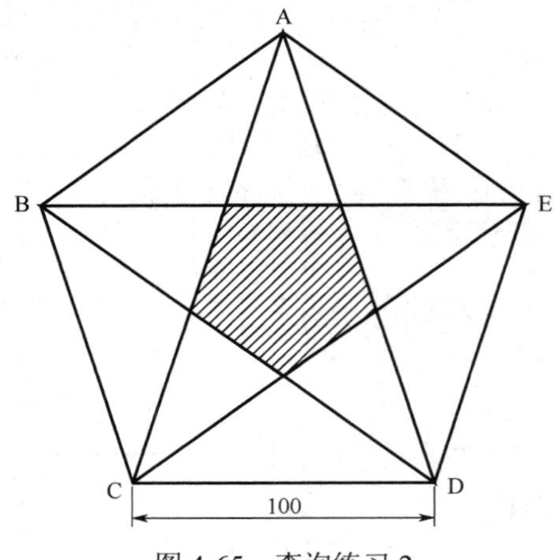

图 4-65　查询练习 2

4.3.6　查询实体体积

该方法可用来查询三维实体的体积，在“实用工具”功能面板中，单击“查询”下拉菜单上的图标 体积 ，可以启动查询体积命令。下面以图 4-66（a）所示的圆环实体为例，介绍三维实体的体积查询方法。

查询时根据提示，输入“O”，选择对象模式，光标变为拾取框形状，拾取圆环实体，如图 4-66（b）所示，拾取对象后，命令行内容，显示如下：

```
命令: _MEASUREGEOM
输入选项 [距离（D）/半径（R）/角度（A）/面积（AR）/体积（V）] <距离>: _volume
指定第一个角点或 [对象（O）/增加体积（A）/减去体积（S）/退出（X）] <对象（O）>: o
选择对象:
体积 = 11320535.8517
输入选项 [距离（D）/半径（R）/角度（A）/面积（AR）/体积（V）/退出（X）] <体积>: *取消*
```

（a）查询对象　　（b）拾取对象

图 4-66　查询实体体积

思考与练习

绘制如图 4-67～图 4-70 所示的图形并标注。

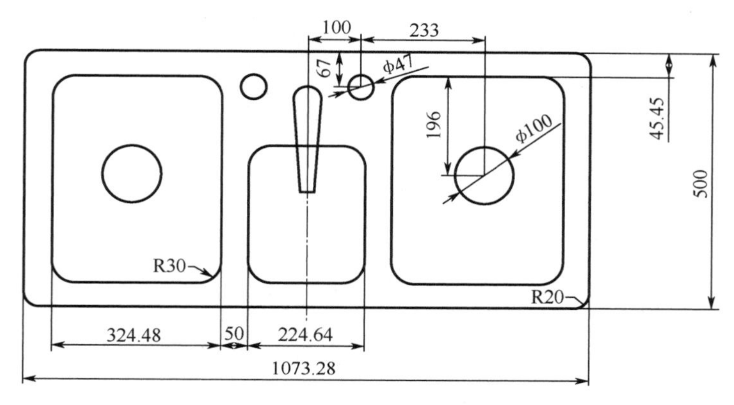

图 4-67 煤气灶

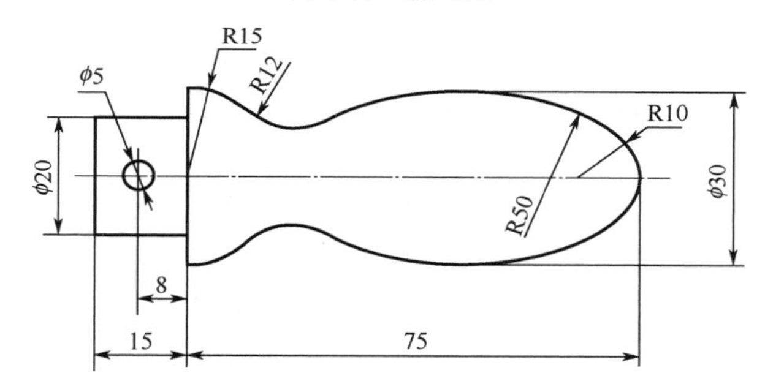

图 4-68 U 盘

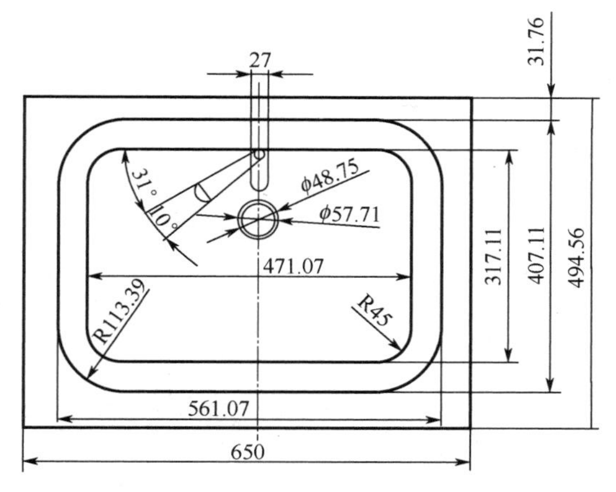

图 4-69 洗脸盆

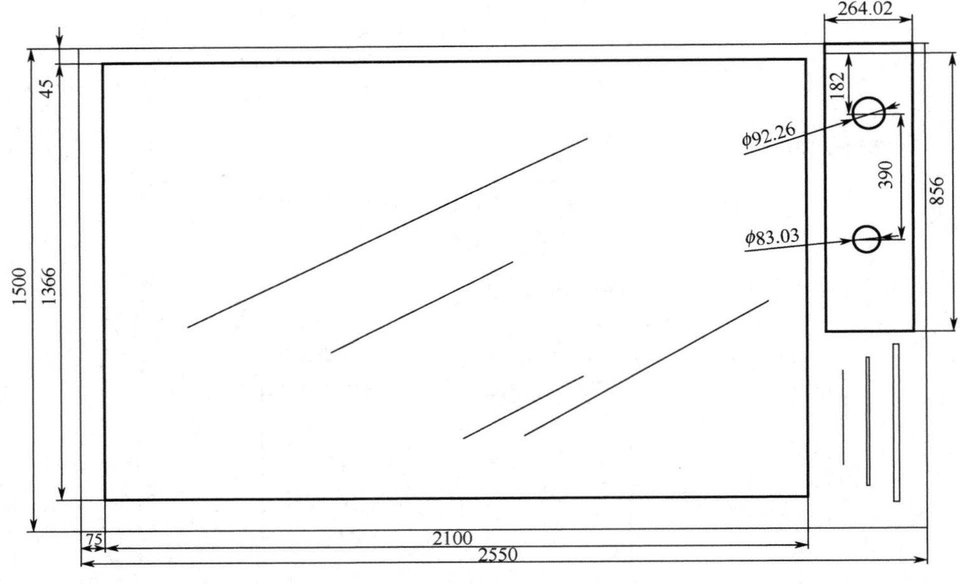

图 4-70　电视机

图纸布局和打印

学习目标

- 了解模型空间与图纸空间的基本概念。
- 熟练掌握创建图纸布局和相关视图的方法。
- 掌握在模型空间下图纸打印的操作方法。
- 掌握在图纸空间下图纸打印的操作方法。

AutoCAD 2013 提供了“模型空间”（Model Space）和“图纸空间”（Paper Space），让用户执行图形布局的工作。一般是在模型空间中进行绘图和修图等工作，一旦图形完成之后，可以选择在模型空间直接打印，或是切换到视图空间，对图形做适当的布局之后再打印。另外，为了方便图形的查看，可以创建多个浮动窗口，在每一个浮动视口中还可以包含不同的视图。

5.1 图纸布局

学习目标

- 掌握模型空间与图纸空间的基本概念。
- 熟练掌握使用布局向导创建图纸布局的方法。
- 熟练应用各种命令创建多个视图。

学习内容

5.1.1 模型空间与图纸空间

模型空间中的“模型”是指在 AutoCAD 2013 中用绘制与编辑命令生成的代表现实世界物

体的对象，而模型空间是建立模型时所处的 AutoCAD 2013 环境，因此人们使用 AutoCAD 2013 首先是在模型空间工作。当启动 AutoCAD 2013 后，默认处于模型空间，绘图窗口下面的“模型”选项卡是被激活的，而图纸空间是未被激活的，如图 5-1 所示。

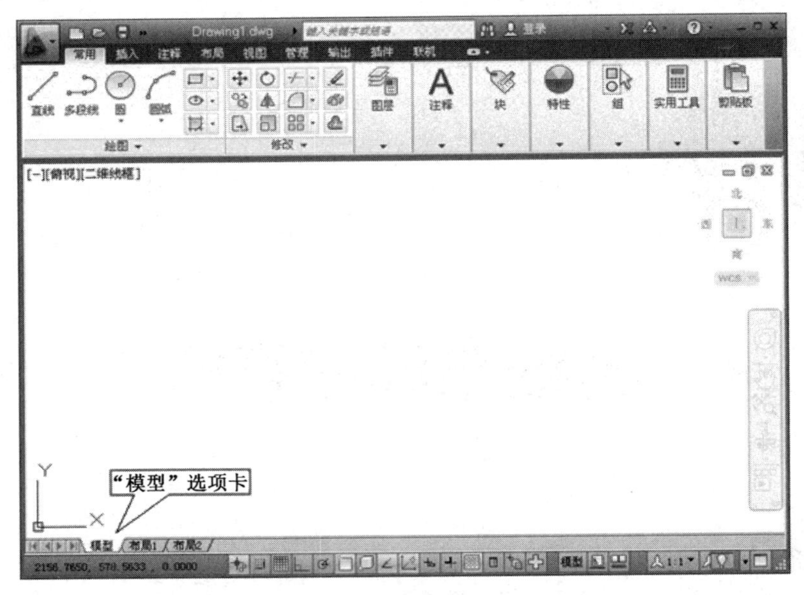

图 5-1 “模型”选项卡

图纸空间的“图纸”与真实的图纸相对应，图纸空间是设置、管理视图的 AutoCAD 2013 环境。如果模型是一个三维对象，在图纸空间还可以按照模型对象不同方位显示视图，并且在图纸空间中可以定义图纸大小、生成图框和标题栏。绘图过程中如果需要从模型空间切换到图纸空间，只需要单击绘图区域下方的“布局”选项卡即可，如图 5-2 所示。

图 5-2 “布局”选项卡

5.1.2 图纸布局

所谓布局相当于图纸环境，一个布局就是一张图纸。在一个图形文件中模型空间只有一个，而布局可以设置多个。这样就可以用多张图纸布局多侧面地反映同一个实体或图形对象。要想通过布局输出图形，首先要创建布局，然后在布局中打印出图。创建布局的方法有：

（1）使用“布局向导”命令循序渐进地创建一个布局；

（2）通过“布局”选项卡创建一个新布局。

通过“布局”选项卡创建一个新布局稍后再介绍，利用命令激活布局向导的方法如下，激活后弹出布局向导对话框，如图 5-3 所示。

- 直接在命令行输入“LAYOUTWIZARD”，并按下 Enter 键进行确认；
- 将工作空间切换到“经典”，选择“插入”→“布局”→“创建布局向导”命令。

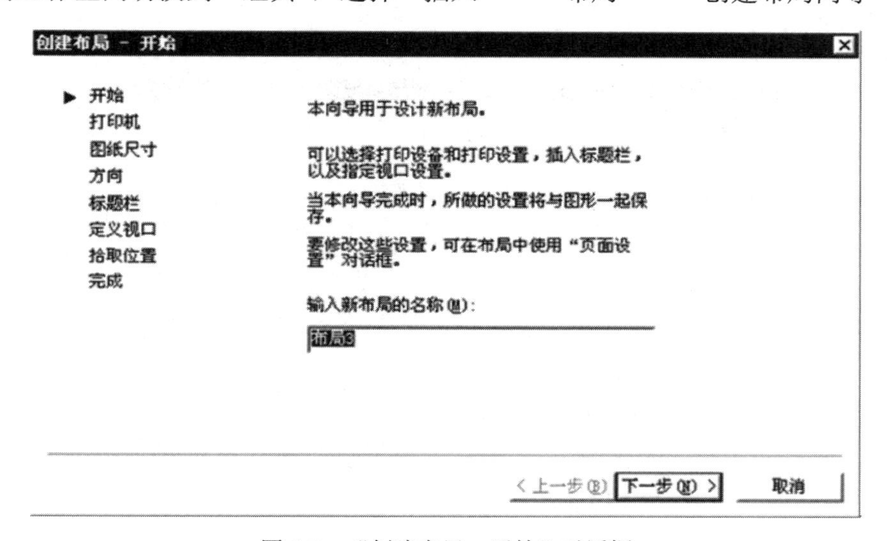

图 5-3 “创建布局—开始”对话框

在“开始”选项中输入新布局名称后，单击“下一步”按钮进入“打印机”选项，为新布局设置打印机，如图 5-4 所示。完成后在“图纸尺寸”和“方向”选项中设置图纸大小和方向，如图 5-5 和图 5-6 所示。

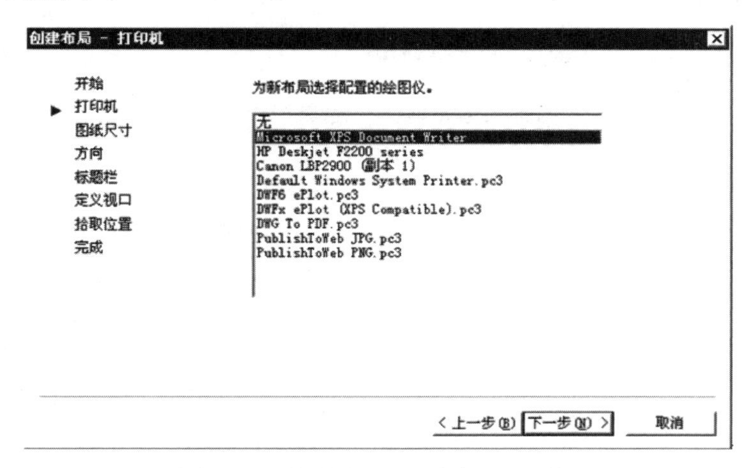

图 5-4 “创建布局—打印机”对话框

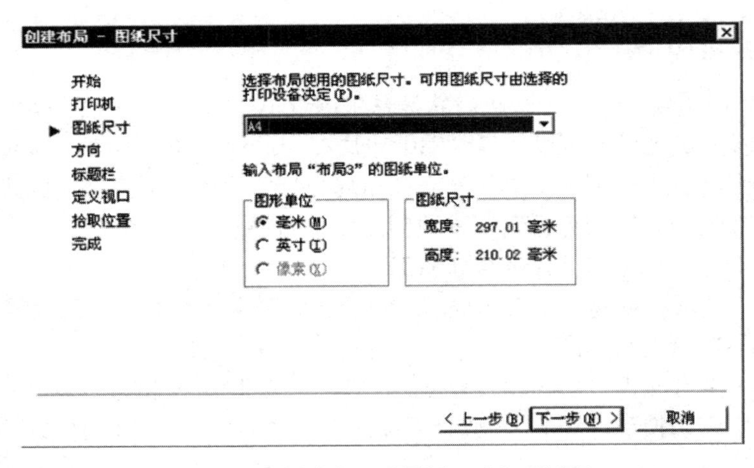

图 5-5 “创建布局—图纸尺寸”对话框

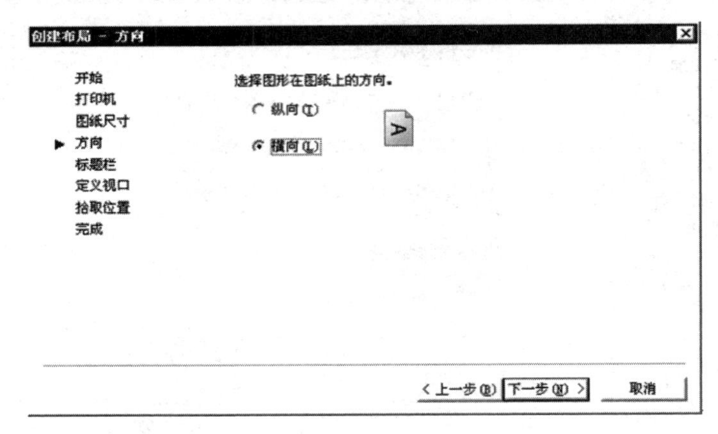

图 5-6 “创建布局—方向”对话框

在“标题栏”选项中可以选择要布局的标题栏，并且选择标题栏的“类型”为“块”，如图 5-7 所示。注意：此处仅有两个默认的标题栏，并且不符合国家标准，需要自己制作标题栏，并将其保存至 Template 模板文件夹中，具体方法可参考第 1 章内容。

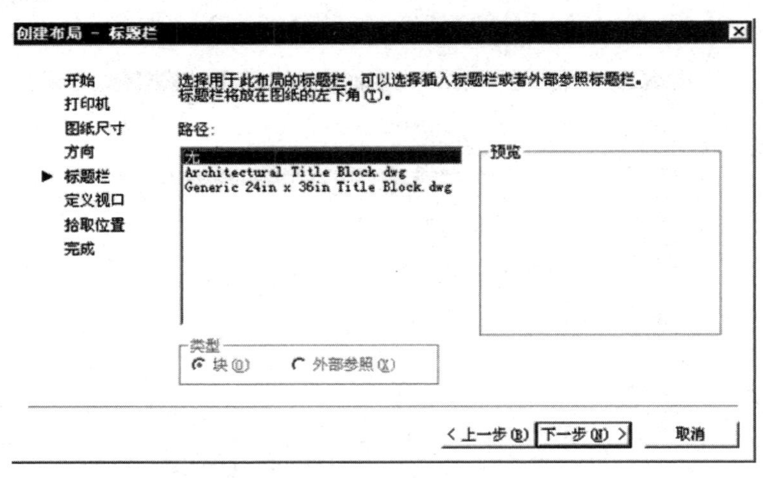

图 5-7 “创建布局—标题栏”对话框

在“定义视口”选项中设置新建布局中的视口的个数和形式以及视口中的视图与模型之间的比例，如图 5-8 所示。

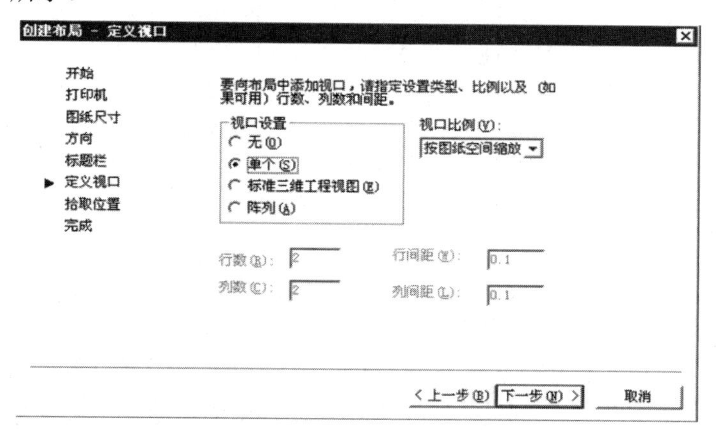

图 5-8　“创建布局—定义视口”对话框

在“拾取位置”选项中单击“选择位置”按钮，如图 5-9 所示，AutoCAD 2013 切换到绘图窗口，通过指定对角点来确定视口的位置和大小，如图 5-10 所示。

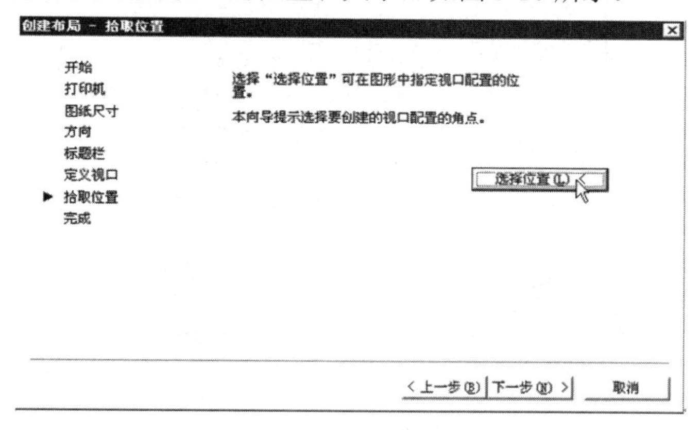

图 5-9　“创建布局—拾取位置”对话框

图 5-10　选择视口位置

最终完成创建的视口如图 5-11 所示。在这个视口中双击，可以通过图纸操作模型空间的图形，为此 AutoCAD 2013 将这种视口称为“浮动视口”。

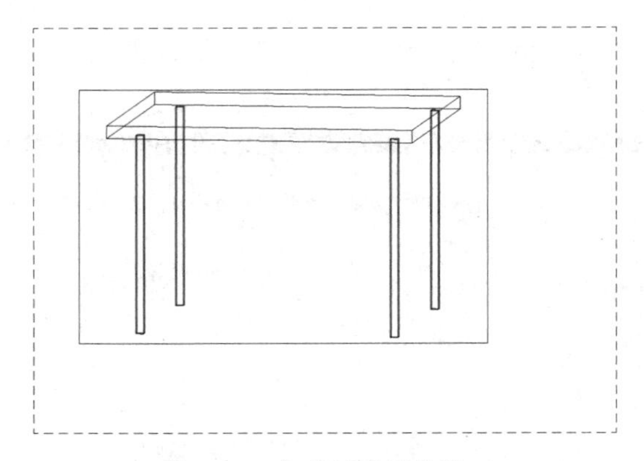

图 5-11　完成创建后的视口

AutoCAD 2013 对于已经创建的布局可以进行复制、删除、重命名等编辑操作，操作比较简单，只需在需要编辑的某个布局选项卡上右击，在弹出的快捷键上选择相应的选项即可，如图 5-12 所示。

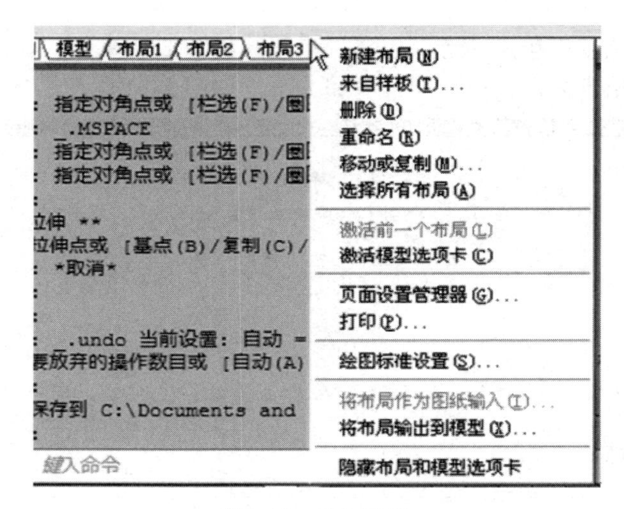

图 5-12　视口编辑

5.1.3　创建多个视口

在 AutoCAD 2013 中，布局中的浮动窗口可以是任意形状的，个数也不受限制，可以根据需要在一个布局中创建新的多个视口，每个视口显示图形的不同方位。可以利用“布局”选项卡下的“布局视口”面板来创建需要的视口，如图 5-13 所示。下面以图 5-14 所示的方桌为例介绍制作视口常用的几个命令。

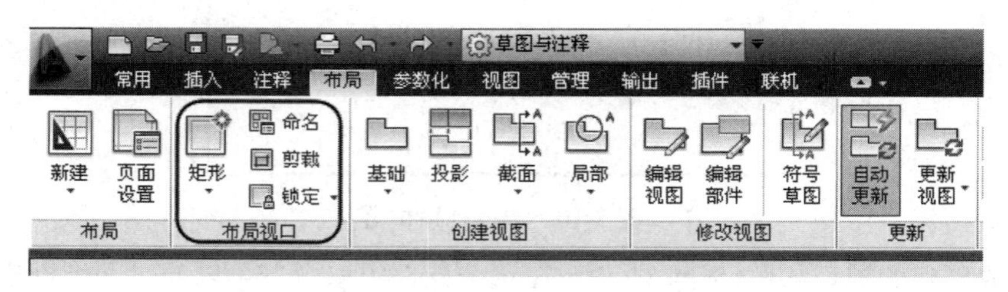

图 5-13　“布局视口”面板

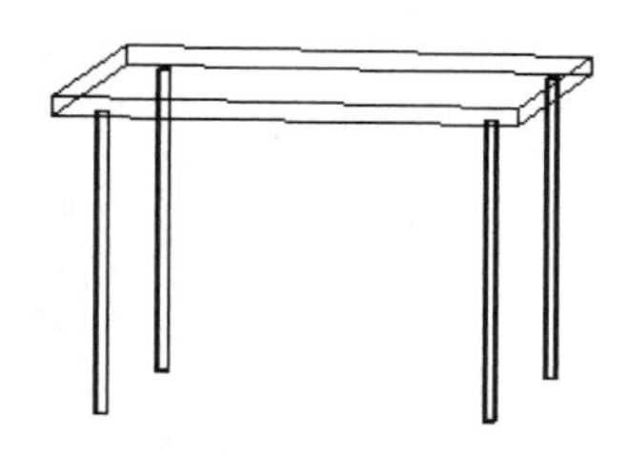

图 5-14　方桌模型

1．制作矩形视口

制作矩形视口时，选择“布局视口”面板上的“矩形”工具，如图 5-15 所示，然后在布局窗口，通过指定对角点来确定视口的位置和大小，即可完成矩形视口制作，如图 5-16 所示。

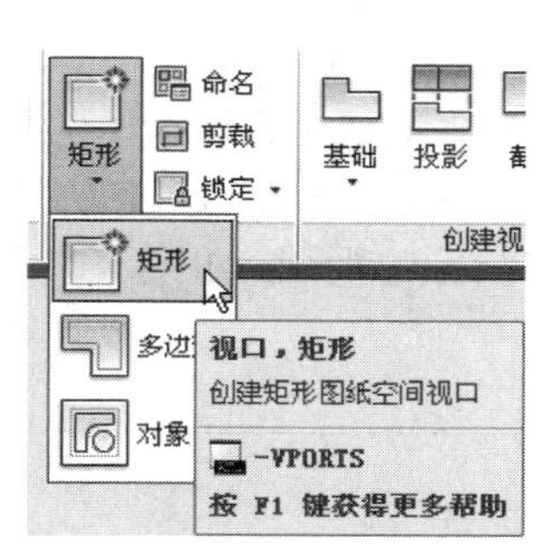

图 5-15　“矩形”命令

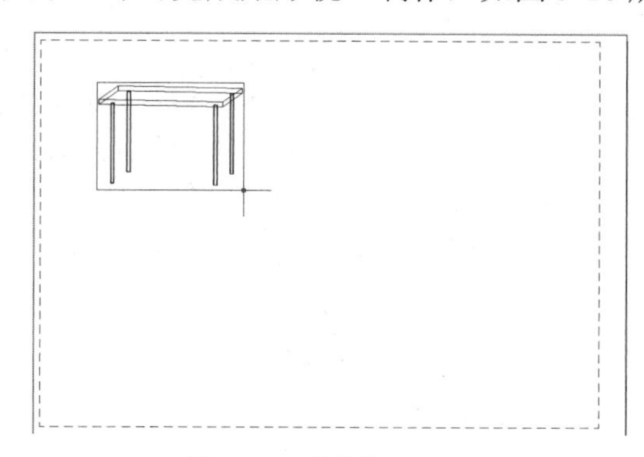

图 5-16　制作矩形视口

2．制作多边形视口

制作多边形视口时，选择“布局视口”面板上的“多边形”工具，然后在布局窗口，通过指定多边形的各个角点来确定视口的位置和大小，在完成封闭多边形最后一个角点时，单击鼠标右键，在弹出的快捷菜单中选择“确认”选项，即可完成多边形视口制作，如图 5-17 所示。

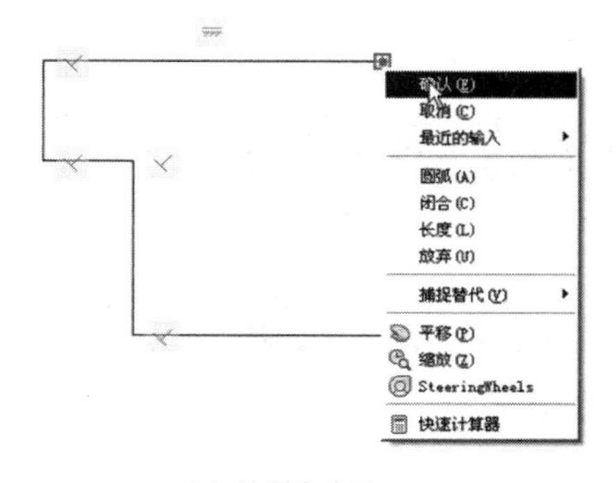

（a）绘制多边形

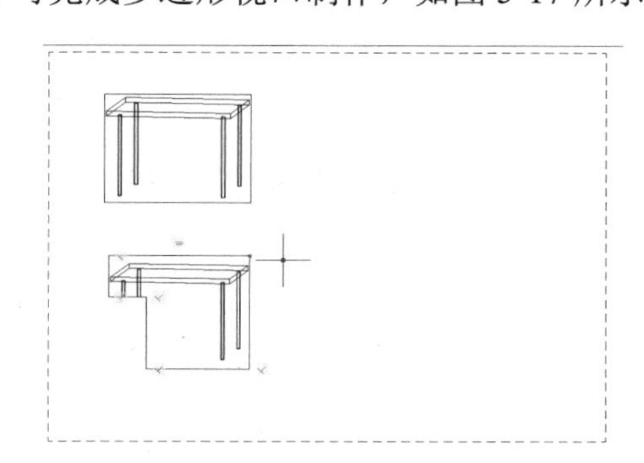

（b）完成视口制作

图 5-17　制作多边形视口

3．将图形转化为视口

利用现有图形可以将其转化为视口，首先在布局窗口绘制一个圆，如图 5-18（a）所示，然后选择“布局视口”面板上的“对象”工具，然后在布局窗口指定已有的圆，即将图形转化为视口，如图 5-18（b）所示。

（a）绘制圆　　（b）完成视口制作

图 5-18　制作多边形视口

4．制作投影视图

利用“布局”选项卡下的“创建视图”面板，如图 5-19 所示，可以创建模型的多角度投影视图。现以图 5-14 所示的方桌模型为例介绍常用的基础视图和投影视图。单击“基础”下拉列表中的“从模型空间”命令，如图 5-20 所示，弹出“工程视图创建”选项卡，如图 5-21 所示。在选项卡里可以设置需要投影的模型和投影方向，此处默认投影模型空间里的模型，所以直接在图纸空间单击确定视图位置即可，如图 5-22 所示，确定位置后单击鼠标右键，在弹出的快捷菜单中选择“确认”选项，然后按 Enter 键，基础视图就制作完成了，如图 5-23 所示。

基础视图制作完成后，选择“创建视图”面板里的“投影”命令，选择刚制作好的基础视图，向右拖动鼠标在合适位置单击，按 Enter 键即制作好向右方向投影的视图，如图 5-24 所示。

向哪个方向拖鼠标就制作向哪个方向的投影视图。

图 5-19　“创建视图”面板

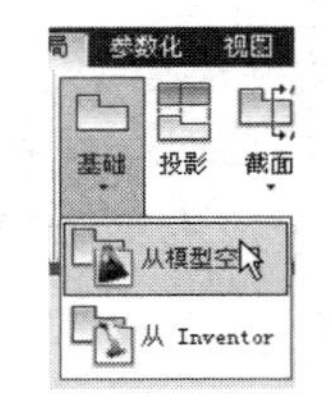

图 5-20　基础视图

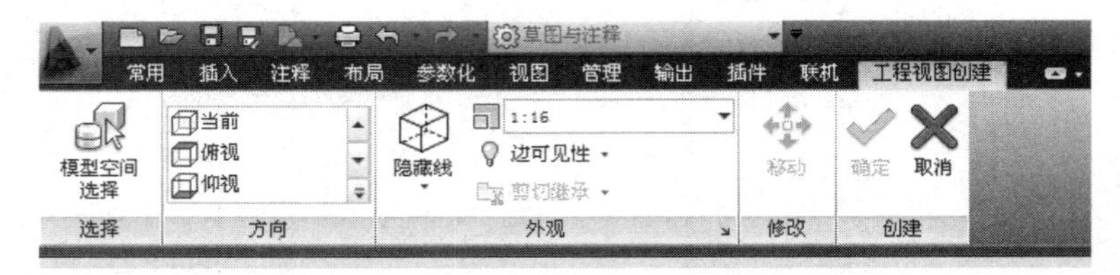

图 5-21　“工程视图创建”选项卡

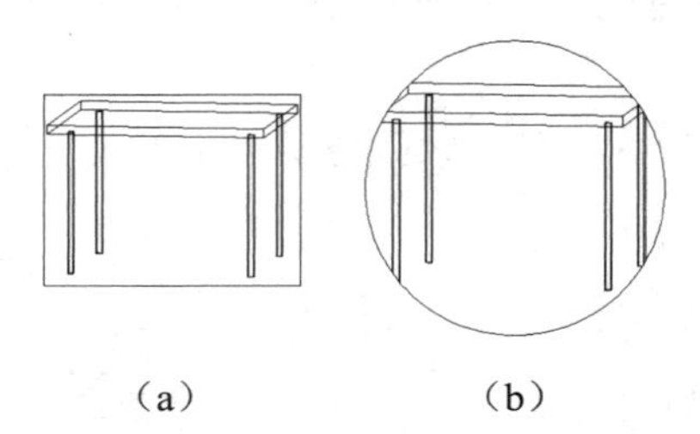

（a）　（b）

图 5-22　确定基础视图位置

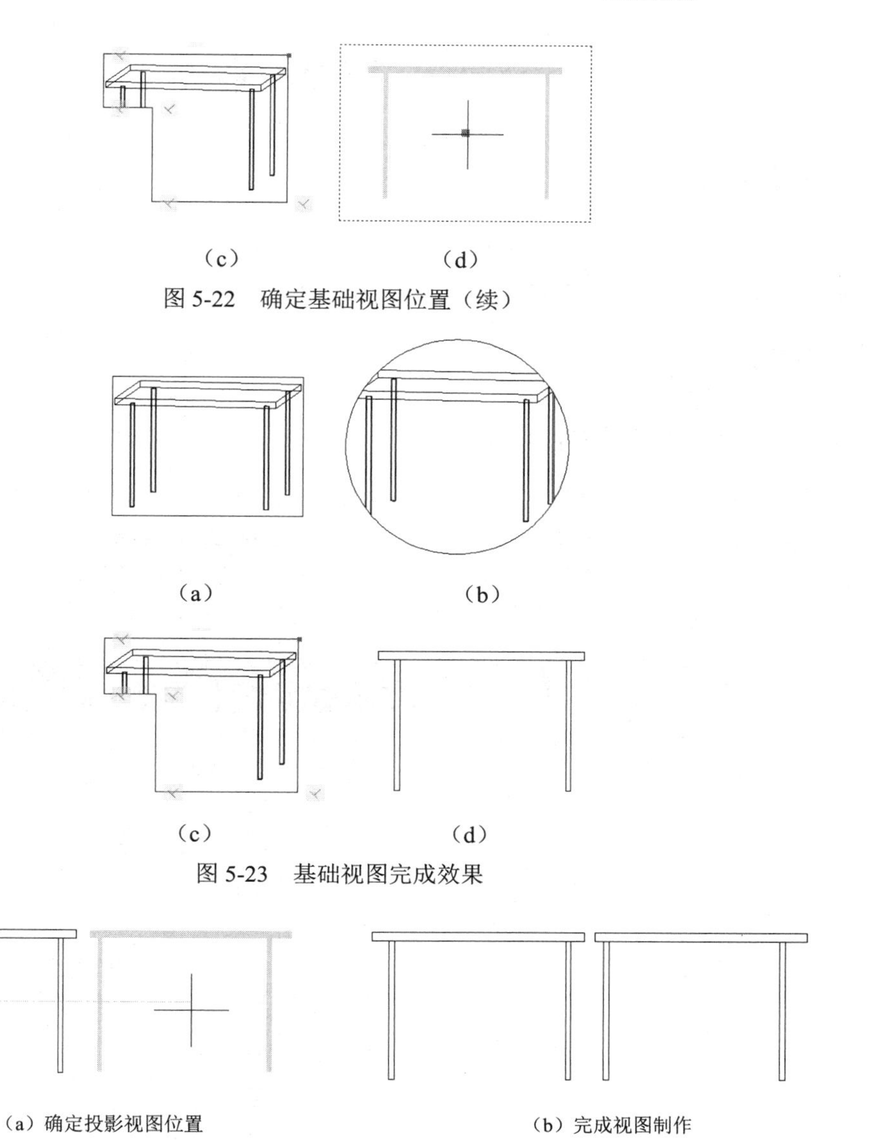

图 5-22　确定基础视图位置（续）

图 5-23　基础视图完成效果

图 5-24　投影视图

练习：以图 5-25（a）所示的模型为例，利用布局向导创建一个新布局，并制作如图 5-25（b）所示的视图（具体参见“素材\演示\5\布局练习.wrf”）。

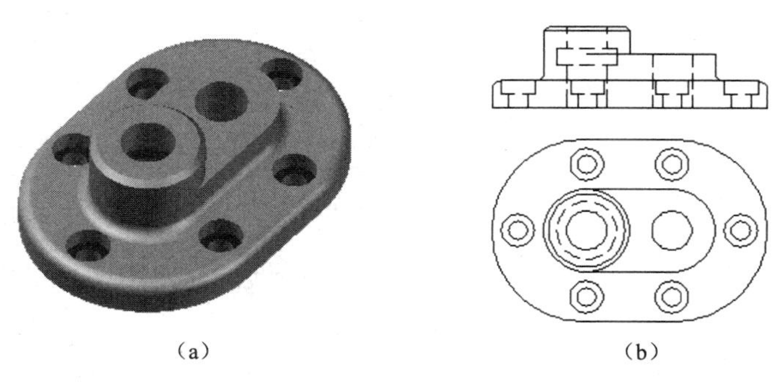

图 5-25　布局练习

5.2　图形打印

学习目标

- 掌握在模型空间和图纸空间下图纸打印的操作方法。
- 了解将图纸进行电子打印的概念和操作方法。

学习内容

5.2.1　在模型空间中打印图纸

如果只创建了具有一个视图的二维图形，则可以在模型空间中创建图形并在模型空间中直接对图形进行打印，而不用使用布局选项卡。这是使用 AutoCAD 2013 打印图形的传统方法。

在模型空间中单击“输出”选项卡下的“打印”面板上的“打印”命令，如图 5-26 所示，弹出“打印—模型”对话框，如图 5-27 所示，该对话框的各项含义说明如下。

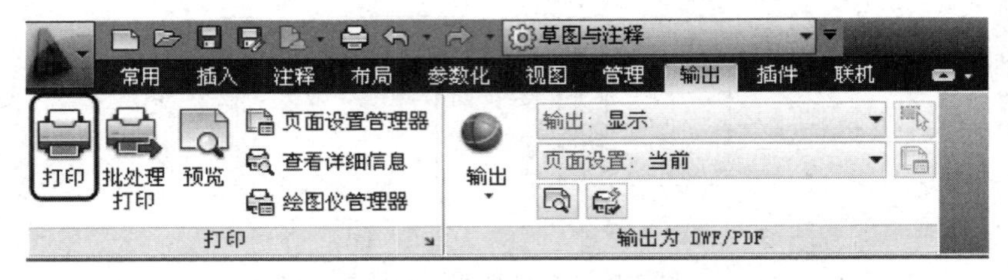

图 5-26　“打印”面板

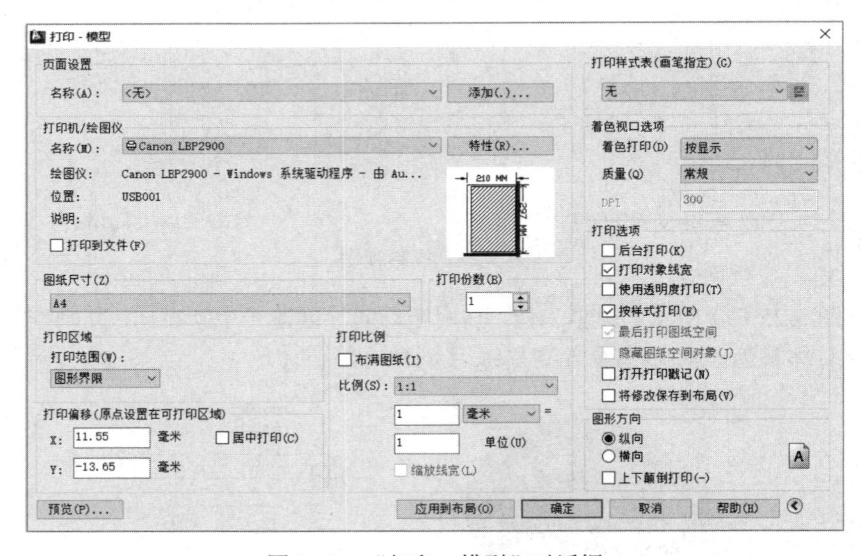

图 5-27　“打印—模型”对话框

（1）在“页面设置”选项组的“名称”下拉列表中选择列出的图形中已命名或已保存的页面设置作为当前页面设置，也可以单击“添加”按钮，基于当前设置创建一个新的页面设置。

（2）在“打印机/绘图仪”选项组的“名称”下拉列表中选择打印机，如图 5-28 所示。如果计算机上真正安装了一台打印机，则可以选择此打印机；如果没有安装打印机，则选择 AutoCAD 2013 提供的一个虚拟的电子打印机“DWF ePlot.pc3”。

单击“名称”选项后面的“特性”命令可以查看或修改当前绘图仪的配置、端口、设备和介质设置。另外，如果选择“打印到文件”选项则仅输出一个打印文件让用户将打印设置保存起来而不是真正打印。

（3）在“图纸尺寸”选项组的下拉列表中选择纸张的尺寸。这都是根据计算机选择的标准大小的纸张，选择适合的纸张即可。

（4）在“打印区域”选项组的“打印范围”下拉列表中选择要打印的图形区域，如图 5-29 所示；“窗口”方式选择后将出现“窗口”按钮，单击“窗口”按钮指定要打印区域的两个角点；“范围”方式是打印当前模型空间中的所有对象图形；“图形界限”方式将打印“图形界限（LIMITS）”命令定义的整个绘图区域；“显示”方式是打印在当前模型空间里能够显示到的所有视图，通过缩放窗口可以调节打印范围。此处一般选用“窗口”方式指定打印区域。

图 5-28　选择打印机

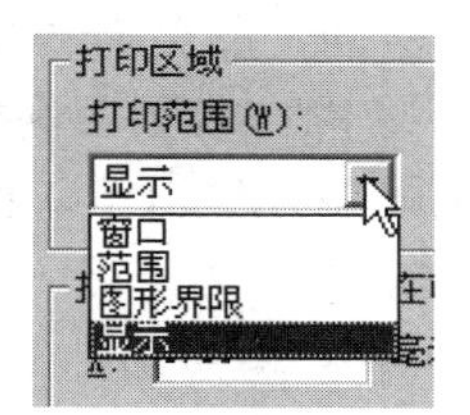

图 5-29　打印区域选择

（5）在“打印偏移”选项组中可以指定打印区域相对于可打印区域左下角或图纸边界的偏移，一般选中“居中打印”复选框，让图形在图纸上的中间区域打印。

（6）在“打印比例”选项组中可以指定所要打印图形与打印所选图纸之间的相对比例。取消“布满图纸”复选框，在“比例”下拉列表中选择“1∶1”选项，如图 5-30 所示，这个比例保证打印出的图纸是规范的 1∶1 工程图，而不是随意的出图比例。当然，如果仅仅是检查图纸，可以使用“布满图纸”选项以最大化的打印出图形来，另外打印大尺寸的图形时可以根据需要选择合适的比例。

（7）在“打印样式表”选项组中可以指定打印时输出的图形的线条颜色、粗细及透明度等，通常选择“monochrome.ctb”选项，该模式表示将所有颜色的图线都打印成黑色，确保打印出规范的黑白工程图纸，而非彩色或灰度的图纸。

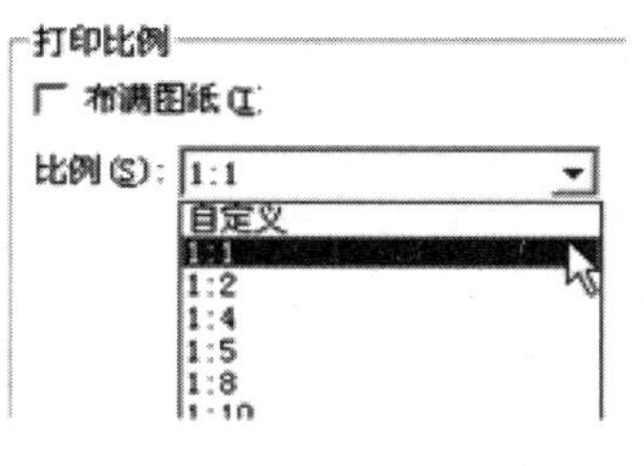

图 5-30　打印比例选择

（8）在“着色视口选项”选项组中单击“着色打印”右边的下拉箭头可以指定打印时的图形显示方式和图形分辨率，如图 5-31 所示，如选择三维图形打印是按线框显示还是着色或者渲染方式，一般按默认设置即可。

（9）在“打印选项”选项组中可以指定打印时的一些特殊要求的设置，一般按默认设置即可。

（10）在“图形方向”选项组中可以指定图形是纵向还是

横向打印，一般按图形形状合理设置即可。

相关设置完成后可以单击“打印”对话框左下角的“预览”观察即将打印的图形的样式，在预览图形的右键快捷菜单上选择“打印”选项如图 5-32 所示，或单击“退出”按钮返回“打印”对话框，单击“打印”对话框下面的“确定”按钮完成打印。

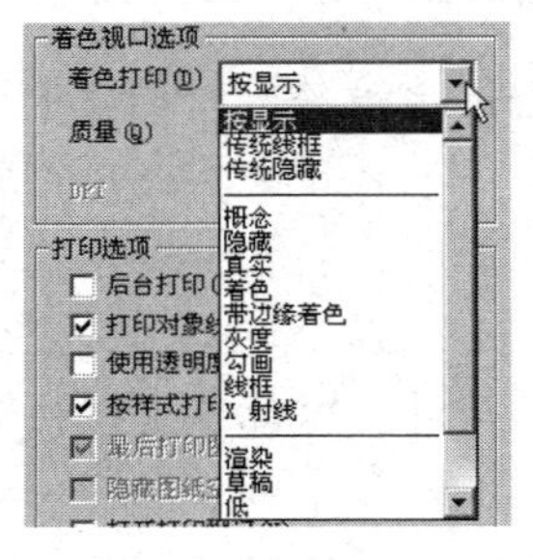

图 5-31　着色方式选择

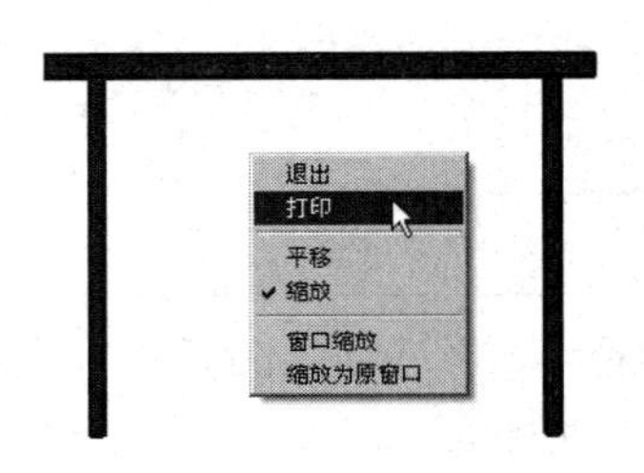

图 5-32　预览方式下快捷菜单

5.2.2　在图纸空间中打印图纸

通过前面的学习，看到在模型空间中打印图纸操作比较简单，但是如果绘制大型建筑图纸，常常会遇到标注文字、线型比例等问题，如模型空间中绘制 1∶1 的图形想要以 1∶10 的比例出图，在文字书写和标注的时候就必须将文字和标注放大 10 倍，线型比例也要放大 10 倍，才能在模型空间中正确的按 1∶10 的比例打印出标准的工程图纸。这个问题在图纸空间中就要方便得多，因为布局实际上是可以看做一个打印的排版，创建布局的时候，很多打印时需要设置的（如打印设备、图纸尺寸、图纸比例、打印方向等）都已经设好了，打印时不需要再进行设置。

在图纸空间打印出图的方法和在模型空间中的方法一样，只是注意将选项卡切换到布局。选择“打印”命令后弹出“打印”对话框，如图 5-33 所示。该对话框内容与在模型空间下弹出的“打印”对话框内容基本一致，不同之处介绍如下。

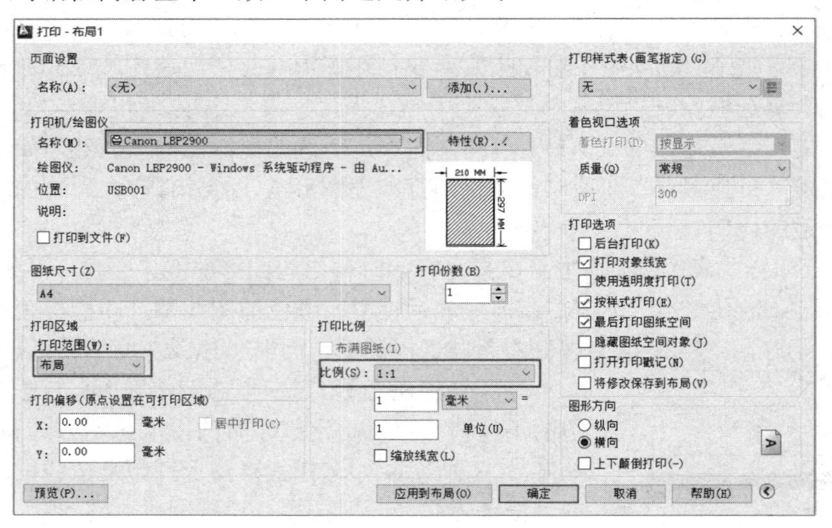

图 5-33　“打印-布局 1”对话框

在“打印范围”选项组中少了“图形界限”，变成了“布局”，并且在“布局”方式下，是按当前布局完整打印，所以“居中打印”复选框不能使用，并且“布满图纸”复选框也不能使用，但是可以设置输出比例。

5.2.3 电子打印

从 AutoCAD 2000 开始提供了新的图形输出方式，通常称为电子打印，即把图形打印成一个 DWF 格式的电子文件。DWF 文件是一种矢量图形文件，它只能阅读，不能修改，但是能够支持随时的平移和缩放，适合在网络中传送，用户可以利用免费的 Autodesk Design Review 来查看，并且如果安装了 Autodesk Design Review，会自动在 IE 浏览器中安装 DWF 插件，这样也可以通过 IE 浏览器直接浏览 DWF 图形。

在模型空间中选择“输出”选项卡下的“输出为 DWF/PDF”面板上的“输出”命令下拉列表中的“DWF”选项，如图 5-34 所示，弹出“另存为 DWF”对话框，如图 5-35 所示，该对话框中主要设置三个地方，说明如下。

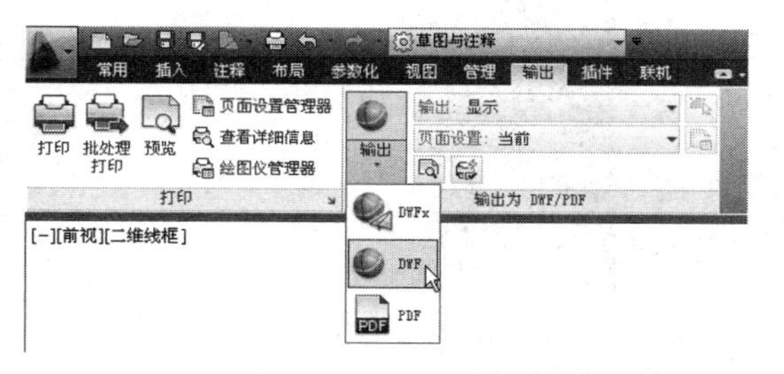

图 5-34　“输出为 DWF/PDF”面板

（1）保存位置：设置输出的 DWF 文件的存放位置。

（2）文件名：设置输出的 DWF 文件以什么名字保存。

（3）输出设置：选择要将图形的哪部分输出为 DWF 文件，注意此处在模型空间和图纸空间中输出的时候选项是不一样的。在模型空间中输出的时候选项是“显示”“范围”和“窗口”三个，含义与前面“打印”对话框中的一致；在图纸空间中输出的时候选项是“当前布局”和“所有布局”两项，分别表示仅输出当前布局和输出所有布局两个意思。

单击“选项”按钮可以设置文件位置、密码保护以及图层信息的内容。

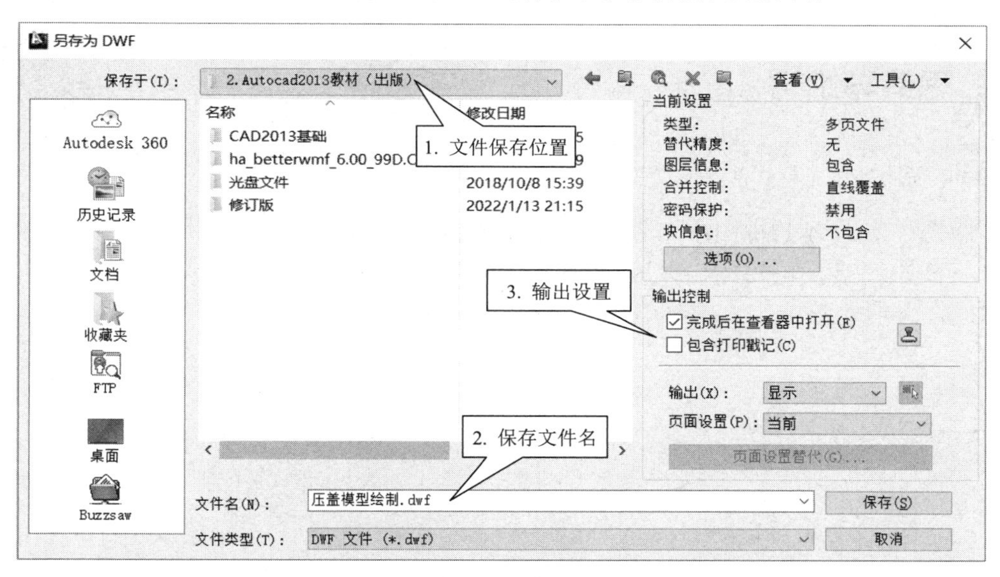

图 5-35　“另存为 DWF”对话框

在 IE 浏览器中浏览输出的 DWF 文件效果如图 5-36 所示。

另外，在输出时文件的格式还可以选择 PDF 格式，操作方法基本与上面内容一致，有兴趣的读者可以自行操作练习。

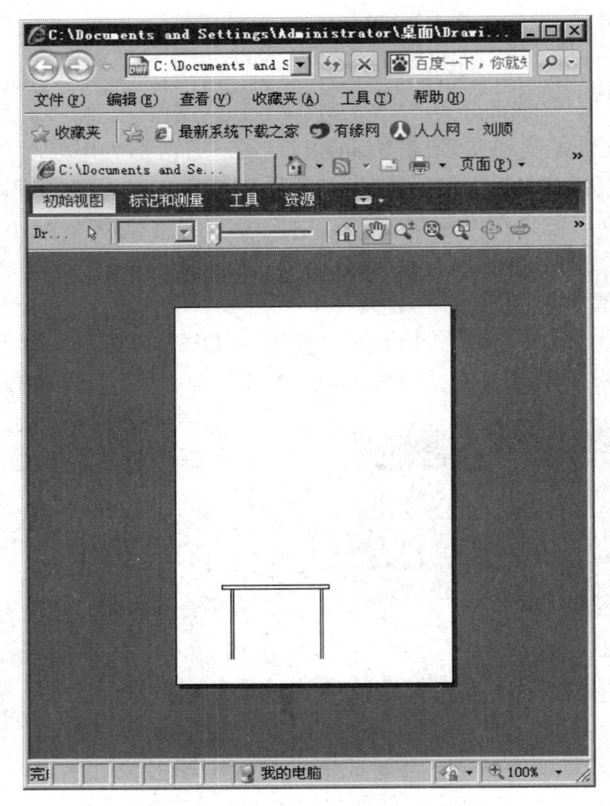

图 5-36　输出的 DWF 文件效果

思考与练习

1．将图 5-25 所示的视图添加上尺寸标注并打印出来。
2．将图 5-25 所示的视图输出为 DWF 格式的电子文件。

三维图形绘制技术

学习目标

- 能够熟练设置三维绘图环境。
- 掌握三维模型的观察与显示方式。
- 学会利用曲线对象绘制基本图形。
- 掌握三维实体模型的创建方法。
- 掌握实体模型的编辑方法。

AutoCAD 2013 在二维绘图方面具有独特的优势，并且在 CAD 领域一直处于领先地位。尽管这几年 AutoCAD 2013 在三维设计方面也一直在完善，但就笔者感受而言，AutoCAD 2013 的三维设计功能相对其公司其他产品而言还是处于劣势地位。因此，如果读者想在三维设计方面有所成就，建议读者学习 Autodesk 公司的其他三维设计软件，如 3dMax（家居领域）、Inventor（机械领域）、Revit（建筑领域）等。

本章将通过几个简单的实例来介绍三维实体模型的绘制和编辑，作为用户了解 AutoCAD 2013 中三维建模功能的入门级教程。

6.1　三维建模基础

学习目标

- 熟悉 AutoCAD 2013 的三维建模环境；
- 熟悉 AutoCAD 2013 的三维坐标系统；
- 能够熟练观察和显示三维模型；
- 能够将三维模型输出为其他格式文件。

学习内容

6.1.1　三维模型环境

从工作空间的下拉列表中，选择“三维基础”或者“三维建模”，即可进入三维空间，如图 6-1 所示。在新建三维图形文件时，选择“acadiso3d.dwt”样板文件。在本章中，若不特别说明，所使用建模环境均以“三维基础”空间为例。

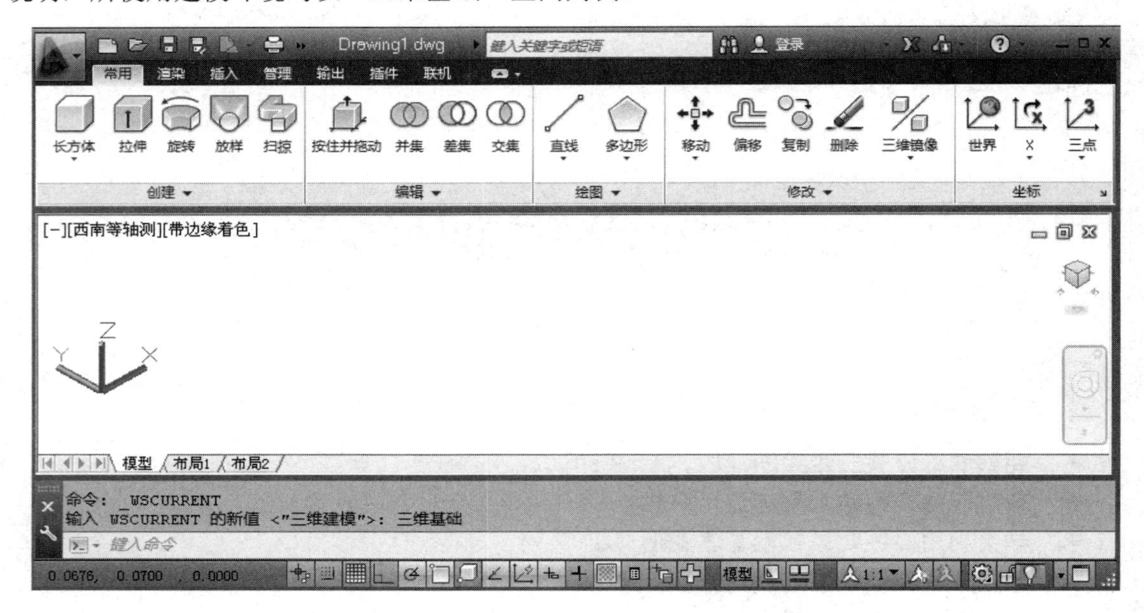

（a）三维基础空间

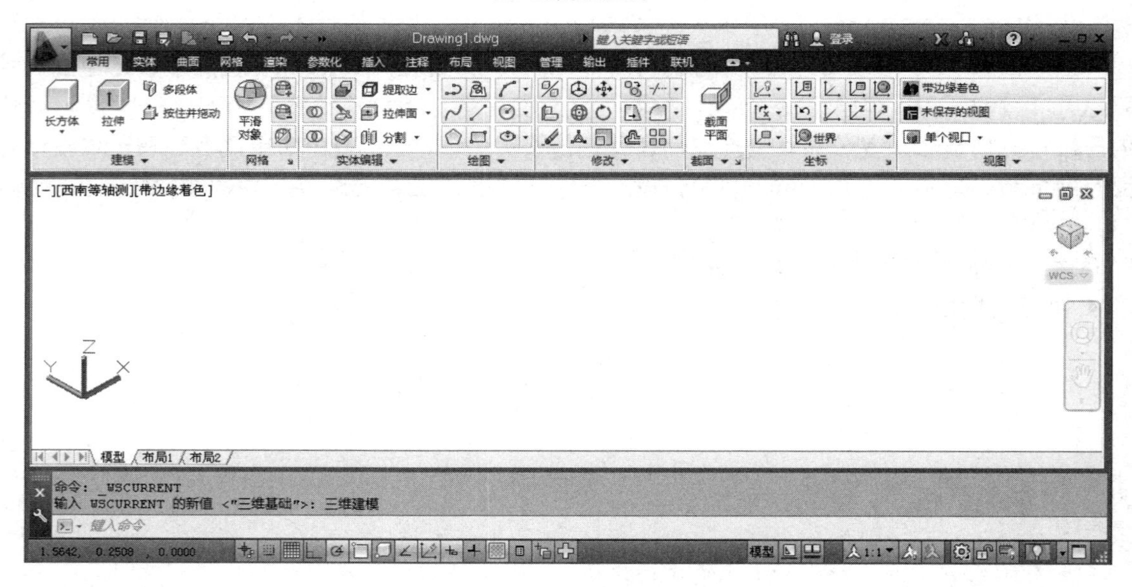

（b）三维建模空间

图 6-1　三维模型空间

6.1.2 三维坐标系

在三维建模过程中，需要经常切换坐标系。在第 1 章中，已经介绍了二维环境中的世界坐标系（WCS）和用户坐标系（UCS）。在三维环境中，输入点的方法与前面基本相同，只是在输入坐标时，要加上 Z 轴的坐标值。下面重点介绍用户坐标系的创建与编辑。

1．UCS **的创建**

所谓创建用户坐标系，即重新确定坐标系的原点位置、X 轴、Y 轴、Z 轴的方向。在 AutoCAD 2013 中，创建用户坐标系的方式有以下两种。

（1）在命令行输入 UCS 并按 Enter 键确认；

（2）单击“坐标”功能面板上的命令按钮，如图 6-2 所示。

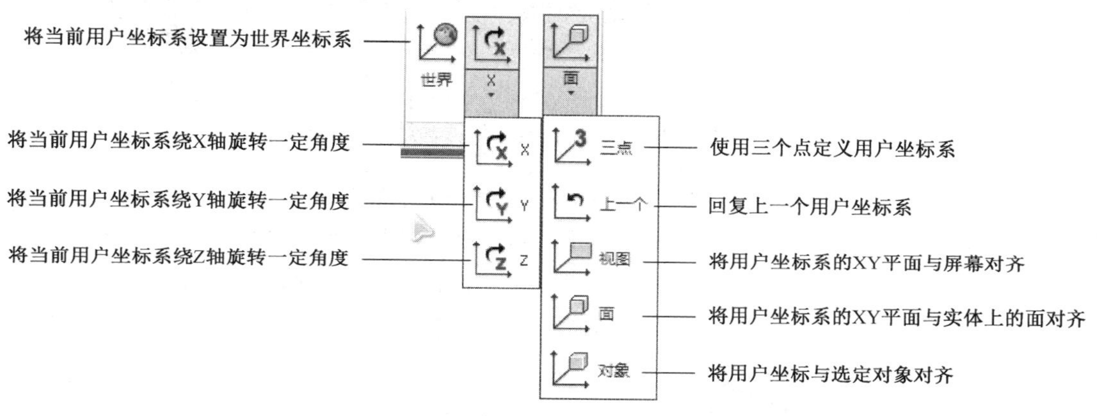

图 6-2 “坐标”工具面板

执行 UCS 命令后，命令行显示如下提示：

```
当前 UCS 名称: *世界*
指定 UCS 的原点或 [面(F)/命名(NA)/对象(OB)/上一个(P)/视图(V)/世界(W)/X/Y/Z/Z轴(ZA)] <世界>: *取消*
```

该命令行中的各个选项，跟“坐标”工具面板上的命令按钮相对应，这里不再介绍。下面将工具面板上的几个命令按钮的使用分别举例介绍。

（1）UCS，世界。单击该命令按钮，相当于命令行执行 UCS 命令。

（2）X 轴旋转。单击该命令按钮，可将当前的 UCS 坐标绕 X 轴，按照指定角度进行旋转，执行命令后，旋转轴加亮显示，如图 6-3 所示。

同样 Y 轴旋转、Z 轴旋转与 X 轴旋转使用方法类似，这里不再赘述。

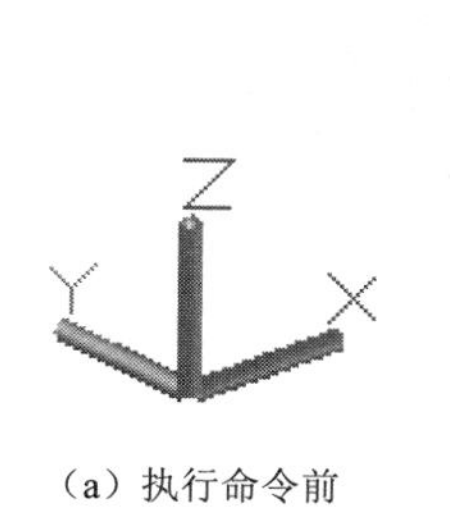

（a）执行命令前

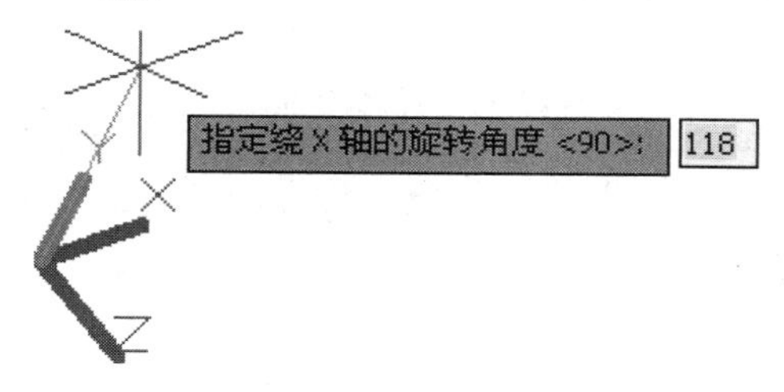

（b）执行命令后

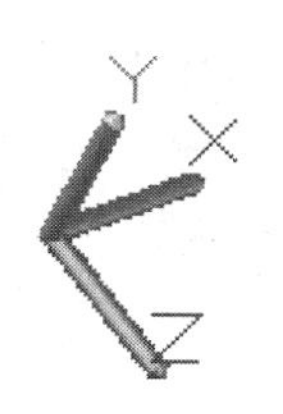

（c）旋转 120°

图 6-3 绕 X 轴旋转

（3）三点。单击该命令按钮，只需选择三个点即可确定新坐标系的原点位置及 *X*、*Y* 轴的正方向。指定的第一个点为原点位置，第二个点为 *X* 轴正方向，第三个点为 *Y* 轴正方向，如图 6-4 所示。

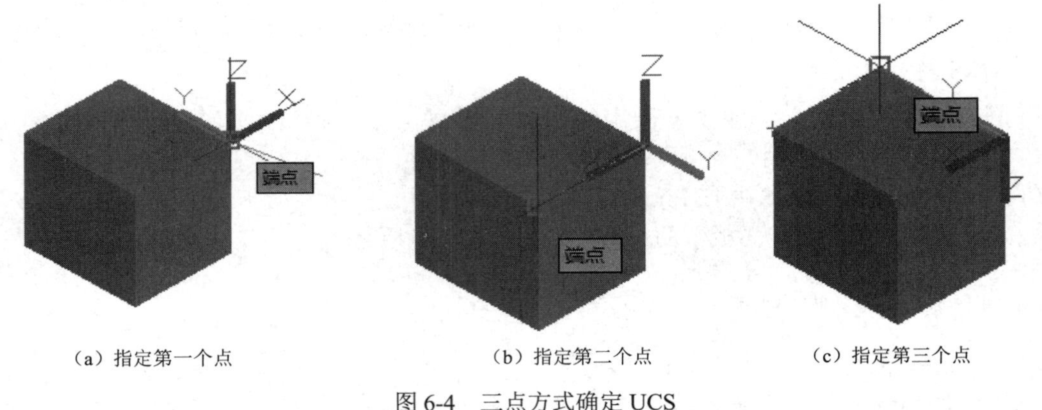

（a）指定第一个点　　（b）指定第二个点　　（c）指定第三个点

图 6-4　三点方式确定 UCS

（4）视图。单击该命令按钮，可使新坐标系的 *XY* 平面与当前视图方向对齐，原点位置保持不变，*Z* 轴与当前视图垂直。通常情况下，该方式主要用于文字标注，如图 6-5 所示。

（a）执行命令前　　（b）执行命令后

图 6-5　视图方式确定 UCS

（5）面。单击该命令按钮，可使新坐标系的 *XY* 平面与所选实体的面重合。执行命令后，将光标移动到选择面，该面会亮显，如图 6-6（a）所示；选择面后，会弹出右键快捷菜单，让用户进行选择，如图 6-6（b）所示，各项含义如下。

接受：接受更改，然后放置 UCS。

下一个：将 UCS 定位于邻接的面或选定边的后向面。

X 轴反向：将 UCS 绕 *X* 轴旋转 180°。

Y 轴反向：将 UCS 绕 *Y* 轴旋转 180°。

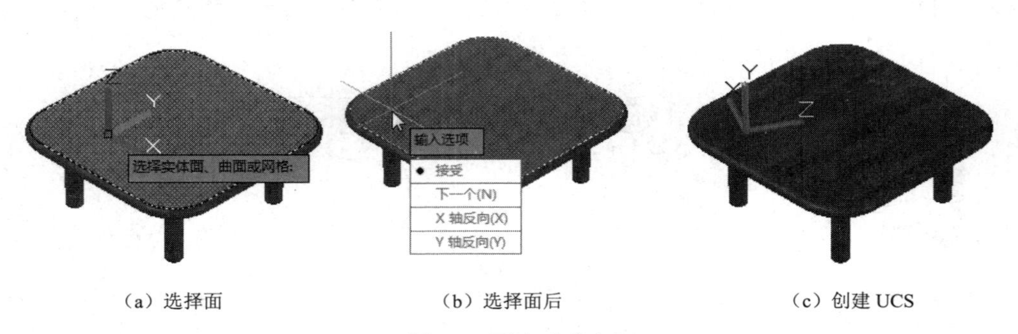

（a）选择面　　（b）选择面后　　（c）创建 UCS

图 6-6　面方式确定 UCS

（6）对象。单击该命令按钮，可将 UCS 与选定的二维或三维对象对齐。大多数情况下，UCS 的原点位于离指定点最近的端点，*X* 轴将与边对齐或与曲线相切，并且 *Z* 轴垂直于对象，如图 6-7 所示。

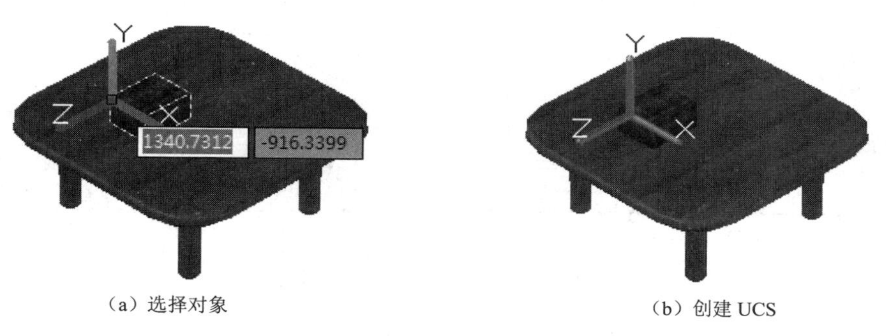

（a）选择对象　　　　（b）创建 UCS

图 6-7　对象方式确定 UCS

练习：打开素材中文件“\6\支架.dwg”，将坐标系按照如图 6-8（b）所示样式进行定位（具体操作参见“素材\演示\6\ucs 定位练习.wrf”）。

2．UCS **的编辑**

（a）UCS 定位前　　　　（b）UCS 定位后

图 6-8　UCS 定位练习

UCS 创建后，既可通过“UCS”对话框进行编辑，也可通过夹点进行编辑。

（1）对话框编辑。单击“坐标”工具面板上的 图标，打开“UCS”对话框。该对话框有“命名 UCS”“正交 UCS”“设置”三个选项卡，并可通过单击“详细信息”按钮，查看 UCS 的信息，如图 6-9 所示。

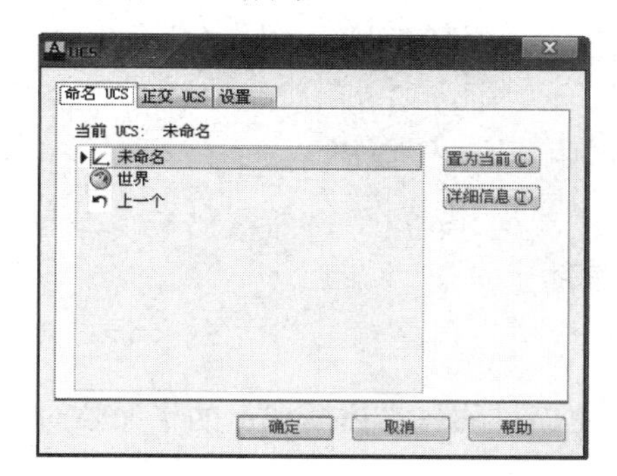

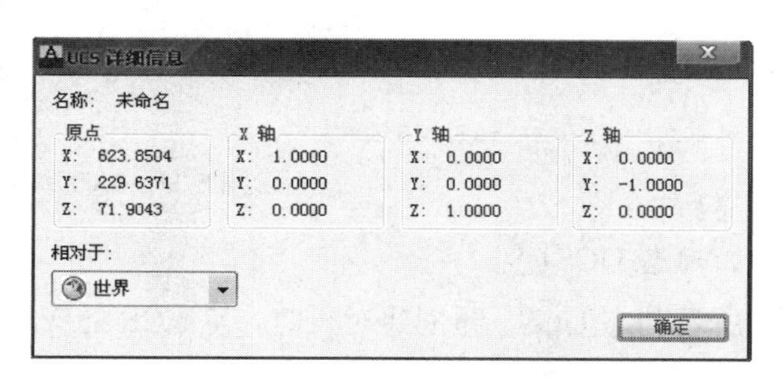

（a）“命名 UCS”选项卡　　　　（b）“UCS 详细信息”对话框

图 6-9　“UCS”对话框

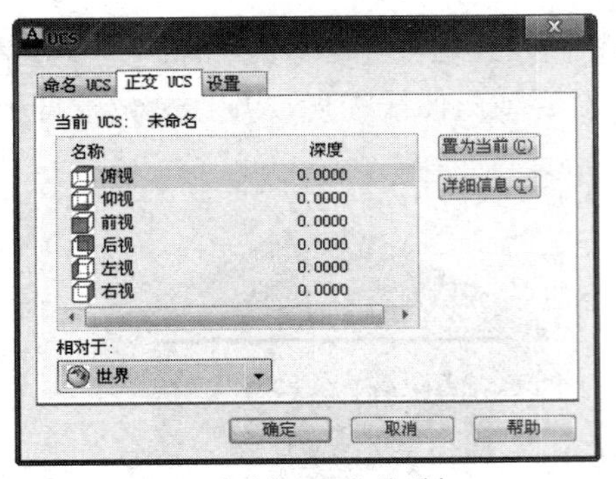

（c）“正交 UCS”选项卡

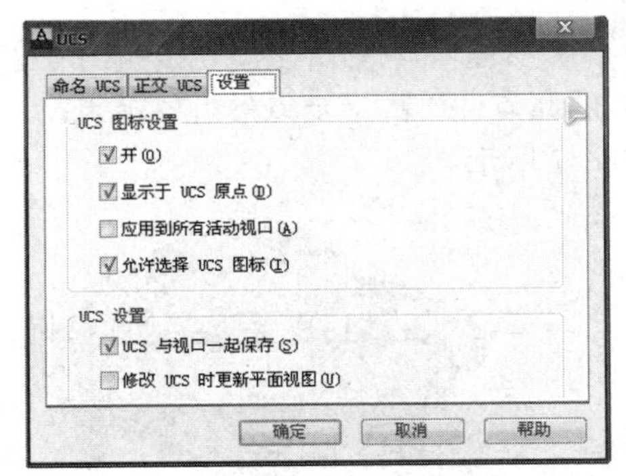

（d）“设置”选项卡

图 6-9　“UCS”对话框（续）

（2）夹点编辑。单击视图中的 UCS 图标，图标上会出现夹点，如图 6-10（a）所示。单击并拖动原点夹点，会改变原点的位置，如图 6-10（b）所示；单击并拖动相应的轴夹点，可调整相应轴的方向，如图 6-10（c）所示。

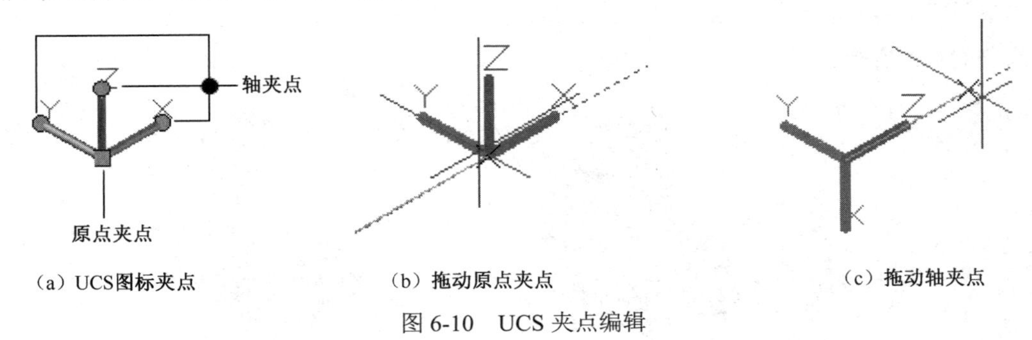

图 6-10　UCS 夹点编辑

练习：打开素材中文件“\6\支架.dwg”，利用夹点编辑功能将坐标系按照如图 6-11（b）所示样式进行定位（具体操作参见“素材\演示\6\ucs 编辑练习.wrf”）。

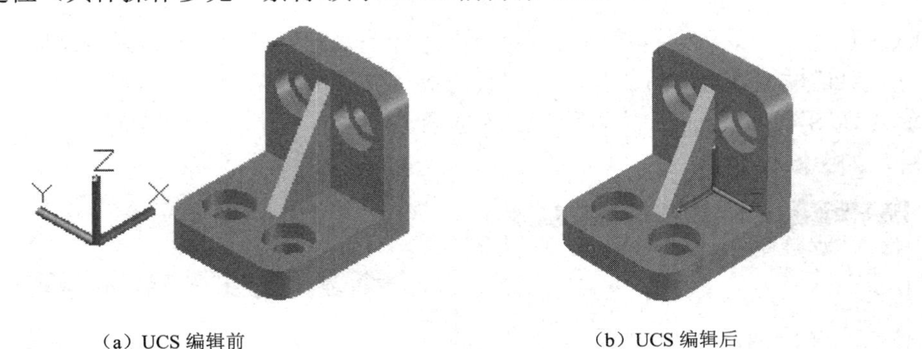

图 6-11　UCS 编辑练习

3．动态 UCS

所谓动态 UCS，即创建对象时，使 UCS 的 *XY* 平面，自动与实体模型上的平面临时对齐。执行动态 UCS 命令，可通过以下两种方式。

（1）快捷键 F6。

（2）单击状态栏上的“允许/禁止动态 UCS”开关图标。

操作时，先激活创建对象的命令，再将光标移动到想要创建对象的平面上，该平面会自动亮显，表示当前的 UCS 被对齐到该平面上。如图 6-12 所示就是采用动态 UCS 在桌面上创建圆柱体。

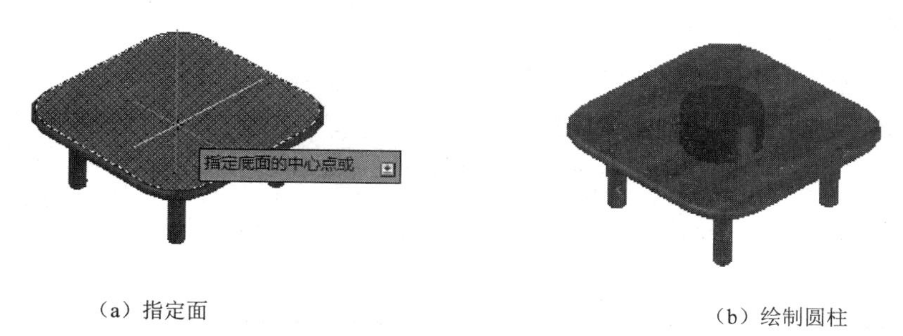

（a）指定面　　（b）绘制圆柱

图 6-12　动态 UCS 应用示例

6.1.3　三维模型的观察与显示

为了更加方便快捷地创建三维模型，需要从空间的不同角度来观察三维模型；同时为了得到最佳的视觉效果，也需要切换三维模型的视觉样式。

1．三维模型的观察

在 AutoCAD 2013 中，提供了多种观察三维模型的方法，下面就常用的几种方法进行简单介绍。

（1）利用 ViewCube 观察模型。利用 ViewCube 可以在三维模型的 6 种正交视图、8 种轴测视图之间进行迅速切换。在 ViewCube 图标的右键菜单中，可以进行投影样式的选择；也可以对 ViewCube 进行设置，如图 6-13 所示。该方法在第 1 章中已经做了简单介绍，这里不再赘述。

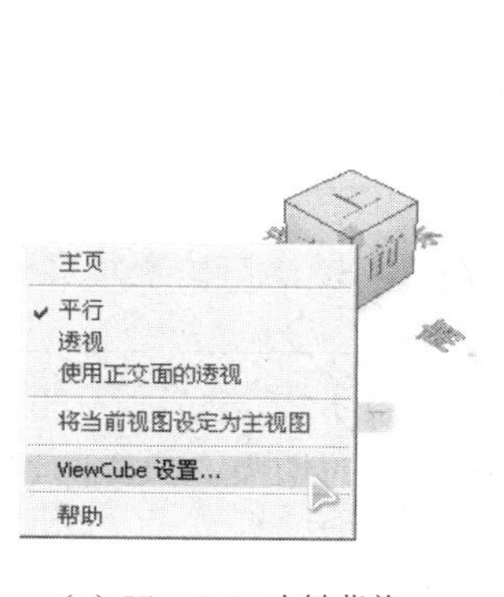

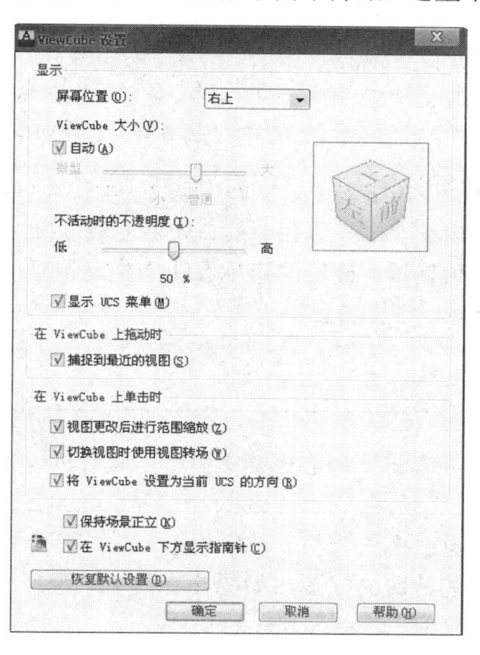

（a）ViewCube 右键菜单　　（b）“ViewCube 设置”对话框

图 6-13　ViewCube 使用设置

图 6-14　动态观察方式

（2）利用导航栏动态观察模型。在绘图区右侧的导航栏上，单击“动态观察”图标上的下拉箭头，可以列出动态观察的 3 种方式，如图 6-14 所示。

① 动态观察。利用该方法可以水平、垂直或对角拖动观察对象进行观察。执行该命令后，光标由变成形状。

按下 Shift 键的同时，按下鼠标滚轮并拖动，也可以进入动态观察模式。

② 自由动态观察。利用此工具可以将观察对象进行任意角度的动态观察。执行该命令后，在三维模型的周围出现导航球。当光标位于导航球的不同位置时，其表现形式是不一样的，如图 6-15 所示。此时按下鼠标左键并拖动，模型会绕着旋转轴进行旋转。并且在不同位置的拖动鼠标，旋转轴是不一样的。

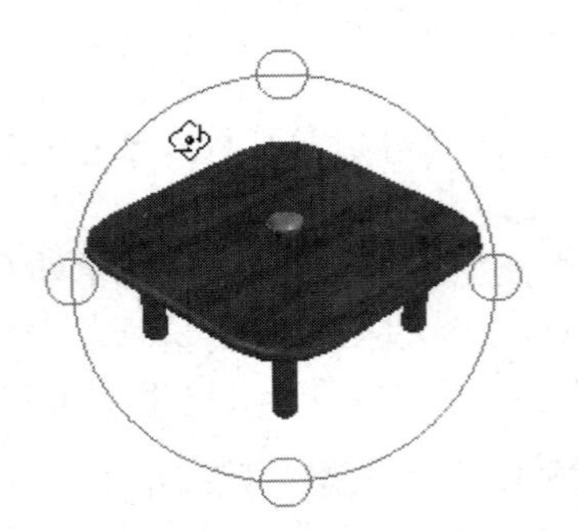
（a）光标在导航球内部

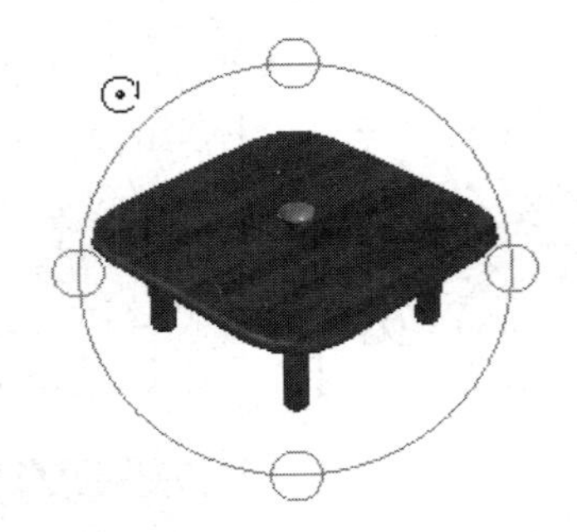
（b）光标在导航球外部

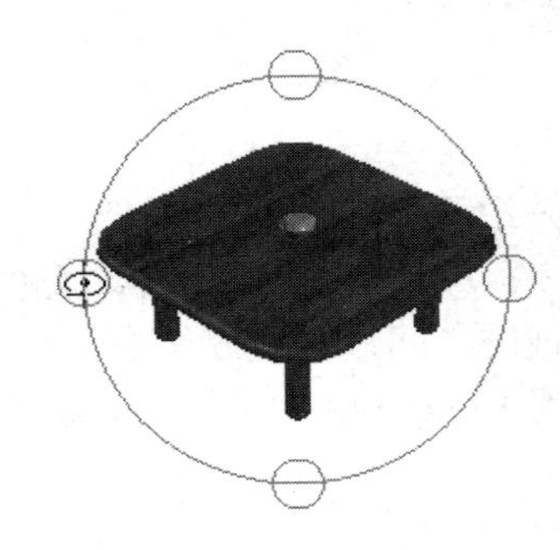
（c）光标在小圆圈内

图 6-15　自由动态观察时的光标形式

③ 连续动态观察。利用该工具可以使观察对象绕指定的旋转轴按照指定的旋转速度做连续旋转运动。执行该命令后，光标变成形状。按住左键并拖动后，观察对象会沿着鼠标拖动方向继续旋转，旋转的速度取决于拖动鼠标时的速度。只有当再次单击鼠标时，观察对象才停止旋转。

在进行这三种状态观察模型时，随时可以通过右键快捷菜单，切换到其他观察方式。

（3）通过视图选项卡观察模型。在“图层和视图”工具面板上的“三维导航”下拉列表中，列举了一些特殊的视图，如图 6-16（a）所示。可以通过特殊视图的切换，来观察模型，这些特殊视图对应于 ViewCube 的几种视图。选择列表末端的“视图管理器”选项，可以打开“视图管理器”对话框，如图 6-16（b）所示。在该对话框中，可以对视图进行编辑。

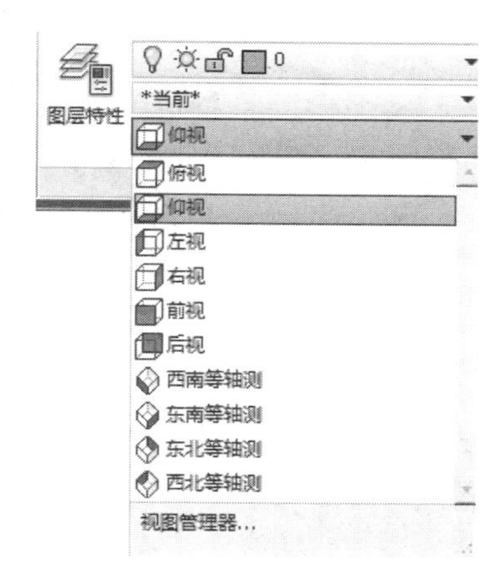

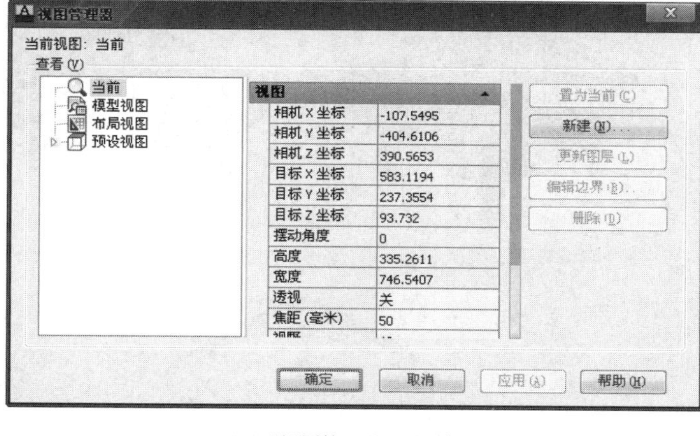

（a）视图类型　　　　（b）“视图管理器”对话框

图 6-16　通过视图选项卡观察模型

练习：打开素材中文件“\6\桌子.dwg”，利用以上三种观察方式进行模型观察。

2．三维模型的显示样式

在 AutoCAD 2013 中，为了达到三维模型的观察效果，往往需要通过视觉样式来切换模型的表现形式。在“图层和视图”工具面板上的“视觉样式”下拉列表中，列举了几种视觉样式，每种样式所对应的图形，如图 6-17 所示。

选择“视觉样式”列表下面的“视觉样式管理器”选项，可以打开“视觉样式管理器”选项面板。用户可根据需要，在面板中进行相关设置，也可以创建新的视觉样式。这里不再介绍，感兴趣的读者可自行操作。

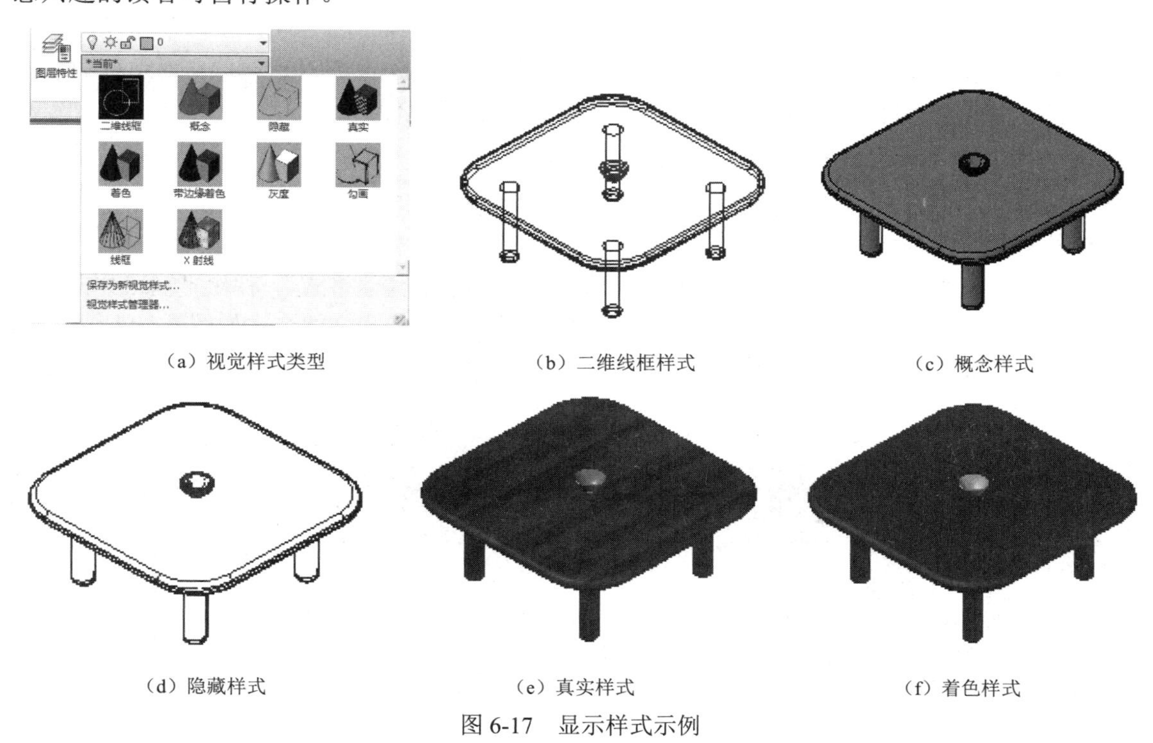

（a）视觉样式类型　　（b）二维线框样式　　（c）概念样式

（d）隐藏样式　　（e）真实样式　　（f）着色样式

图 6-17　显示样式示例

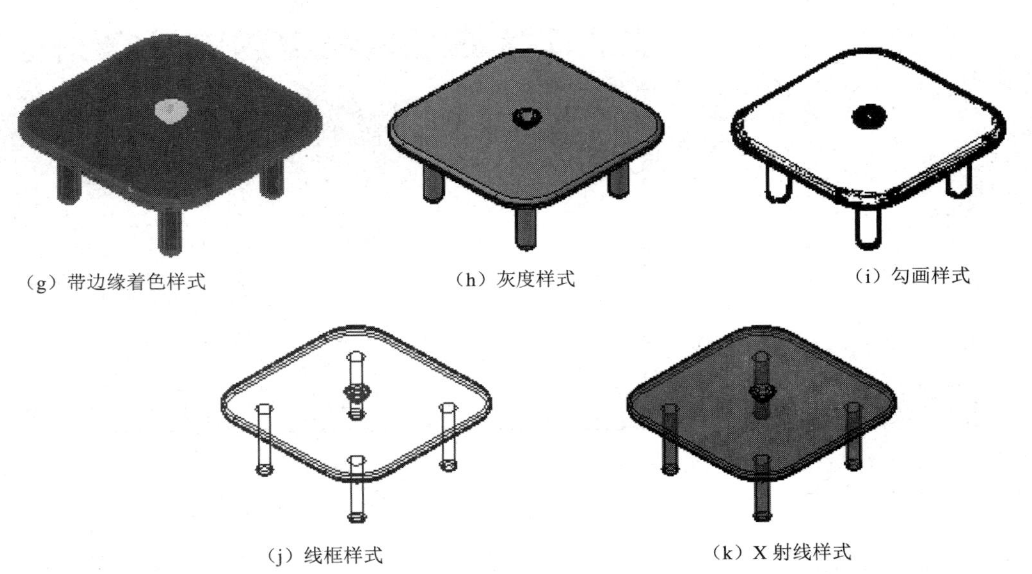

（g）带边缘着色样式　（h）灰度样式　（i）勾画样式

（j）线框样式　（k）X 射线样式

图 6-17　显示样式示例（续）

练习： 打开素材中文件“\6\桌子.dwg”，对上面学习的几种显示样式进行显示观察。

6.1.4　三维模型的输出

用 AutoCAD 设计的三维模型，若脱离 AutoCAD 环境进行预览，或者需要 3D 打印，就需要将其输出为其他格式的文件。

1．输出 3 维 DWF 格式文件

打开素材文件“\6\支架模型.dwg”三维模型，如图 6-18 所示。在如图 1-20 所示的应用程序菜单中，选择“输出-三维 DWF”选项，弹出“输出三维 DWF”对话框，在对话框中选择保存路径和文件名后即可将三维模型输出为三维 DWF 格式文件。

2．输出 STL 格式文件

STL 格式文件是目前 3D 打印中应用最广泛的数据格式文件。在 AutoCAD 中输出 STL 格式文件的方法有两种。

一种是通过如图 1-20 所示的应用程序菜单，选择“输出-其他格式”，弹出“输出数据”对话框，在对话框中先选择“*.stl”文件类型，然后选择输出路径和文件名，如图 6-19 所示。单击“保存”按钮后关闭对话框，返回到模型状态。根据命令行提示，框选实体后按下回车键或空格键进行确认。

图 6-18 支架模型

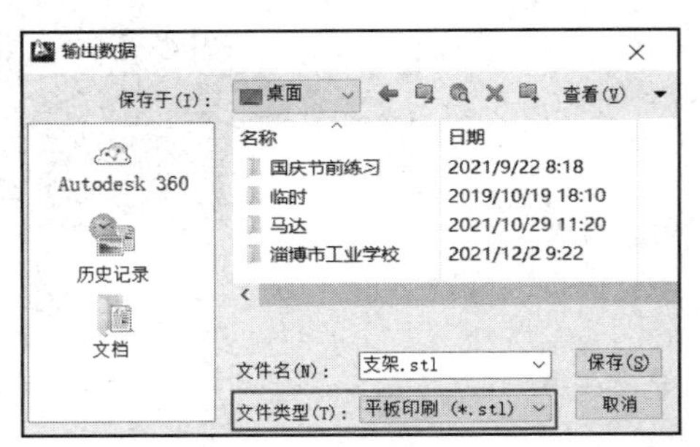

图 6-19　“输出数据”对话框

```
命令行显示如下：
命令：_EXPORT
选择实体或无间隙网格：指定对角点：找到 3 个
选择实体或无间隙网格：
```

另一种是通过如图 6-20 所示的应用程序菜单，选择“发布-发送到三维打印服务”，根据命令行提示，框选实体后按下回车键或空格键进行确认。弹出“发送到三维打印服务”对话框，在该对话框中可以进行打印比例的设置，如图 6-21 所示。单击“确定”按钮后关闭对话框，弹出“创建 STL 文件”对话框，选择要发布的文件名和保存路径，即可发布 STL 文件。

命令行显示如下：

```
命令：_3DPRINT
选择实体或无间隙网格：指定对角点：找到 3 个
选择实体或无间隙网格：
```

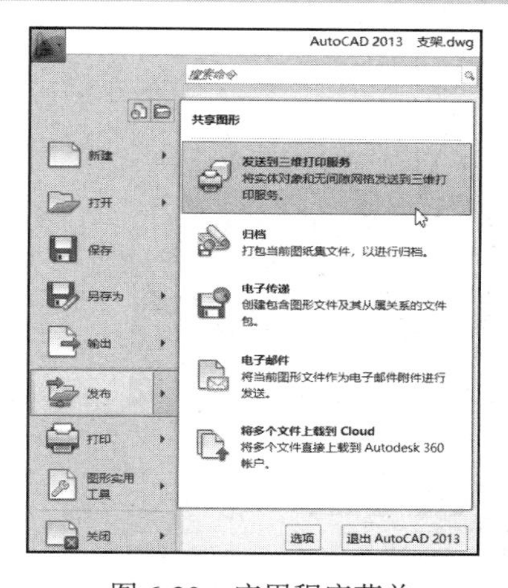

图 6-20　应用程序菜单

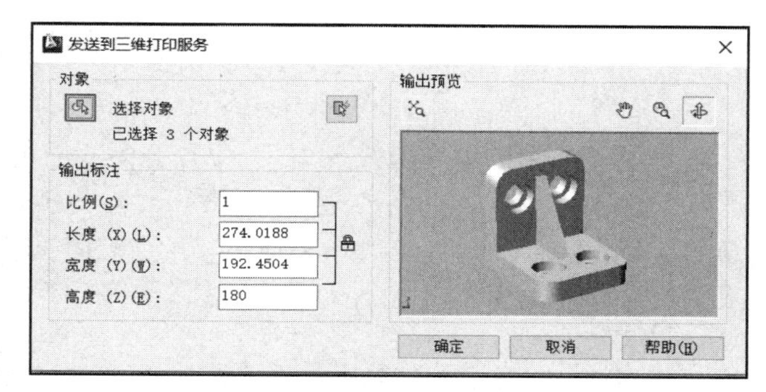

图 6-21　“发送到三维打印服务”对话框

6.2　三维实体模型的创建

学习目标

- 掌握基本实体模型的直接创建方法。
- 掌握常用的由特征创建实体模型的方法。

学习内容

6.2.1　直接创建实体模型

在“常用”菜单栏下的“创建”工具面板上，单击“长方体”图标（长方体）上的下拉箭头，即可列出 AutoCAD 2013 中可直接创建的基本实体模型，如图 6-22 所示。

1．长方体

该命令可以创建长方体实体，操作如图 6-23 所示。执行命令后，根据命令行提示进行操作，命令行显示如下：

命令：_box　　// 执行命令）

指定第一个角点或 [中心（C）]：　　// 拾取长方体底面的第一个角点，若选择“中心（C）”选项，则拾取的第一个点是长方体的中心。

指定其他角点或 [立方体（C）/长度（L）]：　// 拾取长方体底面的另一个角点；若选择“立方体（C）”选项，则绘制长、宽、高都相等的立方体；若选择“长度（L）”选项，则按照指定的长、宽、高创建长方体，长度与 *X* 轴对应，宽度与 *Y* 轴对应，高度与 *Z* 轴对应，输入正值将沿当前 UCS 坐标轴的正方向绘制，输入负值将沿坐标轴的负方向绘制。

指定高度或 [两点（2P）]：　// 指定长方体的高度；若选择“两点（2P）”选项，则指定长方体的高度为两个指定点之间的距离。

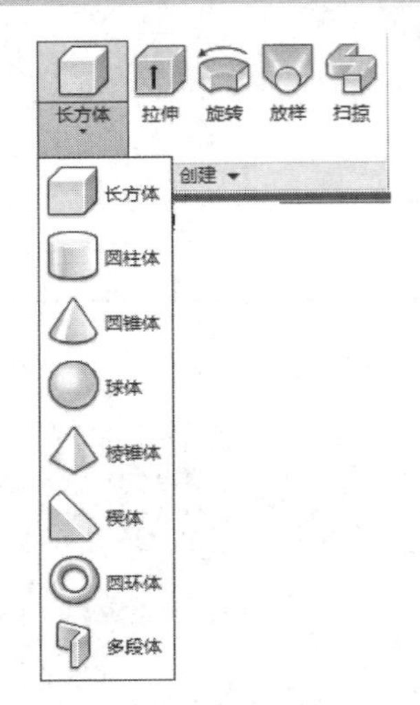

图 6-22　直接创建实体类型

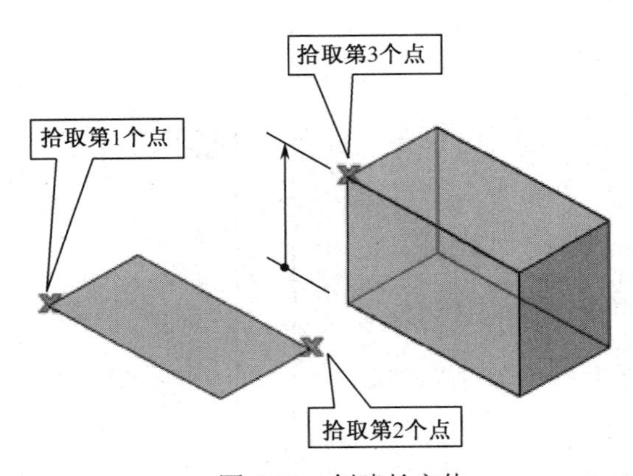

图 6-23　创建长方体

2．圆柱体

该命令可以创建圆柱体实体，操作如图 6-24 所示。执行命令后，根据命令行提示进行操作，命令行显示如下。

命令：_cylinder
指定底面的中心点或 [三点（3P）/两点（2P）/切点、切点、半径（T）/椭圆（E）]：
指定底面半径或 [直径（D）] <30.6783>：20
指定高度或 [两点（2P）/轴端点（A）] <39.1913>：30

3．圆锥体

该命令可以创建圆锥体实体，操作如图 6-25 所示。执行命令后，根据命令行提示进行操作，命令行显示如下。

命令：_cone
指定底面的中心点或 [三点（3P）/两点（2P）/切点、切点、半径（T）/椭圆（E）]：
指定底面半径或 [直径（D）] <22.7884>：
指定高度或 [两点（2P）/轴端点（A）/顶面半径（T）] <14.3306>：　// 若选择“顶面半径（T）”选项，可绘制圆台

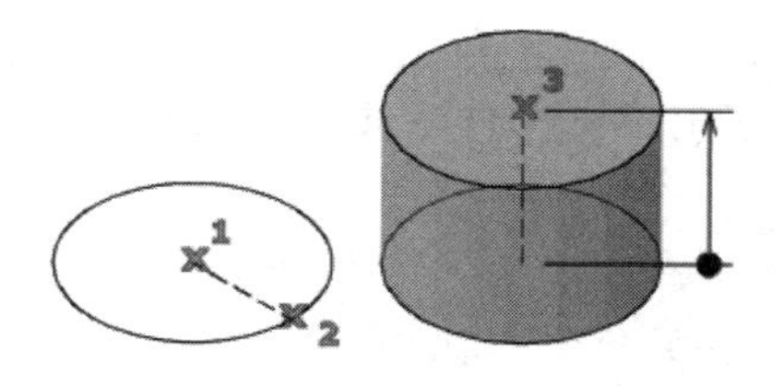

图 6-24　创建圆柱体

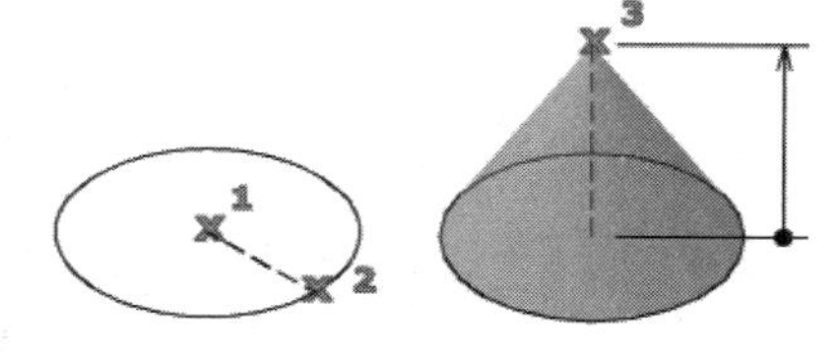

图 6-25　创建圆锥体

4．球体

该命令可以创建球体实体，操作如图 6-26 所示。执行命令后，根据命令行提示进行操作，命令行显示如下。

```
命令：_sphere
指定中心点或 [三点（3P）/两点（2P）/切点、切点、半径（T）]：
指定半径或 [直径（D）] &lt;87.9649&gt;：
```

5．棱锥体

该命令可以创建棱锥实体，操作如图 6-27 所示。执行命令后，根据命令行提示进行操作，命令行显示如下。

```
命令：_pyramid
 4 个侧面　外切　　// 当前侧面数量及底面绘制形式，侧面数量即棱锥的棱数
指定底面的中心点或 [边（E）/侧面（S）]：　　// 选择"侧面（S）"选项，可指定棱锥的棱数
指定底面半径或 [内接（I）] <63.8995>：
指定高度或 [两点（2P）/轴端点（A）/顶面半径（T）] <199.2183>：　// 若选择"顶面半径（T）"选项，可绘制棱台
```

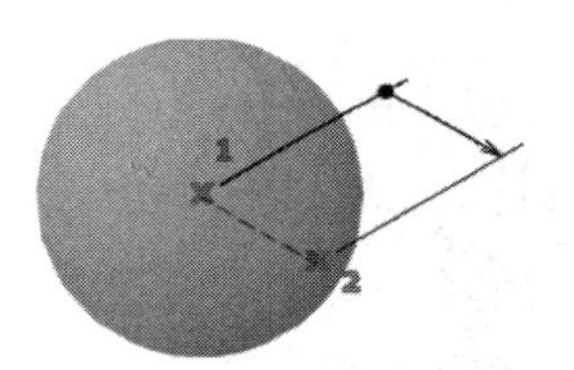

图 6-26　创建球体

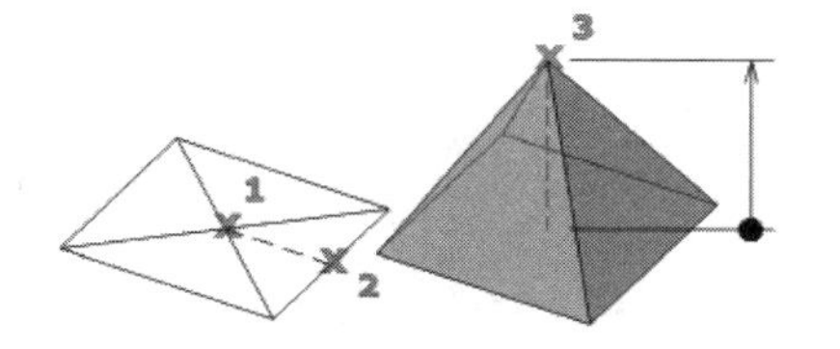

图 6-27　创建棱锥

6．楔体

该命令可以创建楔体实体，楔体的倾斜方向始终沿 UCS 的 *X* 轴正方向，操作如图 6-28 所示。执行命令后，根据命令行提示进行操作，命令行显示如下。

```
命令：_wedge
指定第一个角点或 [中心（C）]：
指定其他角点或 [立方体（C）/长度（L）]：
指定高度或 [两点（2P）] <75.9520>：
```

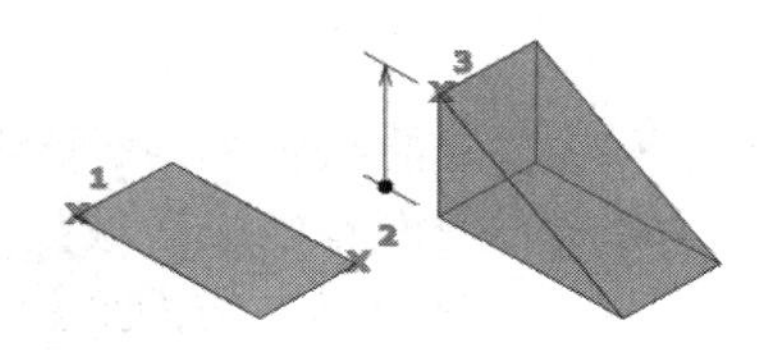

图 6-28　创建楔体

7．圆环体

该命令可以创建圆环体实体，操作如图 6-29 所示。执行命令后，根据命令行提示进行操作，命令行显示如下。

```
命令：_torus
指定中心点或 [三点（3P）/两点（2P）/切点、切点、半径（T）]:
指定半径或 [直径（D）] <66.4679>:
指定圆管半径或 [两点（2P）/直径（D）]:
```

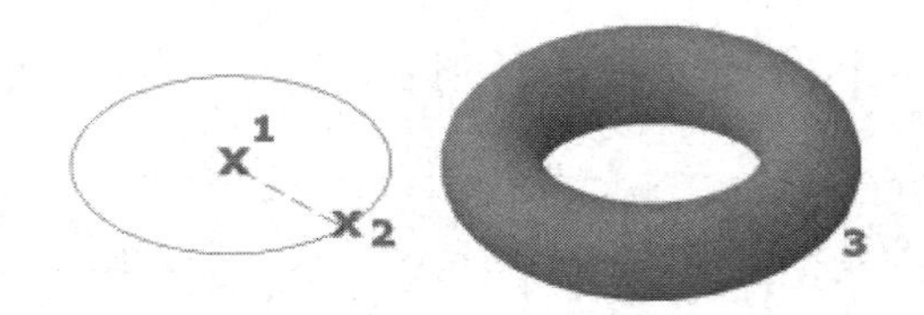

图 6-29　创建圆环

8．多段体

该命令创建具有固定高度和宽度的直线段和曲线段的墙，操作如图 6-30 所示。执行命令后，根据命令行提示进行操作，命令行显示如下。

```
命令：_Polysolid 高度 = 50.0000，宽度 = 40.0000，对正 = 居中     // 默认值
指定起点或 [对象（O）/高度（H）/宽度（W）/对正（J）] <对象>:
指定下一个点或 [圆弧（A）/放弃（U）]:
指定下一个点或 [圆弧（A）/放弃（U）]:
```

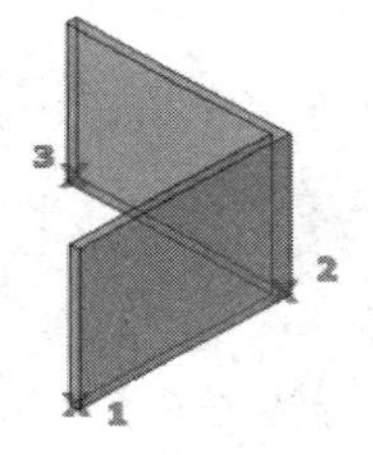

（a）直线段墙体

（b）曲线段墙体

图 6-30　创建多段体

6.2.2　由特征生成实体模型

在 AutoCAD 2013 中，除了可以直接创建简单实体以外，也可以将平面的封闭图形（多段线或面域）通过特征来创建实体模型。AutoCAD 2013 提供了 4 种创建实体的特征，分别是拉伸特征、旋转特征、放样特征和扫掠特征，如图 6-22 所示。

1．拉伸特征

利用该特征，可以将二维图形沿着指定的高度和路径将其拉伸为三维实体。若二维图形不是闭合的，或者说二维图形尽管闭合但没有生成面域或形成多段线，那么拉伸时只能拉伸为曲面，如图 6-31（a）、（b）所示，只有当二维图形封闭且生成为面域后，才能拉伸为实体，如图 6-31（c）所示。

（a）未封闭图形

（b）未生成面域的封闭图形

（c）生成面域的封闭图形

图 6-31 拉伸特征示例

执行命令后，选择拉伸对象并按 Enter 键确认，然后指定拉伸高度，即可将二维图形拉伸成三维实体。默认情况下，拉伸对象沿着 Z 轴方向进行拉伸。拉伸的高度即可是正值，也可是负值，正值表示沿着 Z 轴正方向拉伸，负值表示沿着 Z 轴负方向拉伸。操作后，命令行显示如下：

```
    命令: _extrude          // 执行命令
    当前线框密度: ISOLINES=4，闭合轮廓创建模式 = 实体    // 当前拉伸模式
    选择要拉伸的对象或 [模式(MO)]: _MO 闭合轮廓创建模式 [实体(SO)/曲面(SU)] <实体>:
_SO    // 选项“模式(MO)”用来控制拉伸对象是实体还是曲面
    选择要拉伸的对象或 [模式(MO)]: 找到 1 个
    选择要拉伸的对象或 [模式(MO)]:
    指定拉伸的高度或 [方向(D)/路径(P)/倾斜角(T)/表达式(E)] <16.2304>:
```

指定拉伸高度时，若选择“方向（D）”选项，表示用两个指定点，来指定拉伸的长度和方向，如图 6-32 所示。方向不能与拉伸轮廓所在的平面平行。

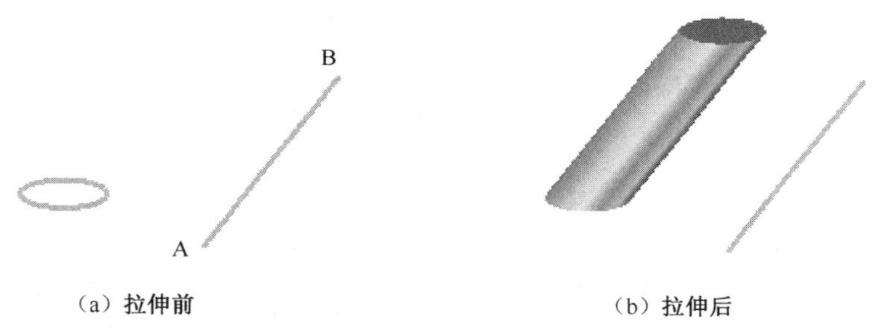

（a）拉伸前　　（b）拉伸后

图 6-32 方向类型拉伸

若选择“路径（P）”选项，表示按照指定的路径来拉伸轮廓，这与后面要学习的扫掠相似，如图 6-33 所示。利用该方式拉伸时，路径不能与拉伸轮廓位于同一平面，拉伸的轮廓也不能在拉伸路径上发生自身相交，否则不能拉伸，如图 6-34 所示。

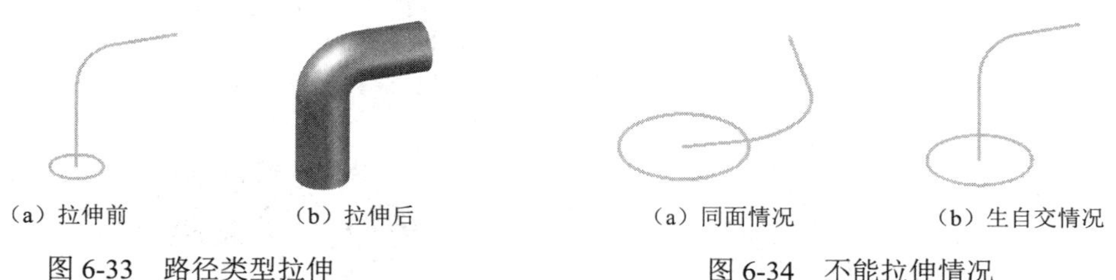

（a）拉伸前　　（b）拉伸后

图 6-33 路径类型拉伸

（a）同面情况　　（b）生自交情况

图 6-34 不能拉伸情况

若选择“倾斜角（T）”选项，表示按照指定的角度进行拉伸。倾斜角为-90° ~90° ，正值表示拉伸轮廓向中心倾斜，如图 6-35（a）所示；负值表示拉伸轮廓向外倾斜，如图 6-35（b）所示；当指定一个较大的倾斜角或较长的拉伸高度时，可能导致对象或对象的一部分在到达拉伸高度之前就已经汇聚到一点，如图 6-35（c）所示。

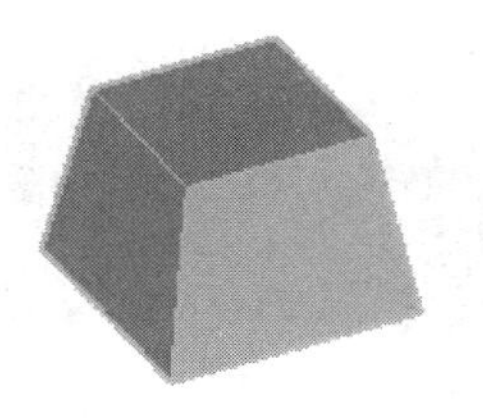

（a）拉伸角度为 10°

（b）拉伸角度为-10°

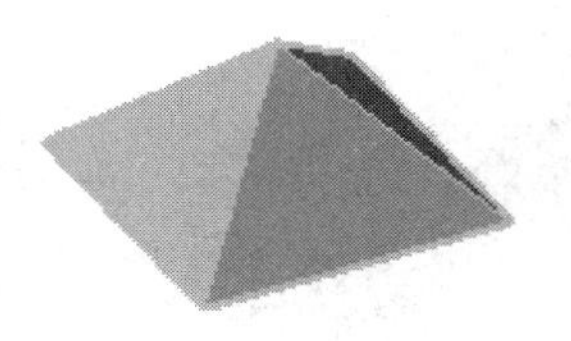

（c）拉伸角度为 45°

图 6-35　倾斜角类型拉伸

若选择“表达式（E）”选项，则表示输入公式或方程式来指定拉伸高度，这里不做介绍。

2．旋转特征

利用该特征，可以将二维图形绕空间轴旋转来创建三维实体，开放的轮廓可创建曲面，闭合的轮廓可创建曲面或实体，如图 6-36 所示。

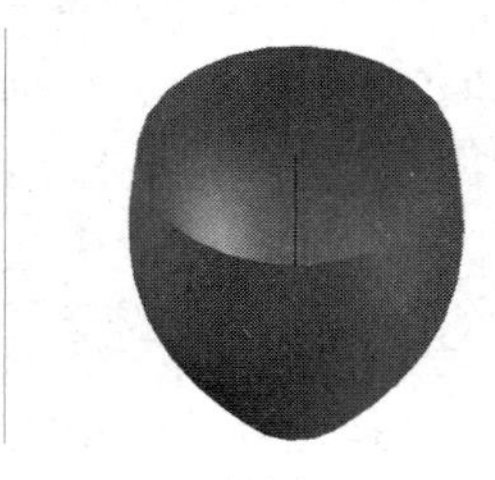

（a）开放轮廓

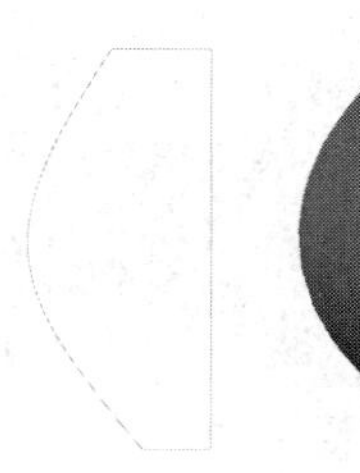

（b）闭合轮廓

图 6-36　旋转特征

执行命令后，选择旋转轮廓并按 Enter 键确认，再指定旋转轴上的两个点，即可将二维图形旋转成三维实体。默认旋转角度为 360°，且逆时针旋转方向为正方向。操作后，命令行显示如下：

```
命令: _revolve
当前线框密度: ISOLINES=4，闭合轮廓创建模式 = 实体
选择要旋转的对象或 [模式（MO）]: _MO 闭合轮廓创建模式 [实体（SO）/曲面（SU）] <实体>: _SO
选择要旋转的对象或 [模式（MO）]: 找到 1 个
选择要旋转的对象或 [模式（MO）]:
指定轴起点或根据以下选项之一定义轴 [对象（O）/X/Y/Z] <对象>:
指定轴端点:
指定旋转角度或 [起点角度（ST）/反转（R）/表达式（EX）] <360>:
```

指定旋转角度时，既可以指定旋转角度，也可以拖动鼠标进行预览。若选择“起点角度（ST）”选项，表示旋转对象从所在平面偏移指定角度后，再开始旋转。同样起始角度，既可以指定，也可以通过拖动鼠标来预览，如图 6-37 所示。

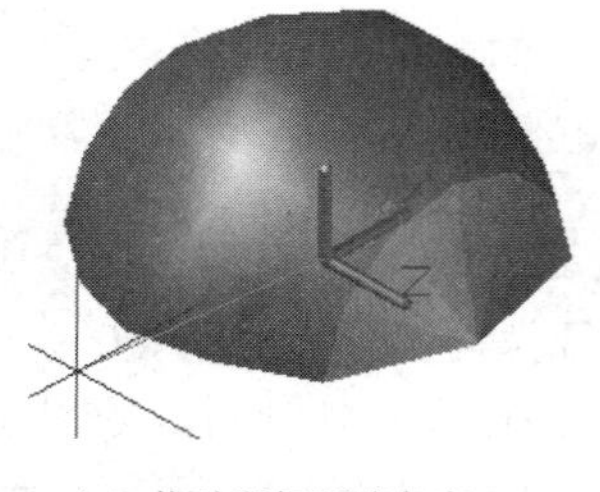

（a）拖动鼠标预览角度

（b）按指定角度旋转

图 6-37　指定角度旋转对象

3．扫掠特征

利用该特征，可以将二维图形（截面轮廓）沿着指定的路径（开放或闭合）来创建三维实体，如图 6-38 所示。

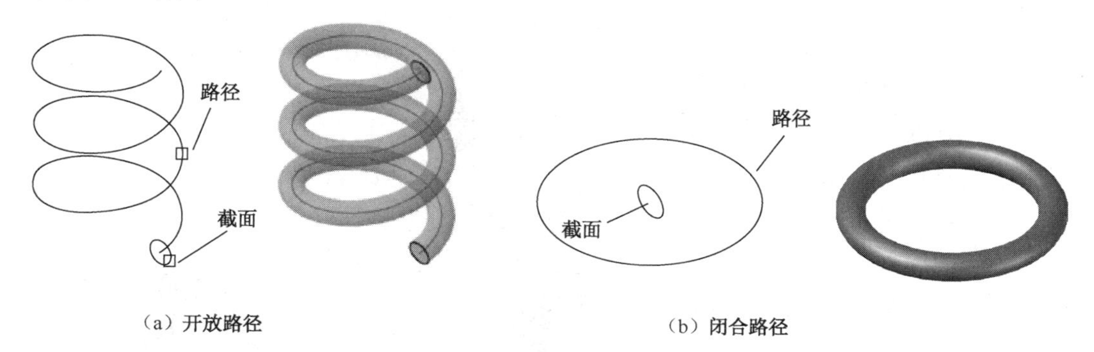

（a）开放路径　　　（b）闭合路径

图 6-38　扫掠特征

执行命令后，先选择截面轮廓，并按 Enter 键确认，然后指定扫掠路径，截面轮廓与扫掠路径不能位于同一平面内。操作后，命令行显示如下。

```
命令：_sweep
当前线框密度： ISOLINES=4，闭合轮廓创建模式 = 实体
选择要扫掠的对象或 [模式（MO）]：_MO 闭合轮廓创建模式 [实体（SO）/曲面（SU）] <实体>：_SO
选择要扫掠的对象或 [模式（MO）]：找到 1 个
选择要扫掠的对象或 [模式（MO）]：
选择扫掠路径或 [对齐（A）/基点（B）/比例（S）/扭曲（T）]：
```

指定扫掠路径时，若选择“对齐（A）”选项，表示指定是否对齐轮廓，以使其作为扫掠路径切向的法向，如图 6-39 所示。

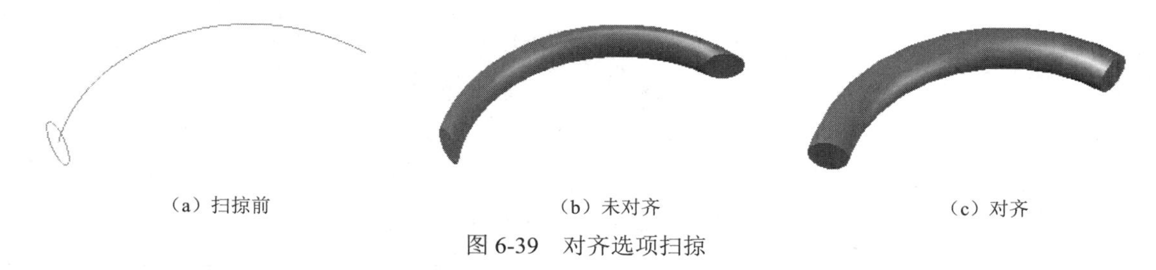

（a）扫掠前　　　（b）未对齐　　　（c）对齐

图 6-39　对齐选项扫掠

若选择“基点（B）”选项，表示指定扫掠对象上的某一个点，沿着扫掠路径移动，如图 6-40 所示。

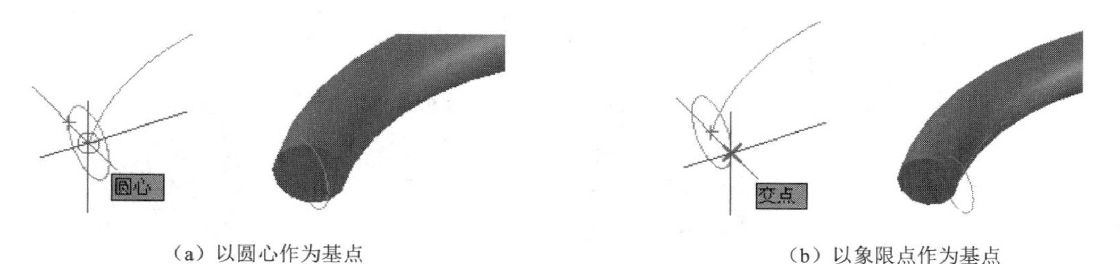

（a）以圆心作为基点　　　（b）以象限点作为基点

图 6-40　基点选项扫掠

若选择“比例（S）”选项，表示指定扫掠的比例因子，使得从起点到终点的扫掠按此比例均匀的放大或缩小，如图 6-41 所示。

若选择“扭曲（T）”选项，表示指定扫掠对象的扭曲角度，如图 6-42 所示。

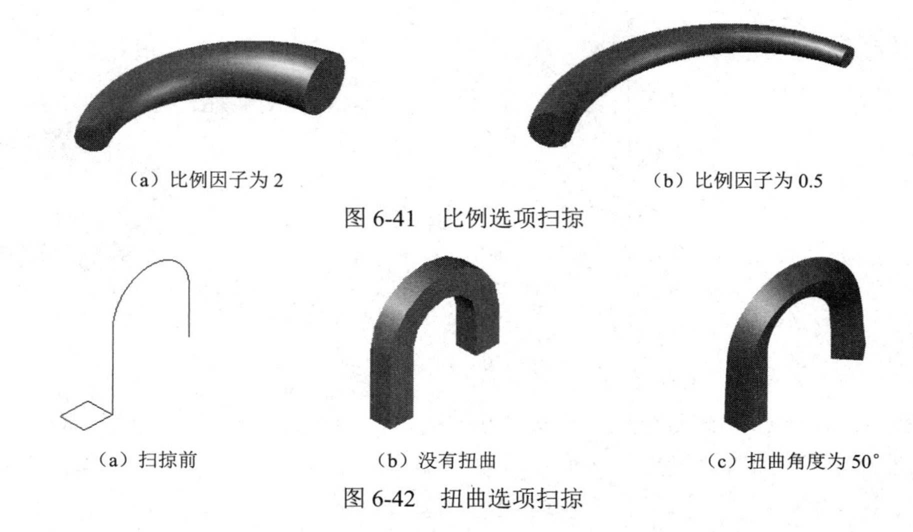

（a）比例因子为 2　　（b）比例因子为 0.5

图 6-41　比例选项扫掠

（a）扫掠前　　（b）没有扭曲　　（c）扭曲角度为 50°

图 6-42　扭曲选项扫掠

说明

扫掠特征与前面学习的沿路径拉伸特征是有区别的，如果路径与截面轮廓不相交，拉伸命令会将生成对象的起点移到截面轮廓上，沿着路径扫掠该轮廓；而扫掠命令会在路径所在位置生成新的截面轮廓，如图 6-43 所示。

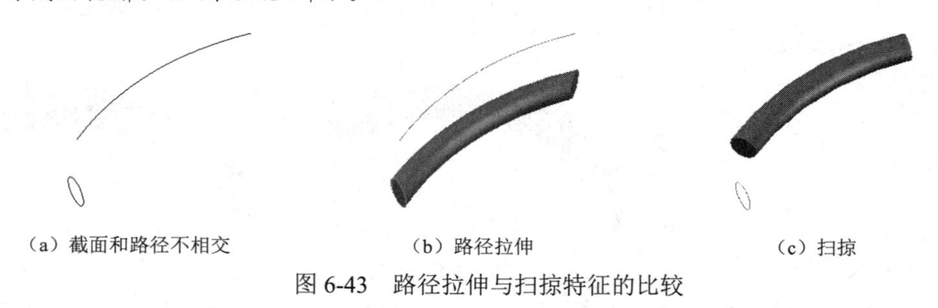

（a）截面和路径不相交　　（b）路径拉伸　　（c）扫掠

图 6-43　路径拉伸与扫掠特征的比较

4．放样特征

利用该特征，可以将两个或这两个以上的截面轮廓，沿着指定的路径和导向运动扫描来创建三维实体，截面轮廓可以是点，如图 6-44 所示。

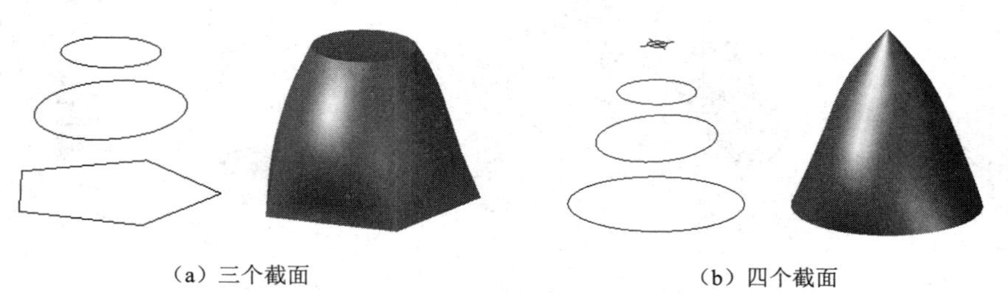

（a）三个截面　　（b）四个截面

图 6-44　放样特征

执行命令后，依次选择截面轮廓，连续两次按 Enter 键确认，即可按照默认的路径进行放样。操作后，命令行显示如下：

```
命令: _loft
当前线框密度: ISOLINES=4，闭合轮廓创建模式 = 实体
按放样次序选择横截面或 [点（PO）/合并多条边（J）/模式（MO）]: _MO 闭合轮廓创建模式 [实体（SO）/曲面（SU）] <实体>: _SO
按放样次序选择横截面或 [点（PO）/合并多条边（J）/模式（MO）]: 找到 1 个
按放样次序选择横截面或 [点（PO）/合并多条边（J）/模式（MO）]: 找到 1 个，总计 2 个
按放样次序选择横截面或 [点（PO）/合并多条边（J）/模式（MO）]: 找到 1 个，总计 3 个
按放样次序选择横截面或 [点（PO）/合并多条边（J）/模式（MO）]:
 选中了 3 个横截面
输入选项 [导向（G）/路径（P）/仅横截面（C）/设置（S）] <仅横截面>:
```

在输入选项，若选择“导向（G）”选项，表示用来指定控制放样实体或曲面形状的导向曲线，如图 6-45 所示。

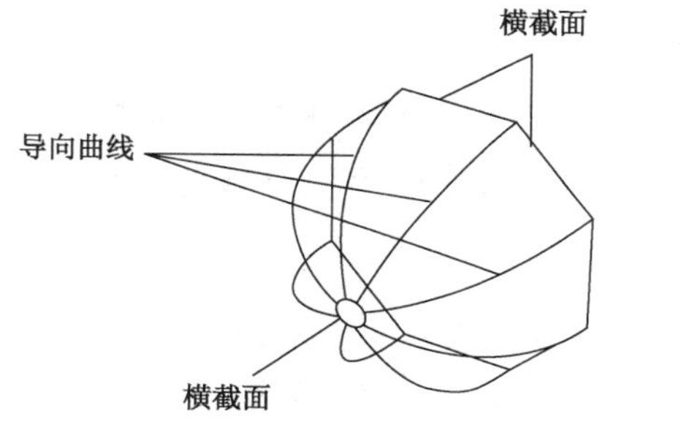

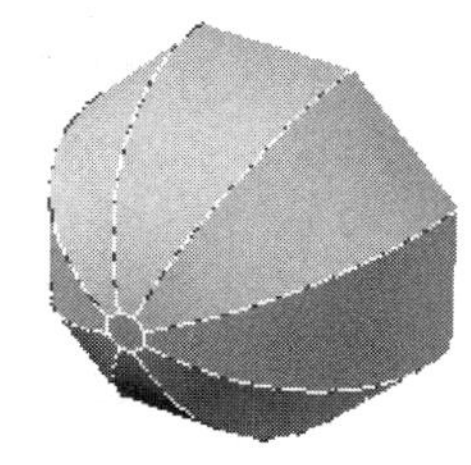

图 6-45　带有导向曲线的放样

若选择“路径（P）”选项，表示用来指定放样实体或曲面的单一路径，如图 6-46 所示。

若选择“仅横截面（C）”选项，表示放样时，不需要导向或路径。按照默认的路径进行放样。

若选择“设置（S）”选项，表示打开如图 6-47 所示的“放样设置”对话框。

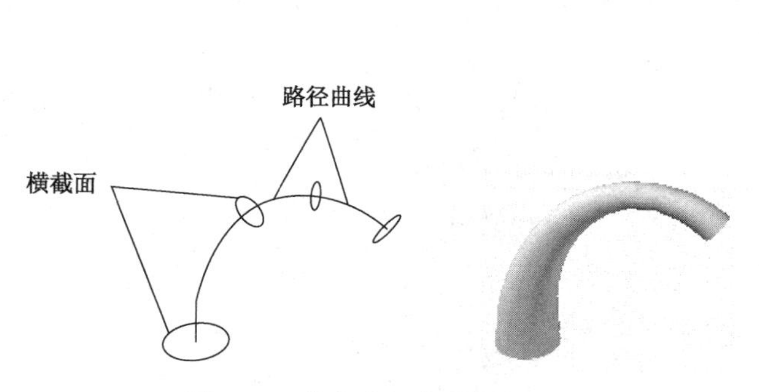

图 6-46　带有路径曲线的放样

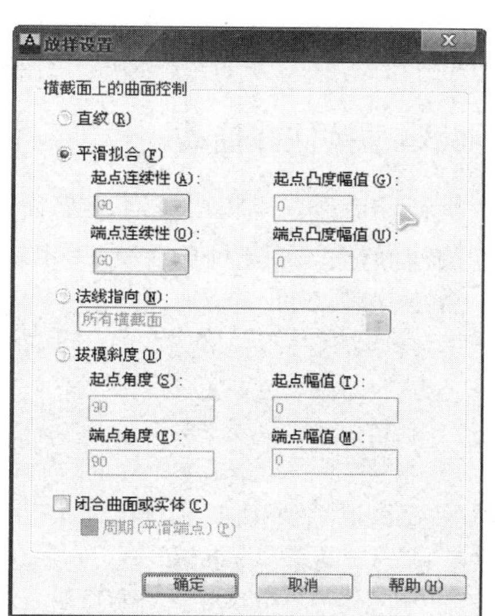

图 6-47　“放样设置”对话框

6.3　三维实体模型的编辑

学习目标

- 熟悉按住并拖动命令的使用。
- 掌握布尔运算的使用。
- 掌握倒角与圆角命令的使用方法。
- 掌握抽壳命令的使用方法。
- 掌握三维位置的操作方法。

学习内容

创建完实体后，要根据需要对其进行编辑，特别是实体编辑的布尔操作，其在创建较复杂的机械三维模型时，应用更为频繁。实体编辑工具面板如图 6-48 所示，在这里就常用的几个编辑命令，进行简单介绍。

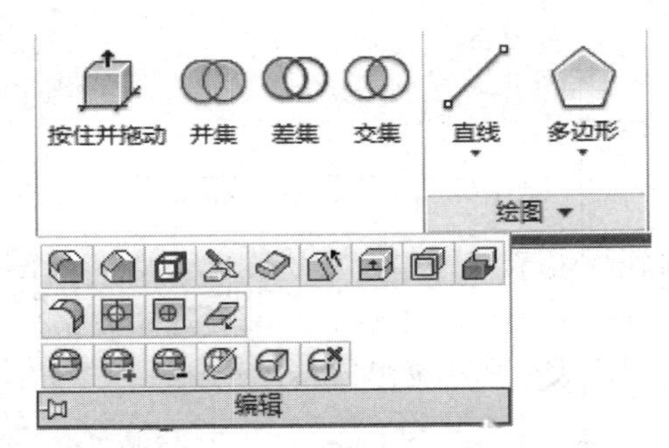

图 6-48　实体编辑工具面板

6.3.1　按住并拖动

执行该命令，可将二维对象或者三维实体面形成的区域进行拉伸或偏移。直接按住并拖动执行拉伸操作；在按下 Ctrl 键的同时进行拖动，则执行偏移操作，如图 6-49 所示。操作对象后，命令行显示如下：

```
命令: _presspull
选择对象或边界区域:
指定拉伸高度或 [多个(M)]:      // 拖动操作面
指定拉伸高度或 [多个(M)]:
已创建 1 个拉伸
选择对象或边界区域:
指定偏移距离或 [多个(M)]:     // 按住Ctrl键的同时拖动操作面
1 个面偏移
```

（a）原始

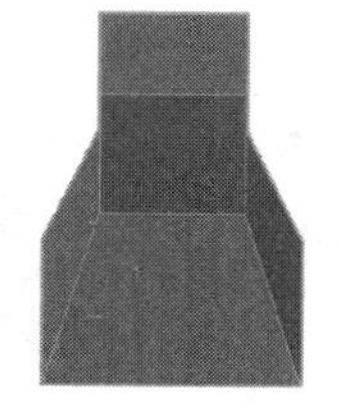
（b）拉伸

（c）偏移

图 6-49 按住并拖动三维实体面

6.3.2 布尔运算

实体编辑的布尔操作命令可以实现实体间的并、交、差运算。通过该运算，可以将多个形体组合成一个形体，从而实现一些特殊造型。

1．并集运算

并集运算是将两个以上的实体合并成一个实体。执行命令后，选择需要合并的实体对象，按 Enter 键或者单击鼠标右键进行确认，即可执行合并操作，如图 6-50 所示。

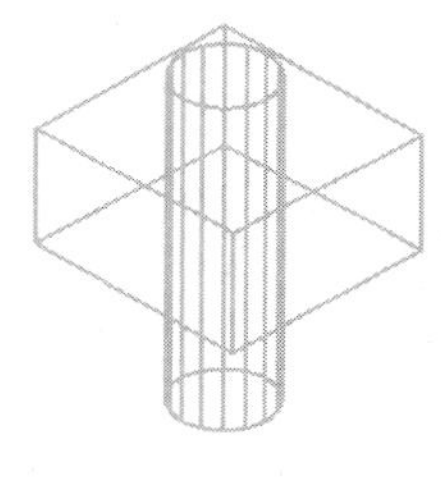
（a）合并前

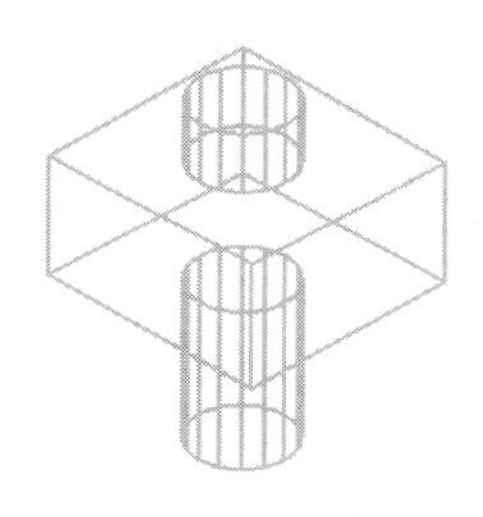
（b）合并后

图 6-50 并集运算

2．差集运算

差集运算是将一个实体从另一个实体中减去，从而形成新的组合对象。执行命令后，先选取被减去的对象，按 Enter 键或单击鼠标右键进行确认，再选取减去对象，按 Enter 键或单击鼠标右键进行确认，即可执行差集操作，如图 6-51 所示。操作后，命令行显示如下。

```
命令： _subtract 选择要从中减去的实体、曲面和面域...
选择对象：找到 1 个            // 选择长方体
选择对象：
选择要减去的实体、曲面和面域...
选择对象：找到 1 个            // 选择圆柱
选择对象：
```

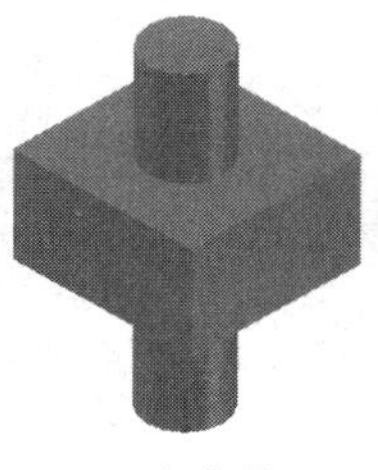
（a）操作前

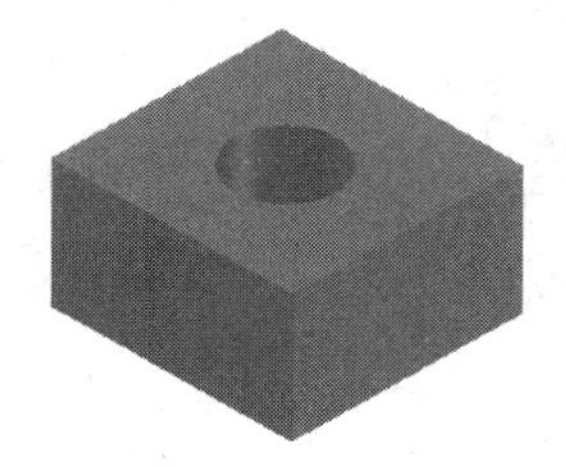
（b）操作后

图 6-51 差集运算

3．交集运算

交集运算就是将两个或多个实体的公共部分创建为一个新的实体，执行命令后，先选择需要交集运算的所有实体，然后按 Enter 键或单击鼠标右键进行确认，即可执行交集操作，如图 6-52 所示。

（a）操作前

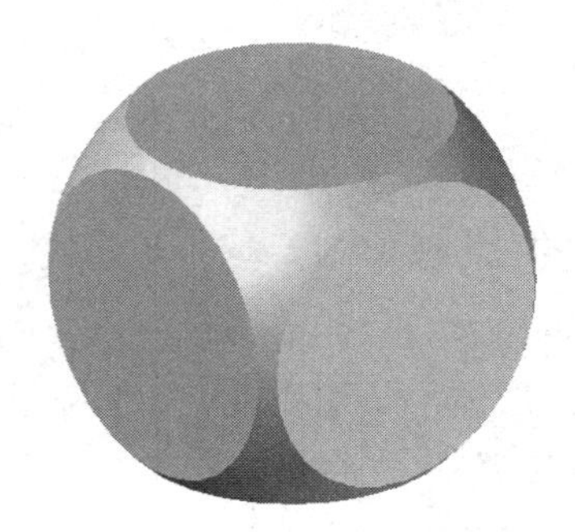

（b）操作后

图 6-52　交集运算

6.3.3　倒角和圆角

倒角和圆角是加工机械零件中必不可少的加工步骤，因此在绘制三维实体时，经常用到圆角、倒角命令。

1．圆角命令

圆角命令就是对实体的边进行圆角操作。执行命令后，选择要圆角的边，然后按 Enter 键确认，即可完成操作，如图 6-53 所示，命令行显示如下。

```
命令: _FILLETEDGE
半径 = 1.0000            // 默认圆角半径。
选择边或 [链(C)/环(L)/半径(R)]: r              // 重新设置圆角半径
输入圆角半径或 [表达式(E)] <1.0000>: 5         // 设置圆角半径为5
选择边或 [链(C)/环(L)/半径(R)]:
选择边或 [链(C)/环(L)/半径(R)]:
选择边或 [链(C)/环(L)/半径(R)]:
已选定 2 个边用于圆角
按 Enter 键接受圆角或 [半径(R)]:
```

圆角半径除了可以设置外，也可以通过拖动圆角的夹点，来预览圆角半径，如图 6-54 所示。

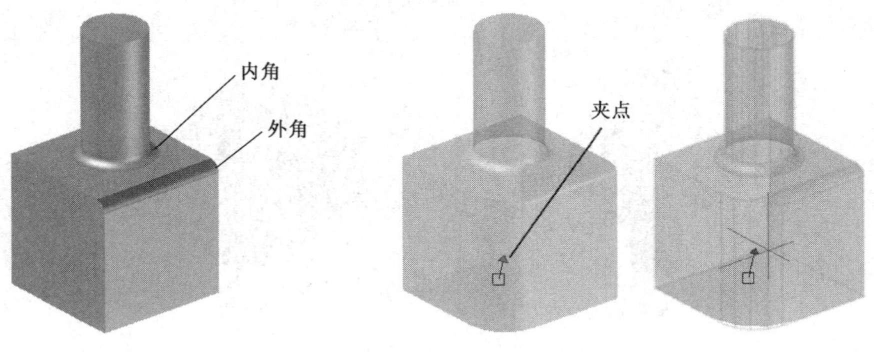

图 6-53　圆角示例　　图 6-54　圆角夹点

在选择圆角边[图 6-55（a）]时，若选择“链（C）”选项，则表示与选择边相切的所有边均被选中，如图 6-55（b）所示；若选择“环（L）”选项，则表示与选择边在同一面的其他边也一块被选中，如图 6-55（c）所示。

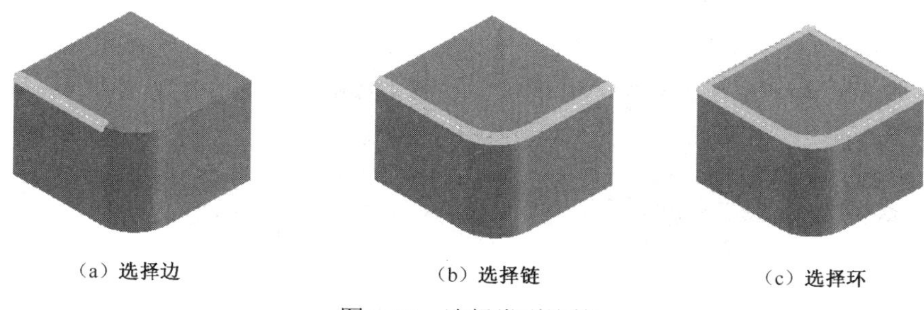

（a）选择边　　（b）选择链　　（c）选择环

图 6-55　选择类型比较

2．倒角命令

倒角命令就是对实体的边进行倒角操作。执行命令后，选择要倒角的边，然后按 Enter 键确认，即可完成操作，如图 6-56 所示。操作后，命令行显示如下。

```
命令: _CHAMFEREDGE 距离 1 = 1.0000，距离 2 = 1.0000
选择一条边或 [环（L）/距离（D）]: d
指定距离 1 或 [表达式（E）] <1.0000>: 10
指定距离 2 或 [表达式（E）] <1.0000>: 10
选择一条边或 [环（L）/距离（D）]:
选择同一个面上的其他边或 [环（L）/距离（D）]:
选择同一个面上的其他边或 [环（L）/距离（D）]:
按 Enter 键接受倒角或 [距离（D）]:
命令:
CHAMFEREDGE
距离 1 = 10.0000，距离 2 = 10.0000
选择一条边或 [环（L）/距离（D）]: d
指定距离 1 或 [表达式（E）] <10.0000>: 15
指定距离 2 或 [表达式（E）] <10.0000>: 5
选择一条边或 [环（L）/距离（D）]:
选择同一个面上的其他边或 [环（L）/距离（D）]:
按 Enter 键接受倒角或 [距离（D）]:
```

（a）倒角前

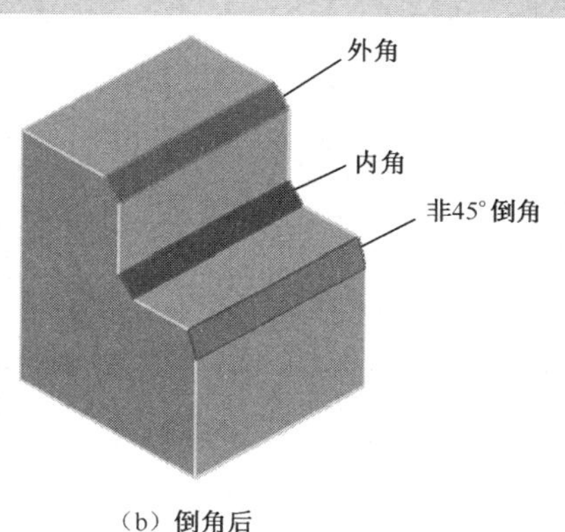

（b）倒角后

图 6-56　倒角

6.3.4 抽壳命令

抽壳是三维实体造型设计中常用的命令之一。在实际的设计中，经常需要创建一些壳体。使用抽壳命令，即可将三维实体转换成中空薄壁或壳体。

在“三维基础”空间下的实体编辑工具面板上没有提供该按钮。要执行该命令，可以进入“三维建模”空间，在“实体编辑”工具面板上，单击“分割”命令的下拉箭头，选择“抽壳”命令，如图 6-57 所示。

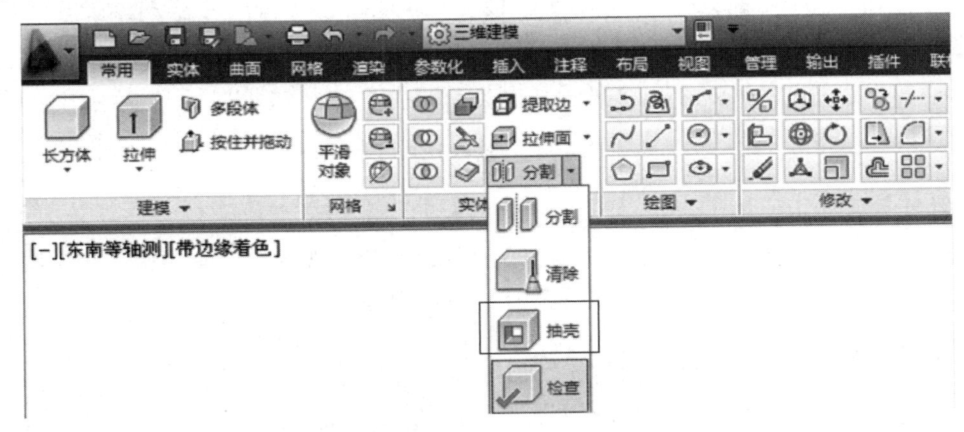

图 6-57 三维建模空间下的工具面板

执行命令后，根据命令行提示，进行如下操作。

（1）选择要抽壳的三维实体。

（2）选择要删除的面并按 Enter 键确认，删除面可以选择一个或多个。

（3）输入抽壳偏移距离，最后按 Enter 键确认，完成抽壳操作，偏移距离的值可以是负值，如图 6-58 所示。

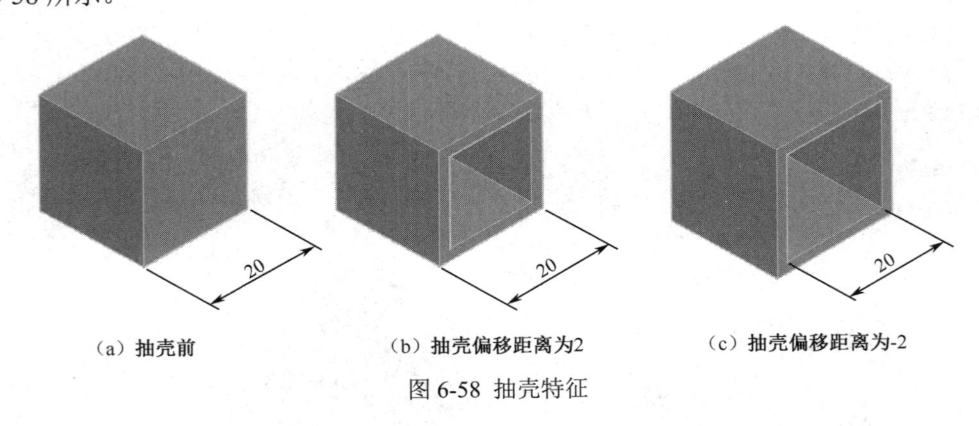

（a）抽壳前　（b）抽壳偏移距离为2　（c）抽壳偏移距离为-2

图 6-58 抽壳特征

说明

在选择删除面时，如果未选择删除面，则三维实体会抽壳成中空体，如图 6-59 所示；如果实体上有倒角或圆角，要注意倒角距离和圆角半径不要小于抽壳距离，否则会提示抽壳失败。

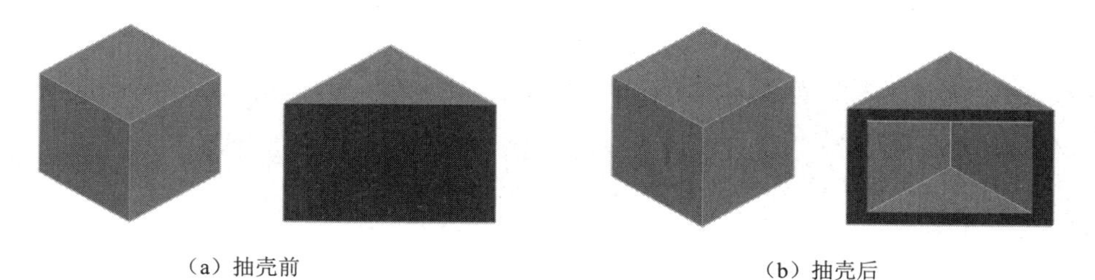

（a）抽壳前　　（b）抽壳后

图 6-59　未选择删除面抽壳

6.3.5　三维位置的操作

在 AutoCAD 2013 中，三维位置的操作有三维移动、三维旋转、三维缩放、三维镜像、三维对齐以及三维阵列等，这些命令选项位于“修改”工具面板上，如图 6-60 所示。

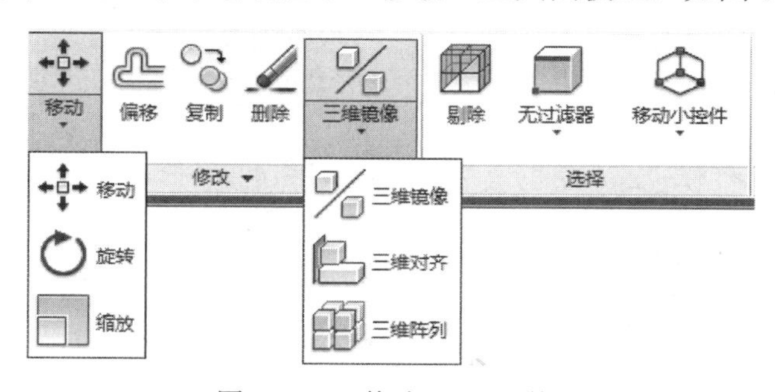

图 6-60　“修改”工具面板

1. 三维移动命令

使用三维移动工具，可以将实体模型向任意方向移动，从而获得模型在视图中的准确位置。执行命令后，根据命令行提示，选择要移动的对象，按 Enter 键确认，然后指定基点，拖动鼠标，移动对象到指定点，最后单击鼠标完成对象的移动，如图 6-61 所示。操作后，命令行显示如下。

```
命令: _move
选择对象: 找到 1 个
选择对象:
指定基点或 [位移(D)] <位移>:
指定第二个点或 <使用第一个点作为位移>:      // 可指定点，也可输入坐标值
```

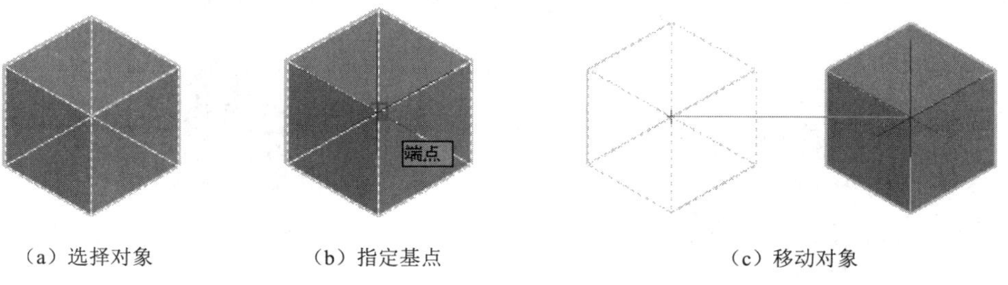

（a）选择对象　　（b）指定基点　　（c）移动对象

图 6-61　移动对象

2. 三维旋转命令

使用三维旋转工具，可以将选取的对象沿着指定的旋转轴进行自由旋转。执行命令后，根

据命令行提示，选择要旋转的对象，按 Enter 键确认，然后指定基点（旋转轴过基点），拖动鼠标，按指定角度旋转对象，如图 6-62 所示。操作后，命令行显示如下。

```
命令：_rotate
UCS 当前的正角方向： ANGDIR=逆时针  ANGBASE=0
选择对象：找到 1 个
选择对象：
指定基点：
指定旋转角度，或 [复制（C）/参照（R）] <270>：   // 选项“参照（R）”，表示将对象从指定的角度旋转到新的绝对角度
```

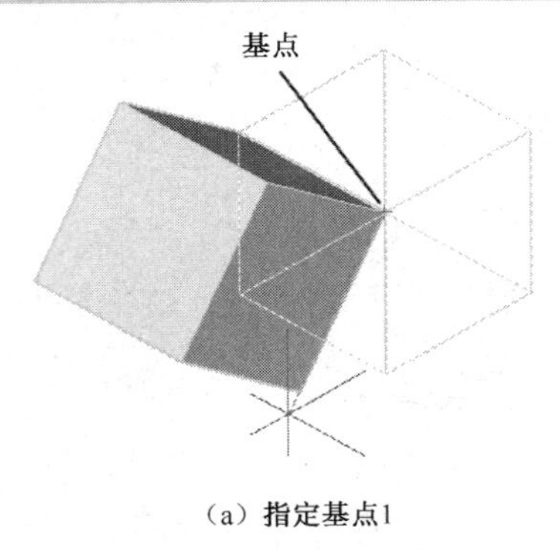

（a）指定基点1

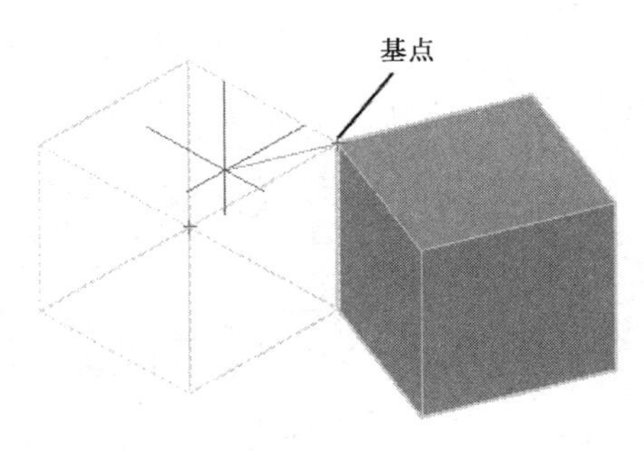

（b）指定基点2

图 6-62　旋转对象

3．三维缩放命令

使用三维缩放工具，可以将选取的对象按指定的比例因子进行自由缩放。执行命令后，根据命令行提示，选择要旋转的对象，按 Enter 键确认，然后指定基点，输入比例因子，即可按指定比例因子进行缩放，如图 6-63 所示。操作后，命令行显示如下。

```
命令：_scale
选择对象：找到 1 个
选择对象：
指定基点：
指定比例因子或 [复制（C）/参照（R）]：r        // 采用参照模式
指定参照长度 <10.0000>：5
指定新的长度或 [点（P）] <5.0000>： 10        // 即将对象扩大1倍
```

（a）缩放前

（b）缩放后

图 6-63　参照模式缩放对象

4．三维镜像命令

使用三镜像工具，可以将三维模型通过镜像平面获取与之完全相同的对象。执行命令后，先选择要镜像的对象，按 Enter 键确认，根据命令行提示，选择镜像平面并按 Enter 键确认后，即可完成操作，如图 6-64 所示。操作后，命令行显示如下。

```
命令：_mirror3d
选择对象：找到 1 个
选择对象：
指定镜像平面（三点）的第一个点或
  [对象（O）/最近的（L）/Z 轴（Z）/视图（V）/XY 平面（XY）/YZ 平面（YZ）/ZX 平面（ZX）/三点（3）] <三点>：3
在镜像平面上指定第一点：在镜像平面上指定第二点：在镜像平面上指定第三点：
是否删除源对象？[是（Y）/否（N）] <否>：
```

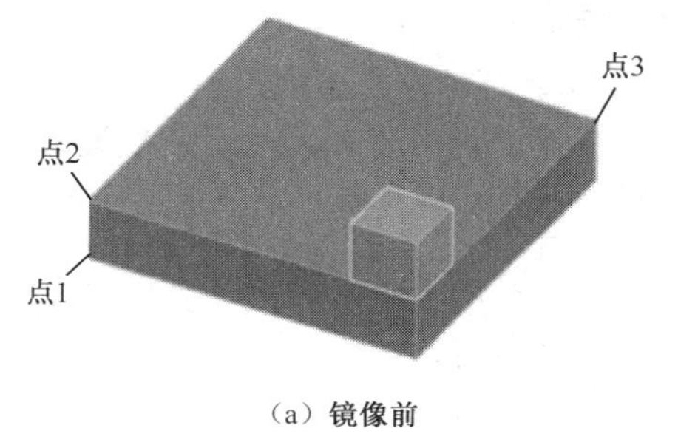

（a）镜像前

（b）镜像后

图 6-64　镜像对象

5．三维对齐命令

三维对齐就是通过三个点定义源平面，再通过三个点定义目标平面，使三维模型的源平面与目标平面对齐。执行命令后，先选择要对齐的对象并按 Enter 键确认；指定源平面的三个点；再指定目标平面的三个点，从而完成三维对象的对齐操作，如图 6-65 所示。操作后，命令行显示如下：

```
命令：_3dalign
选择对象：找到 1 个
选择对象：
 指定源平面和方向 ...
指定基点或 [复制（C）]：                    // 指定1′点
指定第二个点或 [继续（C）] <C>：            // 指定2′点
指定第三个点或 [继续（C）] <C>：            // 指定3′点
 指定目标平面和方向 ...
指定第一个目标点：                          // 指定1点
指定第二个目标点或 [退出（X）] <X>：        // 指定2点
指定第三个目标点或 [退出（X）] <X>：        // 指定3点
```

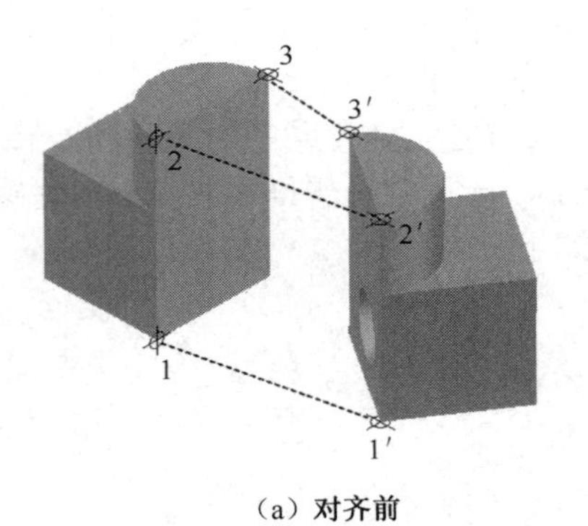

（a）对齐前

（b）对齐后

图 6-65　三维对齐对象

6．三维阵列命令

如果在三维图形中，包含有多个相同的实体，并且这些实体按一定的阵列排列，这时就可以采用三维阵列命令来完成。三维阵列有矩形阵列和环形阵列两种。

（1）矩形阵列。在矩形阵列中，三维实体模型以矩形的方式排列。执行三维阵列命令后，选择阵列对象并按 Enter 键确认；根据命令行提示，选择矩形阵列，然后依次设置阵列的行、列、层，结果如图 6-66 所示。操作后，命令行显示如下。

```
命令：_3darray
选择对象：找到 1 个
选择对象：
输入阵列类型 [矩形（R）/环形（P）] <矩形>:
输入行数（---）<1>: 4
输入列数（|||）<1>: 4
输入层数（...）<1>: 2
指定行间距（---）: 25
指定列间距（|||）: 25
指定层间距（...）: 110
```

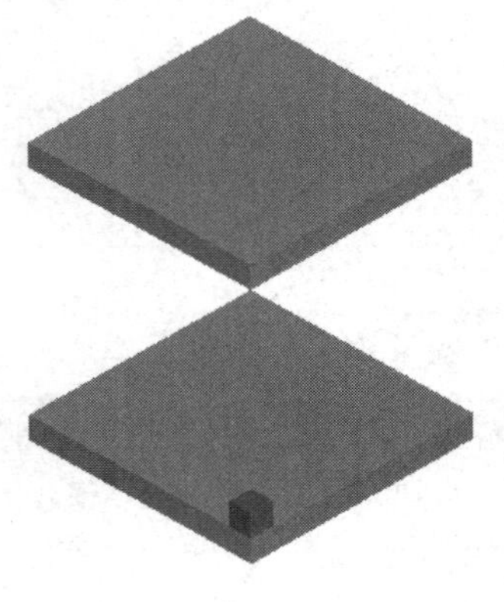

（a）阵列前

（b）阵列后

图 6-66　矩形阵列对象

（2）环形阵列。在环形阵列中，三维实体模型以环形的方式排列，如图 6-67 所示。执行命令后，根据命令行提示，选择环形阵列，依次进行操作。操作完后，命令行显示如下。

```
命令：_3darray
选择对象：找到 1 个
选择对象：找到 1 个，总计 2 个
选择对象：
输入阵列类型 [矩形（R）/环形（P）] <矩形>:p
输入阵列中的项目数目：6
指定要填充的角度（+=逆时针，-=顺时针）<360>:
旋转阵列对象？ [是（Y）/否（N）] <Y>:
指定阵列的中心点：
```

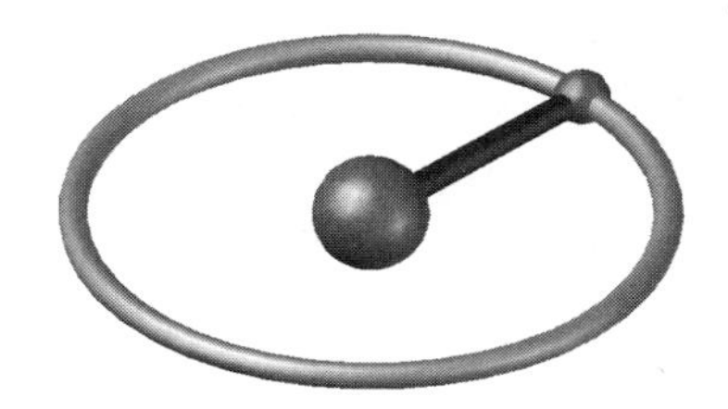

（a）阵列前

（b）阵列后

图 6-67　环形阵列对象

思考与练习

1．绘制如图 6-68 所示的方桌模型。
2．绘制如图 6-69 所示的烟灰缸模型。

图 6-68　方桌模型

图 6-69　烟灰缸模型

3．绘制如图 6-70 所示的五角星模型。

4．绘制如图 6-71 所示的碗筷模型。

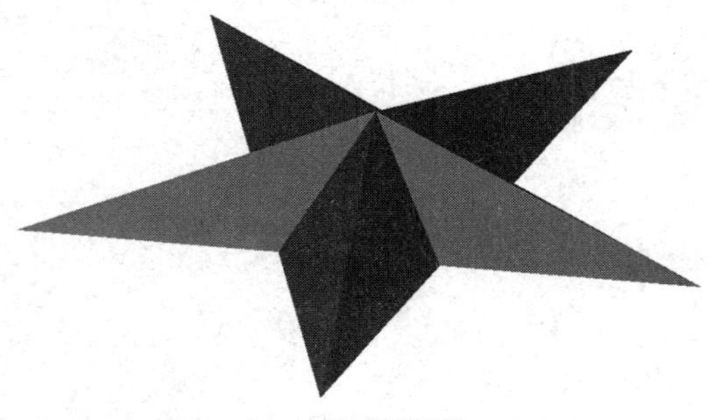

图 6-70　五角星模型

图 6-71　碗筷模型

项 目 篇

机械图形绘制

学习目标

- 熟悉机械绘图的基本规范。
- 能够对机械轴测图形进行绘制及尺寸标注。
- 掌握机械三维模型与二维模型之间的转换方法。

AutoCAD 2013 作为 CAD 工业的旗舰产品和工业标准，一直凭借其独特的优势而为全球的设计工程师特别是机械工程师所采用。AutoCAD 2013 在机械制图上有着相当完善的解决方案，本章将从机械轴测图形的绘制和机械三维模型与二维模型之间的转换两个方面来简单介绍 AutoCAD 在机械方面的应用。

7.1 机械绘图的基本规范

学习目标

- 熟悉机械绘图中的文字规定。
- 熟悉机械绘图中的尺寸规定。
- 熟悉机械绘图中图幅图框的规定。
- 熟悉机械绘图中图线及比例的规定。
- 熟悉机械绘图中明细表的规定。

学习内容

7.1.1 机械制图文字规定

机械制图中文字标准主要是指国家对文字的字体、高度等所做的规定。机械制图国家文字标准与 ISO 标准完全一致，以直线笔道为主，尽量减少弧线，去掉一些笔画的出头，这样既便于书写，又利于计算机绘图。《机械制图》（GB/T14691—1993）中对字体进行了规定。机械制图中文字标注主要注意以下几点。

（1）书写字体必须做到字体工整、笔画清楚、间隔均匀、排列整齐。

（2）字体高度代表了字体的号数，国家标准中规定的公称尺寸系列为 1.8、2.5、3.5、5、7、10、14、20mm。

（3）文字中的汉字应采用长仿宋体，字高不应小于 3.5mm，字宽一般为 $H/\sqrt{2}$；文字中的字母和数字分为 A 型和 B 型。A 型字体的笔画宽度 d 为 h /14，B 型字体的笔画宽度 d 为 h/10，字母和数字可以写成斜体或者直体，斜体字的字头应该向右倾斜，与水平基准线成 75°。

（4）用作指数、分数、极限偏差、注脚等的数字及字母，一般应小于一号字体。

7.1.2 机械制图尺寸规定

在机械制图国家标准中对尺寸标注的规定主要有基本规则、尺寸线、延伸线、标注尺寸的符号、简化标注以及尺寸公差与配合标注等。

尺寸标注的基本规定有以下几个方面。

（1）零件的真实大小应该以图样上所标注的尺寸数值为依据，与图形的大小及绘图的准确度无关。

（2）图样中的尺寸以毫米（mm）为单位时，不需要标注计量单位的符号或名称，如采用其他单位，必须注明相应的计量单位的符号或名称。

（3）图样中所标注的尺寸，为该图样所示机件的最后完工尺寸，否则应该加以说明。

（4）零件的每一个尺寸，一般只标注一次，并应该标注在反映该特征最清晰的图形上。

一个完整的尺寸应该包括尺寸界线、尺寸线和尺寸数字三个尺寸要素，如图 7-1 所示。

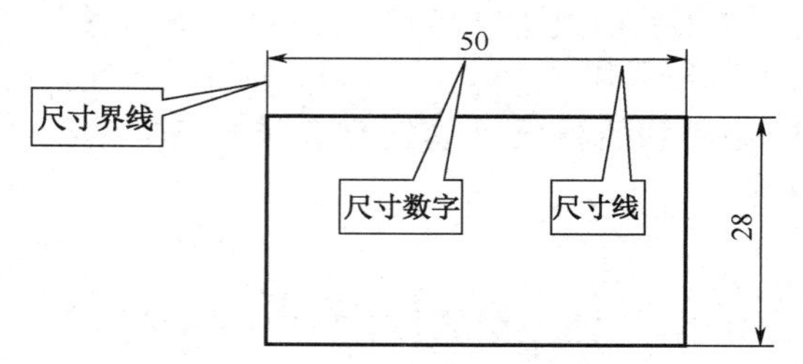

图 7-1　尺寸数字、尺寸线和尺寸界线

1．尺寸界线

尺寸界线表示尺寸的范围，其应由图形的轮廓线、轴线或对称中心线处引出，也可利用轮廓线、轴线或对称中心线替代。

尺寸界线一般应与尺寸线垂直，并超出尺寸线 3～4mm，必要时才允许倾斜，但两尺寸界线必须相互平行。

2．尺寸线

尺寸线表示所标注尺寸的方向，用细实线绘制。尺寸线不用其他图线代替，也不得与其他图线重合或者画在其延长线上。

标注线性尺寸时，尺寸线必须与所标注的线段平行；当有几条相互平行的尺寸线时，要小尺寸在内，大尺寸在外，以保持尺寸清晰。同理，图样上各个尺寸线间或尺寸线与尺寸界线之间也应尽量避免相交。

3．尺寸数字

尺寸数字表示尺寸的大小。尺寸数字不得被任何图线通过，无法避免时，必须将图线断开，线性尺寸的数字一般应注写在尺寸线的上方，也允许注写在尺寸线的中断处，如图 7-2 所示。

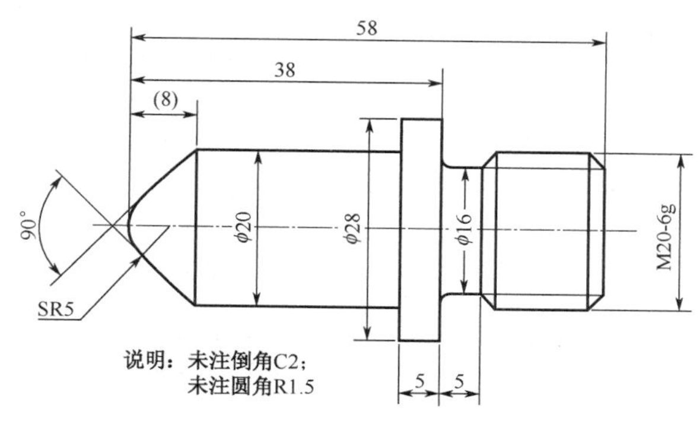

图 7-2　尺寸标注

7.1.3　机械制图中图幅图框规定

图幅是指图纸幅度的大小，分为横式幅面和立式幅面两种，主要有 A0、A1、A2、A3、A4。在机械制图中，图幅大小和图框有严格的规定，一般 A0～A3 图纸宜横式使用。

1．图幅大小

在机械制图国标中，对图幅的大小做了统一规定，各图幅的规格如表 7-1 所示。

表 7-1　图幅国家标准

<table>
<tr><th colspan="2">图纸代号</th><th>A0</th><th>A1</th><th>A2</th><th>A3</th><th>A4</th></tr>
<tr><td colspan="2">图纸大小</td><td>1189mm×841mm</td><td>841mm×594mm</td><td>594mm×420 mm</td><td>420 mm×297mm</td><td>297mm×210mm</td></tr>
<tr><td rowspan="3">周边尺寸</td><td>a</td><td colspan="5">25</td></tr>
<tr><td>c</td><td colspan="3">10</td><td colspan="2">5</td></tr>
<tr><td>e</td><td colspan="2">20</td><td colspan="3">10</td></tr>
</table>

2．图框格式

机械制图的图框格式分为不留装订边和留装订边两种类型，如图 7-3 所示。同一产品的图样只能采用同一种样式，并均匀画出图框线和标题栏。图框线用粗实线绘制，一般情况下，标题栏位于图纸右下角，也允许在图纸右上角。

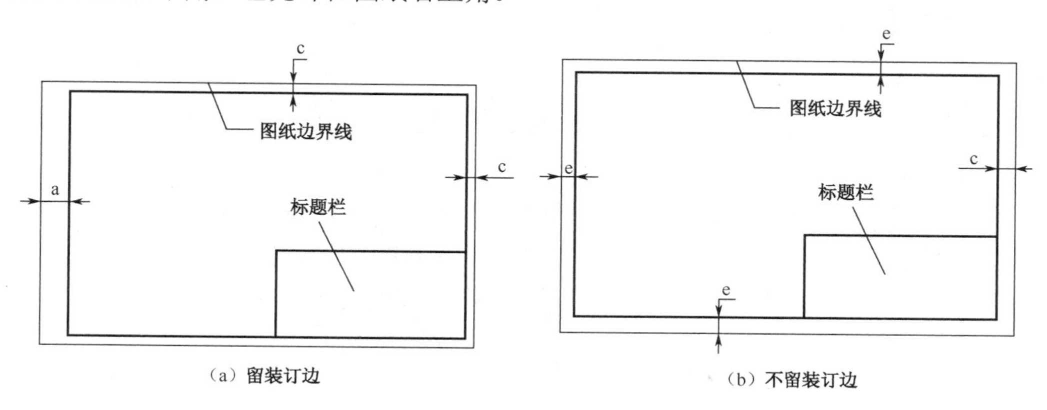

图 7-3　横图框格式

3．标题栏

国际规定机械图纸中必须附带标题栏，标题栏的内容一般为图样的综合信息。标题栏中一般包括图样名称、图纸代号、设计、材料标记、绘图日期等。标题栏的外框为粗实线，右边线应与图框线重合，如图 7-4 所示。

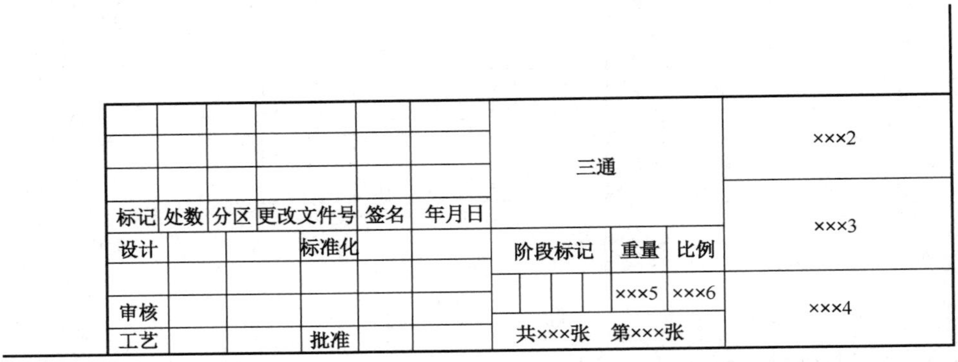

						三通	×××2
标记	处数	分区	更改文件号	签名	年月日		×××3
设计			标准化			阶段标记 重量 比例	
						×××5 ×××6	×××4
审核							
工艺			批准			共×××张 第×××张	

图 7-4 标题栏

7.1.4 机械制图中图线及比例规定

1．图线规定

在机械制图中，不同线型和线宽的图形表示不同的含义，因此需要设置不同的图层分别绘制图形中各种图形的不同部分。

在机械制图国标中，对机械图形中使用的各种图形的名称、线型、线宽以及在图形中应用都做了相关规定，如表 7-2 所示。

表 7-2 图线国家标准

图线名称	图线	线宽	绘制主要图形
粗实线		b	可见轮廓线、可见过渡线
细实线		约 b / 3	剖面线、尺寸线、尺寸界线、引出线、弯折线、辅助线等
细点画线		约 b / 3	中心线、轴线、齿轮节线等
虚线		约 b / 3	不可见轮廓线、不可见过渡线
波浪线		约 b / 3	断裂处的边界线、剖视和视图的分界线
双折线		约 b / 3	断裂处的边界线
粗点画线		b	有特殊要求的线或者表面的表示线
双点画线		约 b / 3	相邻辅助零件的轮廓线、极限位置的轮廓线等

2．比例规定

比例是指机械制图中图形与实物相应要素的线性尺寸之比。例如，比例为 1∶1 表示实物与图样相应的尺寸相等，比例大于 1，则实物的大小比图样的大小要小，称为放大比例，比例小于 1，则实物的大小比图样的大小要大，称为缩小比例。机械制图中常用的三种比例为 2∶1、1∶1、1∶2，比例符号应以“∶”表示。比例一般应标注在标题栏的比例内，有时局部视图或者剖视图也需要在视图名称的下方或者右侧标注比例。

7.1.5　机械制图中明细表的规定

机械制图中明细表也有相应的国家标准，主要包括明细表在装配图中的位置、内容和格式等方面的要求，如图 7-5 所示。

<table>
<tr><td>8</td><td colspan="2">前盖板</td><td>1</td><td>40Cr</td><td colspan="2"></td></tr>
<tr><td>7</td><td colspan="2">螺钉M612</td><td>2</td><td>35</td><td colspan="2">GB/T71—1985</td></tr>
<tr><td>6</td><td colspan="2">后盖板</td><td>1</td><td>40Cr</td><td colspan="2"></td></tr>
<tr><td>5</td><td colspan="2">螺钉M816</td><td>1</td><td>35</td><td colspan="2">GB/T70.1—2000</td></tr>
<tr><td>4</td><td colspan="2">基体</td><td>1</td><td>40Cr</td><td colspan="2"></td></tr>
<tr><td>3</td><td colspan="2">垫铁</td><td>1</td><td>T8A</td><td colspan="2"></td></tr>
<tr><td>2</td><td colspan="2">螺杆</td><td>1</td><td>40Cr</td><td colspan="2"></td></tr>
<tr><td>1</td><td colspan="2">卡爪</td><td>1</td><td>20Cr</td><td colspan="2"></td></tr>
<tr><td>序号</td><td colspan="2">名称</td><td>数量</td><td>材料</td><td colspan="2">备注</td></tr>
<tr><td colspan="5" rowspan="2">夹紧卡爪</td><td>比例</td><td>1:1</td></tr>
<tr><td>重量</td><td></td></tr>
<tr><td>制图</td><td></td><td></td><td colspan="4" rowspan="2"></td></tr>
<tr><td>校核</td><td></td><td></td></tr>
</table>

图 7-5　标题栏和明细栏

1. 明细表的内容和格式

（1）机械制图中的明细表一般由代号、序号、名称、数量、材料、备注等内容组成，可根据需要进行增加或减少。

（2）明细表放置在装配图中时，格式应遵循图纸的要求。

2. 明细表中项目的填写

明细表在填写内容时，应注意以下规则。

（1）“代号”一栏中填写图样中相应组成部分的图样代号和标准号。

（2）“序号”一栏中应填写图样中相应组成部分的序号。

（3）“名称”一栏中应填写图样中相应组成部分的名称。

（4）“数量”一栏中应填写图样中相应部分在装配中所需要的数量。

（5）“备注”一栏中应填写各项的附件说明或其他有关的内容。

7.2　机械轴测图形的绘制及尺寸标注

学习目标

- 掌握 AutoCAD 2013 中轴测环境的设置方法。
- 掌握轴测环境下视图平面的切换方法。
- 掌握轴测环境下等轴测圆的绘制方法。
- 掌握轴测图中的文字标注方法。
- 掌握轴测图中的尺寸标注方法。

学习内容

7.2.1 轴测环境的设置

轴测图能同时反映出物体长、宽、高 3 个方面的尺度，直观性好，立体感强，其在工程上作为辅助图样使用。

在 AutoCAD 2013 中绘制轴测图，需要进行绘图环境的设置。方法是打开“草图设置”对话框，进入“捕捉和栅格”选项卡，选中“启用捕捉”复选框；在“捕捉类型”栏，选中“等轴测捕捉”单选按钮，如图 7-6（a）所示；进入“极轴追踪”选项卡，将增量角设置为 30°，如图 7-6（b）所示。

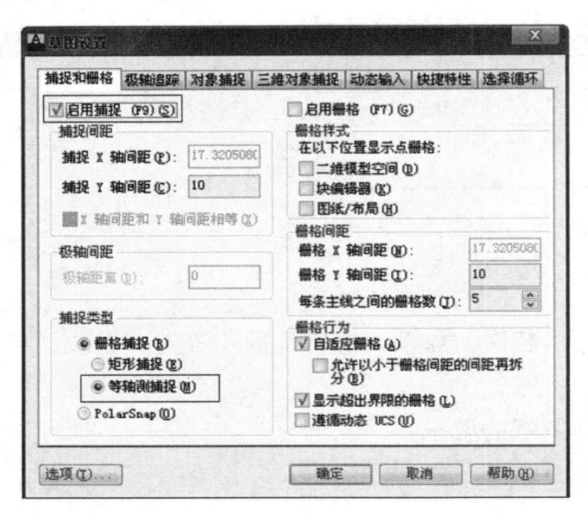

（a）“捕捉和栅格”选项卡

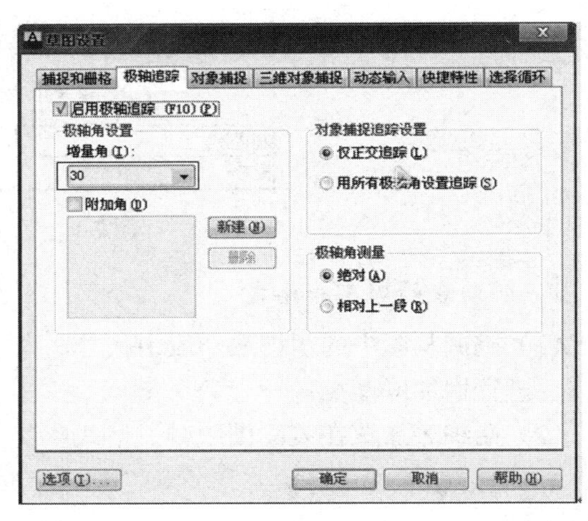

（b）“极轴追踪”选项卡

图 7-6 “草图设置”对话框

设置完后关闭该对话框，打开任务状态栏上的极轴追踪开关 和捕捉模式开关 。此时绘图区的“十”字光标，由图 7-7（a）所示的形式变成图 7-7（b）所示的形式。

（a）正交环境下的“十”字光标　　（b）轴测环境下的“十”字光标

图 7-7 “十”字光标形状

7.2.2 绘图平面切换

在绘制轴测视图过程中，需要在不同的视图平面之间进行切换，在轴测环境中，切换视图平面可以采用以下两种方法。

（1）直接按 F5 键进行切换。

（2）按 Ctrl+5 组合键进行切换。

三种视图平面状态下，光标显示如图 7-8 所示。

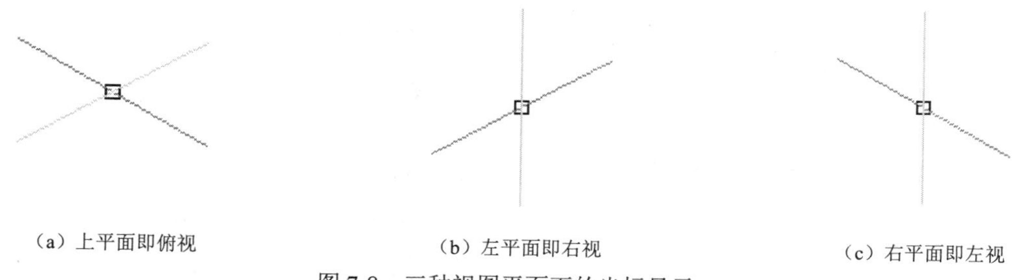

（a）上平面即俯视　　（b）左平面即右视　　（c）右平面即左视

图 7-8　三种视图平面下的光标显示

7.2.3　绘制等轴测圆

圆的投影是椭圆，当圆位于不同的轴测面时，椭圆的长、短轴的位置是不同的。在轴测环境下，可以使用轴、端点模式下的椭圆命令来绘制等轴测圆。

单击轴、端点方式绘制椭圆图标 ，将命令激活后，根据命令行提示进行操作，命令行显示如下：

```
命令：_ellipse          // 执行命令
指定椭圆轴的端点或 [圆弧（A）/中心点（C）/等轴测圆（I）]：I    // 选择“等轴测圆”选项
指定等轴测圆的圆心：          // 在绘图区捕捉等轴测圆的圆心
指定等轴测圆的半径或 [直径（D）]：      // 输入等轴测圆的半径
```

练习：在轴测图环境下，绘制如图 7-9 所示的模型，具体操作参见“素材\演示\7\轴测图练习.wrf”。

7.2.4　轴测环境下的文字标注

在轴测图中，进行文字注释时，为了使得文字看起来更像在轴测面内，需要将文字倾斜并旋转一定角度，使文字的外观与轴测图协调起来，如图 7-10 所示。下面就以图 7-10 中的文字注释为例来介绍轴测环境中文字注释的标注过程。

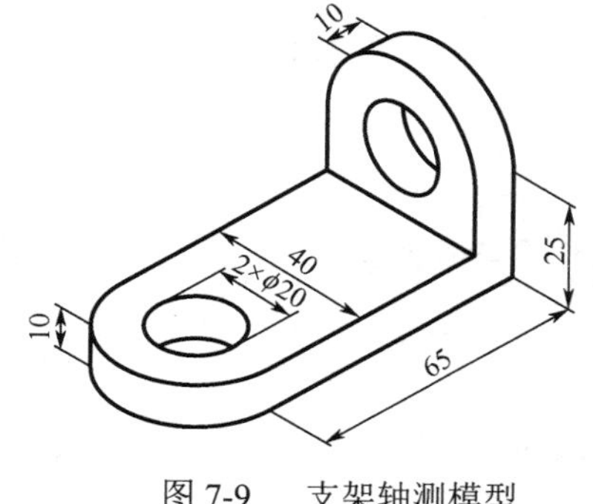

图 7-9　支架轴测模型

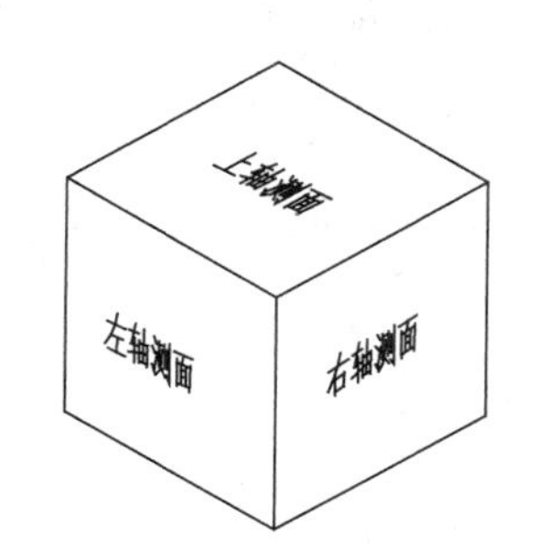

图 7-10　轴测图中文字注释

1．轴测图下的文字样式设置

展开“注释”功能面板，单击“文字样式”图标 ，打开“文字样式”对话框，新建一个名称为“右倾斜”的文字样式，并将该文字样式按照如图 7-11（a）所示进行设置；重复命令，再创建名称为“左倾斜”的文字样式，设置如图 7-11（b）所示。

（a）右倾斜文字样式设置

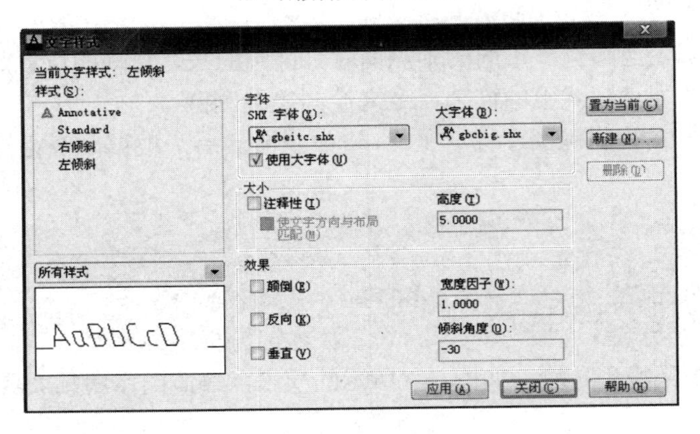

（b）左倾斜文字样式设置

图 7-11　文字样式设置

2．注释右轴测平面上的文字

按 F5 键，将视图切换至“等轴测平面（右视）”环境。以“右倾斜”文字样式为当前文字样式，输入文字“右轴测面”，并将其移动到正方体的右轴测面上，如图 7-12（a）所示。然后利用夹点编辑功能，旋转 30°，如图 7-12（b）所示，最后结果如图 7-12（c）所示。

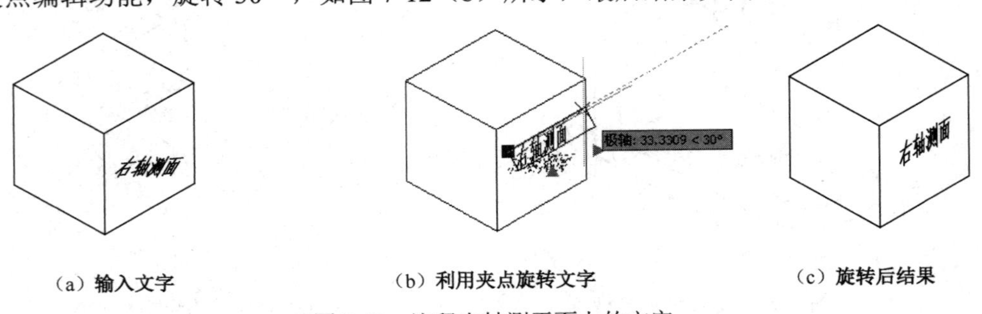

（a）输入文字　　（b）利用夹点旋转文字　　（c）旋转后结果

图 7-12　注释右轴测平面上的文字

3．注释上轴测平面上的文字

按 F5 键，将视图切换至“等轴测平面（俯视）”环境。以“右倾斜”文字样式为当前文字样式，输入文字“上轴测面”，并将其移动到正方体的上轴测面上，如图 7-13（a）所示。然后利用夹点编辑功能，旋转-30°，如图 7-13（b）所示，完成后结果如图 7-13（c）所示。

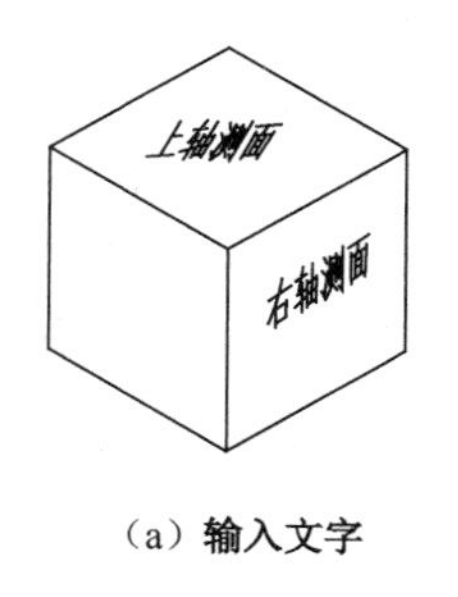

（a）输入文字

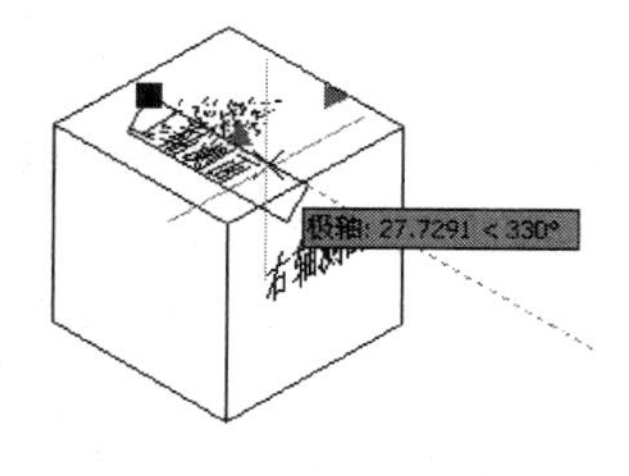

（b）利用夹点旋转文字

（c）旋转后结果

图 7-13 注释上轴测平面上的文字

4．注释左轴测平面上的文字

按 F5 键，将视图切换至“等轴测平面（左视）”环境。以“左倾斜”文字样式为当前文字样式，输入文字“左轴测面”，并将其移动到正方体的左轴测面上，如图 7-14（a）所示。然后利用夹点编辑功能，旋转-30°，如图 7-14（b）所示，完成后结果如图 7-14（c）所示。

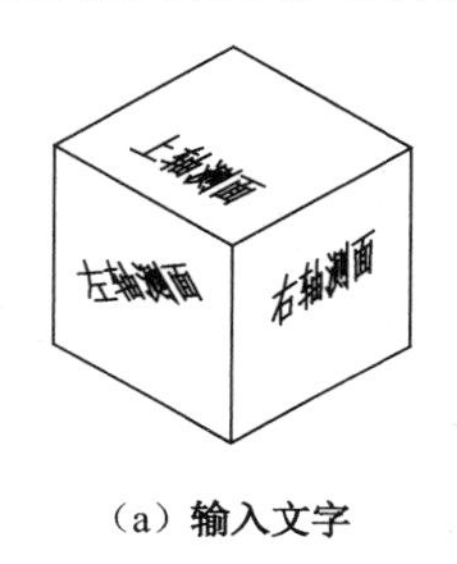

（a）输入文字

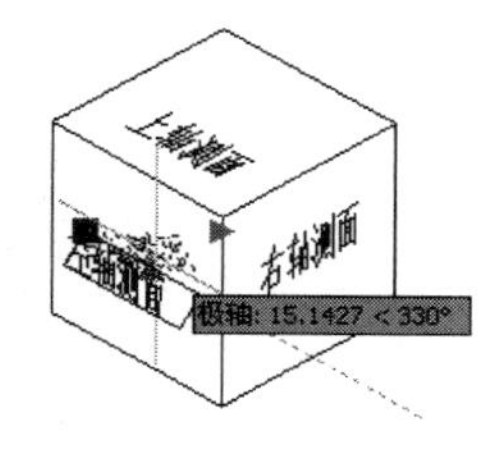

（b）利用夹点旋转文字

（c）旋转后结果

图 7-14 注释左轴测平面上的文字

通过以上实例，不难看出，在左轴测面、上轴测面上的文字注释，需采用-30° 倾斜；在右轴测面上的文字注释，需采用 30° 倾斜。

7.2.5 轴测环境下的尺寸标注

在轴测图中，同文字注释一样，尺寸标注也要求和所在的等轴测平面平行。因此进行尺寸标注时，应该使用“对齐标注”，才能得到真实的测量值。标注完后，还须将尺寸线和尺寸界限进行倾斜，或者将尺寸标注的文字进行角度旋转，才能得到满意的效果，如图 7-15 所示。

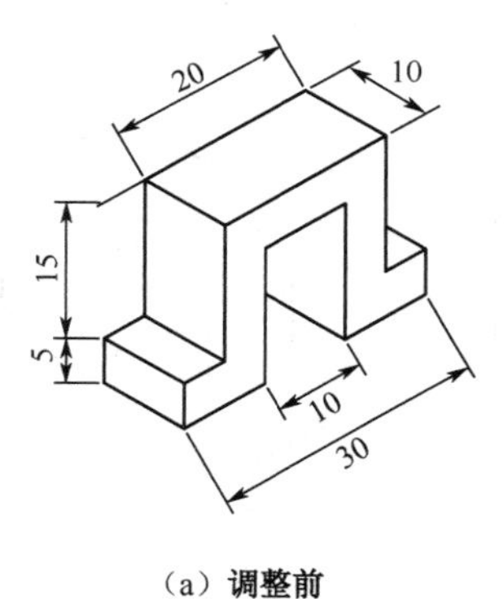

（a）调整前

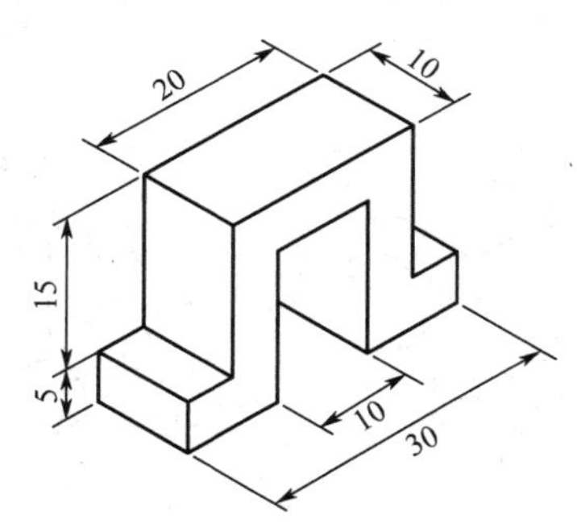

（b）调整后

图 7-15 轴测图尺寸标注调整前后对比

1．尺寸倾斜

尺寸倾斜命令用来将线性标注的尺寸线和尺寸界线，按照指定的角度进行倾斜，在轴测图中，尺寸倾斜的角度一般为30°或-30°。启用尺寸倾斜命令，可采用以下几种方式。

（1）直接在命令行输入“DIMEDIT”或者“DED”，并按下 Enter 键进行确认，根据命令行提示，选择“倾斜（O）”选项。

（2）在“注释”菜单栏下，展开“标注”工具面板，单击“倾斜”图标。

激活命令后，根据命令行提示，选择要倾斜的尺寸标注，按 Enter 键确认后，输入倾斜角度即可。

练习：以图 7-16 所示的图形来进行尺寸倾斜的操作，具体操作参见“素材\演示\7\尺寸倾斜练习.wrf”。

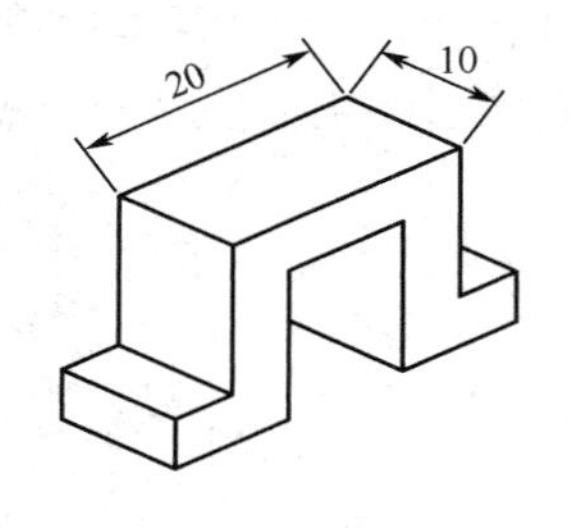

（a）初始标注

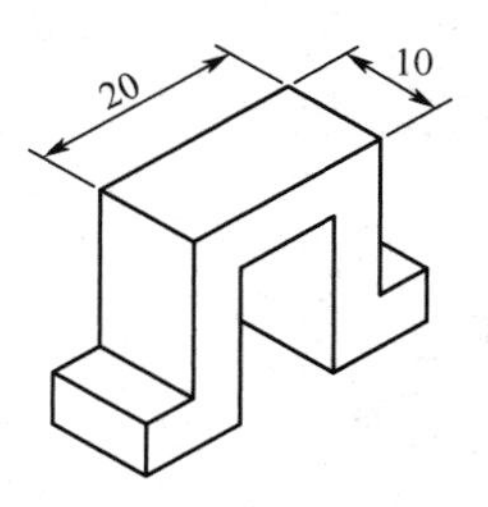

（b）倾斜后

图 7-16　尺寸倾斜练习

2．旋转标注的文字角度

有时在倾斜尺寸标注后，倾斜后的尺寸文字仍不能满足要求，如图 7-17（a）中测量值为 10 的线性标注。这时可采用“文字角度”命令，将线性标注的文字，按照指定的角度进行旋转。启用“文字角度”命令，可采用以下几种方式。

（1）直接在命令行输入“DIMTEDIT”或者“DIMTED”，并按下 Enter 键进行确认，根据命令行提示，选择“角度（a）”选项。

（2）在“注释”菜单栏下，展开“标注”工具面板，单击“文字角度”图标。

激活命令后，根据命令行提示，选择要旋转文字角度的尺寸标注，输入旋转角度并按 Enter 键确认。然后选择尺寸标注，将光标移动到标注尺寸线中间的夹点上，悬停一会儿，弹出右键快捷菜单，选择“仅移动文字”选项，如图 7-17（b）所示。将文字调整到适当位置，结果如图 7-17（c）所示（具体操作参见“素材\演示\7\文字旋转练习.wrf”）。

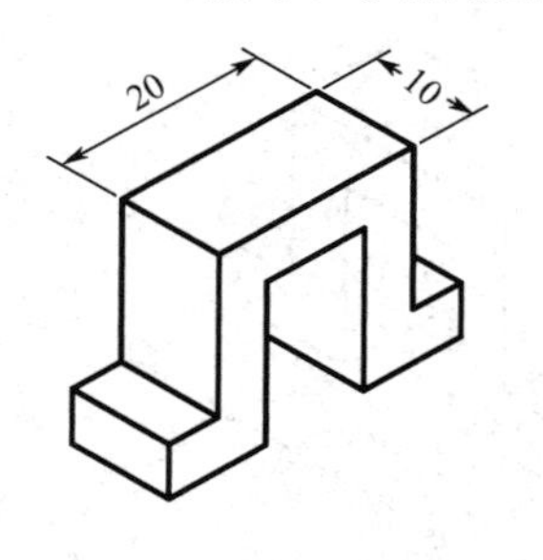

（a）文字旋转前

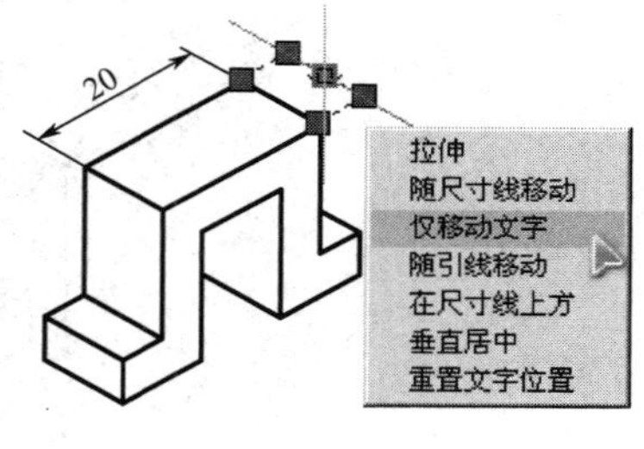

（b）选择“仅移动文字”选项

20 10

（c）文字旋转后

图 7-17　文字旋转

3．标注样式设置

在轴测图中，标注文本的倾斜角一般为 30°和-30°两种，因此需要创建具有这两种倾斜角的标注样式。

创建名称为“左倾斜”标注样式，在该标注样式中，文字样式选择前面创建的“左倾斜”文字样式，如图 7-18（a）所示；重复操作，创建名称为“右倾斜”标注样式，在该标注样式中，文字样式选择前面创建的“右倾斜”文字样式，如图 7-18（b）所示。

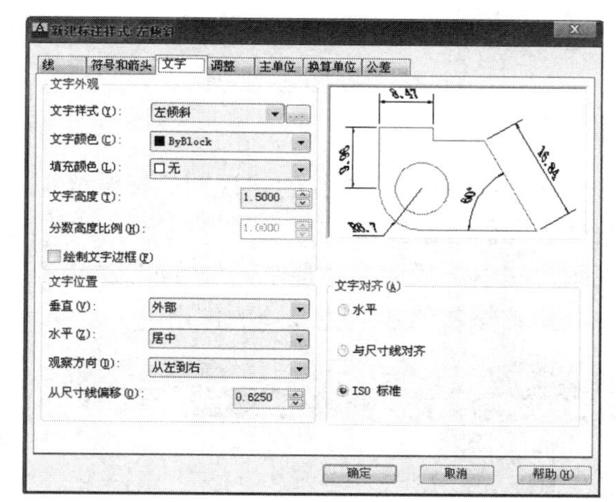

(a)“左倾斜”标注样式

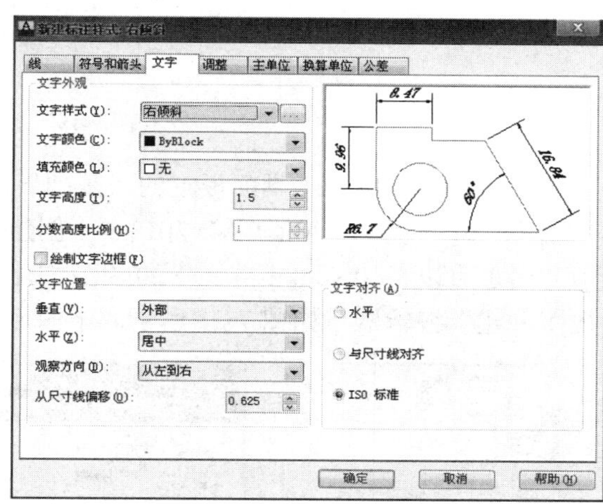

(b)“右倾斜”标注样式

图 7-18　创建标注样式

7.3　机械三维模型与二维模型之间的转换

学习目标

- 掌握在布局下由三维创建二维的方法。
- 掌握在布局下二维视图的编辑方法。

学习内容

在绘制平面图形时，对于一些复杂的实体模型，往往采用先绘制三维模型，再转换成二维平面图的办法。通过这种办法，能够减少工作量，提高绘图效率。在 AutoCAD 2013 中，三维转二维功能已经增强了不少。在这里简单介绍三维转二维的方法，希望能给读者起个引领作用。

7.3.1　创建视图

在 AutoCAD 2013 中，可以利用三维模型，绘制基础视图、投影视图、剖视图以及局部视图，下面分别介绍。

1．创建基础视图

首先在布局模式下，选择系统自动创建的视口，按下键盘上的 Delete 键，将其删除，如图 7-19 所示。

（a）选择视口

（b）删除视口后的结果

图 7-19 删除布局视口

单击“创建视图”工具面板上的“基础”图标，提示用户选择创建视图的三维模型来源，如图 7-20 所示。在 AutoCAD 2013 中，创建基础视图的三维模型一方面可以来自模型空间；另一方面也可以将 Inventor 中的三维模型创建视图。这里选择“从模型空间”，同时激活“工程视图创建”编辑器，如图 7-21 所示。下面简单介绍该编辑器各功能选项的作用。

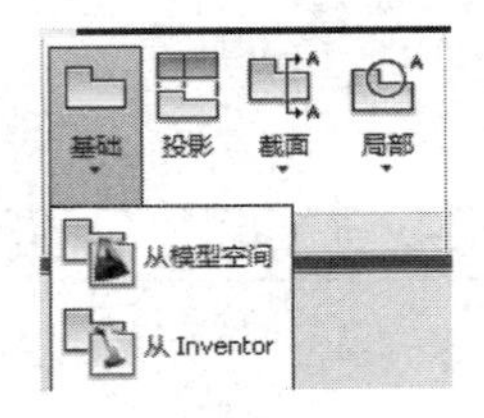

图 7-20 选择模型

图 7-21 工程图创建工具选项

（1）单击“选择”工具面板上的“模型空间选择”图标，可以返回到模型空间，选择创建视图的模型。

（2）可以从“方向”工具面板上，选择模型的视图方向作为基础视图，如图 7-22 所示。

（3）单击“外观”工具面板上的“隐藏线”图标，可以选择视图的显示方式，如图 7-23 所示。

（4）单击“外观”工具面板上的“比例”下拉菜单，选择合适的比例，如图 7-24 所示。

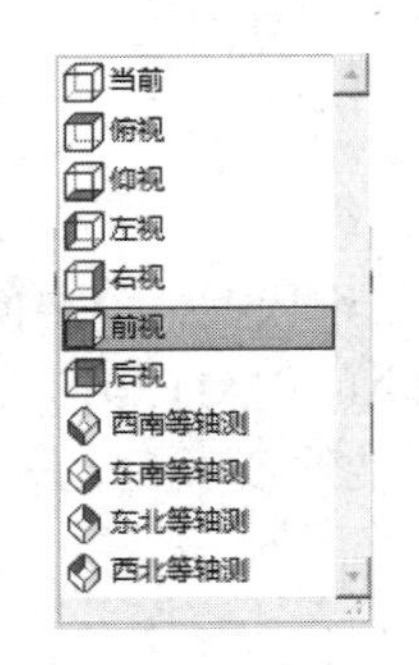

图 7-22 选择视图方向

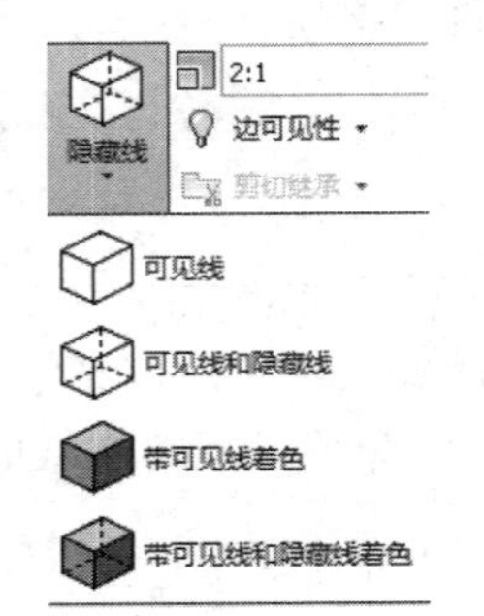

图 7-23 选择视图的显示方式

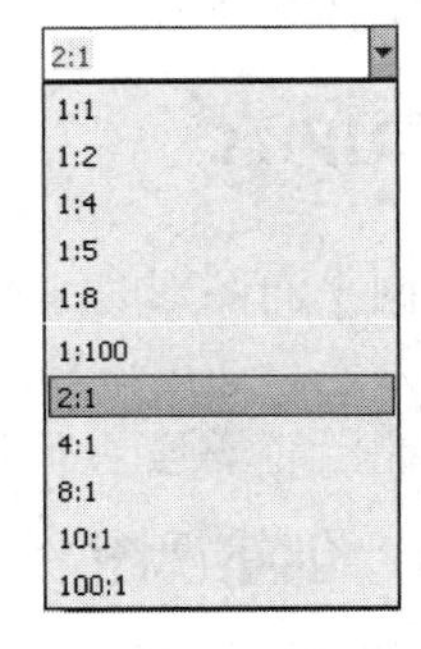

图 7-24 选择视图的显示比例

设置完后，在绘图区的适当位置单击并按 Enter 键确认，即可创建基础视图。如需要接着创建其他视图，只需在基础视图的其他方向上，移动鼠标至合适位置，然后单击鼠标即可完成视图创建，如图 7-25（a）所示。如不需创建其他视图，只需按 Enter 键即可结束视图的创建，如图 7-25（b）所示。

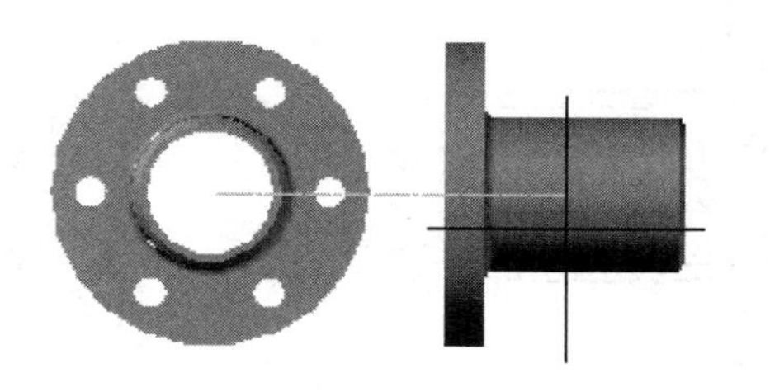

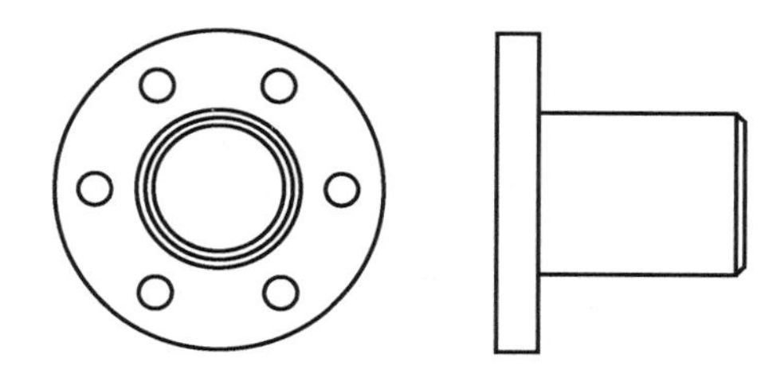

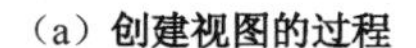
（a）创建视图的过程　　　　（b）创建视图后结果

图 7-25　创建视图

2．创建投影视图

利用该工具，可以从工程视图生成其他正交视图和等轴测视图。执行命令后，单击已生成的视图，即父视图，然后移动鼠标至适当位置单击即可，如图 7-26 所示。如不需创建其他视图，按 Enter 键即可完成投影视图的创建。

3．创建截面图

截面图即剖面图，单击“截面图”图标，选择要创建的截面图类型，如图 7-27 所示。在这里以全剖视图为例，来介绍截面视图的创建。执行命令后，选择父视图，此时打开“截面视图创建”编辑器，如图 7-28 所示。根据绘图要求，可对截面视图进行相关设置。

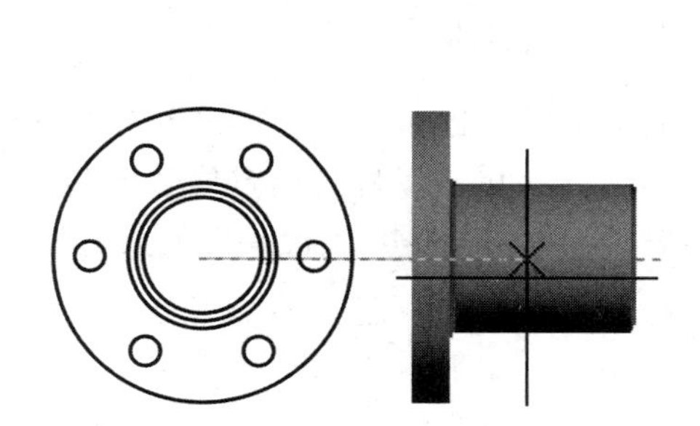

图 7-26　创建投影视图

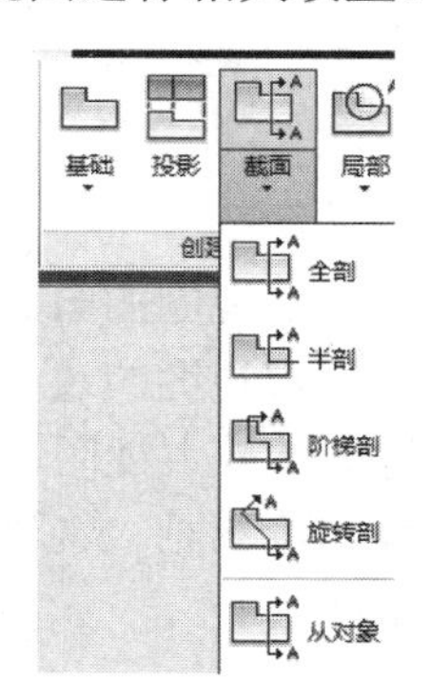

图 7-27　剖视图的类型

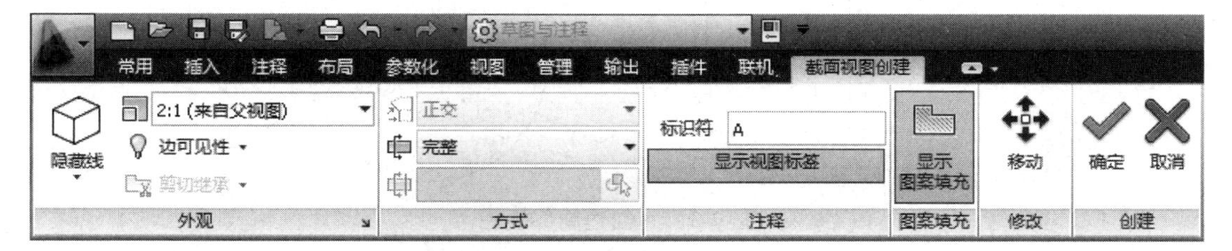

图 7-28　创建截面视图工具

根据命令行提示，指定剖切线的第一、第二个点，移动鼠标至适当位置，放置剖切视图，按 Enter 键即可完成全剖视图的创建，如图 7-29 所示（具体操作可参见“素材\演示\7\截面视图创建练习.wrf”）。

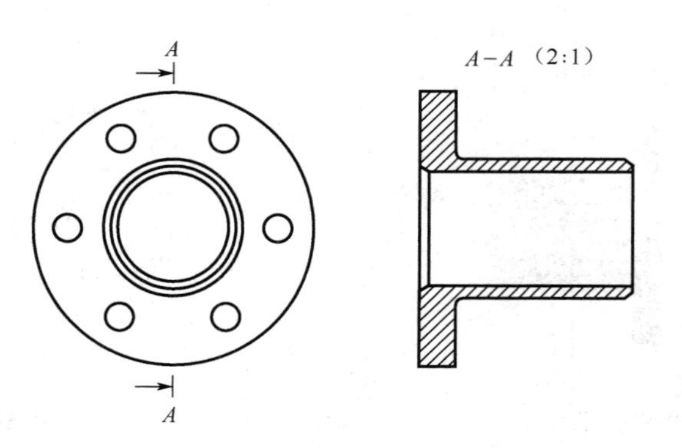

图 7-29　创建全剖视图

4．局部视图

局部视图即创建已有工程视图的局部放大视图，局部视图有圆形局部视图和矩形局部视图两种，以圆形局部视图为例，介绍局部视图的创建过程。执行命令后，根据命令行提示进行操作。

（1）选择父视图。选择父视图后，打开“局部视图创建”编辑器，局部视图的比例设置为 8∶1；视图显示标签修改为“I”，如图 7-30 所示。

图 7-30　局部视图创建工具

（2）指定局部视图的圆心。在父视图中，找到要放大的区域，指定局部视图的圆心。

（3）指定局部视图的边界。移动鼠标至适当位置，单击鼠标，指定局部视图的边界。

（4）放置局部放大视图。移动鼠标至适当位置，单击鼠标，放置局部放大视图，如图 7-31 所示（具体操作可参见“素材\演示\7\局部视图创建练习.wrf”）。

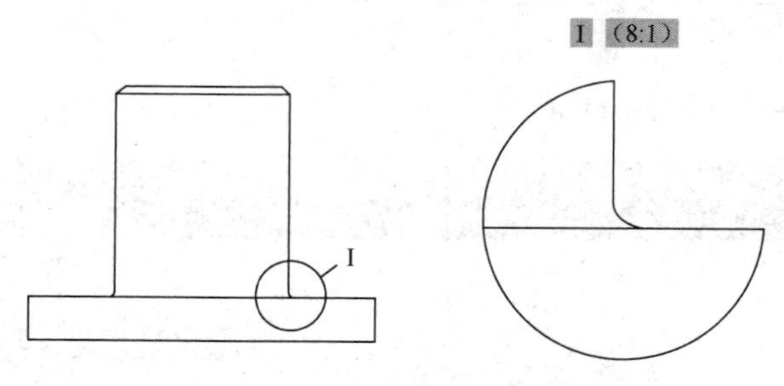

图 7-31　创建局部视图

7.3.2　编辑视图

在创建完视图后，有时需要对部分视图进行编辑，如视图位置的移动，视图显示方式和视图比例的修改。

1．夹点编辑

选中视图后，单击夹点，既可以移动视图也可以改变视图比例，如图 7-32 所示。一般情况下，投影视图只能在投影方向上移动，基础视图可以在任意方向上移动。移动基础视图时，投影视图会跟随基础视图一并移动，保持视图的投影关系，如图 7-33 所示；同样修改基础视图的比例时，投影视图的比例也跟随改变。

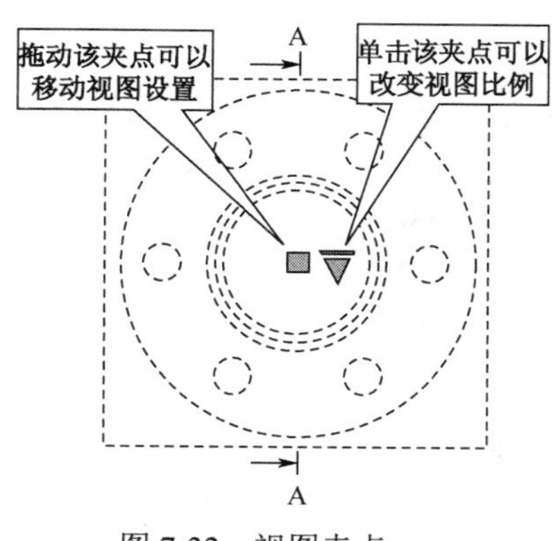

图 7-32　视图夹点

图 7-33　移动基础视图

在局部视图或剖视图中，有时需要移动视图的符号或标签。在图 7-34（a）所示的图形中，父视图中的局部视图标签“I”位置不是很合适，需要调整。这时可以单击父视图中局部视图标签，将鼠标悬停在夹点上，弹出快捷菜单，如图 7-34（b）所示，选择“移动标识符”选项，将标识符移动到适当位置即可，完成后如图 7-34（c）所示。

2．视图编辑工具

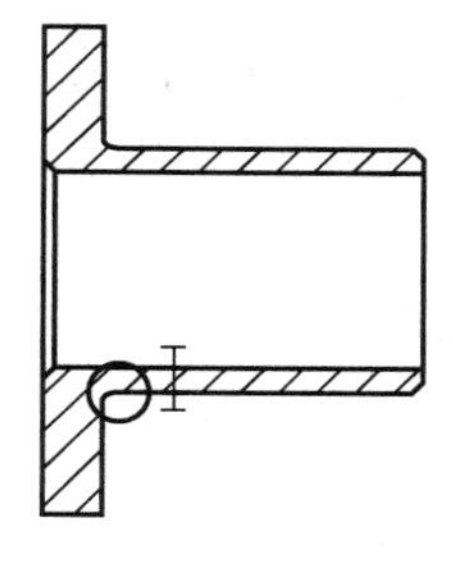

（a）移动前

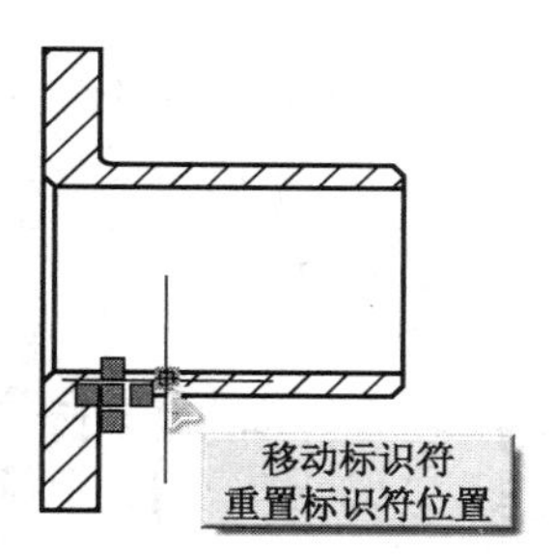

（b）快捷菜单

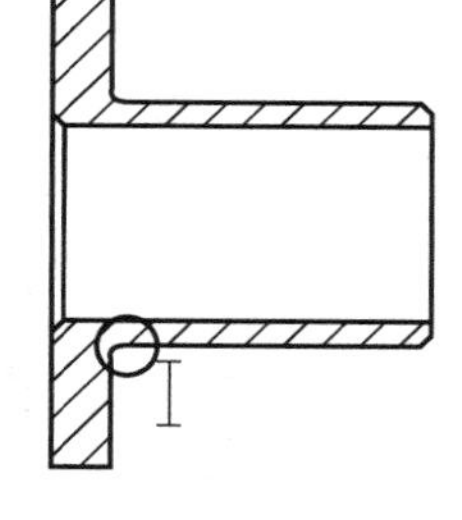

（c）移动后结果

图 7-34　移动视图标签

3．视图编辑工具

单击“修改视图”工具面板上的“编辑视图”工具图标，根据命令行提示，选择要编辑的视图，打开“工程视图编辑器”，如图 7-35 所示。在该编辑器中可以对视图的显示方式、视图比例、图案填充等进行设置。

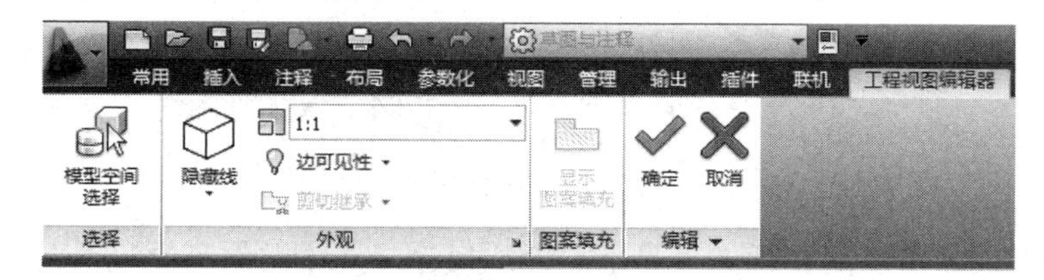

图 7-35　工程视图编辑器

4．更新视图

在 AutoCAD 2013 中，三维模型跟由其生成的二维工程视图是关联的，即修改三维模型，二维工程视图也将跟随变化，如图 7-36 所示，就是将轴套端部的孔由 6 个改为 4 个后，工程视图更新的结果。

（a）更新前　　（b）更新后

图 7-36　工程视图更新

在“更新”工具面板上具有“自动更新”和“更新视图”两个工具。“自动更新”表示修改三维模型后，所有的工程视图都将自动跟随更新；“更新视图”表示修改三维模型后，对某个别视图进行单独更新。

思考与练习

1．绘制如图 7-37 所示的阀杆模型，并标注尺寸（具体操作可参见“素材\演示\7\阀杆练习.wrf”）。

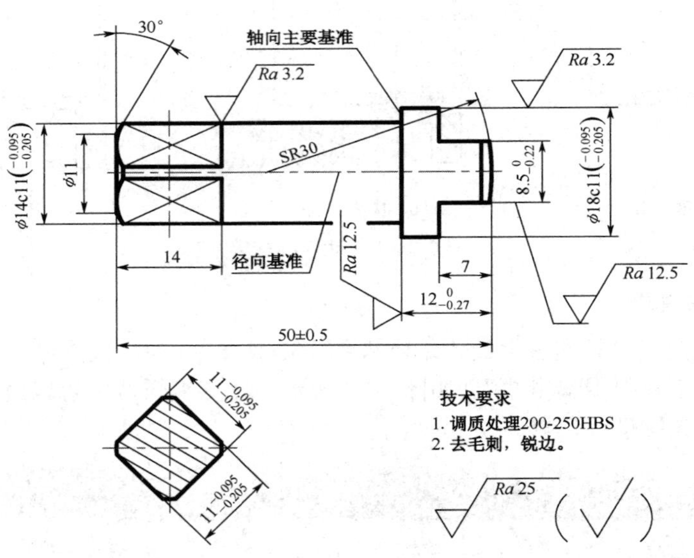

图 7-37　阀杆模型

2．绘制如图 7-38 所示的轴承座模型，并标注尺寸（具体操作可参见“素材\演示\7\轴承座练习.wrf”）。

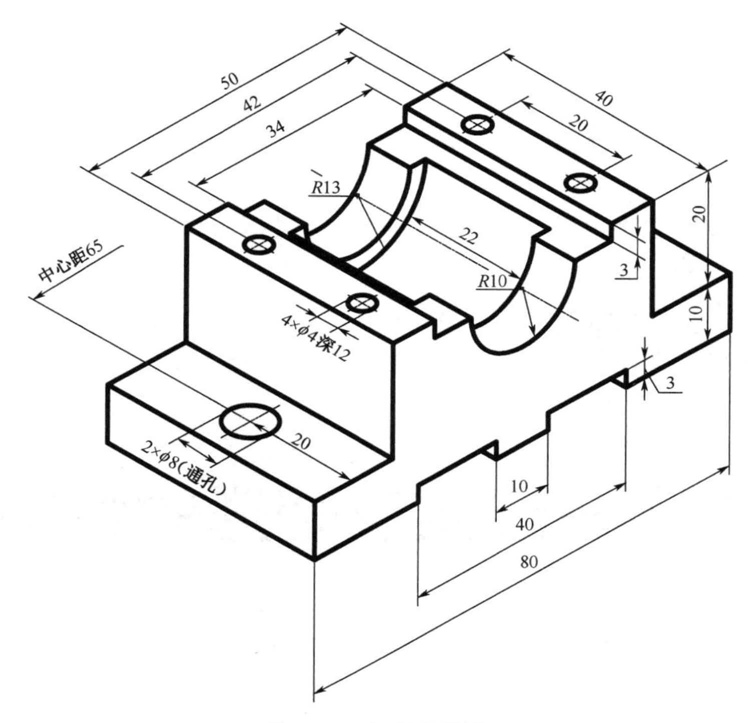

图 7-38 轴承座模型

3．打开素材中"\7\支架.dwg"文件，将其生成如图 7-39 所示的二维工程图（具体操作可参见"素材\演示\7\三维转二维练习.wrf"）。

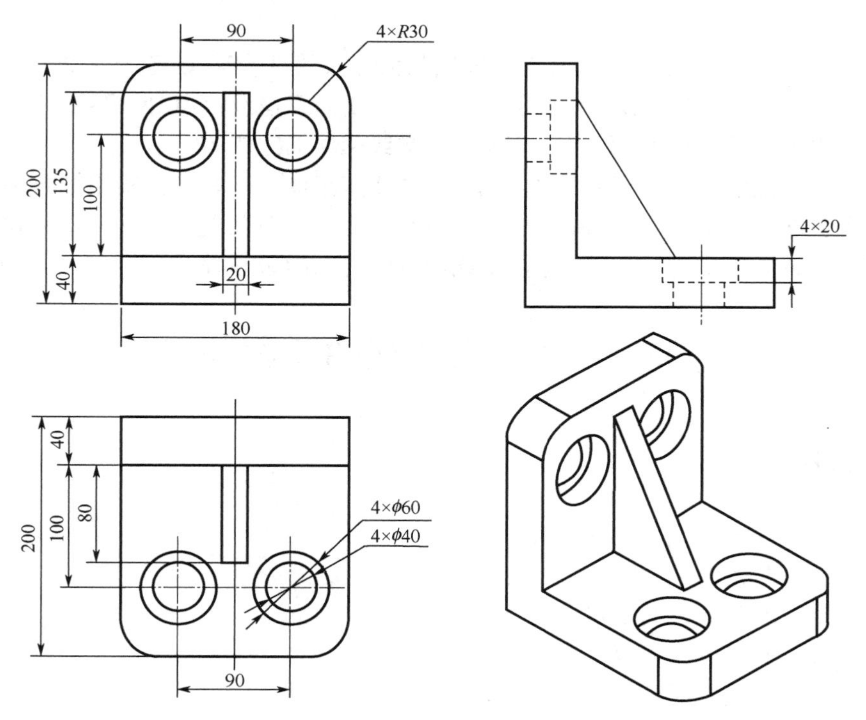

图 7-39 三维转二维

综合布线系统图形的绘制

学习目标

- 了解网络综合布线系统的工程设计。
- 能够绘制综合布线工程系统图。
- 能够绘制综合布线工程施工图。

AutoCAD 2013 在二维绘图方面具有独特的优势，并且在 CAD 领域一直处于领先地位。在生产和生活实践中应用非常广泛，例如在网络综合布线的工程设计中，网络综合布线的系统图、施工图等设计内容都是使用 AutoCAD 2013 的二维绘图功能完成的。

CAD 在综合布线设计中的应用到的命令和功能比较简单，但是非常实用地解决了设计中的问题。本章将通过几个简单的实例来介绍网络综合布线系统的工程设计、系统图和施工图的编辑，作为用户了解 AutoCAD 2013 在综合布线中应用的入门级教程。

8.1　综合布线系统的工程设计

学习目标

- 熟悉网络综合布线系统的定义和特点。
- 了解综合布线系统的标准。
- 熟悉综合布线系统的常用术语和符号。
- 熟悉综合布线系统工程设计任务。
- 了解综合布线系统信息点规划设计。
- 熟悉综合布线系统图样式。
- 熟悉综合布线施工图的样式。

学习内容

8.1.1 综合布线系统的定义和特点

简单地讲，综合布线系统就是连接计算机等终端之间的缆线和器件。GB50311—2007《综合布线系统工程设计规范》国家标准中的定义如下。

综合布线系统就是用数据和通信电缆、光缆、各种软电缆及有关连接硬件构成的通用布线系统，是能支持语音、数据、影像和其他控制信息技术的标准应用系统。

综合布线系统是伴随着智能大厦而崛起的，作为智能大厦的中枢神经，综合布线系统是近20年来发展起来的多学科交叉型的新型研究领域。

建设智能城市与智能化建筑将成为世界经济发展的必然趋势，已是一个国家和一个城市科学技术和经济水平的体现。所以“十五”计划中也指出：信息化是当今世界经济和社会发展的大趋势，也是我国产业优化升级和实现工业化、现代化的关键环节，要把推进国民经济和社会信息化放在优先位置。

一般来讲，一座办公楼的生命周期要远远长于计算机、通信及网络技术的发展周期。因此，智能楼宇采用的通信设施及布线系统一定要有超前性，力求高标准，并且有很强的适应性、扩展性、可靠性和长远效益。

相对于以往的布线，综合布线系统的特点可以概况如下。

（1）实用性：实施后，布线系统将能够适应现代和未来通信技术的发展，并且实现话音、数据通信等信号的统一传输。

（2）灵活性：布线系统能满足各种应用的要求，即任一信息点能够连接不同类型的终端设备，如电话、计算机、打印机、计算机终端、电传真机、各种传感器件以及图像监控设备等。

（3）模块化：综合布线系统中除去固定于建筑物内的水平缆线外，其余所有的接插件都是基本式的标准件，可互联所有话音、数据、图像、网络和楼宇自动化设备，以方便使用、搬迁、更改、扩容和管理。

（4）扩展性：综合布线系统是可扩充的，以便将来有更大的用途时，很容易将新设备扩充进去。

（5）经济性：采用综合布线系统后可以使管理人员减少，同时，因为模块化的结构，工作难度大大降低了日后因更改或搬迁系统时的费用。

（6）通用性：对符合国际通信标准的各种计算机和网络拓扑结构均能适应，对不同传递速度的通信要求均能适应，可以支持和容纳多种计算机网络的运行。

8.1.2 综合布线系统标准

综合布线系统的国外标准主要有 ANSI/ EIA / TIA -569《商业大楼通信通路与空间标准》、ANSI/ EIA / TIA -568-A《商业大楼通信布线标准》、ANSI/ EIA / TIA -606《商业大楼通信基础设施管理标准》、ANSI/ EIA / TIA -607《商业大楼通信布线接地与地线连接需求》、ANSI/TIA TSB-67《非屏蔽双绞线端到端系统性能测试》、EIA/ TIA-570《住宅和 N 型商业电信布线标准》、ANSI/TIA TSB-72《集中式光纤布线指导原则》、ANSI/TIA TSB-75《开放型办公室新增水平布线应用方法》、ANSI/TIA/EIA- TSB-95《4 对 100Ω5 类线缆新增水平布线应用方法》。

综合布线系统的国内标准有 GB/T 50311—2000《建筑与建筑群综合布线系统工程设计规

范》、GB/T 50312—2000《建筑与建筑群综合布线系统工程验收规范》、GB50311—2007《综合布线系统工程设计规范》、GB50312—2007《综合布线系统验收规范》。

8.1.3 综合布线常用术语和符号

根据国际标准 ISO11801 的定义，结构化布线系统可由以下 6 个子系统组成：工作区子系统、配线（水平线）子系统、垂直（干线）子系统、设备间子系统（BD）、管理子系统和建筑群子系统（CD）。系统组成如图 8-1 所示，计算机网络综合布线系统如图 8-2 所示。

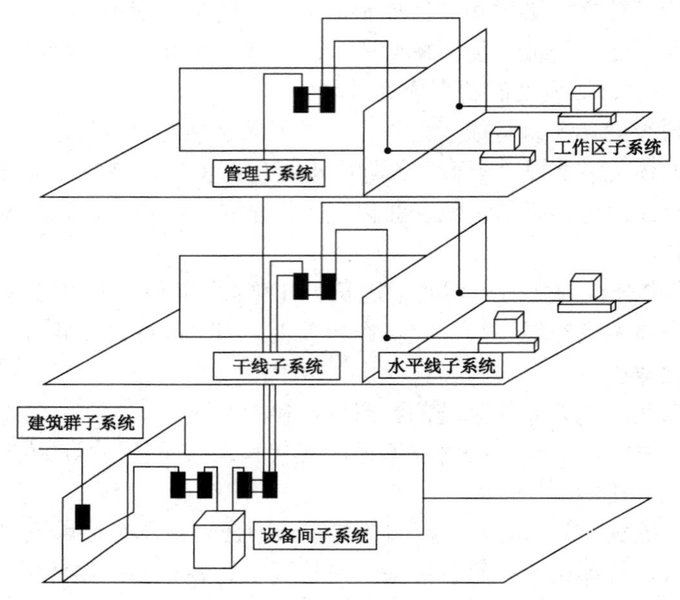

图 8-1 综合布线系统（PDS）包含的 6 个子系统

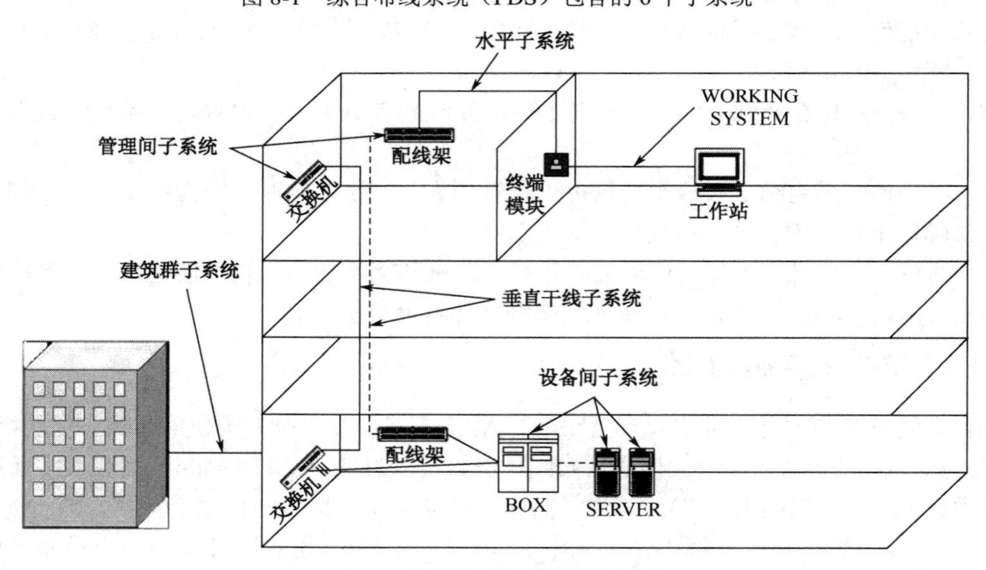

图 8-2 计算机网络综合布线系统

以中华人民共和国国家标准《综合布线系统工程设计规范》（GB50311—2007）为标准，表 8-1 列出了综合布线部分常用术语，表 8-2 列出了综合布线部分常用的符号和缩略语。这些术语、符号和缩略语有些将在后续内容中出现。

表 8-1 综合布线部分常用术语

术语	英文名	解释
布线	cabling	能够支持信息电子设备相连的各种缆线、跳线、接插软线和连接器件组成的系统
建筑与建筑群综合布线系统	generic cabling system for building and campus	建筑物或建筑群内的传输网络。它即使话音和数据通信设备、交换设备和其他信息管理系统彼此相连，又使这些设备与外部通信网络相连接。它包括建筑物到外部网络或电话局线路上的连线点与工作区的话音或数据终端之间的所有电缆及相关联的布线部件
配线子系统（水平子系统）	horizontal subsystem	配线子系统由信息插座、配线电缆或光缆、配线设备和跳线等组成。国外称为水平子系统
干线子系统（垂直子系统）	backbone subsystem	干线子系统由配线设备、干线电缆或光缆、跳线等组成。国外称为垂直子系统
工作区	work area	需要设置终端设备的独立区域
管理	administration	管理是针对设备间、交接间、工作区的配线设备、缆线、信息插座等设施，按一定模式进行标识和记录
设备间	equipment room	设备间是安装各种设备的房间，对综合布线而言，主要是安装配线设备
建筑群子系统	campus subsystem	建筑群子系统由配线设备、建筑物之间的干线电缆或光缆、跳线等组成
建筑群配线设备	campus distributor	终接建筑群主干缆线的配线设备
建筑物配线设备	building distributor	为建筑物主干缆线或建筑群主干缆线终接的配线设备
楼层配线设备	floor distributor	终接水平电缆或水平光缆和其他布线子系统缆线的配线设备
水平缆线	horizontal cable	楼层配线设备到信息点之间的连接缆线
信息点（TO）	telecommunications outlet	各类电缆或光缆终接的信息插座模块

表 8-2 综合布线部分常用的符号和缩略语

术语或符号	英文名	中文名或解释
BD	Building Distributor	建筑物配线设备
CD	Campus Distributor	建筑群配线设备
CP	Consolidation Point	集合点
ER	Equipment Room	设备间
FD	Floor Distributor	楼层配线设备
SFTP	Shielded Foil Twisted Pair	屏蔽金属箔对绞线
UTP	Unshielded Twisted Pair	非屏蔽对绞线
STP	Shielded Twisted Pair	屏蔽对绞线
TO	Telecommunications Outlet	信息插座（电信引出端）
TP	Transition Point	转接点
MUTO	Multi-User Telecommunications Outlet	多用户信息插座
WAN	Wide Area Network	广域网
LAN	Local Area Network	局域网

8.1.4 综合布线系统的工程设计

网络综合布线系统工程的设计主要涉及既有建筑物改造和新建建筑物综合布线系统设计。设计主要包括完成以下工作任务。

（1）点数统计表。

（2）综合布线系统图。

（3）综合布线系统施工图。

（4）综合布线系统工程材料统计表。

（5）综合布线系统工程预算表。

（6）综合布线系统端口对应表。

（7）综合布线系统工程施工进度表。

1．综合布线系统信息点规划设计和点数统计表

（1）信息点规划设计。信息点数量和位置的规划设计非常重要，直接决定项目投资规模。一般使用 Excel 工作表或 Word 表格，主要设计和统计建筑物的数据、语音、控制设备等信息点数量。

按照 GB50311 国家标准规定，工作区是一个独立的需要设置终端设备的区域。工作区应由配线（水平）布线系统的信息插座延伸到终端设备处的连接电缆组成。一个工作区的服务面积可按 5～10m^2 估算，也可按不同的应用环境调整大小。

工作区设计时，具体操作可按以下三步进行：第一，根据楼层平面图计算每层楼布线面积；第二，估算信息引出插座数量；第三，确定信息引出插座的类型。

一般工作流程为：需求分析→技术交流→阅读建筑物图纸→初步设计方案→概算→方案确认→正式设计→预算。

（2）工作区信息点的配置。每个工作区需要设置一个计算机网络数据点或者语音电话点，或按用户需要设置。也有部分工作区需要支持数据终端、电视机及监视器等终端设备。常见工作区信息点的配置原则如表 8-3 所示。

表 8-3　常见工作区信息点的配置原则

工作区类型及功能	安装位置	安装数量	
		数据	语音
网管中心、呼叫中心等终端设备密集场地	工作台处墙面或者地面	1～2 个/工作台	2 个/工作台
集中办公、开放工作区等人员密集场所	工作台处墙面或者地面	1～2 个/工作台	2 个/工作台
董事长、经理、主管等独立办公室	工作台处墙面或者地面	2 个/间	2 个/间
小型会议室/商务洽谈室	主席台处地面或者台面	2～4 个/间	2 个/间
大型会议室，多功能厅	会议桌地面或者台面	5～10 个/间	2 个/间
＞5000 m^2 的大型超市或者卖场	收银区和管理区	1 个/100 m^2	1 个/100 m^2
2000～3000 m^2 中小型卖场	收银区和管理区	1 个/30～50 m^2	1 个/30～50 m^2
餐厅、商场等服务业	收银区和管理区	1 个/50 m^2	1 个/50 m^2
宾馆标准间	床头或写字台或浴室	1 个/间，写字台	1～3 个/间
学生公寓（4 人间）	写字台处墙面	4 个/间	4 个/间
公寓管理室、门卫室	写字台处墙面	1 个/间	1 个/间
教学楼教室	讲台附近	1～2 个/间	
住宅楼	书房	1 个/套	2～3 个/套

（3）例如，某建筑物网络和语音信息点数统计表，如表 8-4 所示。

表 8-4　建筑物网络和语音信息点数统计表

房间或者区域编号													
楼层编号	1		3		5		7		9		数据点数合计	语音点数合计	信息点数合计
	数据	语音	数据	语音	数据	语音	数据	语音	数据	语音			
18 层	3		1		2		3		3		12		
		2		1		2		3		2		10	
17 层	2		2		3		2		3		12		
		2	3	2		2		2		2		13	
16 层	5				5		5		6		24		
		4		3		4		5		4		23	
15 层	2		2		3		2		3		12		
		2	3	2		2		2		2		13	
合计											60		
												49	109

2．综合布线系统（拓扑）图

（1）绘制综合布线系统拓扑图时，需要使用图标表示系统的结构和组成，常用的图标如图 8-3 所示。

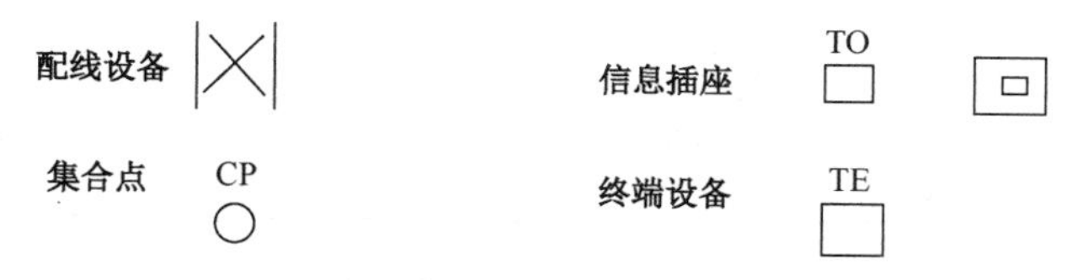

图 8-3　综合布线系统部分常用图标

（2）综合布线系统基本构成应符合图 8-4 的要求。

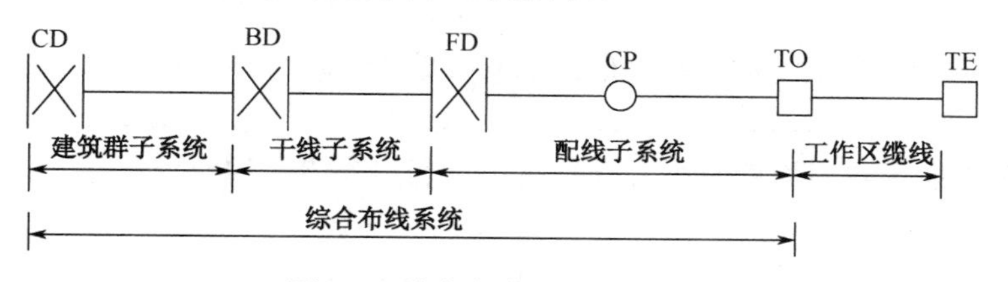

图 8-4　综合布线系统基本构成

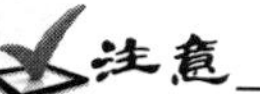

注意

配线子系统中可以设置集合点（CP 点），也可以不设置集合点。

（3）综合布线子系统构成应符合图 8-5、图 8-6 的要求。

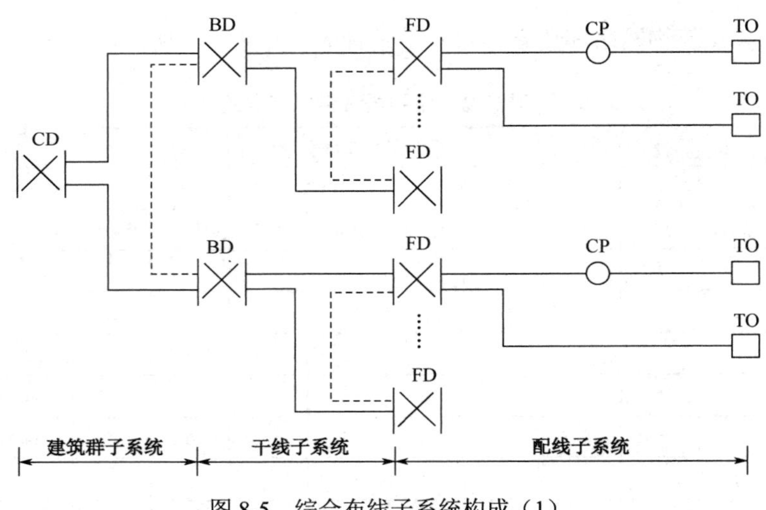

图 8-5　综合布线子系统构成（1）

图 8-5 中的虚线表示 BD 与 BD 之间，FD 与 FD 之间可以设置主干缆线。

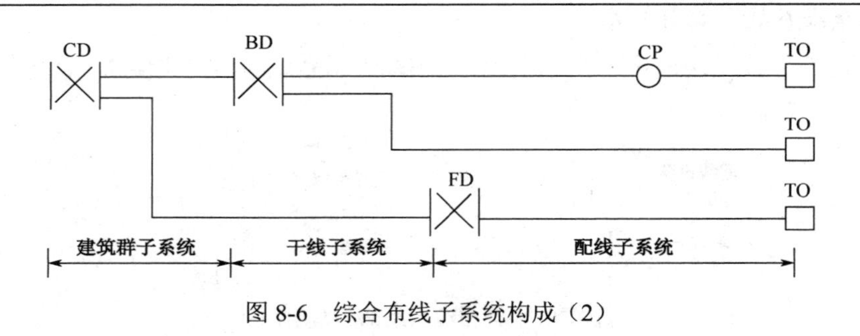

图 8-6　综合布线子系统构成（2）

建筑物 FD 可以经过主干缆线直接连至 CD，TO 也可以经过水平缆线直接连至 BD。

（4）综合布线系统入口设施及引入缆线构成应符合图 8-7 的要求。

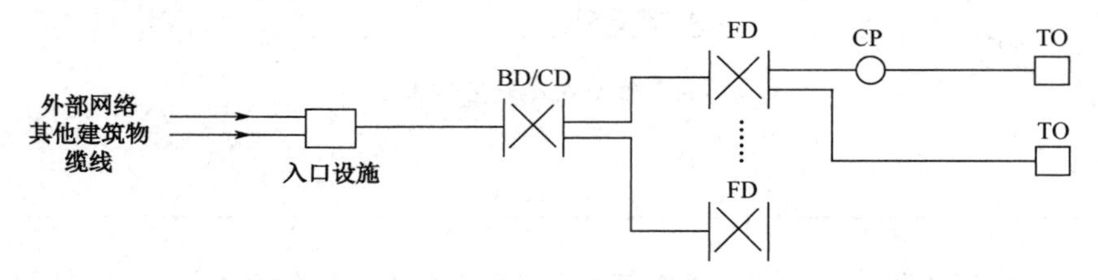

图 8-7　综合布线系统引入部分构成

（5）根据信息点数和布线路由等的设计，绘制出综合布线系统图，系统图直观反映工程规模，设备和器材数量，指导施工，如图 8-8 所示。具体绘制方法和注意事项在下一节中进行详细介绍。

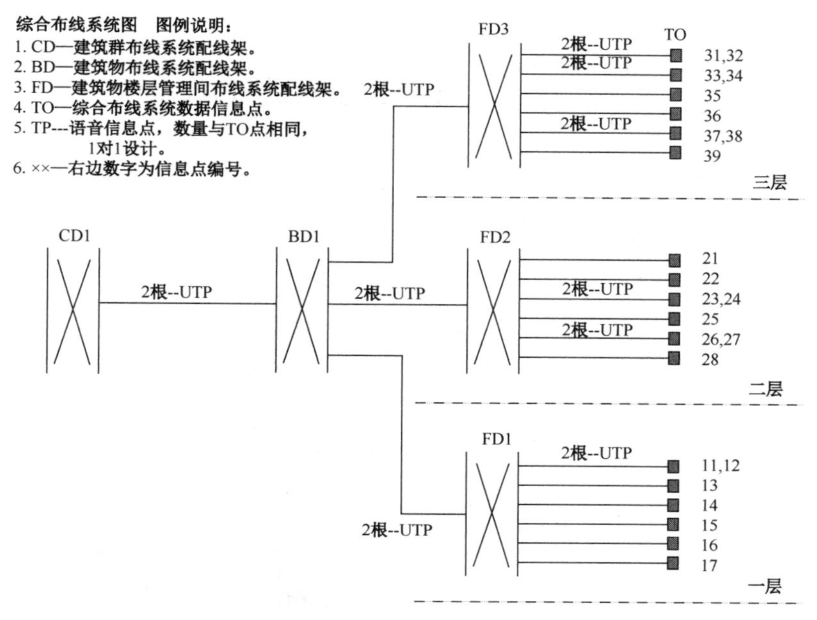

图 8-8　综合布线系统图

3．综合布线系统施工图

施工图是项目安装施工和预算依据，一般在建筑物施工图电子版中直接添加，如果是局部施工或小规模施工可以绘制相应面的施工图。设计部门使用 CAD 软件完成，主要设计布线路由和安装位置。一般要求：图面布局合理；设计合理；说明正确、清楚；标题栏完整等，图 8-9 为某高校后勤服务区学生公寓网络综合布线工程施工图，图 8-10 与图 8-11 为某建筑物模型网络综合布线工程施工图。具体绘制操作和绘制要求见 8.3 节。

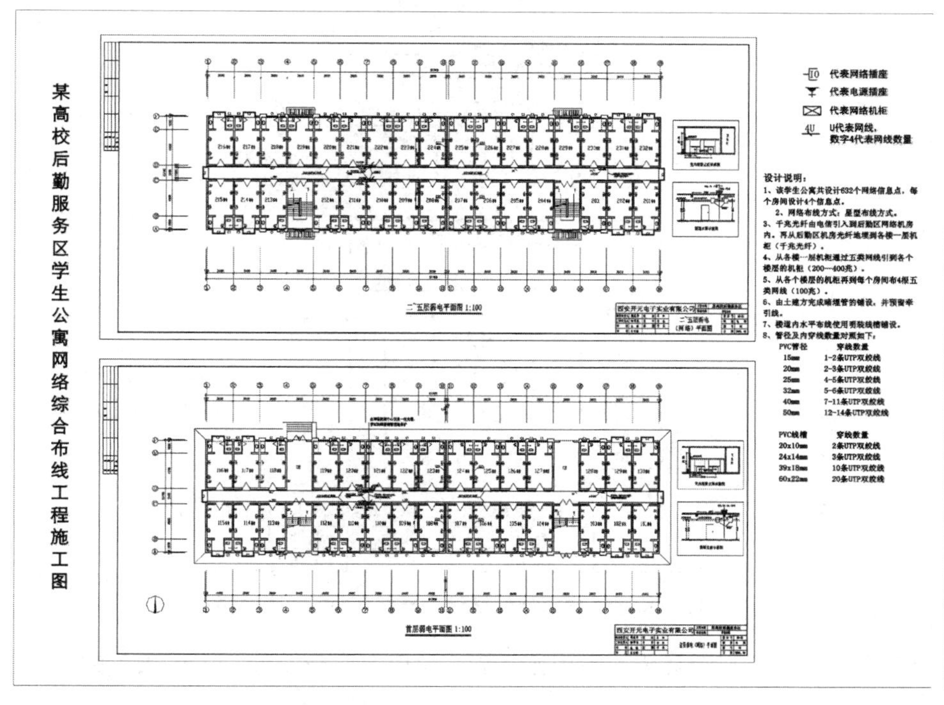

图 8-9　某高校后勤服务区学生公寓网络综合布线工程施工图

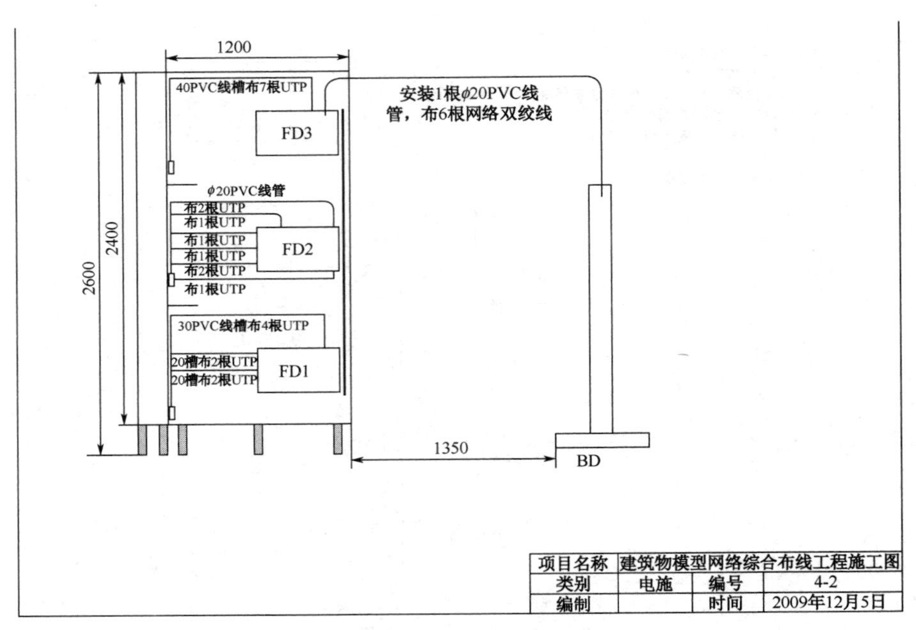

图 8-10　某建筑物模型网络综合布线工程施工图左视图

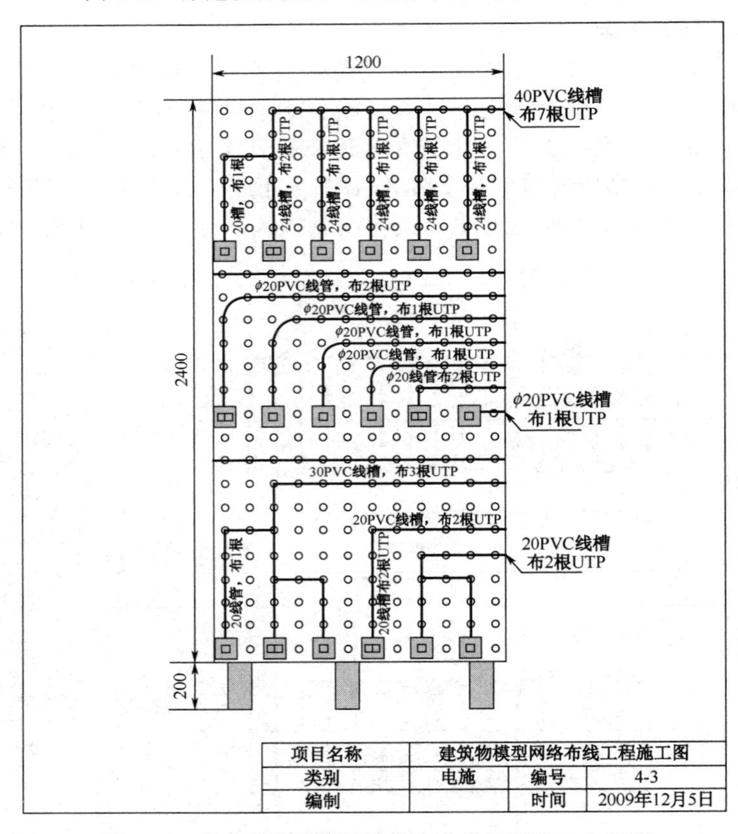

图 8-11　某建筑物模型网络综合布线工程施工主视图

综合布线系统工程材料统计表、工程预算表、端口对应表及施工进度表等的做法和要求在此不再赘述。

8.2 综合布线系统图的绘制

学习目标

- 了解网络综合布线点数统计表编制要点。
- 了解点数统计表各项的含义。
- 熟悉综合布线系统图的设计要点。
- 熟悉综合布线系统图的绘制。
- 熟悉综合布线标题栏的绘制。

学习内容

在智能建筑设计中，必须包括计算机网络系统、通信系统、广播系统、门警系统、监控系统等众多智能化系统，为了清楚地讲述这些设计知识，下面将以计算机网络系统的综合布线设计为重点，介绍设计知识和方法。网络综合布线工程一般设计项目包括以下主要内容：点数统计表编制、系统图设计、端口对应表设计、施工图设计、材料表编制、预算表编制和施工进度表编制等 7 个内容，在此主要讲述如何正确完成点数统计表、系统图设计和施工图设计三部分内容。

综合布线系统的设计离不开智能建筑的结构和用途，为了清楚地讲授设计知识，以图 8-12 所示的某公司的综合布线系统教学模型为实例展开。它集中展示了智能建筑中综合布线系统的各个子系统，包括了 1 栋园区网络中心建筑，1 栋三层综合楼建筑物。将围绕这个建筑模型讲述设计的基本知识和方法。

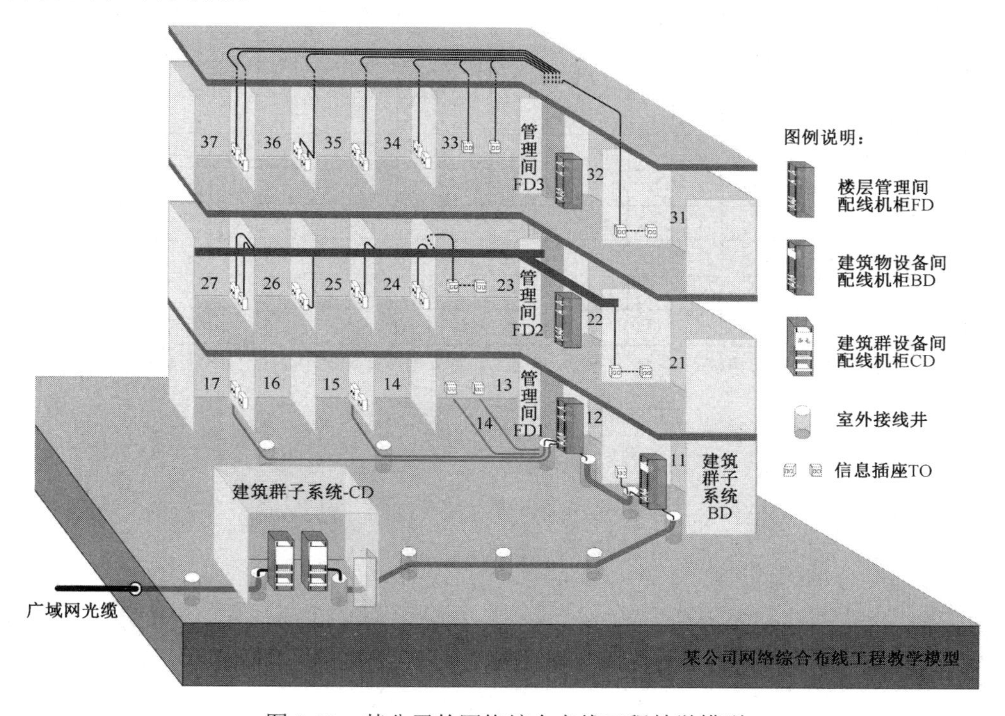

图 8-12 某公司的网络综合布线工程教学模型

8.2.1　点数统计表编制

编制信息点数量统计表目的是快速准确地统计建筑物的信息点。设计人员为了快速合计和方便制表，一般使用 Microsoft Excel 工作表软件进行。编制点数统计表的要点如下。

（1）表格设计合理。要求表格打印成文本后，表格的宽度和文字大小合理，特别是文字不能太大或者太小。

（2）数据正确。每个工作区都必须填写数字，要求数量正确，没有遗漏信息点和多出信息点对于没有信息点的工作区或者房间填写数字 0，表明已经分析过该工作区。

（3）文件名称正确。作为工程技术文件，文件名称必须准确，能够直接反映该文件内容。

（4）签字和日期正确。作为工程技术文件，编写、审核、审定、批准等人员签字非常重要，如果没有签字就无法确认该文件的有效性，也没有人对文件负责，更没有人敢使用。日期直接反映文件的有效性，因为在实际应用中，可能会经常修改技术文件，一般是最新日期的文件替代以前日期的文件。

把该文件命名为“某公司网络综合布线工程教学模型点数统计表”，按照图 8-12 某公司的网络综合布线工程教学模型，把每个房间的数据点和语音点数量填写到表格中，填写时逐层逐房间进行，从楼层的第一个房间开始，逐间分析应用需求和划分工作区。确认信息点数量。在每个工作区首先确定网络数据信息点的数量，然后考虑语音信息点的数量，同时还要考虑其他智能化和控制设备的需要，例如，在门厅要考虑指纹考勤机、门警系统等网络接口。表格中对于不需要设置信息点的位置不能空白，而是填写 0，表示已经考虑过这个点。编写结果如图 8-13 所示。

某公司网络综合布线工程教学模型点数统计表

房间号		X1		X2		X3		X4		X5		X6		X7		合计		
楼层号		TO	TP	TO	TP	TO	TP	TO	TP	TO	TP	TO	TP	TO	TP	TO	TP	总计
三层	TO	2		.2		4		4		4		4		2		22		
	TP		2		2		4		4		4		4		2		22	
二层	TO	2		2		4		4		4		4		2		22		
	TP		2		2		4		4		4		4		2		22	
一层	TO	1		1		2		2		2		2		2		12		
	TP		1		1		2		2		2		2		2		12	
合计	TO	5		5		10		10		10		10		6		56		
	TP		5		5		10		10		10		10		6		56	
总计																		112

编写：张三　审核：李四　审定：王五　西安电子有限公司　2014年7月1日

图 8-13　某教学模型点数统计表

注：1．TO 表示数据信息点。

2．TP 表示语音信息点。

3．X 表示某楼层号，如三层 X2 则表示三层的 32 房间。

如图 8-13 所示的某教学模型点数统计表，该教学模型共计有 112 个信息点，其中数据点 56 个，语音点 56 个。一层数据点 12 个，语音点 12 个，二层数据点 22 个，语音点 22 个，三层数据点 22 个，语音点 22 个。这些数据是设计的依据之一。

8.2.2 综合布线系统图设计

点数统计表非常全面地反映了该项目的信息点数量和位置，但是不能反映信息点的连接关系，这样就需要通过设计网络综合布线系统图来直观反映了。

综合布线系统图非常重要，它直接决定网络应用拓扑图，因为网络综合布线系统是在建筑物建设过程中预埋的管线，后期无法改变，所以网络应用系统只能根据综合布线系统来设置和规划，作者认为“综合布线系统图直接决定网络拓扑图”。

综合布线系统图是智能建筑设计蓝图中必有的重要内容，一般在电气施工图册的弱电图纸部分的首页。

1．综合布线系统图的设计要点

（1）图形符号必须正确。在系统图设计时，必须使用规范的图形符号，保证其他技术人员和现场施工人员能够快速读懂图纸，并且在系统图中给予说明，不要使用奇怪的图形符号。GB 50311—2007《综合布线系统工程设计规范》中使用的图形符号如下。

|×|：代表网络设备和配线设备，左右两边的竖线代表网络配线架，如光纤配线架、铜缆配线架，中间的×代表网络交互设备，如网络交换机。

□：代表网络插座，如单口网络插座、双口网络插座等。

———：代表缆线，如室外光缆、室内光缆、双绞线电缆等。

（2）连接关系清楚。设计系统图的目的就是为了规定信息点的连接关系，因此必须按照相关标准规定，清楚地给出信息点之间的连接关系，信息点与管理间、设备间配线架之间的连接关系，也就是清楚地给出 CD-BD、BD-FD、FD-TO 之间的连接关系，这些连接关系上决定网络拓扑图。

（3）缆线型号标记正确。在系统图中要将 D-BD、BD-FD、FD-TO 之间设计的缆线规定清楚，特别要标明是光缆还是电缆，就光缆而言有时还需要标明是室外光缆还是室内光缆，在详细时还要标明是单模光缆还是多模光缆等，这是因为如果布线系统设计了多模光缆，在网络设备配置时就必须选用多模光纤模块的交换机。系统中规定的缆线也直接影响工程总造价。

（4）说明完整。系统图设计完成后，必须在图纸的空白位置添加设计说明。设计说明一般是对图的补充，帮助理解和阅读图纸，对系统图中使用的符号给予说明。例如，增加图形符号说明，对信息点总数和个别特殊需求给予说明等。

（5）图面布局合理。任何工程图纸都必须注意图面布局合理，比例合适，文字清晰。一般布置在图纸中间位置。在设计前根据设计内容，选择图纸幅面，一般有 A4、A3、A2、A1、A0 等标准规格，如 A4 幅面高 297mm、宽 210mn；A0 幅面高 841mm、长 1189mm。在智能建筑设计中也经常使用加长图纸。

（6）标题栏完整。标题栏是任何工程图纸都不可缺少的内容，一般在图纸的右下角。标题栏一般至少包括以下内容：

① 建筑工程名称，如西安电子有限公司。

② 项目名称，如网络综合布线系统图。

③ 工种，如电施图。

④ 图纸编号，如 04-01。

⑤ 设计人签字。

⑥ 审核人签字。

⑦ 审定人签字。

2．系统图的绘制

下面以图 8-12 某公司的网络综合布线工程教学模型为例，介绍系统图的设计方法，具体步骤如下。

（1）创建 CAD 绘图文件。首先打开程序，创建一个 CAD 绘图文件，同时给该文件命名，例如命名为“某公司网络综合布线工程教学模型系统图.dwg”。

图 8-14　启动 CAD 程序

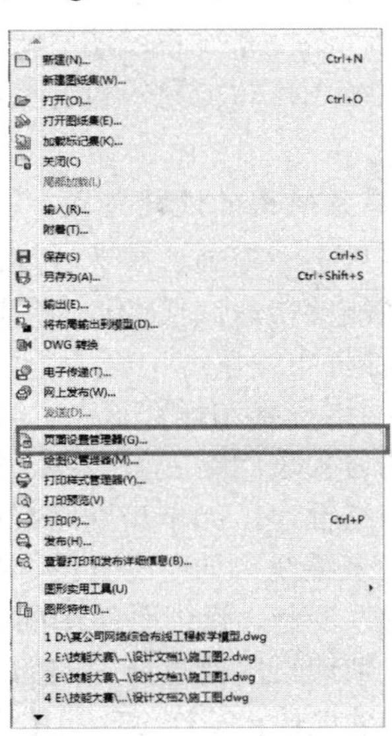

图 8-15　页面设置管理器

① 打开 CAD 软件和设置页面：依次选择“程序”→“Autodesk”→“AutoCAD 2013”选项，打开 CAD 软件，选择“文件”→“页面设置管理器”，如图 8-14 和图 8-15 所示。

需要使用 A4 幅面，在当前页面设置中，默认是在“模型”中，如图 8-16 所示，如果打印大小是 297.00×210.00 毫米，那么就不需要修改了。如果不是这个尺寸，就需要单击图 8-16 中的“修改”按钮在弹出的“页面设置”对话框中，“图纸尺寸”选择“ISO A4（297.00×210.00 毫米）”选项，然后单击“确定”按钮，如图 8-17 所示。

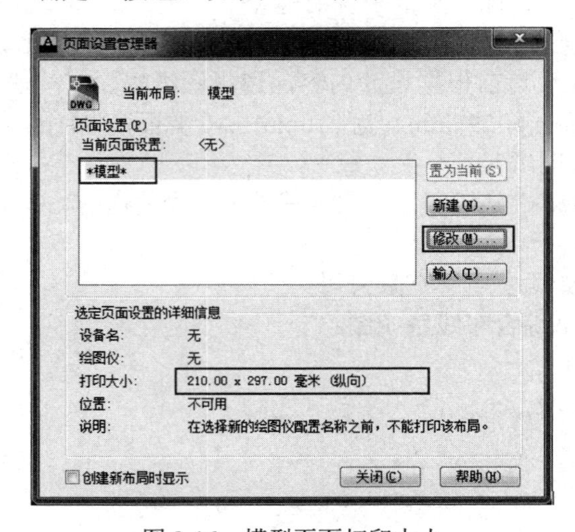

图 8-16　模型页面打印大小

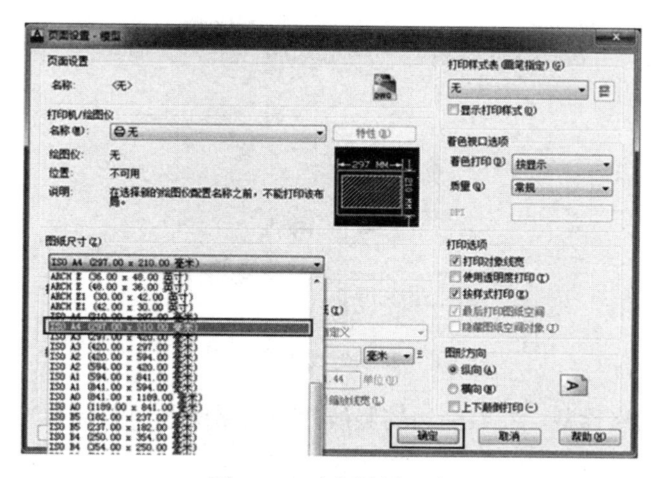

图 8-17　改变图纸尺寸

② 保存文件名。在操作过程中为避免出现断电等情况要及时保存文件，先设定文件名和保存位置，操作方式是：选择页面左上角的“文件”→“保存”选项或单击工具栏的“保存”图标，如图 8-18 所示，选择合适的保存位置，文件名为“某公司网络综合布线工程教学模型系统图.dwg”，单击“保存”按钮。

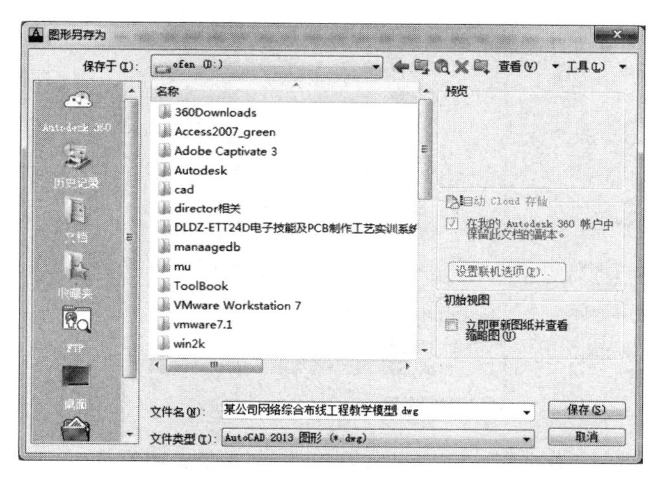

图 8-18　保存文件

（2）绘制配线设备图形。完成页面设置和保存文件设置后，可以开始进行系统图的设计了。

① 在页面合适位置绘制配线设备图形|×|。绘制方式可以采用：绘制“正方形”→采用“复制”方式，指定基点为图形端点→平移结果如图 8-19 所示。

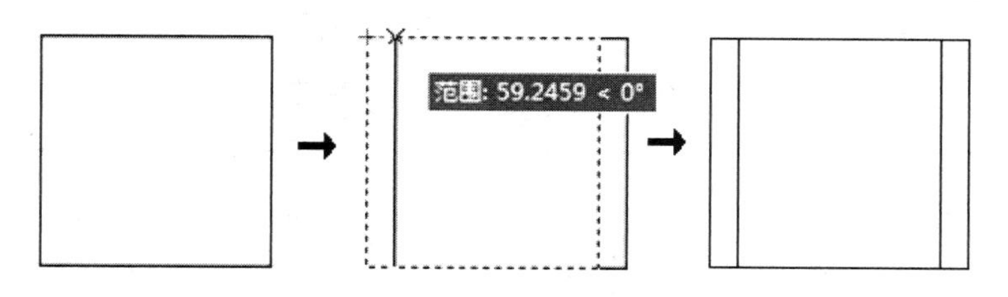

图 8-19　绘制配线设备图形

选择“直线”命令→绘制两条交叉的直线→使用“修剪”命令和“删除”命令对图形进行修剪→修剪后的结果如图 8-20 所示。

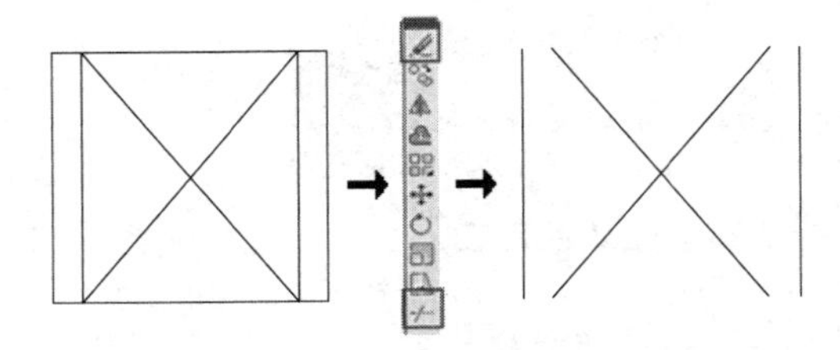

图 8-20　配线图形修剪

图中的|×|代表网络设备，左右两边的竖线代表网络配线架，例如光纤配线架或者铜缆配线架。中间的×代表网络交互设备，如交换机。

② 绘制建筑群配线设备图形（CD）、建筑物配线设备图形（BD）、楼层管理间配线设备图形（BD）和工作区网路插座图形（TO）。

框选配线图形→右键菜单中，选择“组”→“组”选项，如图 8-21 所示→定义组后，选择“复制”命令→依次复制出所有 BD 的图形，如图 8-22 所示。

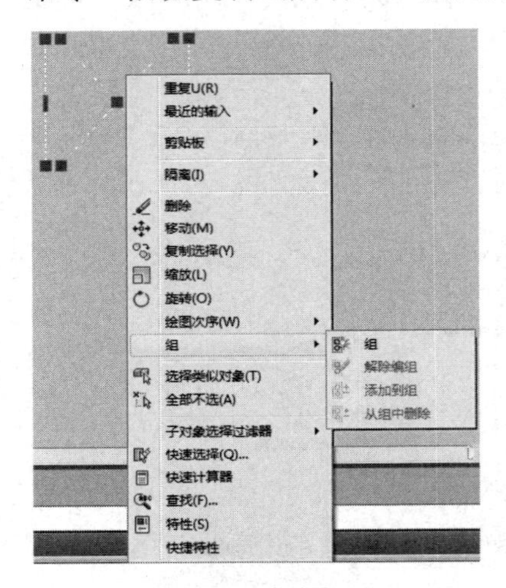

图 8-21　定义组

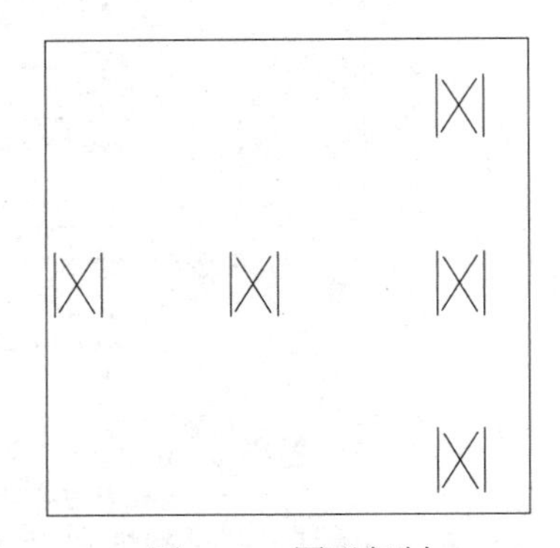

图 8-22　图形复制

工作区网路插座图形（TO）绘制，通过“复制”命令，组成如图 8-23 所示的图形，4 个一组共 3 组。

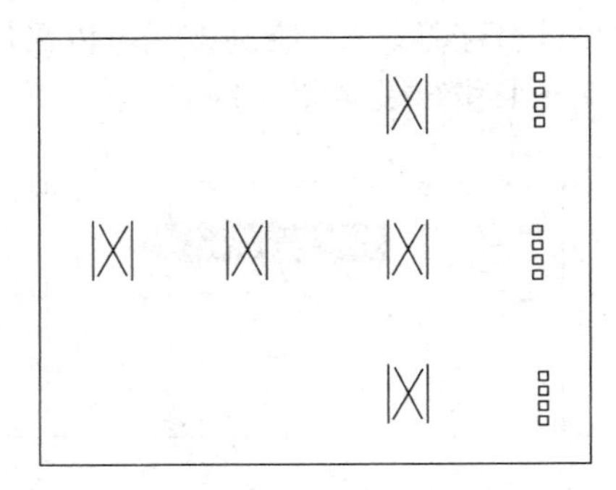

图 8-23　信息插座图形的绘制

（3）绘制设计网络连接关系。用直线或折线把 CD-BD、BD-FD、FD-TO 符号连接起来，这样就清楚地给出了 CD-BD、BD-FD、FD-TO 之间的连接关系，这些连接关系实际上决定网络拓扑图，如图 8-24 所示。

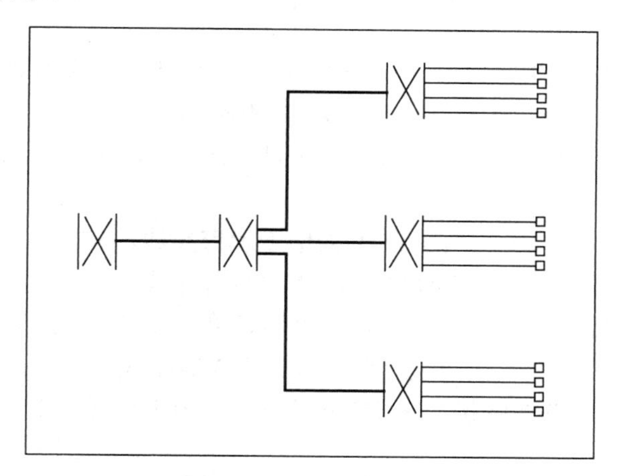

图 8-24　设计连接关系

（4）添加设备图形符号和说明。为了方便快速阅读图纸，一般在图纸中需要添加图形符号和缩略词的说明，通常使用英文缩略语，再把图中的线条用中文标明，如图 8-25 所示。操作方式：选择快捷菜单中的“A”多行文字图标，在合适位置插入并输入文字即可。

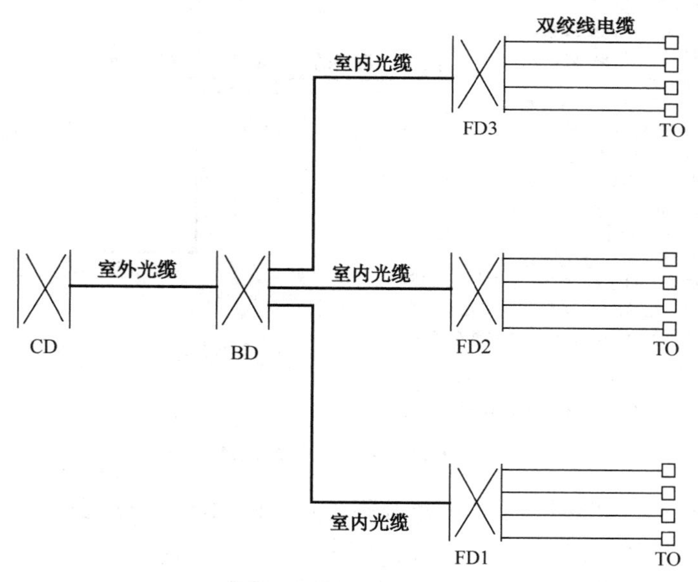

图 8-25　综合布线系统图

（5）添加设计说明。为了更加清楚地说明设计思想，帮助读者快速阅读和理解图纸，减少对图纸的误解，一般要在图纸的空白位置增加设计说明，重点说明特殊图形符号和设计要求。例如，此教学模型的设计说明内容如下，须对照图 8-26 来看。操作方式：选择快捷菜单中的“A”多行文字图标，在合适位置插入并输入文字即可。

设计说明如下。

① CD 表示建筑群配线设备。

② BD 表示建筑物配线设备。

③ FD 表示楼层管理间配线设备。

④ TO 表示网络信息插座。

⑤ |×|表示配线设备。CD 和 BD 为光纤配线架，FD 为光纤配线架或电缆配线架。

⑥ □表示网络插座，可以选择单口或者双口网络插座。

⑦ ----表示缆线，CD-BD 为 4 芯单模室外光缆，BD-FD 为 4 芯多模室内光缆，FD-TO 为双绞线电缆。

⑧ CD-BD 为室外埋管布线，BD-FD1 为地下埋管布线，BD-FD2、BD-FD3 沿建筑物墙体埋管布线，FD-TO 一层为地面埋管布线，沿隔墙暗管布线到 TO 插座底盒；二层为明槽暗管布线方式，楼道为明装线槽或者桥架，室内沿隔墙暗管布线到 TO 插座底盒；三层在楼板中隐蔽埋管或者在吊顶上暗装桥架，沿隔墙暗管布线到 TO 插座底盒。

⑨ 在两端预留缆线，方便端接。在 TO 底盒内预留 0.2m，在 CD、BD、FD 配线设备处预留 2m。

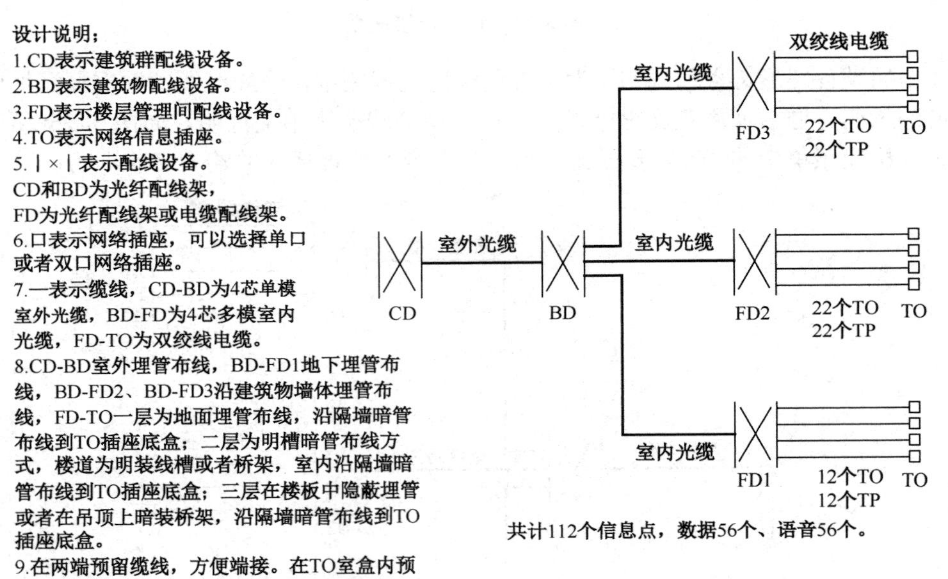

图 8-26　综合布线系统图

（6）设计标题栏。标题栏是工程图纸都不可缺少的内容，一般在图纸的右下角。图 8-27 中标题栏为一个典型应用实例，它包括以下内容。

① 项目名称：图 8-27 中为“某公司教学模型系统图”。

② 图纸类别：图 8-27 中为“电施”。

③ 图纸编号：图 8-27 中为“04-01”。

④ 设计单位：图 8-27 中为“西安电子有限公司”。

⑤ 设计人签字：图 8-27 中为“张三”。

⑥ 审核人签字：图 8-27 中为“李四”。

⑦ 审定人签字：图 8-27 中为“王五”。

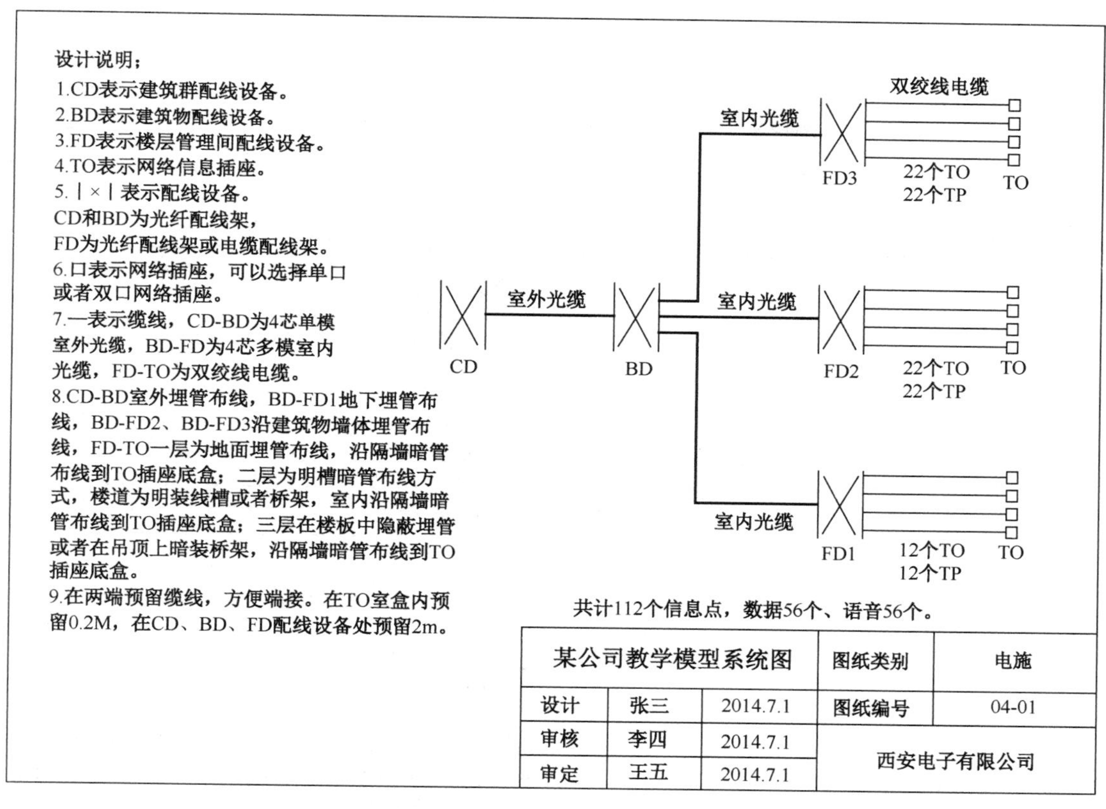

图 8-27　网络综合布线系统图

绘制方法：选择布局 1→矩形绘制，画一 130/32 的矩形→单击“修改”栏中的“移动”→选择移动对象→拖动到 A4 幅面矩形框的右下角→选择“直线”命令，通过对象捕捉，绘制图 8-28 所示的图形。

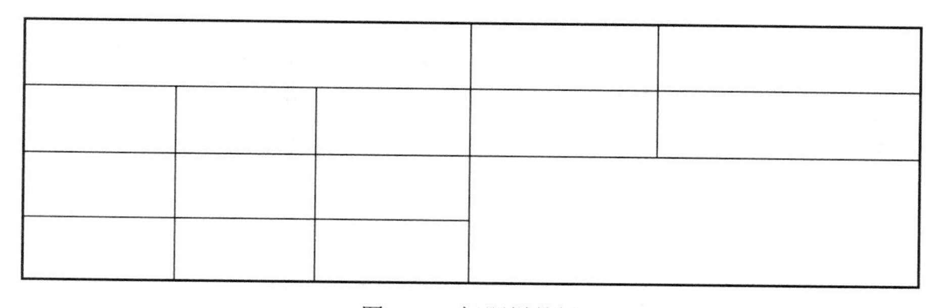

图 8-28　标题栏外框

编辑标题框，在绘图工具栏中找到“多行文字”，在图中适合位置选择字体输入框，然后输入“设计”，单击“确定”按钮，就会在文字框中出现设计字样，如果大小不合适，可以通过右击“特性”，进行大小设置。为了节省时间，减少重复操作，通常可将属性一样的文字框，使用“复制”命令来完成，如写入“co” 复制命令，按 Enter 键，将设计复制在适当位置，如图 8-29 所示。

设计			设计	设计
设计	设计		设计	设计
设计	设计		设计	
设计	设计			

图 8-29　标题栏文字

单击设计字样，会弹出如图 8-29 所示的对话框，将“设计”改写为“审核”“审定”“图纸类型”“图纸编号”等，如图 8-30 所示。

某公司教学模型系统图			图纸类别	电施
设计	张三	2014.7.1	图纸编号	04-01
审核	李四	2014.7.1	西安电子有限公司	
审定	王五	2014.7.1		

图 8-30　标题栏

绘制完整的标题栏后，需要写入块，将自己创建的块，保存在硬盘上，以便下次使用。在下方的命令栏中输入“w”写块命令，弹出“写块”对话框如图 8-31 所示，拾取基点（即下次插入时，鼠标控制点），选取对象，按 Enter 键回到“写块”对话框，单击“确定”按钮完成整个块的创建过程。

图 8-31　“写块”对话框

8.3　综合布线工程施工图的绘制

学习目标

- 了解网络综合布线点数统计表编制要点。

- 了解点数统计表各项的含义。
- 熟悉综合布线系统图的设计要点。
- 熟悉综合布线系统图绘制。
- 熟悉综合布线标题栏的绘制。

学习内容

完成前面的点数统计表和系统图以后，综合布线系统的基本结构和连接关系已经确定需要进行布线路由设计了，因为布线路由取决于建筑物结构和功能，布线管道一般安装在建筑立柱和墙体中。施工图设计的目的就是规定布线路由在建筑物中安装的具体位置，一般使用平面图。

8.3.1 施工图设计的一般要求

（1）图形符号必须正确。施工图设计的图形符号，首先要符合相关建筑设计标准和图集规定。AutoCAD 2013 为用户提供了许多模板文件，用户可以直接调用。但是，这些模板文件都按国外的建筑标准绘制而成，不适合我国用户的使用。因此，须定制符合我国制图标准规范的模板文件。本节内容如果没有特别注明，均为《房屋建筑制图统一标准》（GB/T50001—2001）的有关规定。

（2）布线路由合理正确。施工图设计了全部缆线和设备等器材的安装管道、安装路径、安装位置等，也直接决定工程项目的施工难度和成本。例如，水平子系统中电缆的长度和拐弯数量等，电缆越长，拐弯可能就越多，布线难度就越大，对施工技术就有较高的要求。

（3）位置设计合理正确。在施工图中，对穿线管、网络插座、桥架等的位置设计要合理，符合相关标准规定。例如，网络插座安装高度，一般为距离地面 300mm。但是对于学生宿舍等特殊应用场合，为了方便接线，网络插座一般设计在桌面高度以上位置。

（4）说明完整。

（5）图面布局合理。

（6）标题栏完整。在实际施工图设计中，综合布线部分属于弱电设计工种，不需要画建筑结构图，只需要在前期土建和弱电设计图中添加综合布线设计内容。

8.3.2 施工图的绘制

下面以图 8-12 所示的某公司的网络综合布线工程教学模型的二层为例，介绍施工图的绘制方法，具体步骤如下。

1．创建 CAD 绘图文件

首先打开程序，选择创建一个绘图文件，同时给该文件命名，例如命名为“某公司教学模型二层施工图”，把图面设置为 A4 横向，比例为 1∶10，单位为 mm。

2．绘制建筑物平面图

按照某公司网络综合布线工程教学模型实际尺寸，绘制出建筑物二层平面图，如图 8-32 所示。

绘制操作方法：根据教学模型的二层房间的大致尺寸，确定绘制图形的位置和尺寸→为显示宽的线条，使用 PLINE 指令直接定义各条线条的宽度，画出固定宽度的线，线宽选择 2.00mm，颜色选择浅色→绘制各个房间现状如图 8-33 所示→使用 EXPLODE 指令炸开多线，就成为普通的线条→使用普通的编辑指令来进行延伸、剪断等基本指令来进行→预留出门的位置→绘制门→把门定义成“组”→使用“复制”“移动”等命令，给各个房间安装门→使用“文字”工具，在合适位置输入房间号和功能，完成结果如图 8-32 所示。

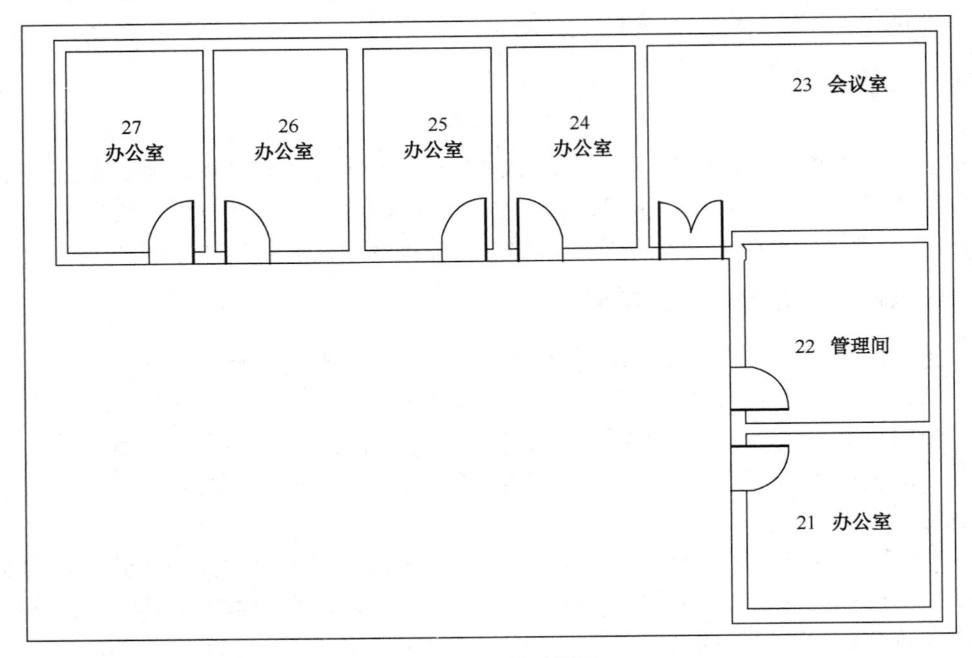

图 8-32　二层平面图

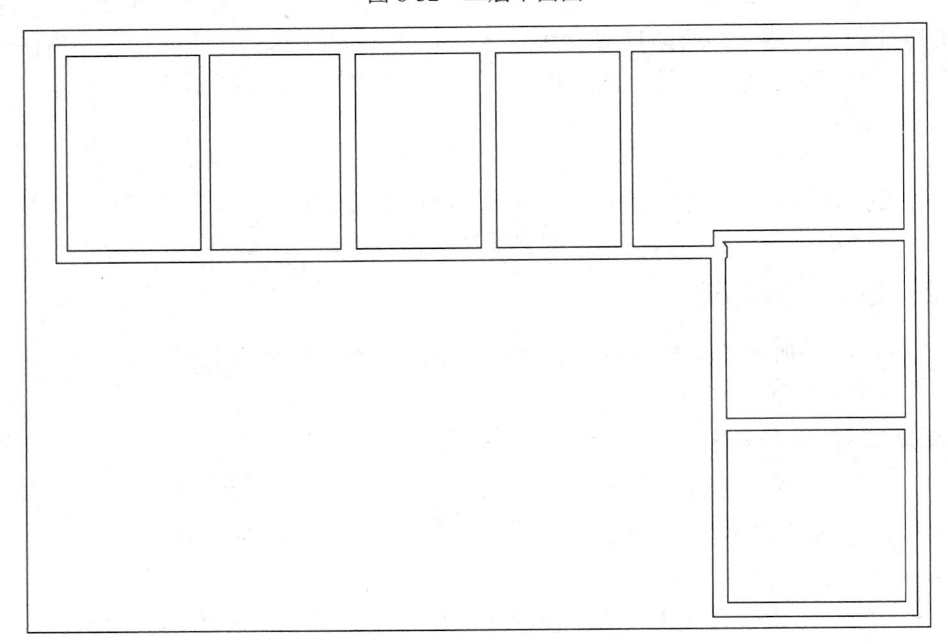

图 8-33　绘制房间

3．设计信息点位置

根据图 8-13 所示的某教学模型点数统计表中每个房间的信息点数量，设计每个信息点的位置。例如，25 号房间有 4 个数据点和 4 个语音点。在两个墙面分别安装 2 个双口信息插座，每个信息插座 1 个数据口，1 个语音口。

绘制操作方法：使用“矩形”工具，绘制边长为 10 的正方形，代表信息插座→使用“复制”命令，根据各房间信息点数放置“口”形信息插座→结果如图 8-34 所示，要均匀、对称，方便安装，为了降低成本，墙体两边的插座背对背安装。

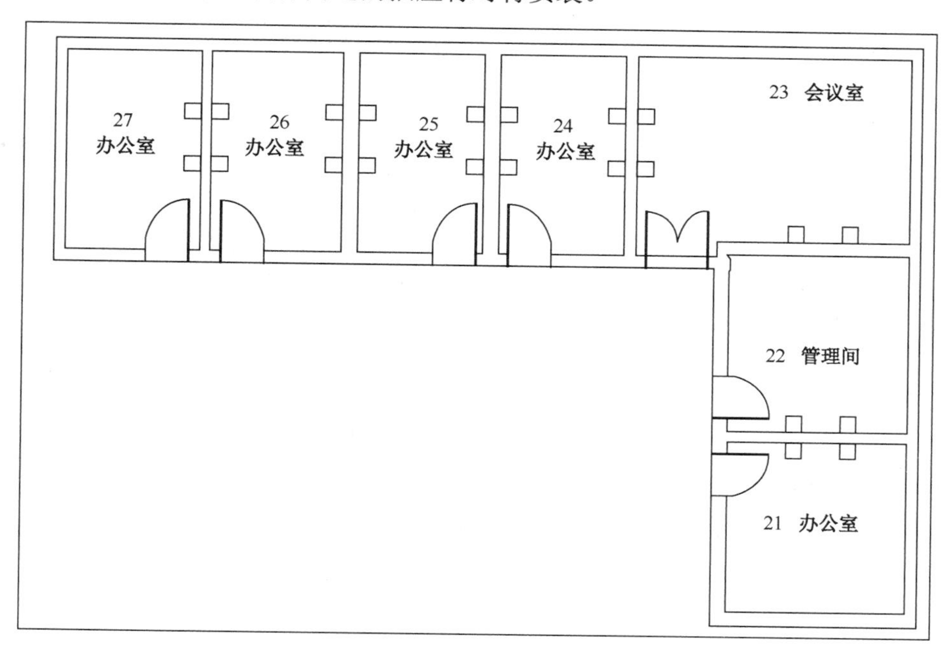

图 8-34　设计信息插座位置

4．设计管理间位置

楼层管理间的位置一般紧靠建筑物设备间，我们看到该教学模型的建筑物设备间在一层 11 号房间，一层管理间在隔壁的 12 号房间，垂直子系统桥架也在 12 号房间，因此把管理间安排在 22 号房间。操作方法：使用矩形命令绘制正方形→使用文字工具添加 FD2→在 22 号房间绘制出 FD2 图形，如图 8-35 所示。

5．设计水平子系统布线路由

二层采取楼道明装 100mm 水平桥架，过梁和墙体暗埋 20PVC 塑料管到信息插座。墙体两边房间的插座共用 PVC 管，在插座处分别引到两个背对背的插座。

操作方法：使用“PLINE”多段线命令，黑色，线宽 1.20mm→根据水平布线路由要点，在桥架位置画线→使用“PLINE”多段线命令，红色，线宽 1.00mm→在桥架和插座之间的墙体上绘制暗管线路，如图 8-35 所示。

6．设计垂直子系统路由

该建筑物的设备间位于一层的 12 号房间，使用 200mm 桥架，沿墙垂直安装到二层 22 号房间和三层 32 号房间。并且与各层的管理间机柜连接，如图 8-35 中的 FD2 机柜所示。如图 8-35 中管理间的黑色“口”形，表示与一层、三层连接的垂直桥架。图形绘制方法：矩形，10mm×10mm，填充浅绿色，放到竖井位置。

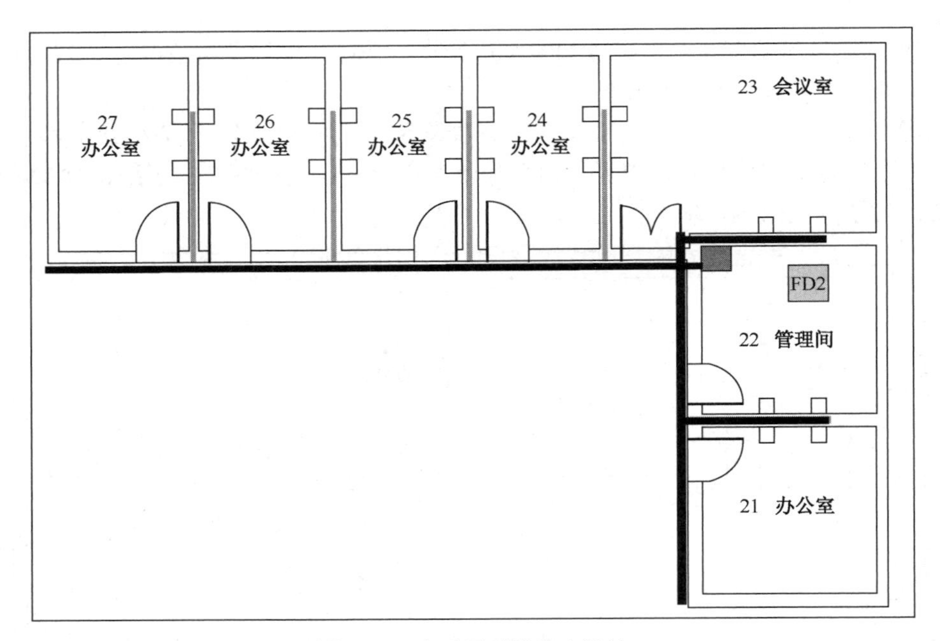

图 8-35 水平子系统路由设计

7．设计局部放大图

由于建筑体积很大，往往在图纸中无法绘制出局部细节位置和尺寸，这就需要在图纸中增加局部放大图。在图 8-36 中，设计了 25 号房间 A 面视图，标注了具体的水平尺寸和高度尺寸。

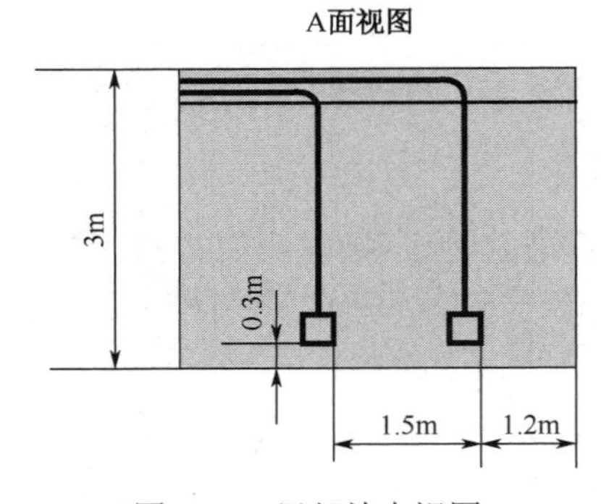

图 8-36 局部放大视图

操作方法提示：使用矩形工具，按 1∶10 比例，绘制长方形→使用直线工具，绘制距离上边框 0.3m 的线段→绘制信息插座图形“口”→使用“多段线”命令，宽度 1，绘制暗管位置→使用快速标注工具进行标注→使用文字工具“A”，进行注明“A 面视图”→在 25 房间标注箭头和文字“A”。

8．添加文字说明

设计中的许多问题需要通过文字来说明。在图 8-37 中，添加了“100mm 水平桥架楼道明装 2.6m”“20PVC 线管沿梁和墙体暗埋”“200mm 垂直桥架”，并且用箭头指向说明位置。

9．增加设计说明

使用文字工具，添加设计说明，如图 8-37 所示，内容如下。

（1）FD 表示楼层管理间配线设备。

（2）水平子系统采用 UTP 双绞线电缆。

（3）□表示网络插座，都是双口信息插座。

（4）每个信息插座有 1 个数据口，1 个语音口。

（5）BD-FD2 走垂直桥架，采用 4 芯室内光缆。

（6）FD2-TO 二层为明槽暗管布线方式，楼道为明装线槽或者桥架，室内沿隔墙暗管布线到 TO 插座底盒。

（7）在两端预留缆线，方便端接。在 TO 底盒内预留 0.2m，在 CD、BD、FD 配线设备处预留 2m。

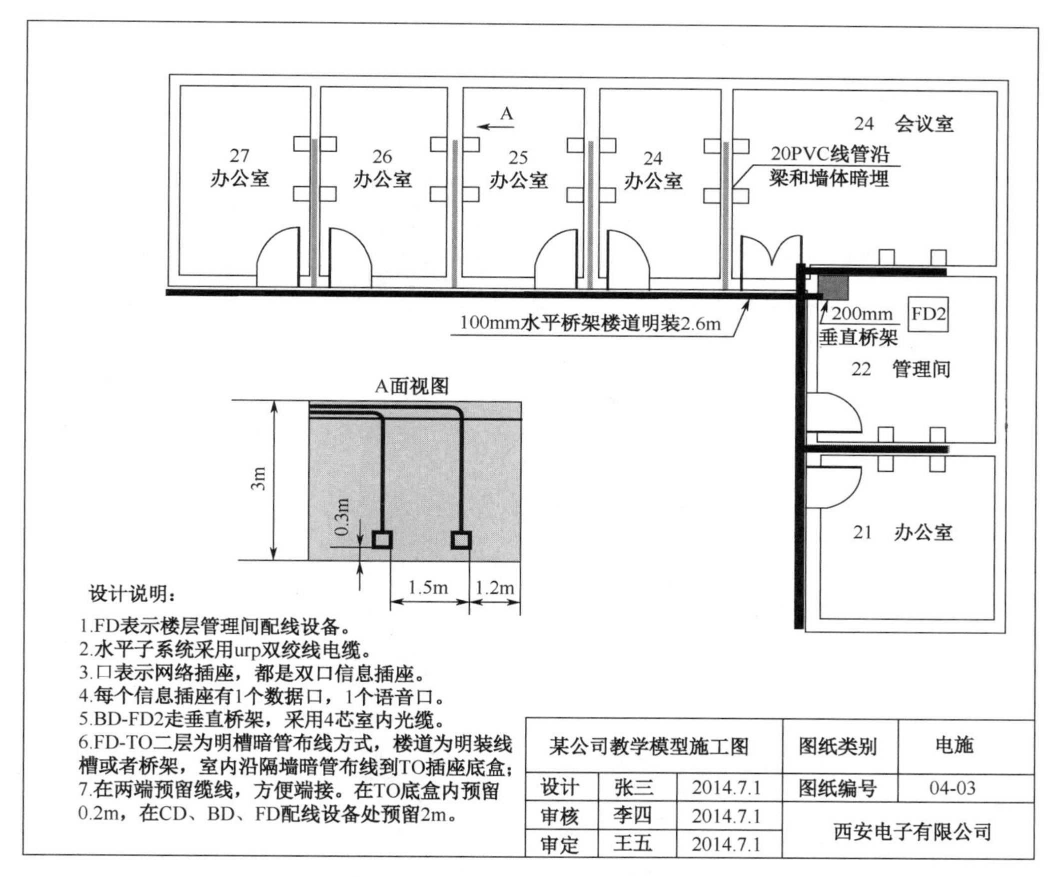

某公司教学模型施工图			图纸类别	电施
设计	张三	2014.7.1	图纸编号	04-03
审核	李四	2014.7.1	西安电子有限公司	
审定	王五	2014.7.1		

图 8-37　某公司教学模型二层施工图

10．设计标题栏

因为前面定义了标题栏，在此可以采用插入块的方式如图 8-38 所示，插入标题栏并进行修改。

由于 AutoCAD 2013 的功能强大、使用灵活，绘制施工图的方法不是千篇一律的，采用不同的技巧绘制同样的图形，可能速度相差不大，绘制系统图和施工图的方法和步骤都是可以变化和调整的，请根据个人习惯顺序或方法进行绘制。

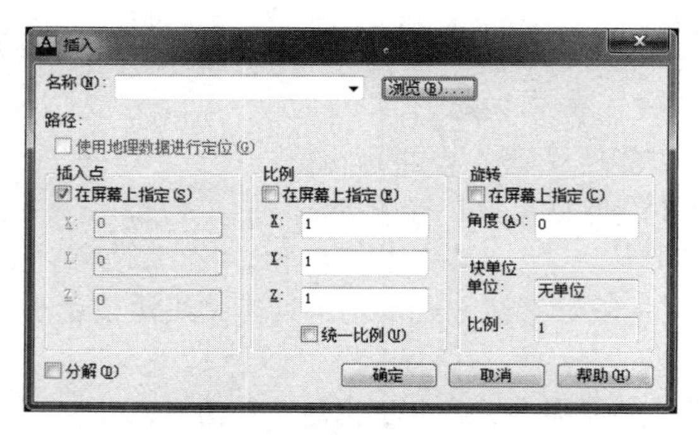

图 8-38 插入块

思考与练习

1．根据图 8-12 所示的某公司的网络综合布线工程教学模型绘制一层施工图。

2．根据图 8-12 所示的某公司的网络综合布线工程教学模型绘制三层施工图。

3．根据图 8-39 所示的建筑物模型绘制点数统计表、系统图和三层的施工图（只做数据点）。

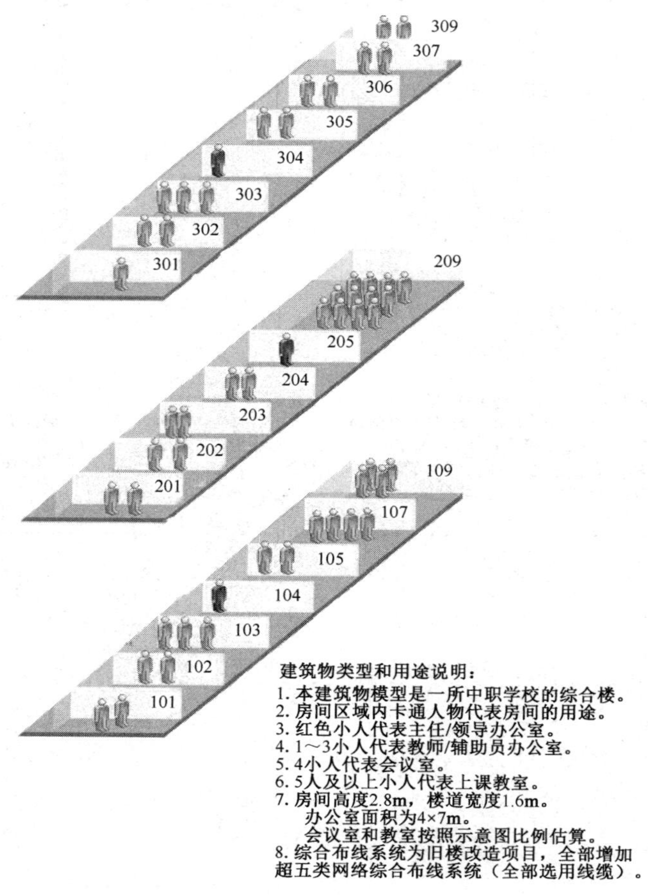

图 8-39 建筑物模型

建筑图形绘制

学习目标

- 熟悉建筑绘图的基本规范。
- 能够绘制建筑平面图并进行尺寸标注。
- 能够绘制建筑立面图并进行尺寸标注。
- 能够绘制建筑剖面图并进行尺寸标注。
- 能够绘制建筑大样详图并进行尺寸标注。

AutoCAD 2013 是 Autodesk 公司的旗舰产品，该软件凭借其独特的优势在很多领域都有广泛的应用，在全球范围内拥有数百万的用户。通过本章的学习来认识 AutoCAD 2013 在建筑领域的广泛使用，为以后的工作打下基础。

9.1 建筑绘图的基本规范

学习目标

- 熟悉建筑绘图中的基本规范及在 CAD 中的设定。

学习内容

绘制建筑图纸，首先应该结合建筑图纸的特点进行绘图环境设置，包括图形界限设置、图层设置、单位设置、文本样式设置和标注样式设置。

9.1.1 绘图界限设置

由于建筑图纸一般比较大，因此一般将图纸设成 A1 图纸，然后按 1∶1 比例绘制电子图形，按 1∶100 比例打印出图。A1 图纸的尺寸为 841mm×594mm。使用“LIMITS”命令进行设置，命令行为如下。

```
命令: LIMITS
重新设置模型空间界限:
指定左下角点或 [开(ON)/关(OFF)] <0.0000,0.0000>:
指定右上角点 <420.0000,297.0000>: 84100,59400
```

9.1.2 绘图单位设置

建筑工程中，长度类型是小数，精度为 0；角度以逆时针方向为正，类型是十进制数。在命令行输入“UNITS”，弹出“图形单位”对话框，参数的设置如图 9-1 所示。

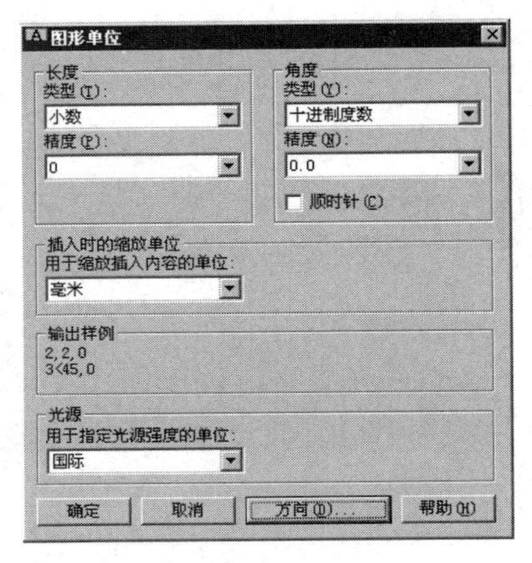

图 9-1　“图形单位”对话框

9.1.3 图层设置

建筑图形中的墙体、门窗、楼梯以及尺寸和文字标注等不同的图形，所具有的属性是不一样的。为方便管理，一般为具有不同属性的图形设置不同的图层。设置的一般规则如下。

1．线型设置

建筑图形中的图线应粗细有别，被剖切到的墙、柱断面的轮廓线用粗实线绘制；被剖切到的次要部分的轮廓线，如墙面抹灰、轻质隔墙，以及没有剖切到的可见部分的轮廓线如窗台、墙身、阳台、楼梯段等用中实线绘制；没有剖切到的高窗、墙洞和不可见的轮廓线等用中虚线绘制；引出线、尺寸线等用细实线绘制；定位轴线、中心线和对称线用细点画线绘制。

2．线宽设置

线宽应根据图纸的复杂程度和采用的比例选择，绘制较简单的图纸时，可以采用两种线宽，如设置墙线线宽为 0.3mm，阳台楼梯、门窗、尺寸线宽为 0.15mm。

3．颜色设置

为便于图层管理和识图，在绘制图形时，颜色属性最好随层设置，也就是说不同图层设置不同的颜色，同一图层的图形设置同一颜色。

9.1.4 标注样式设置

CAD 自带的尺寸标注样式不能完全满足建筑工程制图的要求，所以可以在打开的“标注样式管理器”里设置自己需要的尺寸标注样式。下面介绍一下需要修改的相关参数供大家参考，注意这些参数的具体数值要结合具体的图形进行适当调整，以保证标注与图形相互协调。

在“线”选项卡中将“基线间距”设置为“800”，将“超出尺寸线”设置为“250”，将“起点偏移量”设置为“300”，如图 9-2（a）所示。

在“符号和箭头”选项卡中将箭头形状从“实心闭合”修改为“建筑标记”，并将“箭头大小”设置为“200”，将“圆心标记”的“大小”设置为“200”，如图 9-2（b）所示。

在“文字”选项卡中，将“文字高度”设置为“250”，将“文字位置”的“从尺寸线偏移”设为“100”，如图 9-2（c）所示。

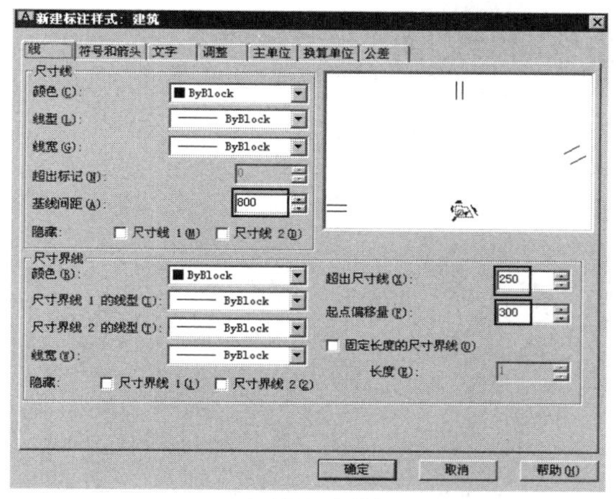

（a）“线”选项卡

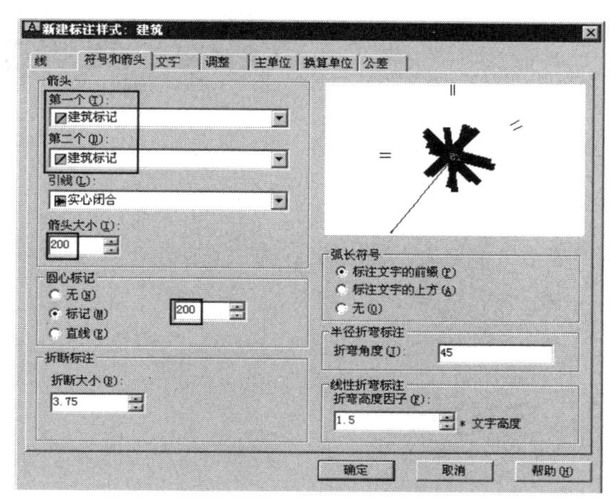

（b）“符号和箭头”选项卡

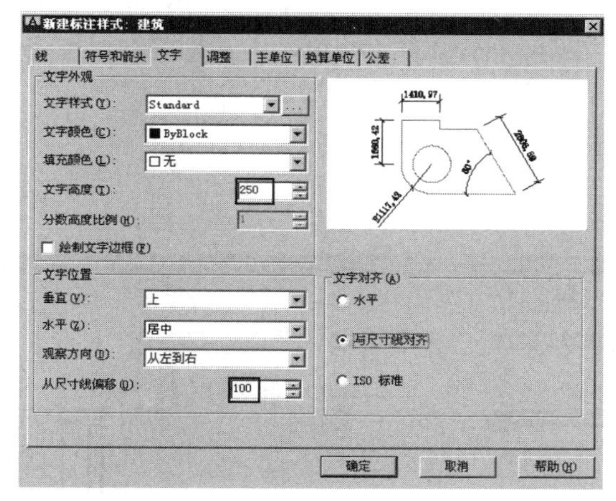

（c）“文字”选项卡

图 9-2　标注样式设置

9.1.5　文字样式设置

建筑工程图中，有关房间功能、图例和施工工艺的文字说明等都放在文字标注图层，在“文字样式”对话框中主要设置文字的大小为“300”即可，如图 9-3 所示。

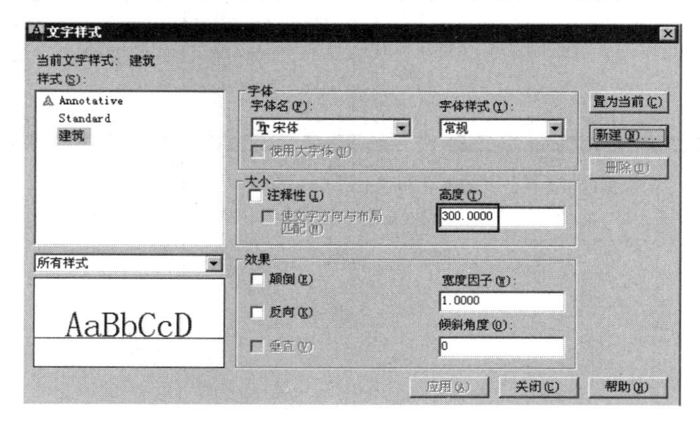

图 9-3　文字样式设置

9.2 建筑平面图形绘制

学习目标

- 学习建筑平面图的绘制方法和步骤。
- 掌握轴网、墙体、各类柱子、门窗、楼梯等基本构件的绘制方法。
- 完成图 9-5 所示的建筑平面图。

学习内容

建筑平面图就是假象使用水平的剖切面沿门窗洞的位置将房屋剖切后，对剖切面以下的部分所做的水平剖面图。它主要反映房屋的平面形状、大小，房间的布置，墙柱的位置、厚度和材料以及门窗的位置和类型等。下面以图 9-4 所示的某别墅的一层建筑平面图为例来介绍建筑平面图的绘制方法和步骤。

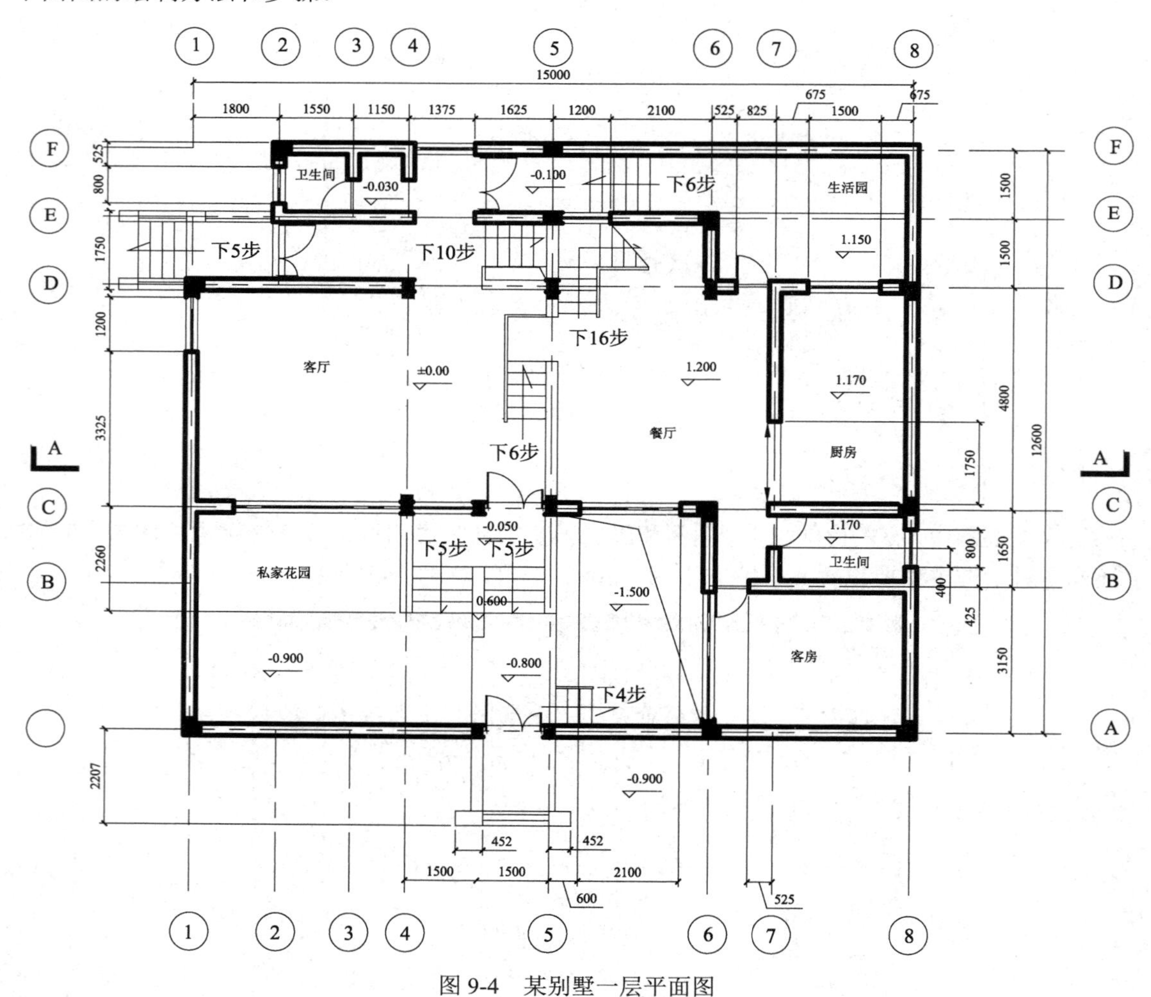

图 9-4　某别墅一层平面图

9.2.1 设置图层

按照前面介绍的内容，设置图层如图 9-5 所示。

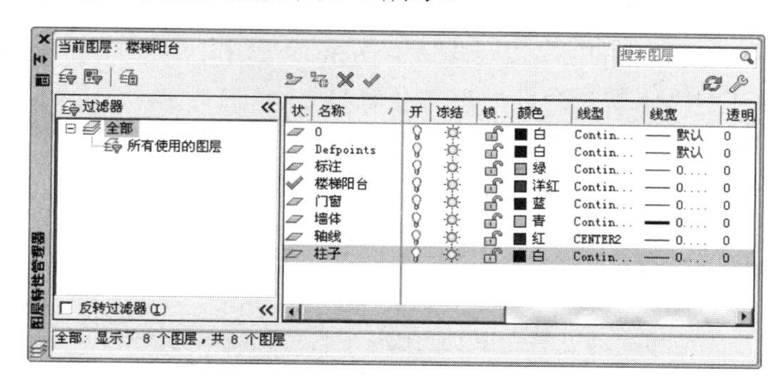

图 9-5 图层设置

9.2.2 绘制轴线网及标注编号

轴线能确定整个建筑的承重体系和非承重体系，能确定建筑物房间的开间深度等细节布置，所以建筑平面图设计一般从定位轴线开始。定位轴线用细点画线绘制，编号标在轴线端部用细实线绘制的直径在 8mm 的圆内，其中横向编号用阿拉伯数字 1、2、3 等从左到右编写，竖向编号用大写拉丁字母 A、B、C 等从上往下编写。

（1）将“轴线层”置为当前层，打开正交方式，用“直线”命令在绘图区合适位置绘制一条水平线和一条竖直线，如图 9-6 所示。

图 9-6 定位轴线

说明

绘制轴线时如果屏幕上显示的线型为实线，则可以执行“LINETYPE”命令，在弹出的“线型管理器”对话框中选中“CENTER2”线型后，将“全局比例因子”改为“100”，如图 9-7 所示，即可将点画线显示出来。

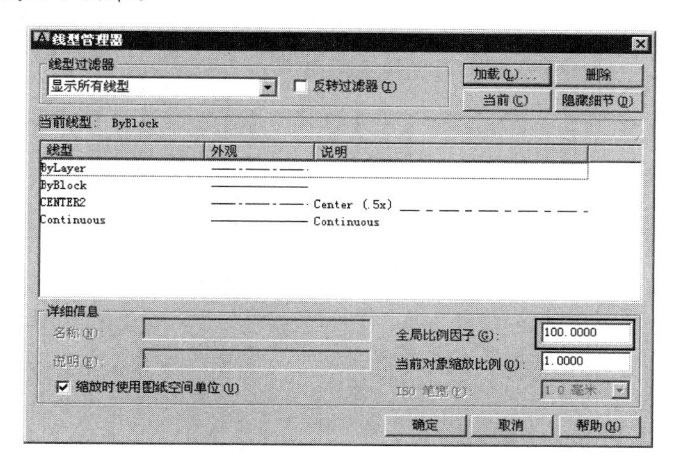

图 9-7 “线型管理器”对话框

（2）选中水平轴线，利用夹持点操作的“移动”模式，输入“C”选择“复制”，然后向下引导鼠标分别输入偏移距离 1500mm、3000mm、7800mm、9450mm、12600mm，完成水平轴线绘制如图 9-8 所示。同样操作将竖直轴线向右偏移 1800mm、3350mm、4500mm、7500mm、10800mm、12150mm、15000mm，结果如图 9-9 所示。

（3）接下来需要利用“修剪”命令处理部分轴线，否则轴线全部贯穿图形会影响绘图的视线。修剪完成后如图 9-10 所示。

（4）绘制修剪完轴线网后，需要对轴线编号，这里是采用先绘制一个直径为 800mm 的圆作为轴线编号图，然后复制完成其余的轴线编号图，完成后再编辑轴线符号里的文字内容的方法来完成，结果如图 9-11 所示。

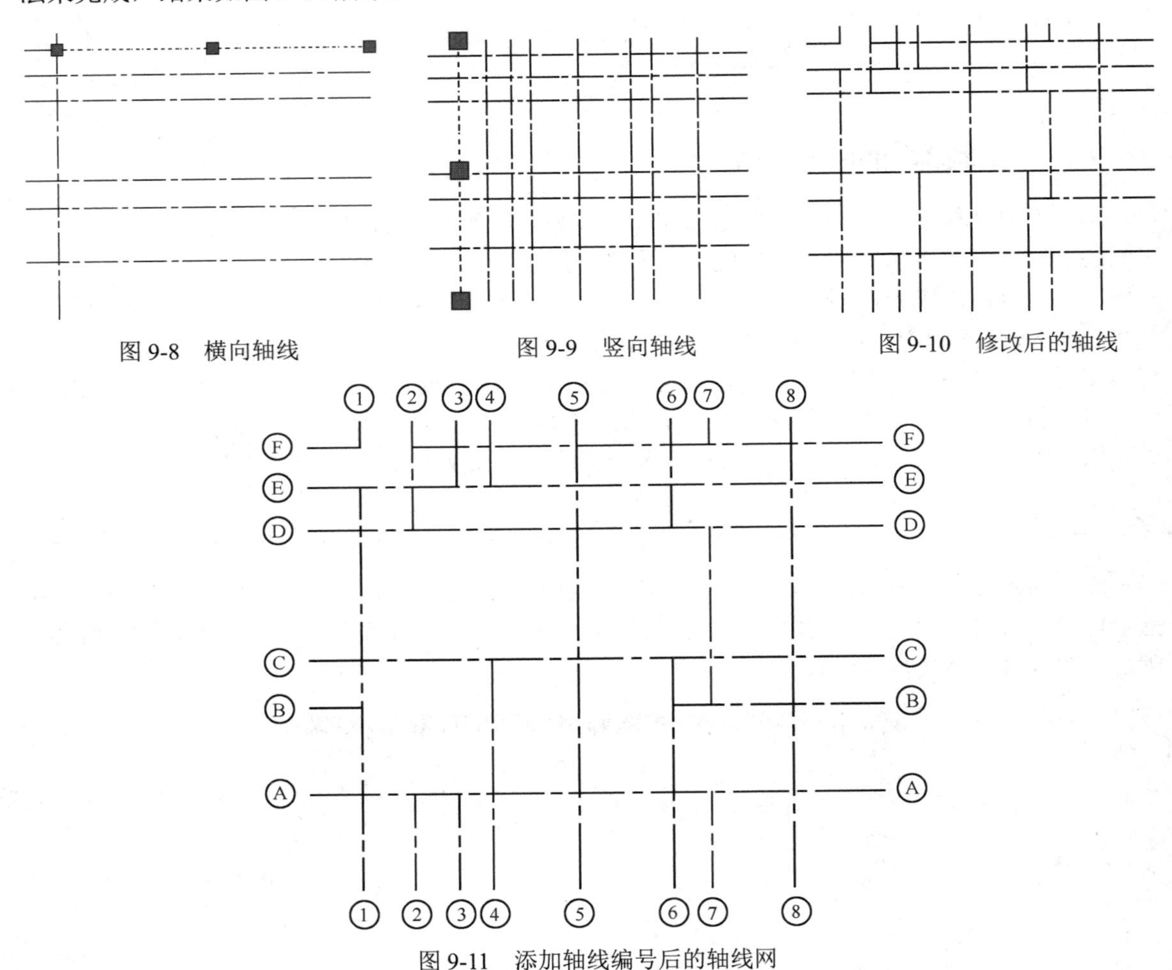

图 9-8　横向轴线　　图 9-9　竖向轴线　　图 9-10　修改后的轴线

图 9-11　添加轴线编号后的轴线网

9.2.3　绘制墙体

绘制墙体一般是采用“多线”命令在墙线图层直接绘制，然后再利用多线编辑命令按墙线的要求对多线进行编辑的方法完成。

（1）将墙体置为当前层，打开对象捕捉以捕捉轴线交点，打开“多线”命令，对正方式为“中心对正”，因墙体厚度为 250mm（即 25 墙），所以选择比例为“250”，绘制的墙线如图 9-12 所示。命令行操作如下。

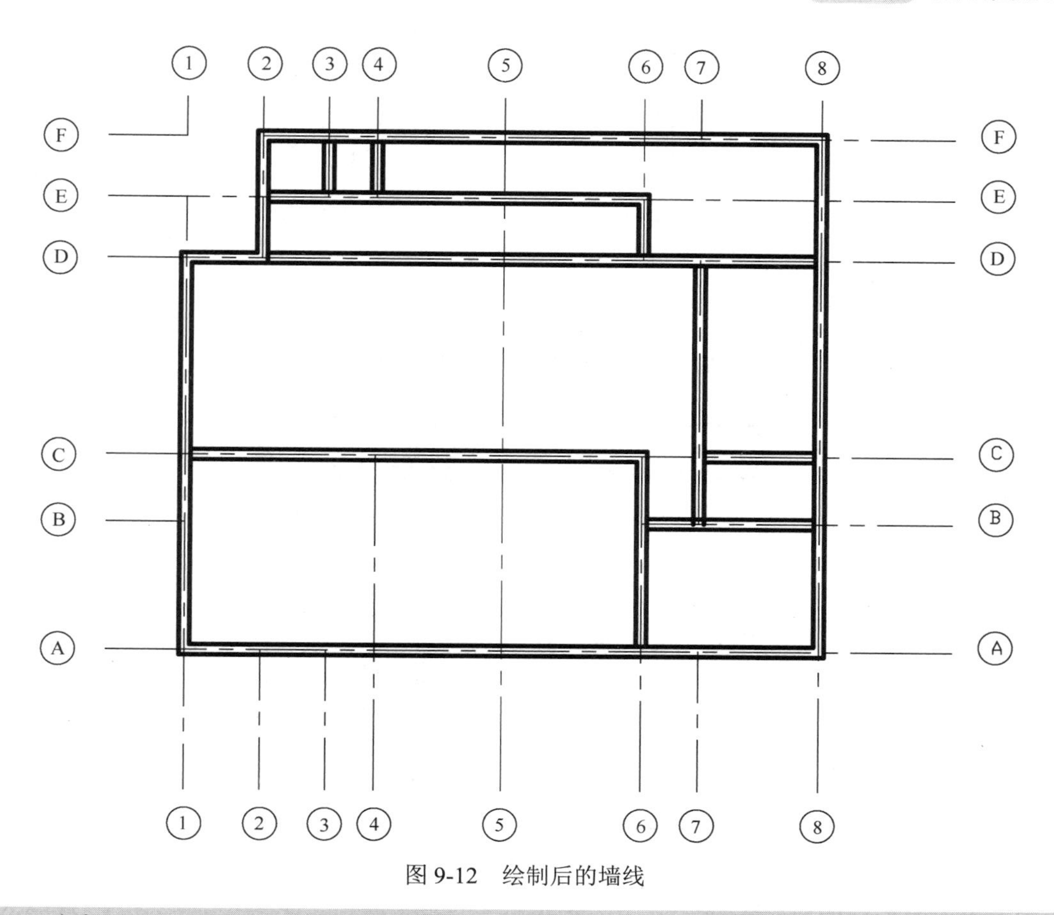

图 9-12 绘制后的墙线

```
命令: _mline
当前设置: 对正 = 上, 比例 = 20.00, 样式 = STANDARD
指定起点或 [对正(J)/比例(S)/样式(ST)]: j
输入对正类型 [上(T)/无(Z)/下(B)] <上>: z
当前设置: 对正 = 无, 比例 = 20.00, 样式 = STANDARD
指定起点或 [对正(J)/比例(S)/样式(ST)]: s
输入多线比例 <20.00>: 250
当前设置: 对正 = 无, 比例 = 250.00, 样式 = STANDARD
指定起点或 [对正(J)/比例(S)/样式(ST)]:
指定下一点:
指定下一点或 [放弃(U)]:
指定下一点或 [闭合(C)/放弃(U)]:
指定下一点或 [闭合(C)/放弃(U)]:
指定下一点或 [闭合(C)/放弃(U)]:
指定下一点或 [闭合(C)/放弃(U)]:
指定下一点或 [闭合(C)/放弃(U)]: c
```

（2）绘制的墙线在连接处不符合要求，需要利用多线编辑工具对其进行修改编辑。在修剪墙线时常用的多线编辑类型是“T 形合并”“十字合并”以及“角点结合”。本例主要应用了“T 形合并”，“T 形合并”的编辑效果如图 9-13 所示，应用多线编辑工具编辑后的墙线如图 9-14 所示。

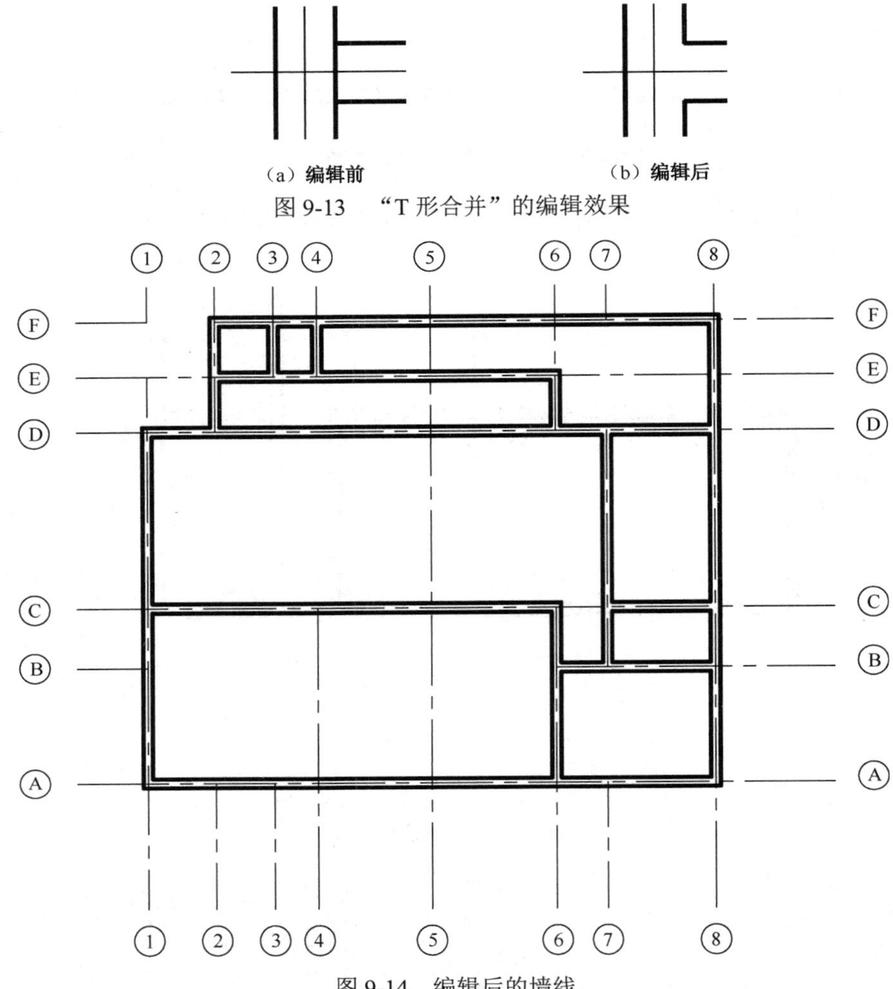

（a）编辑前　　（b）编辑后

图 9-13　“T 形合并”的编辑效果

图 9-14　编辑后的墙线

9.2.4　绘制柱子

柱子位于各条墙线的交界处，是建筑框架结构的受力点。本例需要绘制的柱子有两类，一类是截面为长方形的标准柱，一类是异形柱。不论是哪一类都是先画出柱子的形状，然后进行图案填充。其中标准柱可以用“矩形”命令绘制，并且标准柱画好一个以后其他的可以复制；而异形柱可以用“多段线”命令绘制，而且异形柱因为形状不一，有时只能一个一个地绘制，但是本例的异形柱是一致的，所以我们也采用先画好一个以后再复制其他的异形柱。

异形柱外轮廓如图 9-15（a）所示，使用“多段线”命令绘制时的命令行如下。

```
命令: _pline
指定起点:
当前线宽为 0.0000
指定下一个点或 [圆弧（A）/半宽（H）/长度（L）/放弃（U）/宽度（W）]: 400
指定下一点或 [圆弧（A）/闭合（C）/半宽（H）/长度（L）/放弃（U）/宽度（W）]: 400
指定下一点或 [圆弧（A）/闭合（C）/半宽（H）/长度（L）/放弃（U）/宽度（W）]: 250
指定下一点或 [圆弧（A）/闭合（C）/半宽（H）/长度（L）/放弃（U）/宽度（W）]: 150
指定下一点或 [圆弧（A）/闭合（C）/半宽（H）/长度（L）/放弃（U）/宽度（W）]: 150
指定下一点或 [圆弧（A）/闭合（C）/半宽（H）/长度（L）/放弃（U）/宽度（W）]: c
```

绘制好外轮廓后进行图案填充，填充后如图 9-15（b）所示。

标准柱是先绘制一个 400mm×250mm 矩形和一个 250mm×250mm 矩形，然后图案填充，其效果如图 9-16 所示。

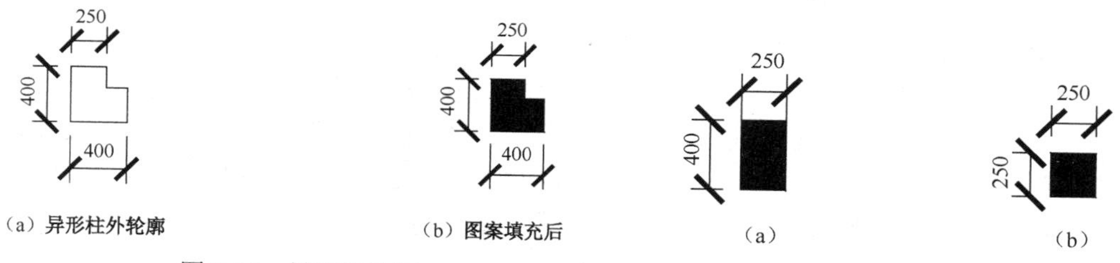

（a）异形柱外轮廓　（b）图案填充后

图 9-15　异形柱绘制

（a）　（b）

图 9-16　标准柱绘制

将绘制好的柱子复制并插入到平面图中，如图 9-17 所示，完成所有柱子插入的平面图如图 9-18 所示。

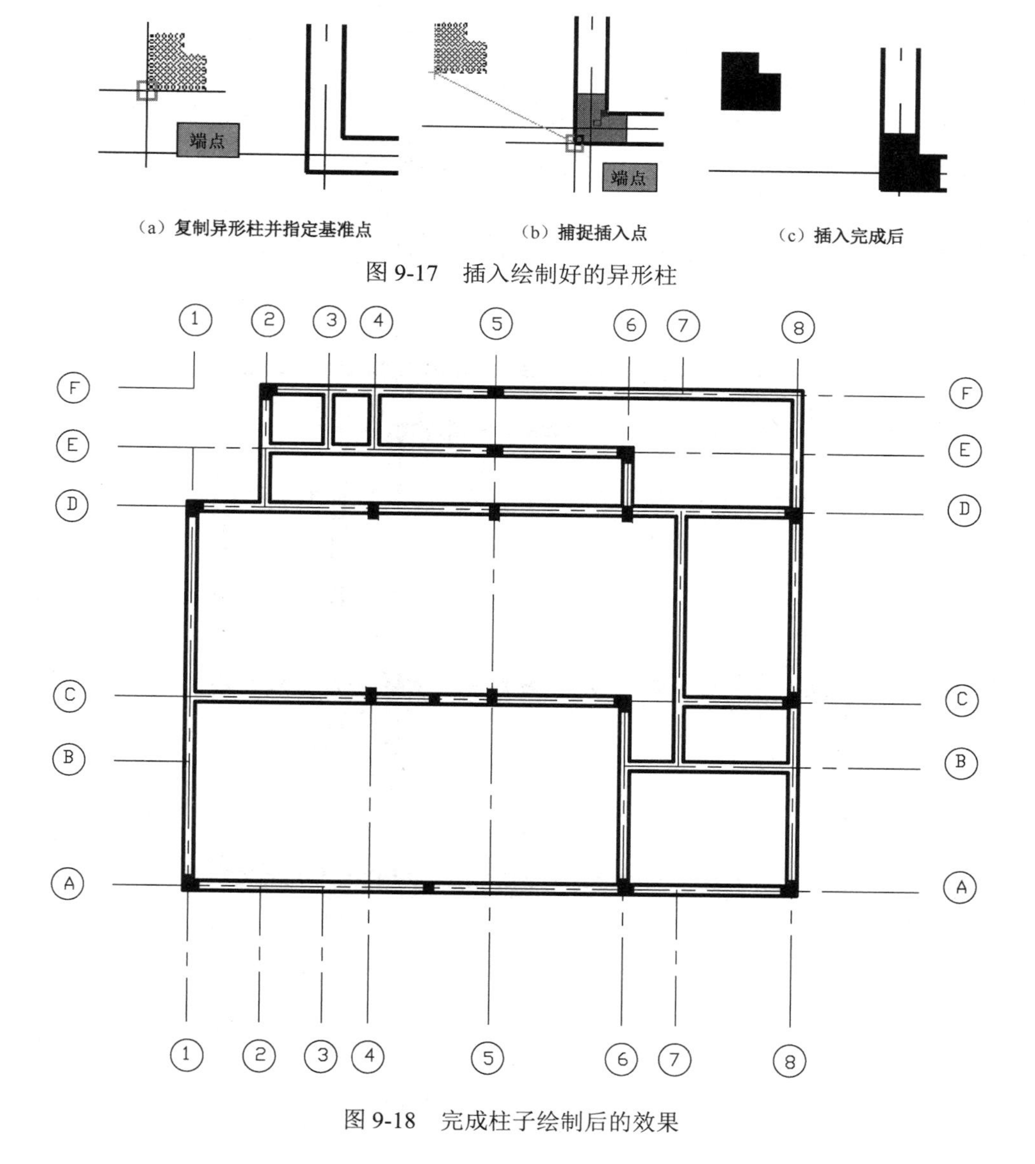

（a）复制异形柱并指定基准点　（b）捕捉插入点　（c）插入完成后

图 9-17　插入绘制好的异形柱

图 9-18　完成柱子绘制后的效果

9.2.5 绘制门窗

由于我国建筑设计规范对门窗的设计有具体的要求，因此绘制门窗的时候，可以先画好其中一扇门或窗，然后再把它们复制到图形中，从而避免重复工作。

1．绘制门窗前先要在墙体上开出门洞和窗洞

以2轴上的C1窗为例介绍如何开窗洞。首先置“墙体”为当前层，在离A点（外墙线的交点，不是轴线的交点）2950mm处绘制一条辅助线，再将此辅助线偏移一个窗的宽度1250mm，这样就确定了窗的位置，如图9-19所示。确定好位置后先用分解命令分解需开窗洞的多线，然后用“修剪”命令修剪多余的直线即可，结果如图9-20所示。

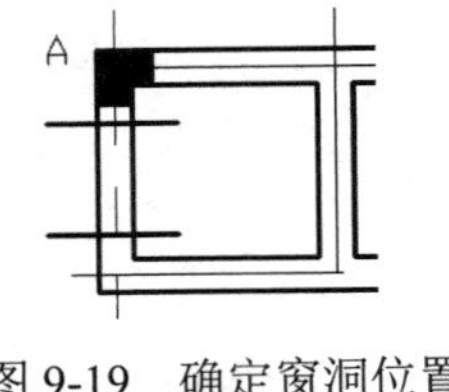

图9-19　确定窗洞位置

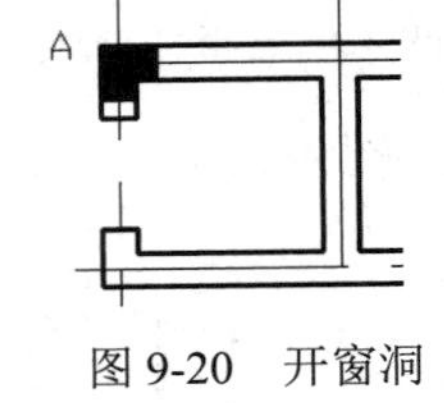

图9-20　开窗洞

能利用现有结构如柱子、墙线等定位的，可以省去辅助线。

开门洞的方法与开窗洞类似，最终开好门洞和窗洞的平面图如图9-21所示。

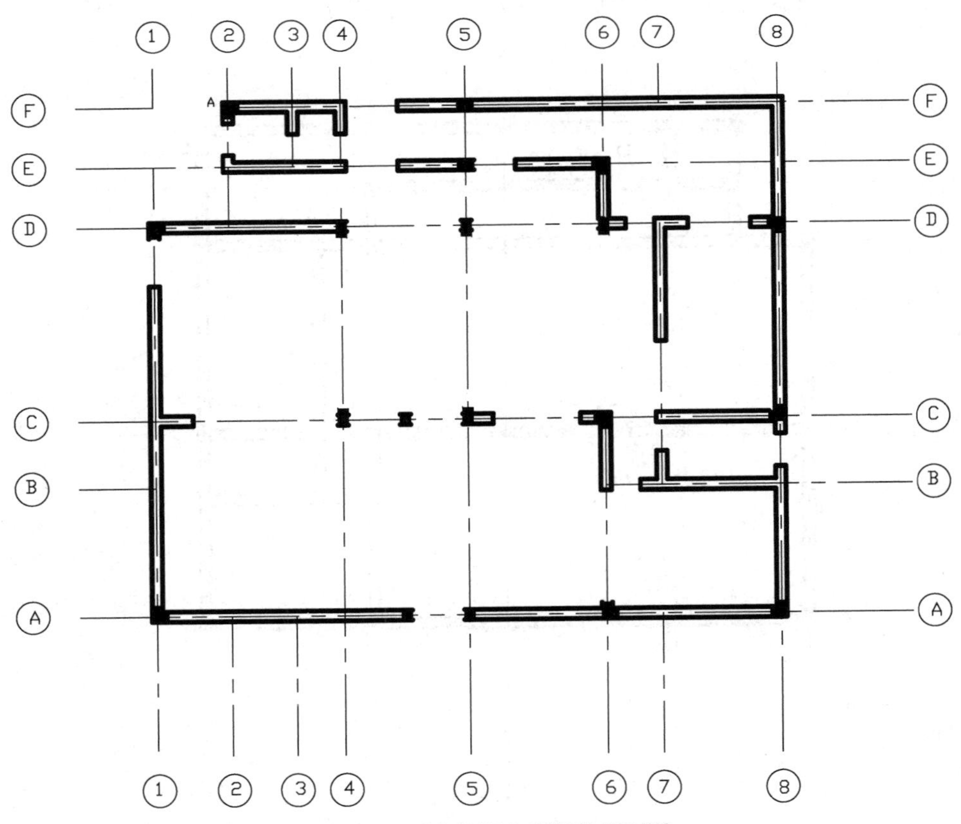

图9-21　开完门洞和窗洞的平面图

2．绘制门窗

门有两种，一种平开门，一种推拉门，这里主要介绍平开门的绘制方法。一般单扇平开门用如图 9-22（c）所示的图形表达。绘制时先将“门窗”置为当前层，绘制一个 50mm×700mm 的矩形，然后捕捉矩形右下顶点向上偏移 14 绘制 672mm×21mm 的矩形，然后捕捉 672mm×21mm 矩形的右下顶点绘制半径 672mm 的圆，将右下角四分之三圆修剪掉，绘制过程如图 9-22 所示。类似的双扇门的绘制过程如图 9-23 所示。

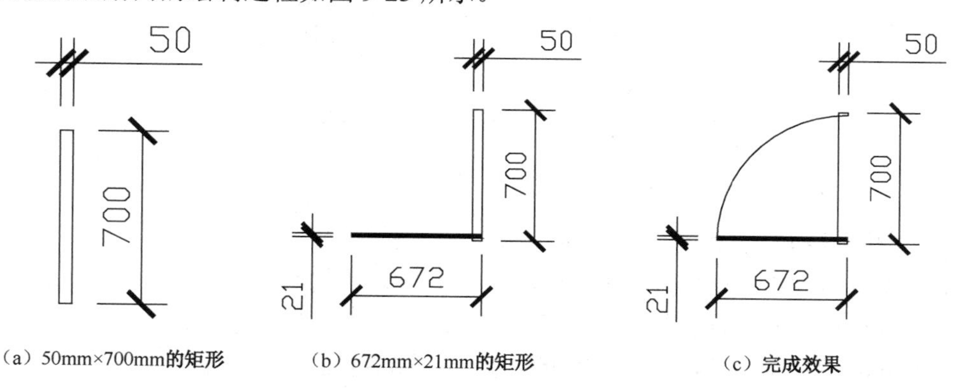

（a）50mm×700mm的矩形　（b）672mm×21mm的矩形　（c）完成效果

图 9-22　单扇平开门绘制过程

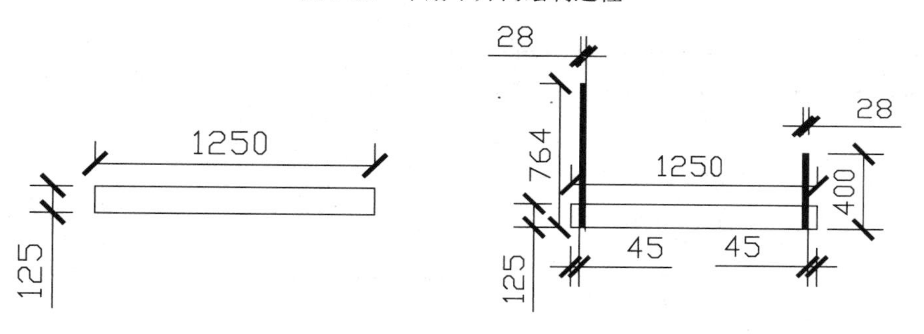

（a）1250mm×125mm的矩形　（b）28mm×764mm和28mm×400mm的矩形

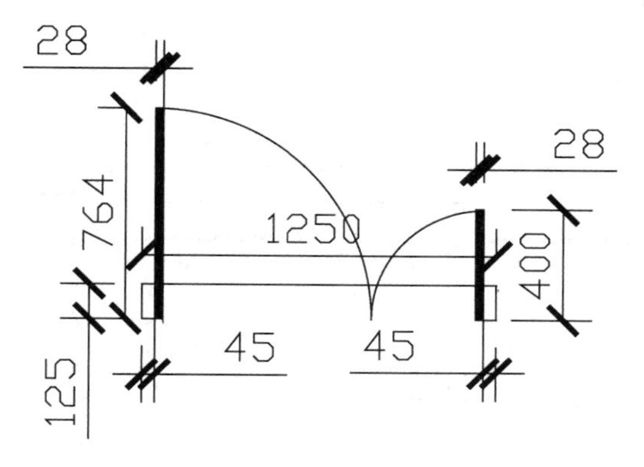

（c）完成效果（两圆半径为764mm和396mm）

图 9-23　双扇平开门绘制过程

需要绘制的窗如图 9-24 所示，定义图块时的基点选择窗户的四个角点或与墙线相交的中点。

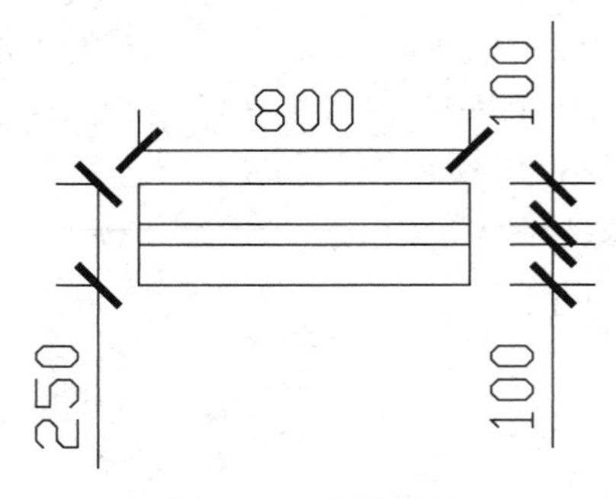

图 9-24　窗的绘制

3．复制插入门窗

插入时不仅要准确选择插入位置，而且不同方向和尺寸的门窗在插入时还要进行旋转和拉伸处理，注意进行拉伸前首先要对复制后的窗户进行打散处理，例如将 800mm 的窗户插入到长度为 1250mm 的窗洞的处理过程如图 9-25 所示。所有门窗插入后的平面图如图 9-26 所示。

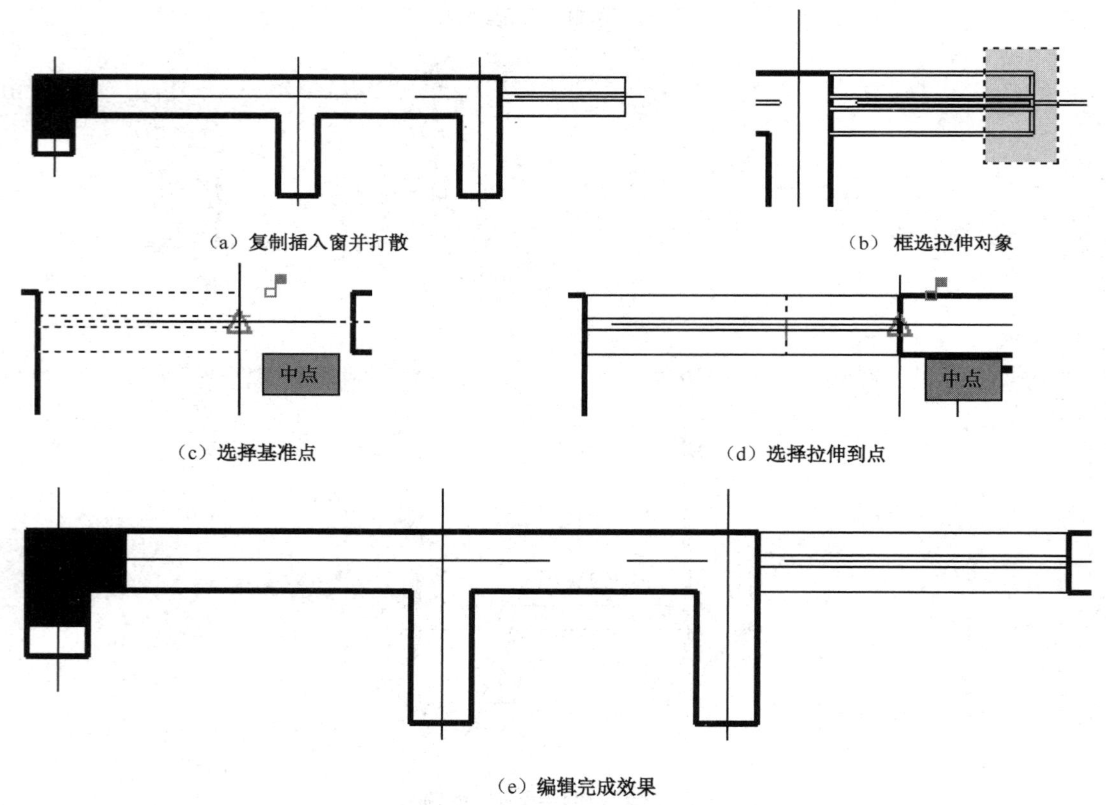

（a）复制插入窗并打散

（b）框选拉伸对象

（c）选择基准点

（d）选择拉伸到点

（e）编辑完成效果

图 9-25　插入并编辑窗

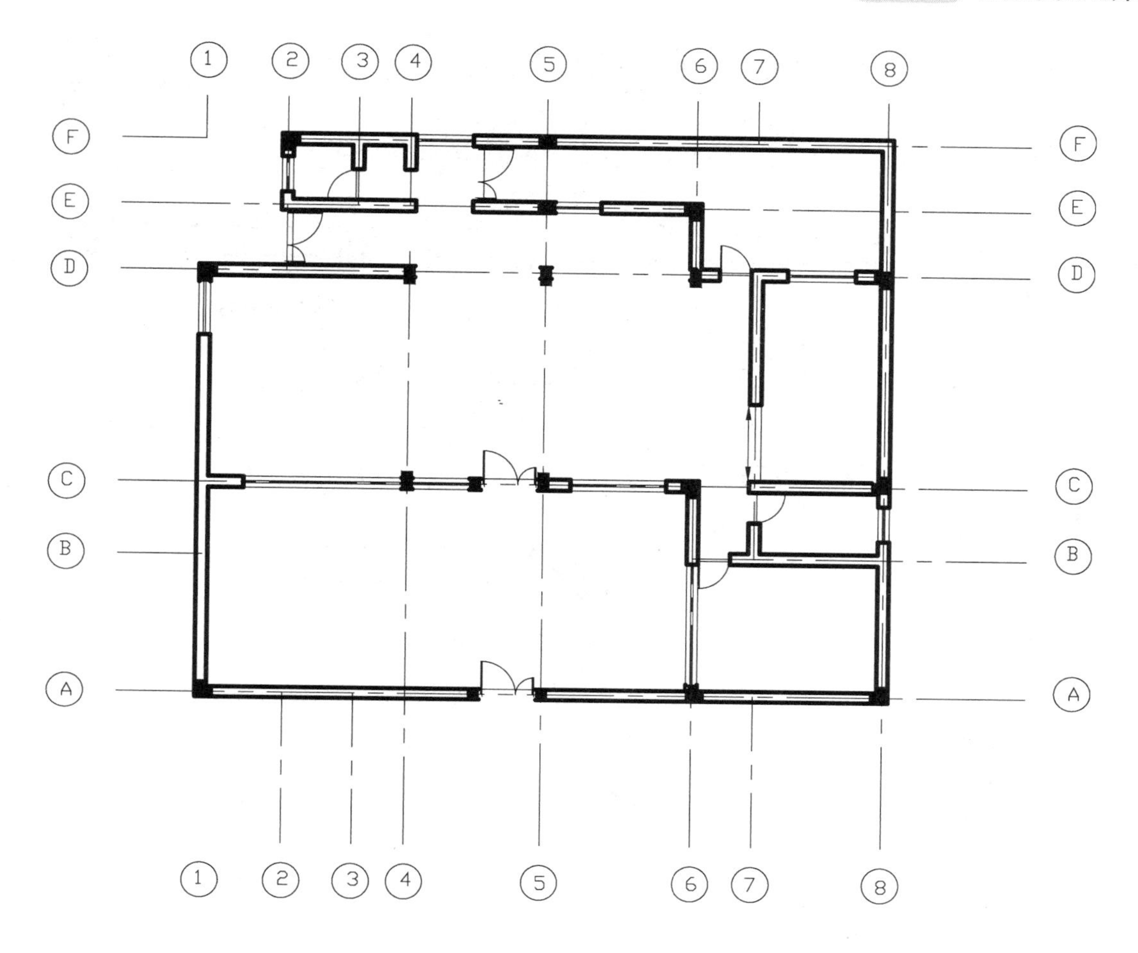

图9-26 插入所有门窗后的平面图

9.2.6 绘制楼梯

根据楼梯平面形式的不同，楼梯一般分为单跑直楼梯、双跑直楼梯、多跑直楼梯等，这里重点介绍单跑直楼梯。楼梯一般包括扶手和梯步两部分，主要由直线和弧线组成。绘制时只需在楼梯间墙体所限制的区域内按设计位置绘出楼梯踏步线、扶手、箭头及折断线等。现以图9-29所示的楼梯为例学习楼梯绘制方法。

1．绘制楼梯扶手

首先将“楼梯阳台”设为当前层，先绘制图9-27所示的扶手。

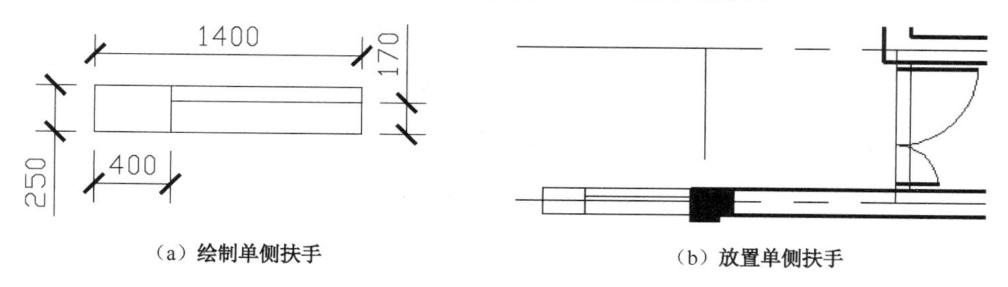

（a）绘制单侧扶手 （b）放置单侧扶手

图9-27 绘制扶手

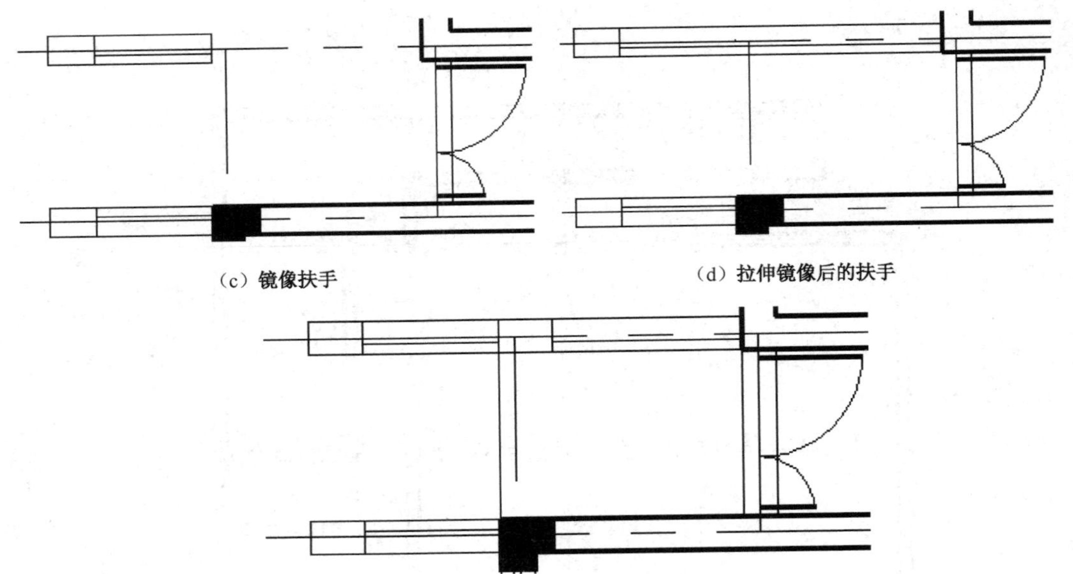

（c）镜像扶手　　（d）拉伸镜像后的扶手

（e）偏移及修剪等编辑完成后的扶手

图 9-27　绘制扶手（续）

2．绘制踏步线

利用“直线”命令连接 C、D 点，然后利用“阵列”命令，以 250mm 为间距阵列，如图 9-28 所示。

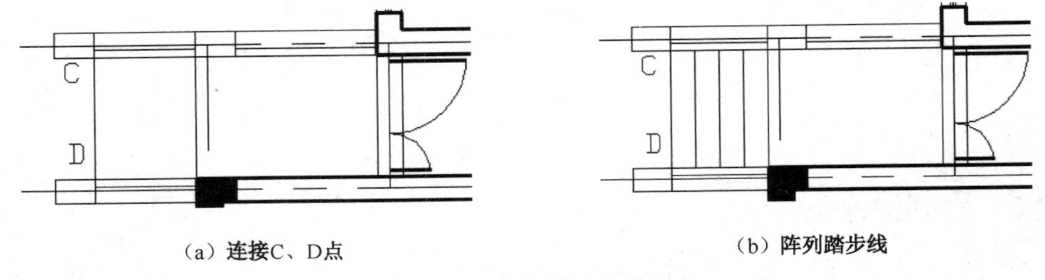

（a）连接C、D点　　（b）阵列踏步线

图 9-28　绘制踏步线

3．绘制上下方向箭头

利用“多段线”命令绘制上下方向箭头，效果如图 9-29 所示。

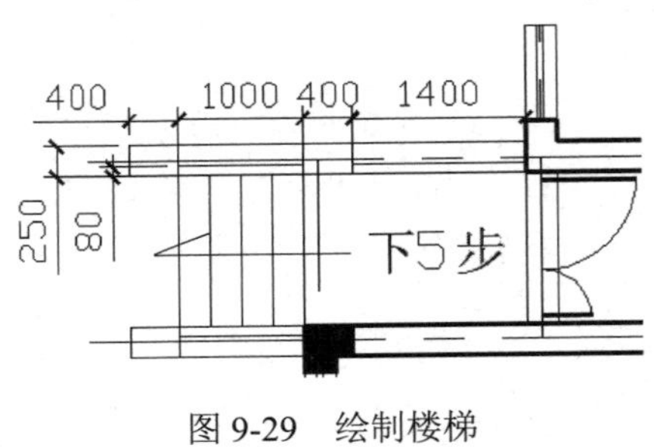

图 9-29　绘制楼梯

依据同样方法绘制所有楼梯后效果如图 9-30 所示。

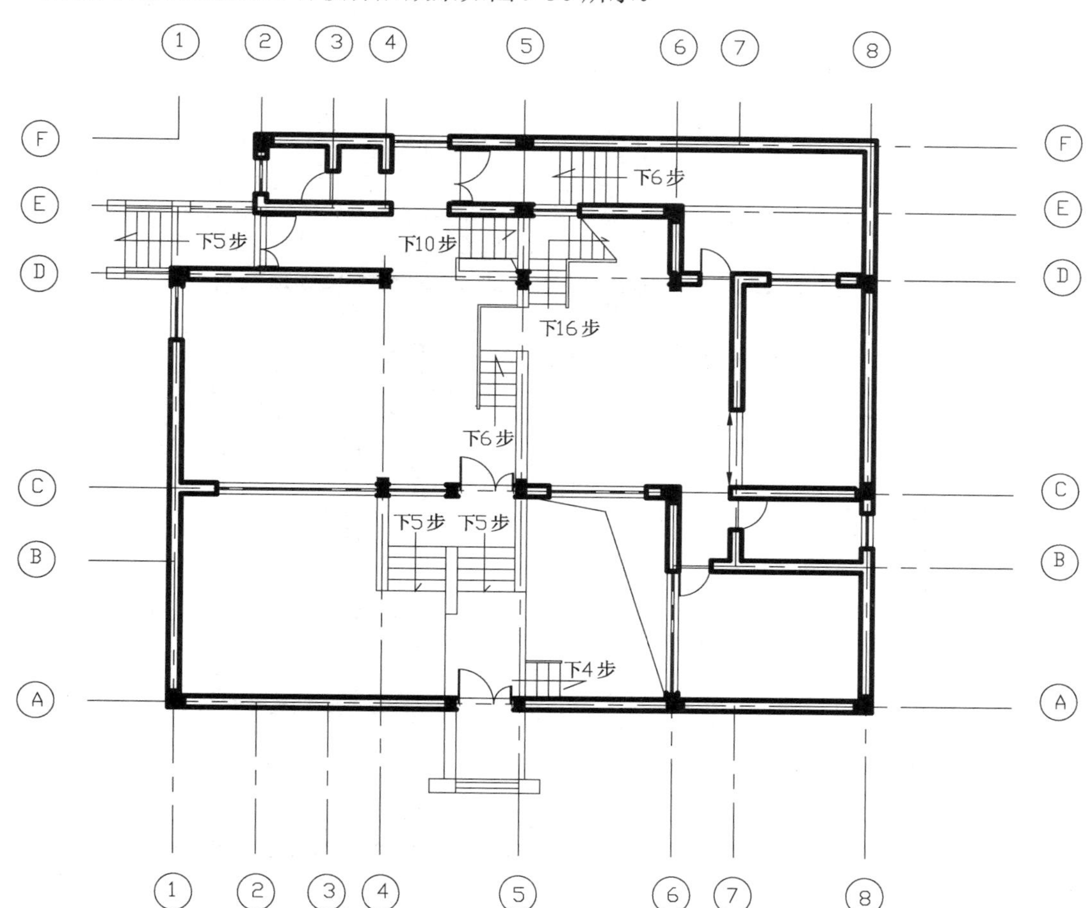

图 9-30 绘制所有楼梯后的效果

9.2.7 添加尺寸标注

平面图上的尺寸一般分为三道尺寸：包括总尺寸、定位尺寸和细部尺寸。一般标注采用从细部到总体的顺序标注，命令主要选择“线性标注”“连续标注”和“基线标注”，另外还包括标高标注。其中标高标注中标高符号如图 9-31 所示，用“多段线”命令绘制，绘制命令行如下。

```
命令: _pline
指定起点:
当前线宽为 0.0000
指定下一个点或 [圆弧(A)/半宽(H)/长度(L)/放弃(U)/宽度(W)]: 800
指定下一点或 [圆弧(A)/闭合(C)/半宽(H)/长度(L)/放弃(U)/宽度(W)]: @190<-45
指定下一点或 [圆弧(A)/闭合(C)/半宽(H)/长度(L)/放弃(U)/宽度(W)]: @190<45
指定下一点或 [圆弧(A)/闭合(C)/半宽(H)/长度(L)/放弃(U)/宽度(W)]:
```

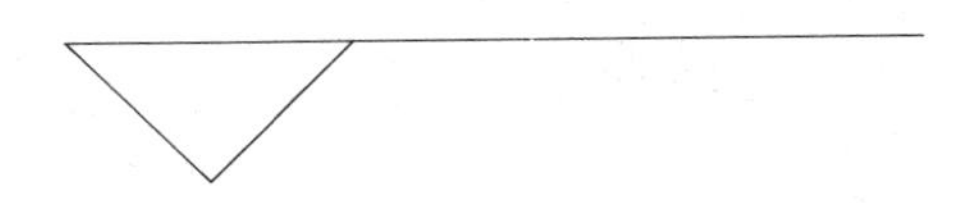

图 9-31　标高符号

添加尺寸标注后如图 9-32 所示。

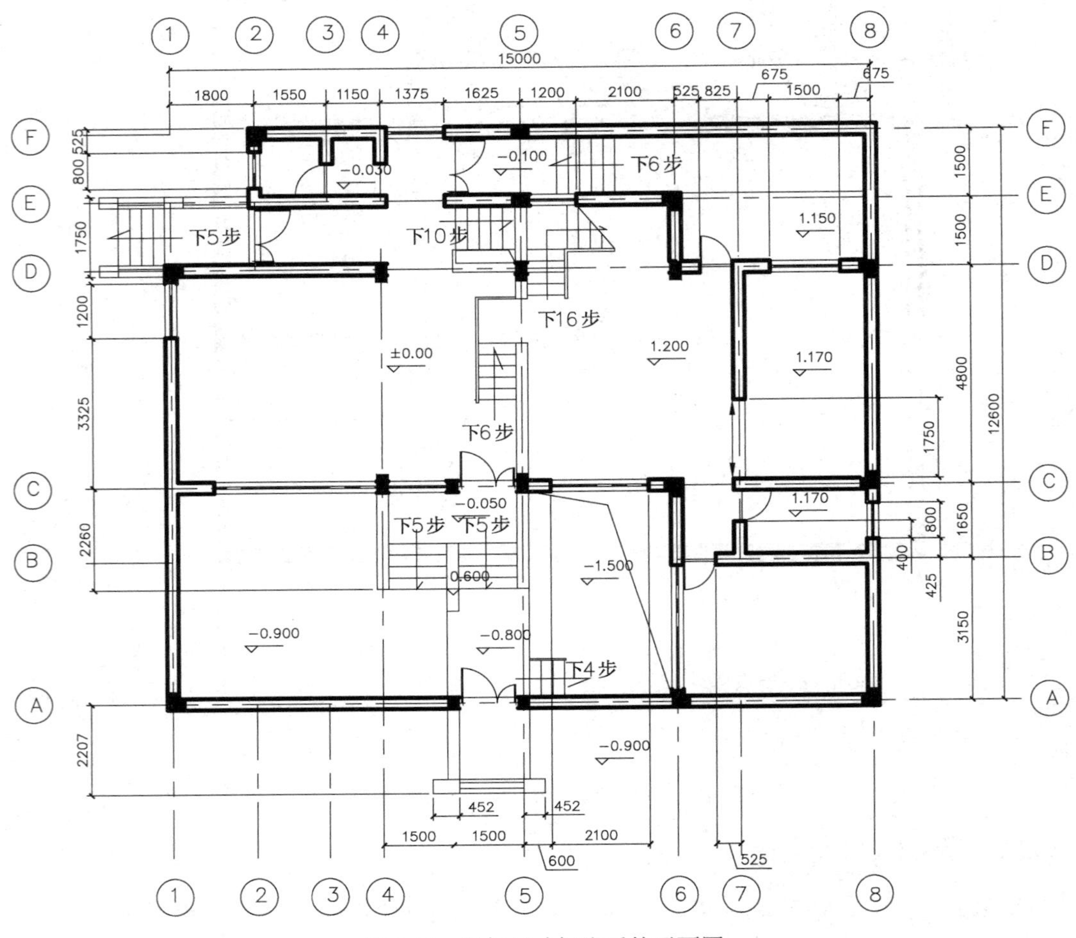

图 9-32　添加尺寸标注后的平面图

9.2.8　添加文字说明

文字标注的内容包括图名及比例、房间功能划分、门窗符号、楼梯说明等。添加文字说明后效果如图 9-4 所示。

通过本案例的学习可知，平面图的绘制过程一般为：绘制墙体的中轴线→绘制墙体线→绘制柱子→绘制门窗→绘制楼梯→添加尺寸标注→添加文字标注。需要说明的是平面图中各个构件的绘制方法不是唯一的，读者可以根据图形特点选择绘制方法，本案例及以后各案例的绘制只是笔者的一种绘制方法，希望能起到抛砖引玉的作用。

练习：绘制如图 9-33 所示的平面图。

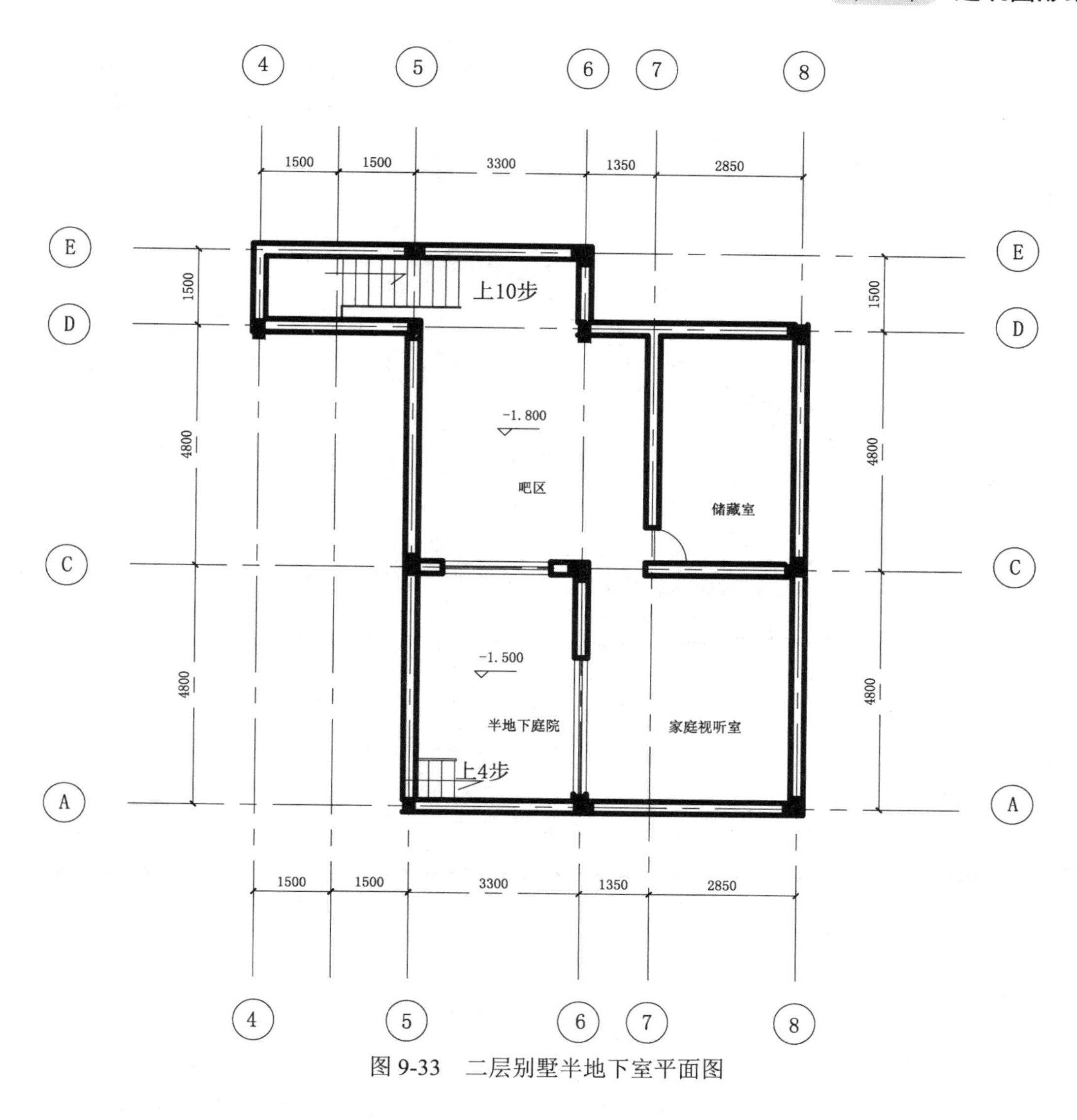

图 9-33　二层别墅半地下室平面图

9.3　建筑立面图形绘制

学习目标

- 学习建筑立面图的绘制方法和步骤。
- 完成图 9-31 所示的建筑立面图。

学习内容

建筑立面图就是建筑物在不同方向的立面正投影视图。它主要反映建筑物的外观，外墙各主要部位的标高，外墙面的材料、色彩及腰线、勒脚等饰面做法，阳台形式、门窗布置及雨水管的位置。基本内容包括：根据建筑制图标准规定，无定位轴线的建筑物可按平面图各面的朝向确定立面图的名称，如南立面图、东立面图等；而有定位轴线的建筑物，宜采用两端轴线的编号来命名立面图，如①-⑩立面等。

图 9-34 是一个二层别墅的建筑立面图，下面以该图为例介绍建筑立面图的绘制方法。

图 9-34　二层别墅①-⑧立面图

此立面图是在平面图的基础上生成，因此可以直接在平面图旁边绘制立面图。绘制立体图时可以从前面绘制的平面图引出辅助线，然后再从一层向上依次绘制门窗等细部构件。

9.3.1　绘制一层门窗

根据层高及各构件的横向位置，确定建筑构件的横向位置与尺寸，再利用平面图，引出立面的主体轮廓的纵向位置，这就是定位操作。

为了绘图时准确捕捉关键点，可以先不显示线条的宽度。

1．绘制横向定位线

先创建“楼层线”图层设置与“轴线”图层一致，并设为当前图层，在平面图上方适当位置用“直线”命令绘制一条水平线，然后利用夹持点操作模式，以该水平线为基础做出每层的水平控制线，如各楼层标高线、窗台线、房屋高度线，并将这些控制线改到轴线层，如图 9-35 所示。

11.363
10.000
9.513
7.200
4.200
1.200
-0.900
-0.900

图 9-35 横向定位线

由于横向定位线数量较多，为避免混淆，可先标上楼层标高。

2．绘制纵向定位线

先创建“立面墙线”图层设置为青色细实线，并设为当前图层，执行“直线”命令，捕捉平面图中的各纵向定位点，包括轴线 1、轴线 8、外墙线以及如图 9-36 所示一层的 4 处门和窗户的左右边线，绘制直线结果如图 9-37 所示。

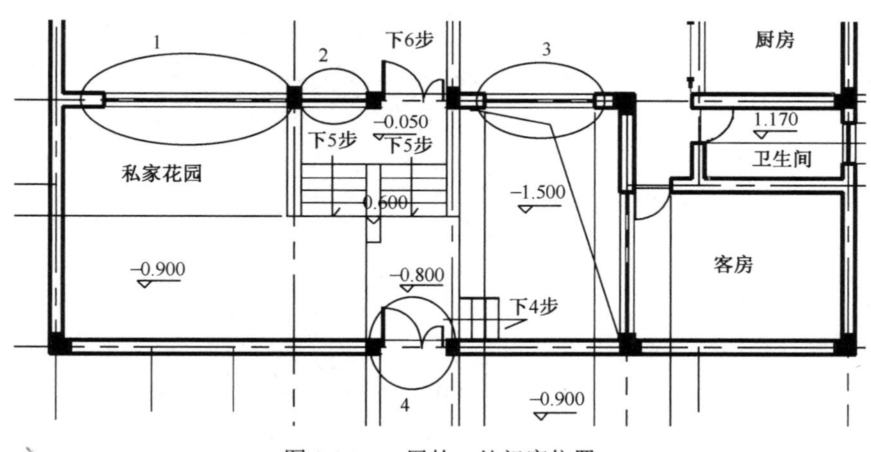

图 9-36 一层的 4 处门窗位置

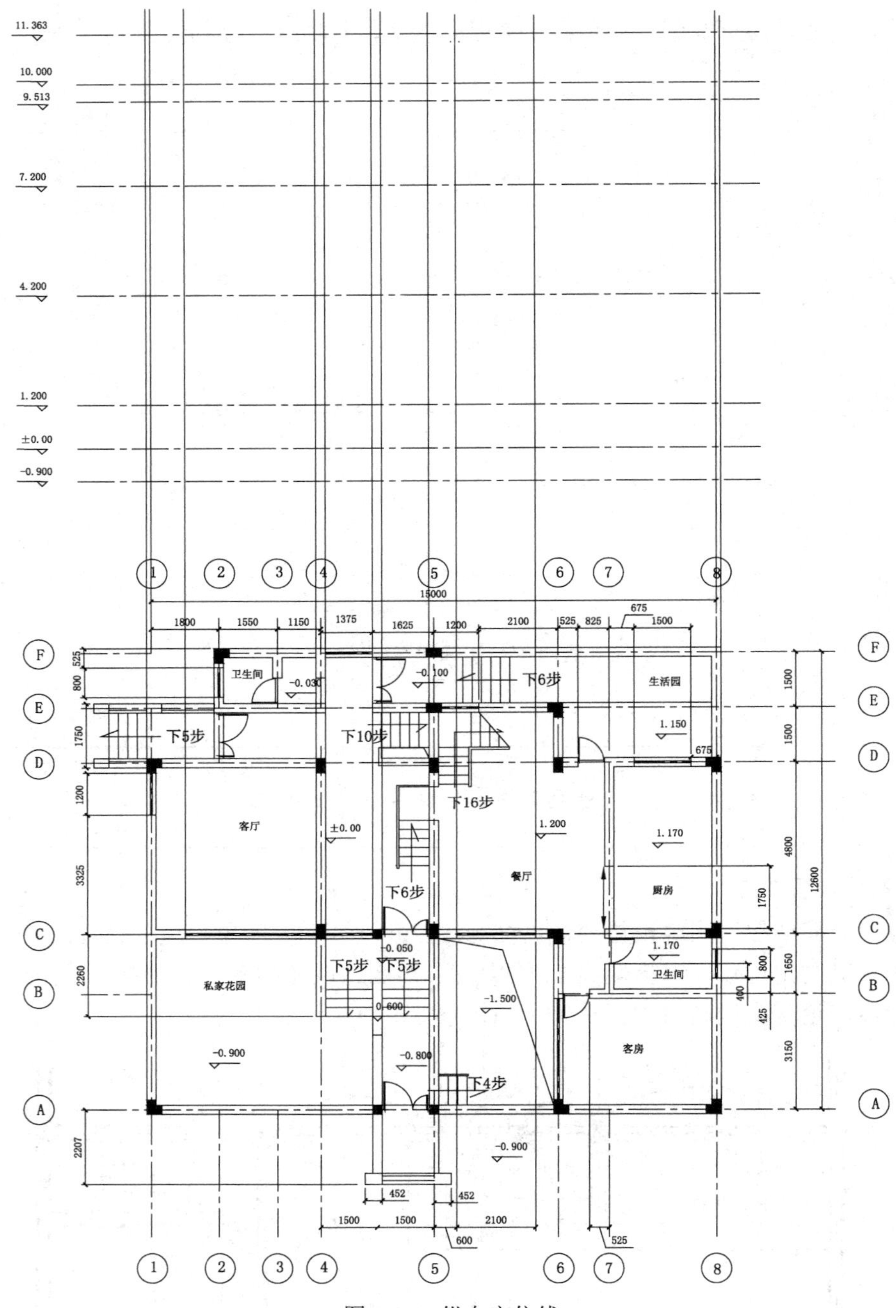

图 9-37　纵向定位线

3．绘制门窗外框线

将 4.2m 的楼层标高线分别向下偏移 500mm、1800mm 作为窗户和门的上沿线，以 1.2m 的楼层标高线作为窗户的下沿，从一层平面图中的标高可以看出门的标高为-0.800mm，如图 9-38 所示，所以将-0.900mm 的标高线向上偏移 100mm 作为门的下沿线，将“立面墙线”图层设置为当前图层，利用“矩形”命令绘制一层立面的门和窗户的外框线，并删除左右两边的辅助线，结果如图 9-39 所示。

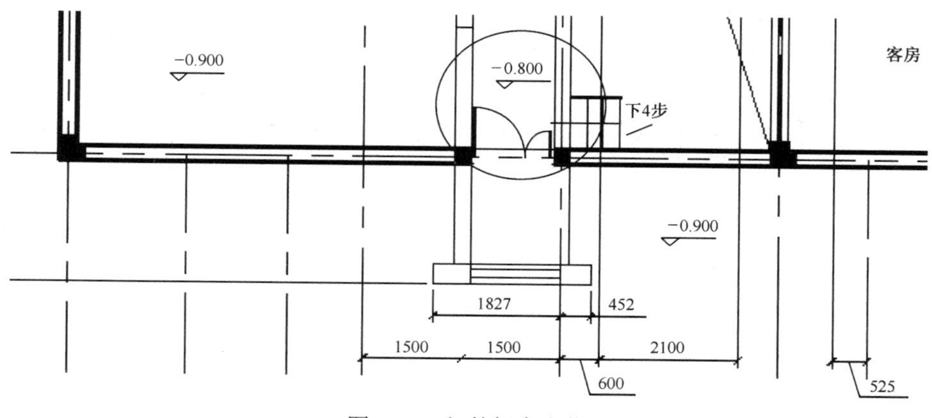

图 9-38　门的标高定位

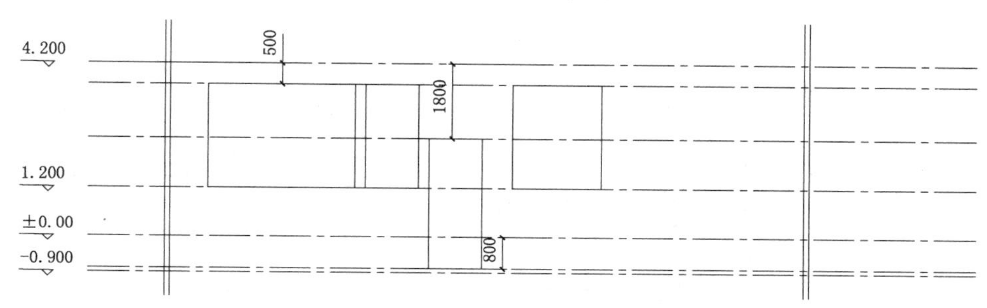

图 9-39　一层门窗外框线

4．绘制窗棱

利用“偏移”“直线”和“修剪”等命令绘制窗棱如图 9-40 所示，图中未标注的内外框线之间的间距均为 50mm。

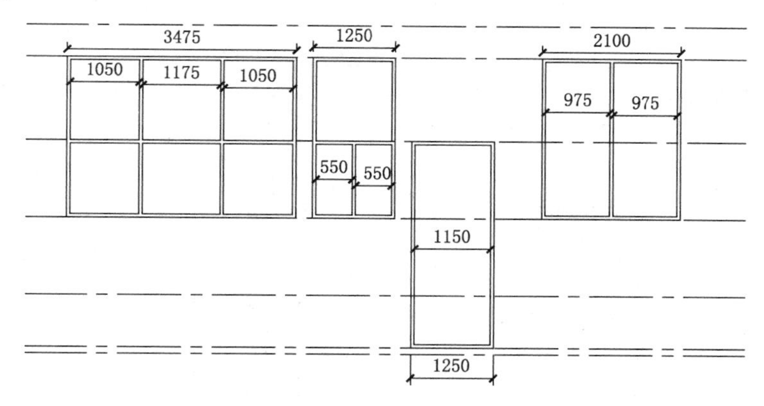

图 9-40　一层门窗尺寸

5．绘制窗套

利用“偏移”和“矩形”（直线）等命令绘制窗套如图 9-41 所示。

9.3.2　绘制二层和屋顶层的门窗

（1）参照上面步骤绘制二层和屋顶层的门窗，如图 9-42 所示。

（2）添加窗套后整体效果如图 9-43 所示。

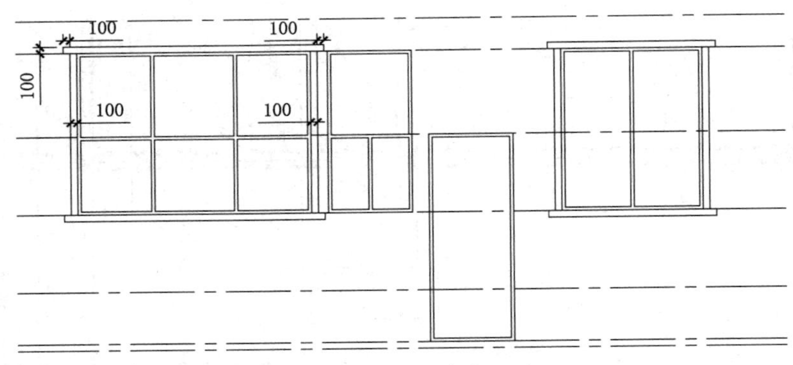

图 9-41 添加门套的尺寸

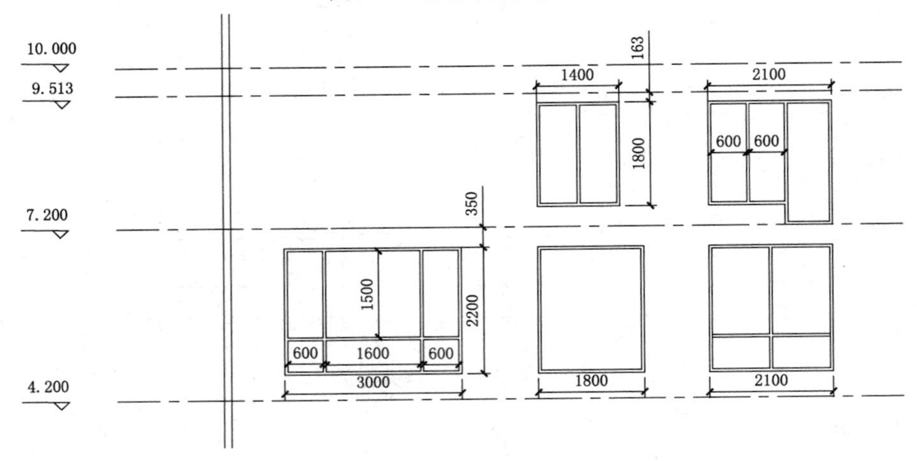

图 9-42 二层门窗尺寸

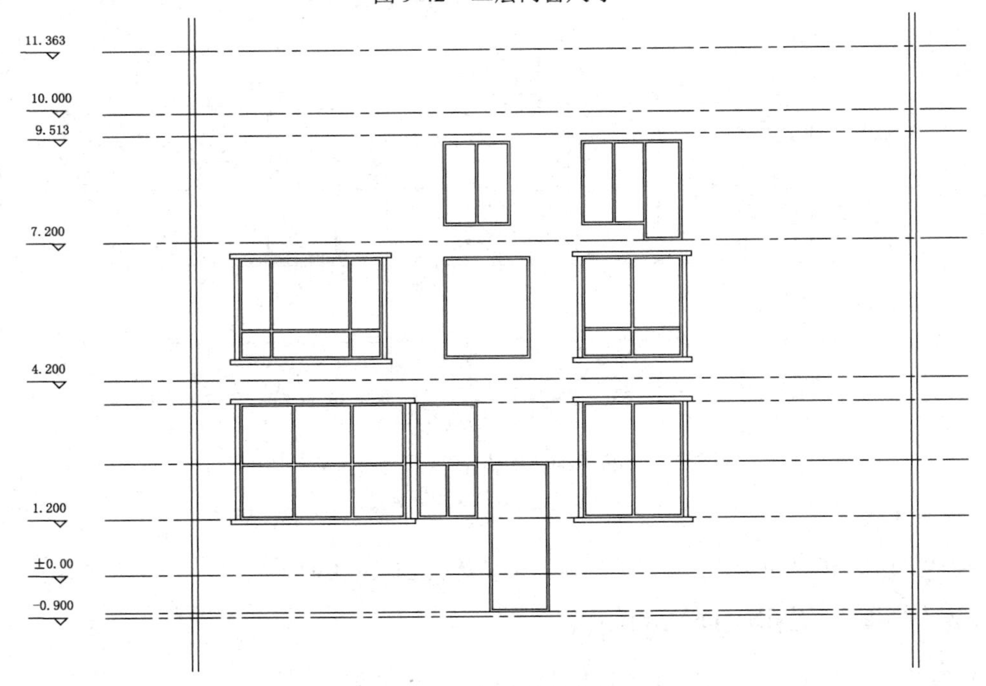

图 9-43 门窗整体效果

9.3.3 绘制屋顶

1. 绘制瓦檐基线

首先用“直线”命令按图9-44所示的尺寸绘制左侧瓦檐基线ab，然后镜像出右侧瓦檐基线，最后将镜像后的瓦檐基线复制到c点并修剪，结果如图9-44所示。

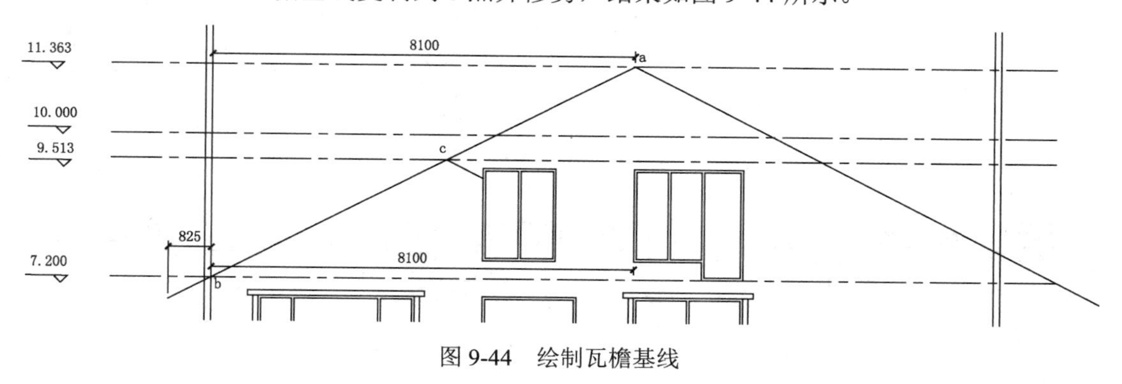

图9-44 绘制瓦檐基线

2. 绘制屋顶右侧的瓦面和天窗轮廓

利用“直线”“偏移”和“修剪”等命令按图9-45所示的尺寸绘制屋顶右侧的瓦面和天窗轮廓，结果如图9-45所示。

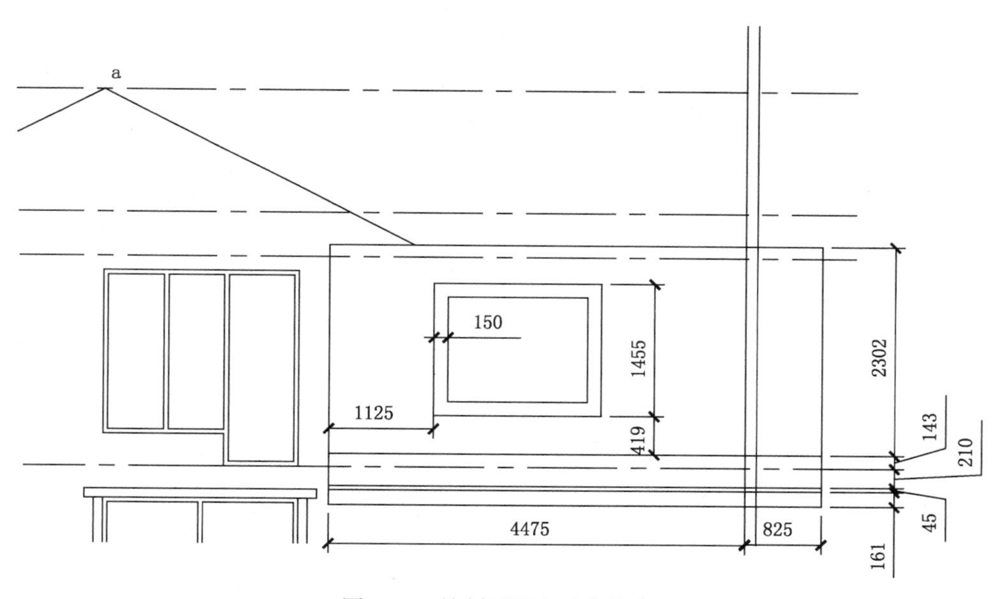

图9-45 绘制瓦面和天窗轮廓

3. 完善屋顶

首先将瓦檐基线向下依次偏移50mm、150mm、250mm、350mm并将端口用折线封闭，如图9-46所示。然后将瓦面进行图案填充，“图案填充创建”选项卡如图9-47所示，“图案”选择“STEEL”，“角度”选择“45”，“比例”选择“80”，填充后效果如图9-48所示。最后绘制护栏线并将被护栏遮挡住的顶层门窗进行修剪，结果如图9-49所示。

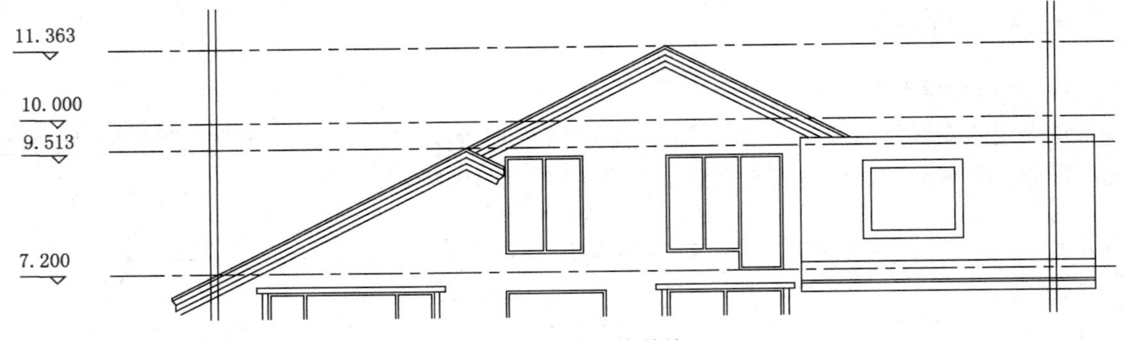

图 9-46　偏移瓦檐基线

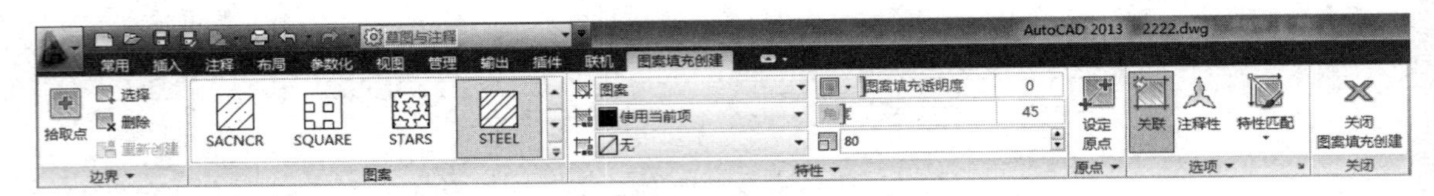

图 9-47　“图案填充创建”选项卡

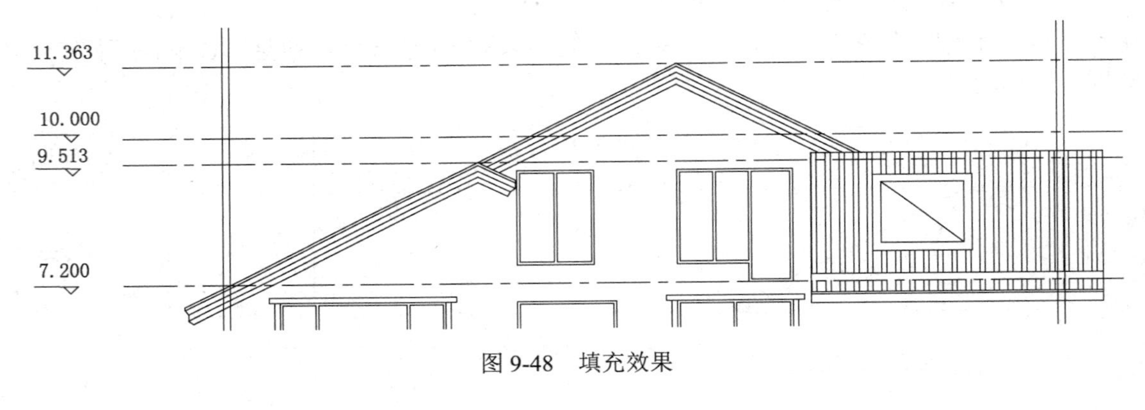

图 9-48　填充效果

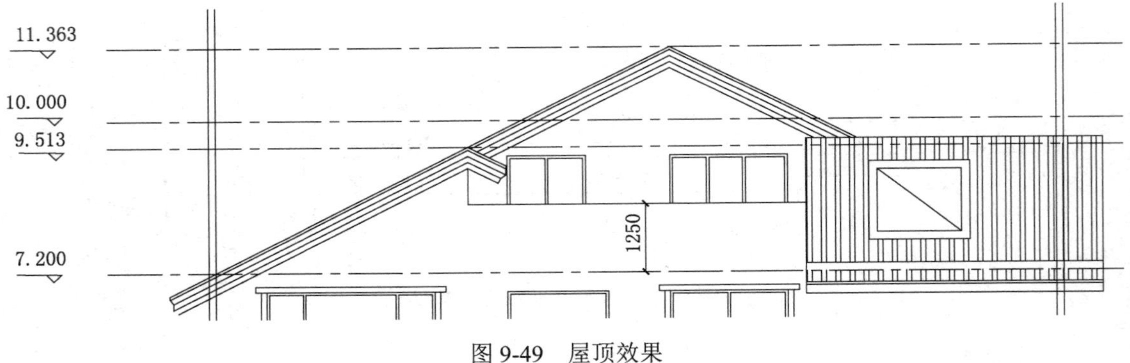

图 9-49　屋顶效果

利用“直线”命令以轴线 6 左侧外墙线为基准绘制立面墙线，如图 9-50 所示。

图 9-50 绘制右侧立面墙线

9.3.4 绘制围墙

将 1.200mm 的楼层标高线向上偏移 100mm 作为围墙上沿，以 1.200mm 的楼层标高线作为围墙的墙头下沿绘制围墙，并将被遮挡住的窗户进行修剪结果如图 9-51 所示。

图 9-51 绘制围墙

9.3.5 绘制台阶和扶栏

参考图 9-34 所示的尺寸绘制门前的台阶和护栏，并对竖直的辅助线修剪，结果如图 9-52 所示。

至此，立面图的绘制过程基本完成，将图 9-52 的图层进行设置，结果如图 9-53 所示。然后再加上标注就得到本节开始的图形。

通过这个案例可以看出，立面图是在平面图的基础上绘制的，所以绘制时需要对应相应的平面图，仔细分析它的结构和相互的关系，如门窗的位置、楼梯的位置、墙与墙的层次关系以及它们在立面图中是如何表现的。由于立面图只是墙体最外面的表现，因此凡是被外墙部分或其他部件挡住的部分都不要绘制出来，如前面绘制围墙和护栏时，被挡住了的窗户部分，就要被修剪掉。另外绘制立面图时，尤其要注意每一层平面图的标高。

图 9-52　绘制台阶和护栏

图 9-53　设置图层的效果

练习：

绘制如图 9-54 所示的二层别墅⑧-①立面图。

图 9-54　别墅⑧-①立面图

9.4　剖面图形的绘制

学习目标

- 学习建筑剖面图的绘制方法和步骤。
- 完成图 9-55 所示的建筑剖面图。

学习内容

建筑剖面图就是以一假象平面剖切建筑物后的立面正投影视图。它主要反映建筑物的内部结构。绘制剖面图与绘制立面图方法类似，也是从平面图引出辅助线，然后再从一层向上依次绘制各个细部构件。

下面以图 9-55 所示的剖面图为例，介绍如何进行剖面图的绘制。

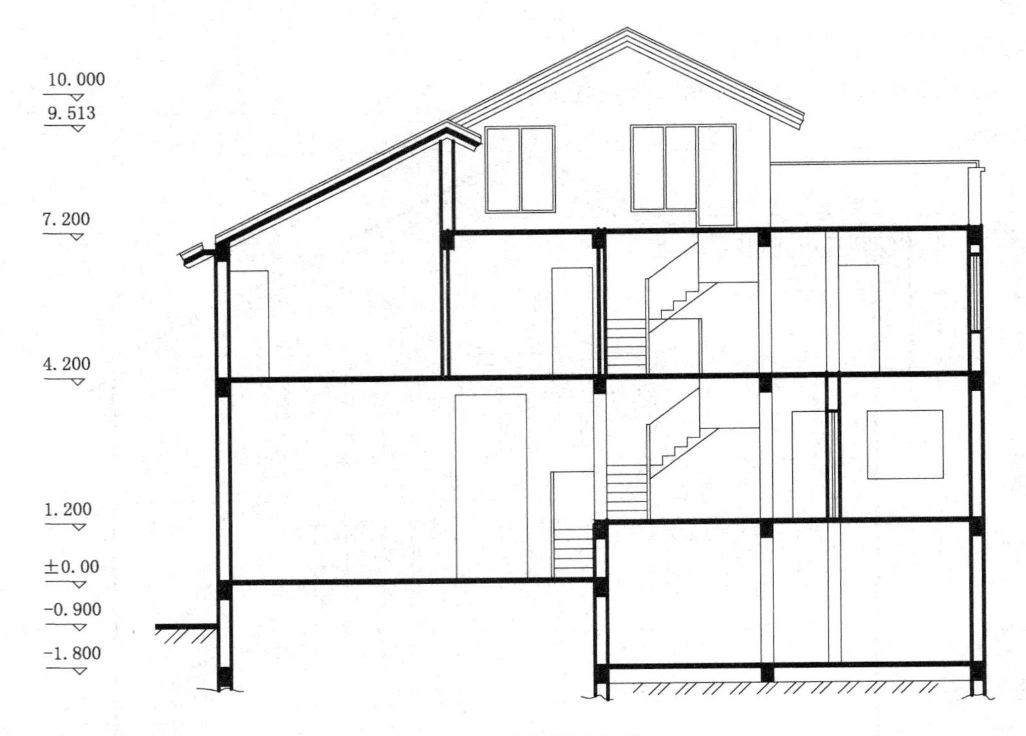

图 9-55　二层别墅剖面图

9.4.1　绘制轴线与楼层标高线

绘制剖面图时，是在平面图和立面图的基础上生成，因此直接在立面图的旁边绘制。绘制时首先在立面图中选取与剖面图一致的内容，如立面图的轴线、标高及尺寸标注等。在这里只复制楼层标高线，并把-0.900mm 的楼层标高线向下偏移 900mm，添加一条新的楼层标高线，结果如图 9-56 所示。

图 9-56　复制楼层标高线

9.4.2 绘制地下层剖面图

（1）利用“复制”命令将一层平面图中的剖面标记复制到半地下层，复制时要注意参考中轴线 C-C 对齐，如图 9-57 所示。

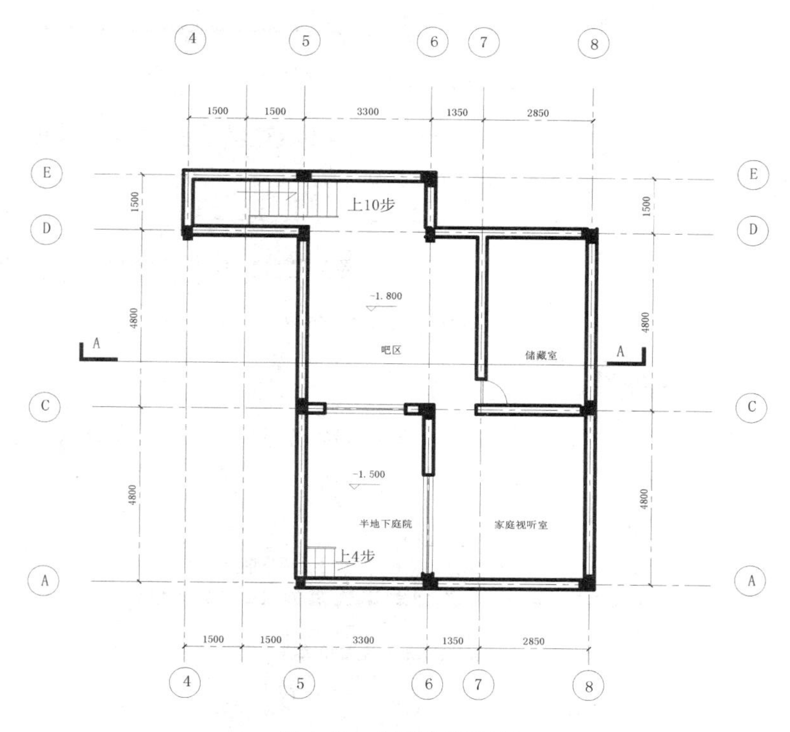

图 9-57　复制剖切标记

（2）将半地下层剖面标记以下的部分修剪掉，然后复制到楼层标高线的上方并引出辅助线确定梁的位置及宽度，如图 9-58 所示。

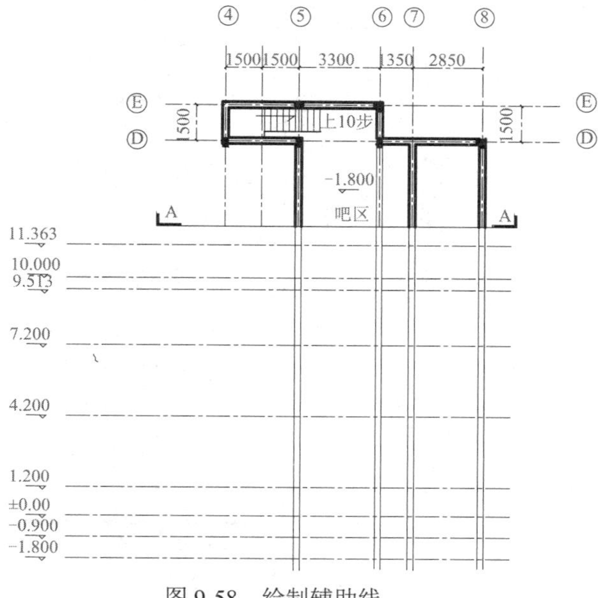

图 9-58　绘制辅助线

（3）使用“矩形”命令绘制高 400mm 的梁和厚 100mm 的楼板，再使用“填充”命令填充为黑色图案，如图 9-59 所示。

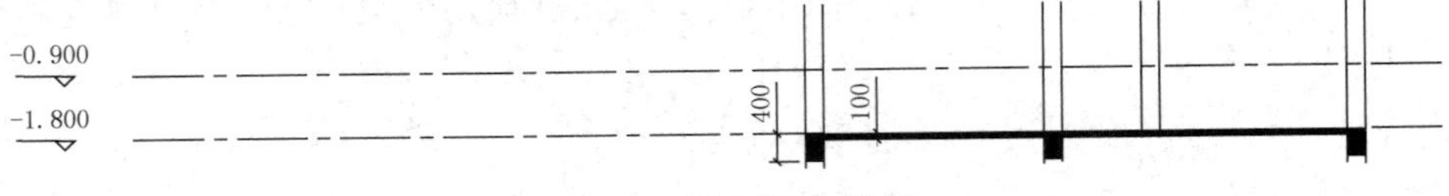

图 9-59 绘制梁和楼板

（4）使用“矩形”命令绘制一个适当大小的矩形并填充斜线图案，然后再删除矩形，使用直线和样条曲线绘制墙与地交接的符号，如图 9-60 所示。

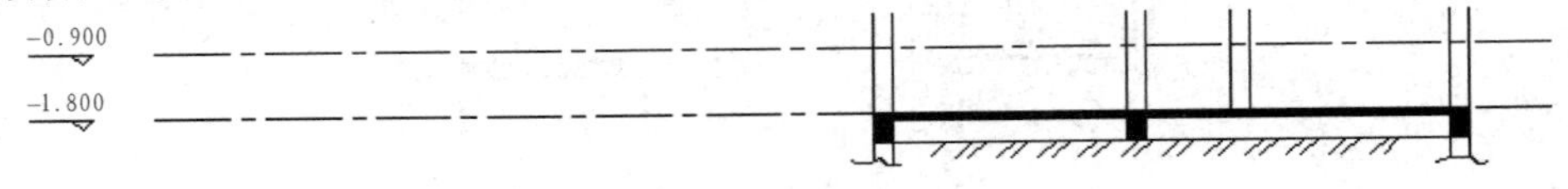

图 9-60 绘制接地符号

9.4.3 绘制一层剖面图

（1）将一层平面图剖切标记以下部分修剪掉，对齐复制到楼层标高线上方，然后引出辅助线，如图 9-61 所示。

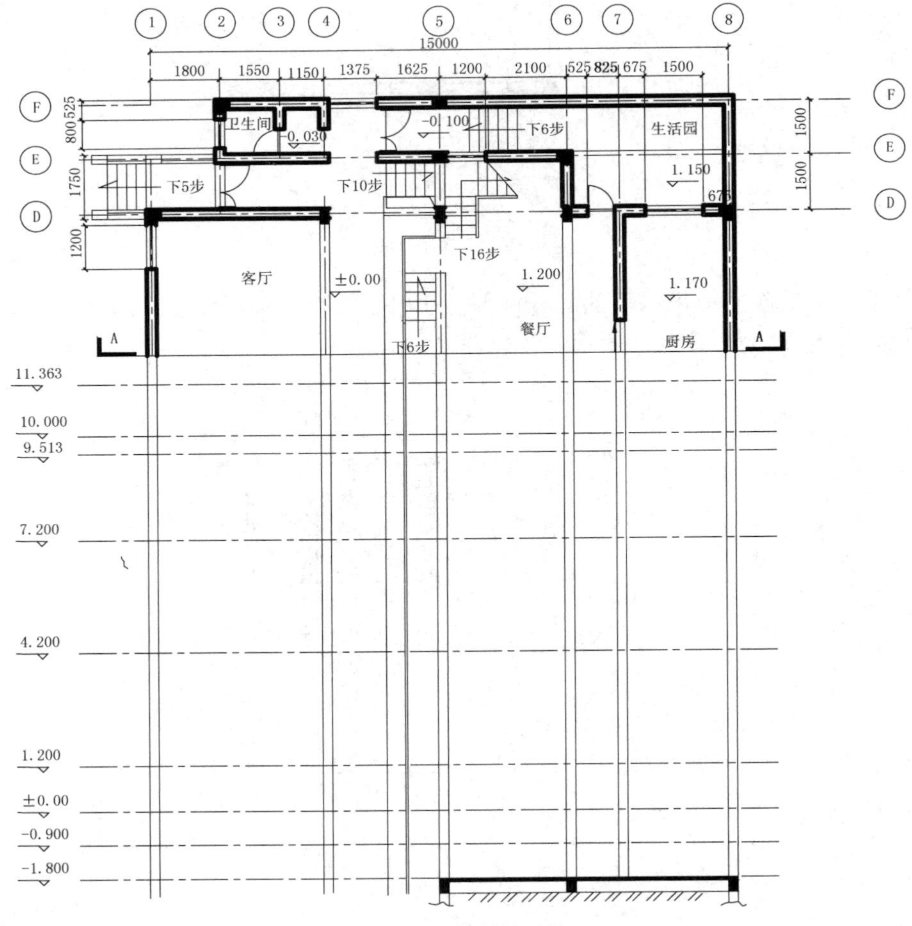

图 9-61 绘制辅助线

（2）从图 9-60 中看出，客厅的标高是 0.000，所以在此标高线处绘制厚 100mm 的楼板，并将绘制好的梁和与地交接符号复制到相应位置，如图 9-62 所示。

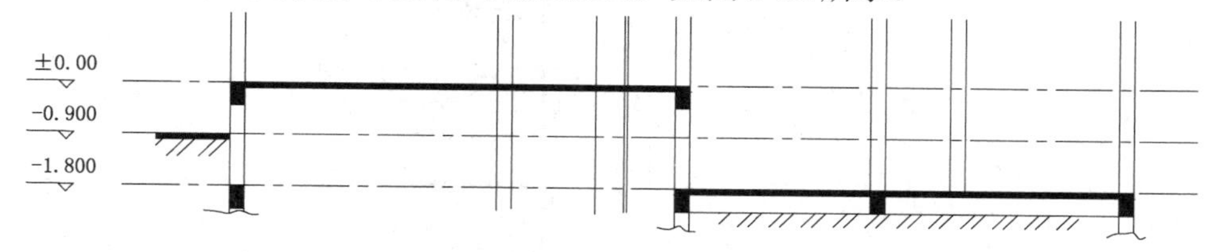

图 9-62 绘制楼板及梁

（3）将 4.2m 的楼层标高线向下偏移 400mm、2000mm 作为门洞和门的上沿线，并绘制修剪出门洞和门的边框，如图 9-63 所示。

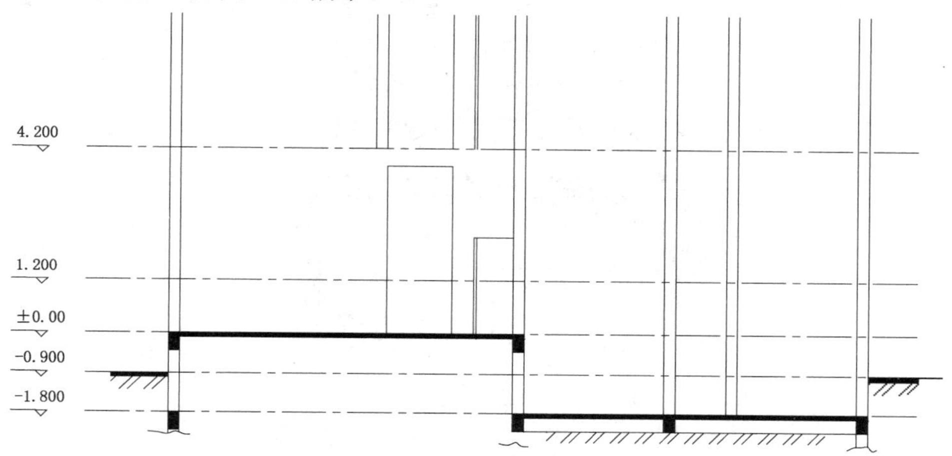

图 9-63 绘制门洞及门的边框

（4）绘制门内的楼梯，如图 9-64 所示。

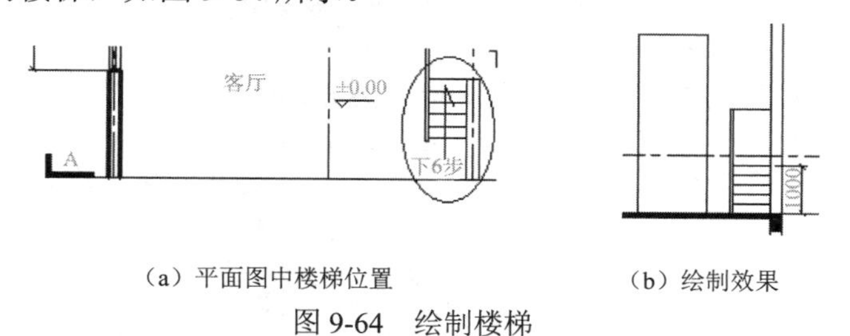

（a）平面图中楼梯位置　　（b）绘制效果

图 9-64 绘制楼梯

（5）参考上述方法在 1.2m 的楼层标高线处绘制厚 100mm 的楼板以及梁，如图 9-65 所示。

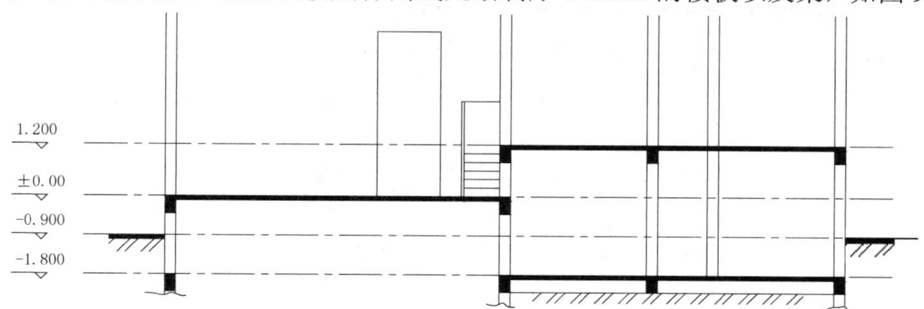

图 9-65 绘制梁

（6）在 1.2m 楼板层的位置，引出门窗的左右辅助线，绘制出门窗，如图 9-66 所示。

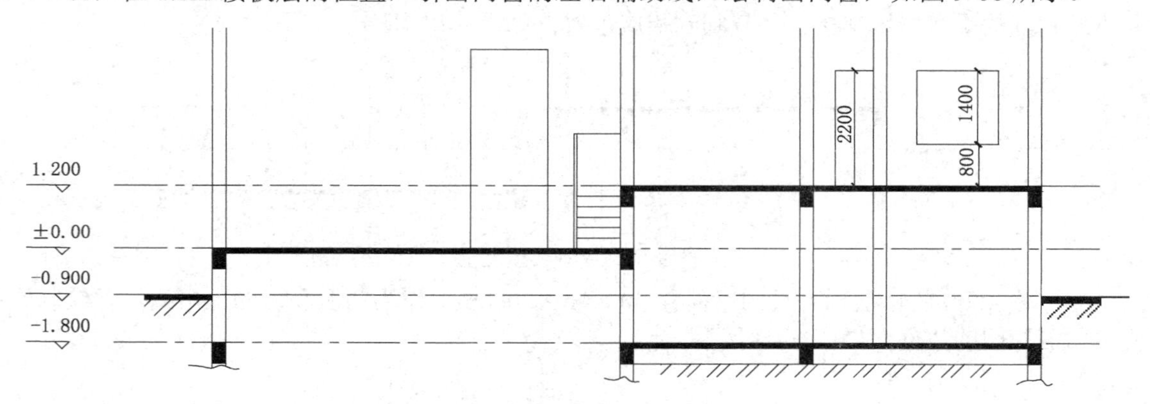

图 9-66　绘制门窗

（7）绘制平面图中如图 9-67（a）所示位置处的楼梯，绘制过程如图 9-67（b）～（e）所示。

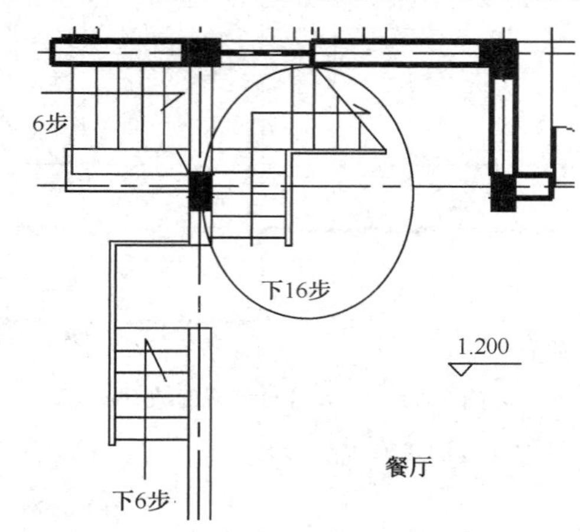

（a）平面图中的楼梯位置

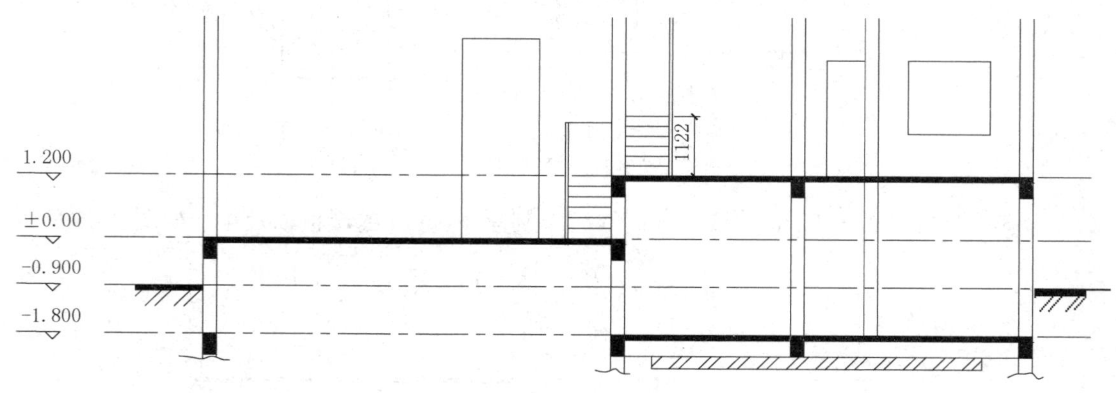

（b）绘制第一段楼梯

图 9-67　绘制楼梯

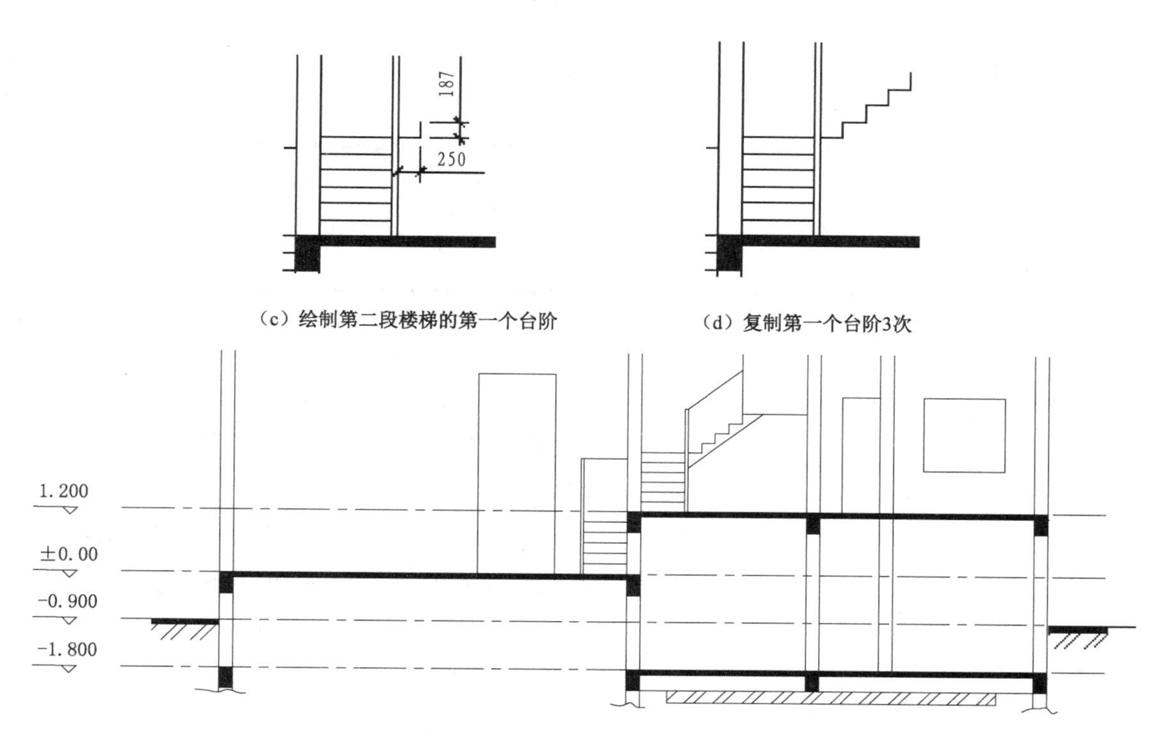

（c）绘制第二段楼梯的第一个台阶

（d）复制第一个台阶3次

（e）绘制第二段楼梯剩余线段并修剪多余线段

图 9-67 绘制楼梯（续）

9.4.4 绘制第二层剖面图

参照前面绘制第一层剖面图的方法绘制第二层剖面图，如楼梯、梁等相同部分可以直接复制得到，效果如图 9-68 所示。

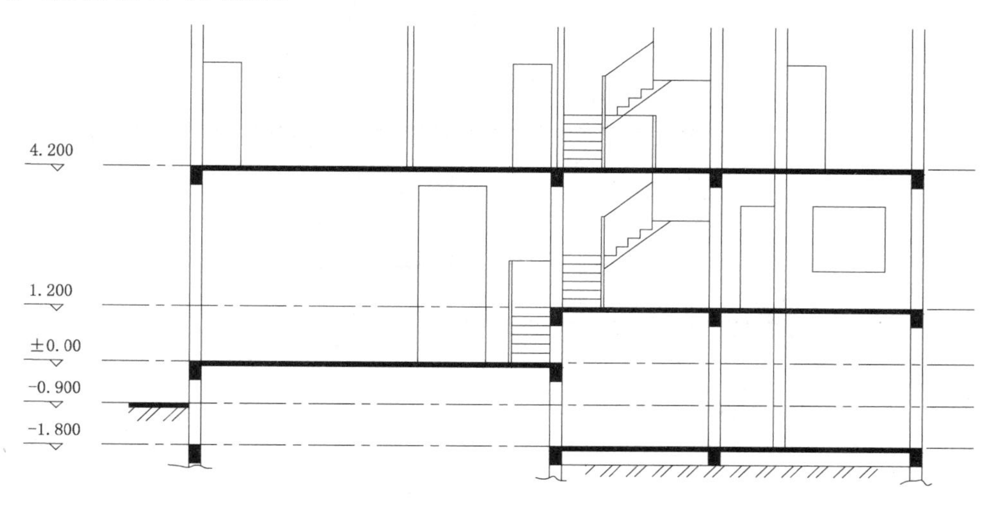

图 9-68 绘制第二层剖面图

9.4.5 绘制屋顶层剖面图

（1）参照前面绘制方法绘制屋顶层楼板和梁的剖面，并适当修剪，相同部分可以直接复制得到，效果如图 9-69 所示。

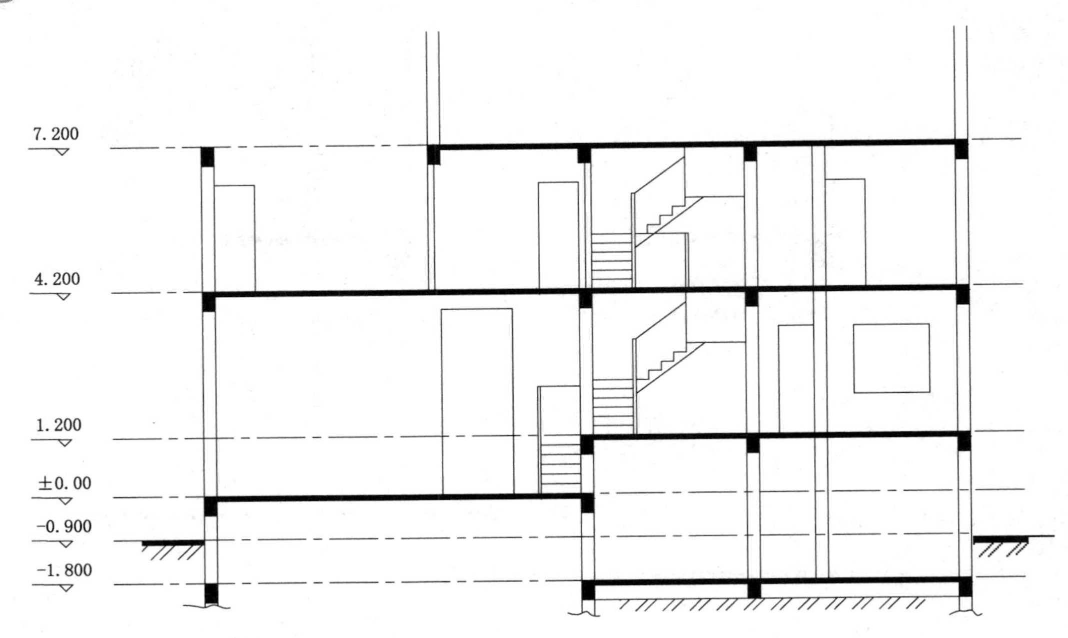

图 9-69　绘制屋顶层的楼板和梁

（2）将前面绘制的立面图的瓦檐复制到剖面图的相应位置，效果如图 9-70 所示。

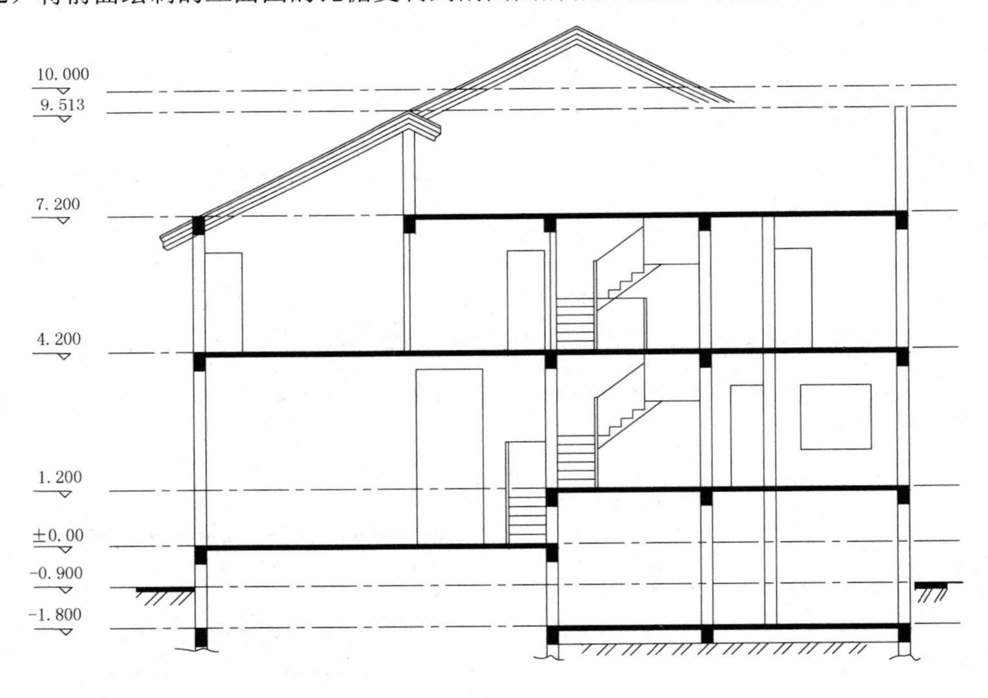

图 9-70　复制瓦檐

（3）分析屋顶平面图可以得知屋脊的右边没有被剖开，只有左边部分被剖开，所以绘制左边被剖开的剖面，即对被剖开的部分进行填充，并参考屋顶平面图延伸瓦檐的右半部分，最后在端口处用折线连接，如图 9-71 所示。

（4）将立面图中未被剖到的顶层上的两个窗户复制到剖面图的相应位置，如图 9-72 所示。

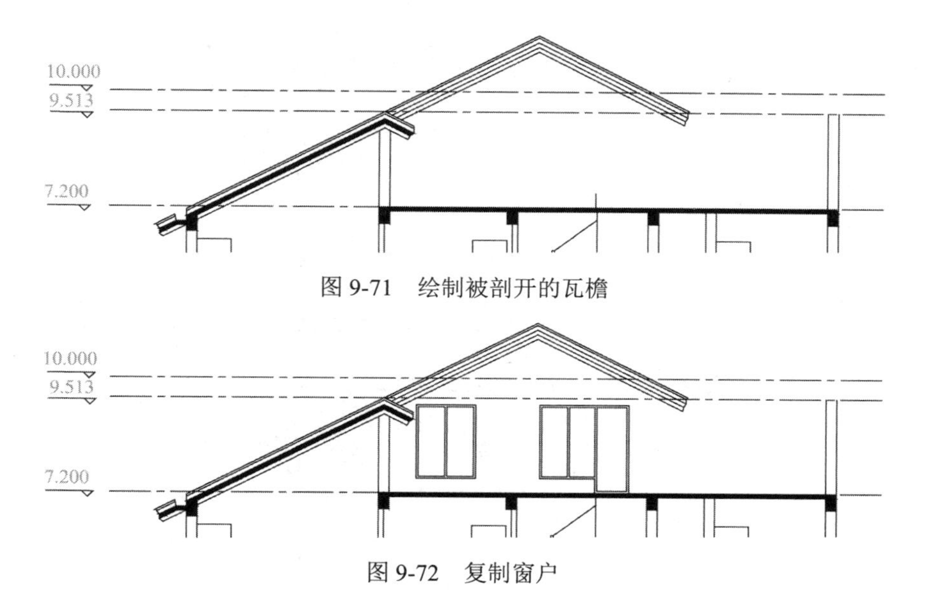

图 9-71　绘制被剖开的瓦檐

图 9-72　复制窗户

（5）绘制屋顶剖面图中的右边的栏杆，尺寸参考屋顶平面图，效果如图 9-73 所示。

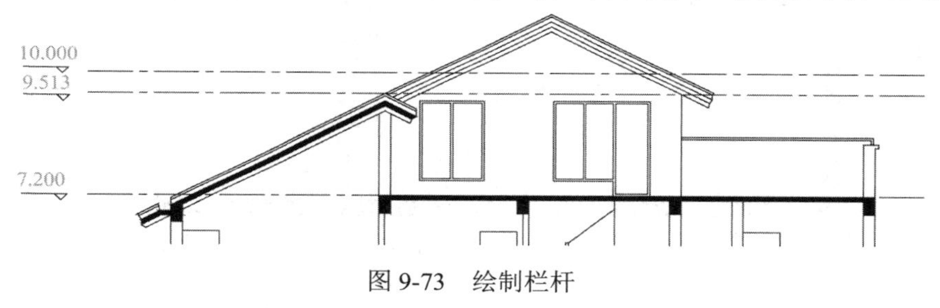

图 9-73　绘制栏杆

9.4.6　绘制被剖到的门和窗

分析各楼层的平面图可知，在一层中剖到了一扇门，在二层中剖到了一扇窗，现添加到剖面图里去，并去掉楼层控制线，效果如图 9-74 所示。

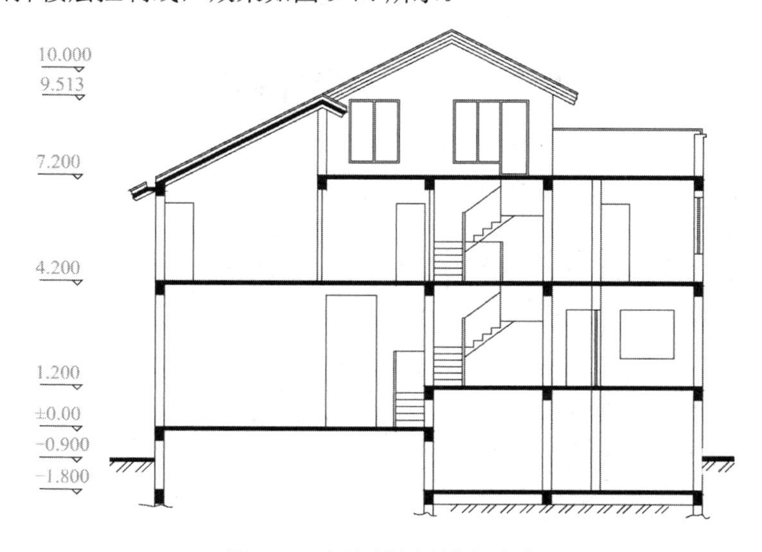

图 9-74　添加被剖到的门和窗

最后将被剖到的墙线、窗户等改成粗实线，最终效果如图 9-55 所示。

从本例中可以看出剖面图的绘制必须结合每一层平面图和立面图的结构和细节进行分析，并用辅助线去对应相应的位置，这样就可以绘制它们的外轮廓线和内部结构。

练习：绘制如图 9-75 所示的平面图在 B-B 处位置的剖面图。

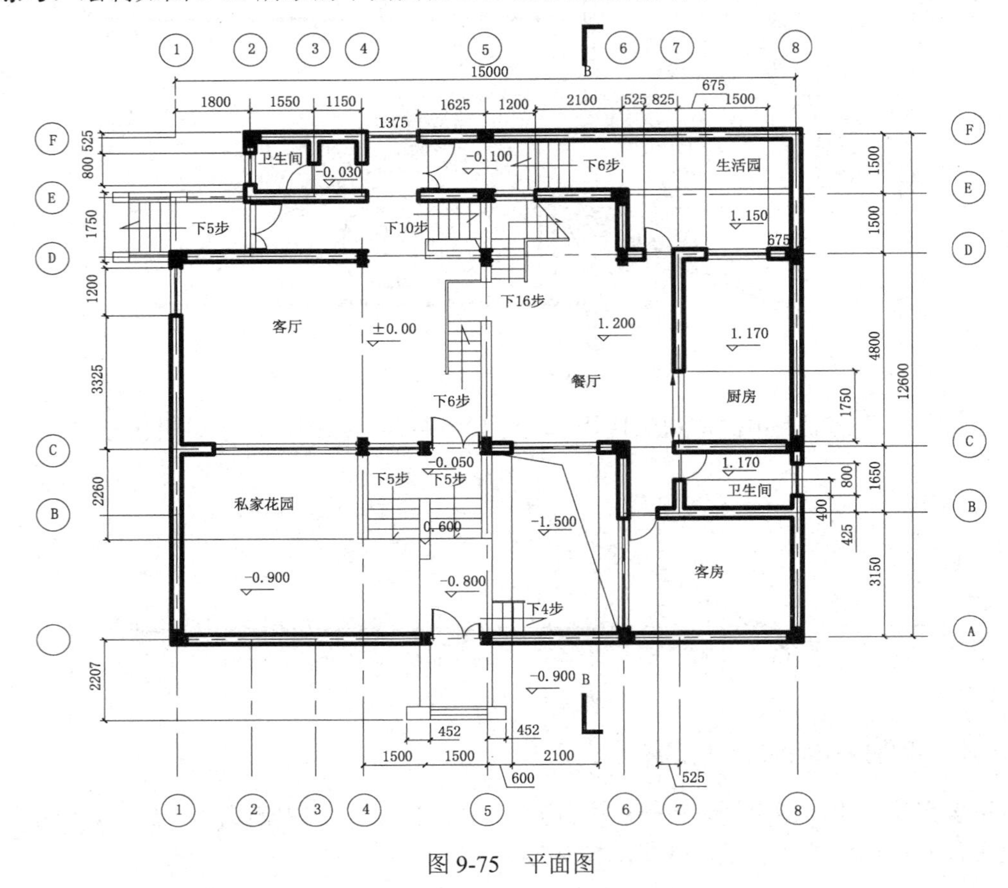

图 9-75　平面图

9.5　大样详图简介

学习目标

- 了解建筑中大样详图的基本概念。

学习内容

由于建筑图纸所反映的对象尺寸比较大，因此在建筑图纸中很难做到无微不至，很多细节如空调位、檐口、阳台、门窗等很难绘制清楚，而且这些地方的尺寸更难在一张大的图纸中标注出来，所以对这些地方需要利用大样详图来表达，所谓的大样详图，就是针对某一位置放大比例后所绘制的图纸。

绘制大样详图时可以利用已有的图形进行适当的缩放来得到。图 9-76 是利用缩放立面图中的窗户，然后标注尺寸得到的。

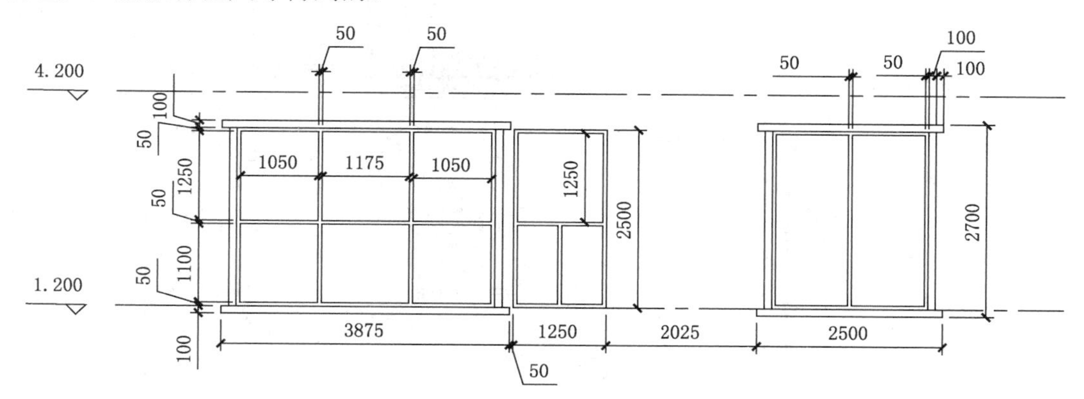

图 9-76　门窗大样详图

思考与练习

1. 绘制图 9-77 所示的建筑平面图。
2. 绘制图 9-78 所示的建筑立面图。

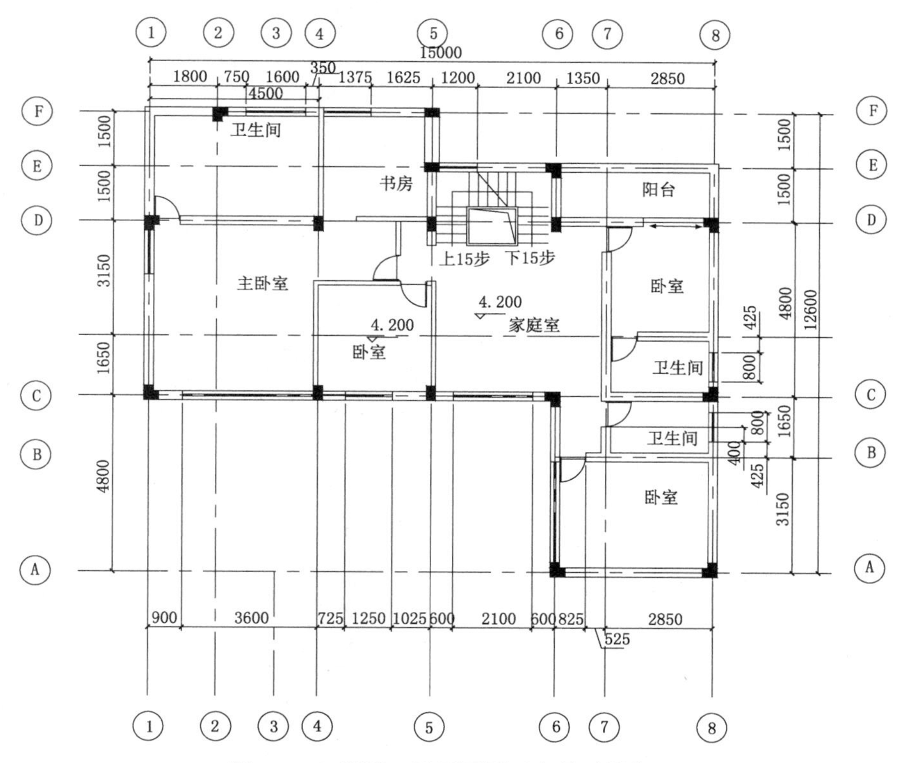

图 9-77　别墅二层平面图（未显示线宽）

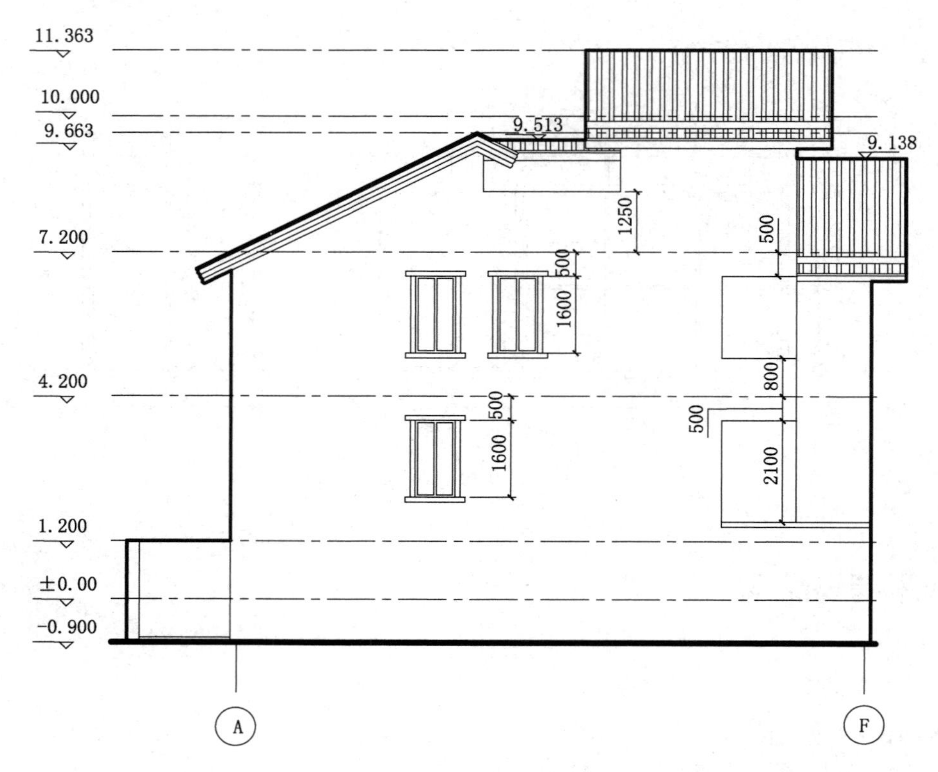

图 9-78　别墅 A-F 立面图

参 考 文 献

[1] 杨志国．AutoCAD 2004 建筑设计（白金案例）．四川：四川电子音像出版社，2004．
[2] 陈志民．机械绘图实例教程．北京：机械工业出版社，2011．
[3] 丁文华．建筑 CAD．北京：高等教育出版社，2008．
[4] 于鹏．网络综合布线技术．北京：清华大学出版社，2009．

反侵权盗版声明